ALEXANDRE VARGAS GRILLO

QUÍMICA GERAL 2 volume

FÍSICO-QUÍMICA

Transmissão de Calor - Questões Comentadas

EDITORA CIÊNCIA MODERNA

Editor: Paulo André P. Marques
Produção Editorial: Dilene Sandes Pessanha
Capa: Daniel Jara
Diagramação: Daniel Jara
Copidesque: Equipe Ciência Moderna

FICHA CATALOGRAFICA

GRILLO, Alexandre Vargas.

Química Geral – Físico-Química – Transmissão de Calor - Questões Comentadas - Volume 2

Rio de Janeiro: Editora Ciência Moderna Ltda., 2023.

1. Química 2. Método hidrólise 3. Ácidos
I — Título

ISBN: 978-65-5842-278-5 CDD 540
543.08
547.01

Editora Ciência Moderna Ltda.
R. Alice Figueiredo, 46 – Riachuelo
Rio de Janeiro, RJ – Brasil CEP: 20.950-150
Tel: (21) 2201-6662/ Fax: (21) 2201-6896
E-MAIL: LCM@LCM.COM.BR
WWW.LCM.COM.BR **06/23**

APRESENTAÇÃO DO AUTOR

Alexandre Vargas Grillo é Mestre e Doutor em Engenharia de Materiais e Processos Químicos e Metalúrgicos, graduado em Engenharia Química, todos pela PUC-Rio. Atualmente é Professor do Instituto Federal do Rio de Janeiro – IFRJ, trabalha no departamento de Química, mais especificamente na Físico-Química em Nanotecnologia. Atua como professor colaborador em pesquisas na área de Síntese de Nanopartículas pelo Departamento de Engenharia Química e de Materiais – PUC-Rio.

INTRODUÇÃO DA OBRA

O principal objetivo de realizar esta obra é apresentar uma grande e boa variedade de exercícios com o gabarito comentado, apresentado a resolução passo a passo. Esta obra está apresentada em três volumes, totalizando mais de 2060 questões.

O sexto capítulo deste volume dois trata do estudo da velocidade das reações químicas, mais conhecido como Cinética Química. Este tema é presente na maioria dos concursos públicos e programas de ingresso, tanto para o mestrado quanto para o doutorado, em diferentes instituições de ensino. Para esta obra foram separados cerca de 150 exercícios com a determinação da ordem de reação, utilização da equação de Arrhenius para a determinação da energia de ativação e fator pré-exponencial, além do cálculo do tempo de meia-vida para as principais ordens de reação, sendo as de ordem zero, primeira e segunda ordem.

O sétimo capítulo apresenta o estudo do Equilíbrio Químico, apresentando o estudo da constante de equilíbrio em função da concentração da quantidade de matéria (K_c), constante de equilíbrio em função da pressão parcial, determinada pelo químico e primeiro ganhador do prêmio Nobel de Química, Jacobus Henricus van 't Hoff, e terminando com a constante de equilíbrio em função da fração molar (K_x). Este capítulo apresenta 211 exercícios com o gabarito comentado passo a passo.

O capítulo de equilíbrio iônico fecha este segundo volume, com a presença de cálculos da constante do ácido, base, hidrólise, determinação do pH e pOH.

Além disso, durante toda a literatura, são apresentadas questões de exercícios de concurso para docente federal e programas de ingresso tanto para o mestrado quanto para o doutorado em diferentes instituições de ensino. O propósito deste livro é apresentar os diferentes métodos de resolução com situações que a química pode propiciar e, neste volume dois a Físico-Química está fortemante apresentada.

O livro pode e deve ser utilizado por estudantes que fazem o curso de bacharelado ou licenciatura em Química e de engenharia, uma vez que no ciclo básico há a presença da cadeira de Química Geral. Pessoalmente, este trabalho apresentou um grande desafio com relação à pesquisa em diferentes bancos de questões, apresentando ao estudante tanto da graduação quanto da pós-graduação, o que mais de atual existe no conceito de Química.

O último grande objetivo deste trabalho foi facilitar o trabalho do professor, apresentando diferentes exercícios que podem ser abordados em sala de aula, listas de exercícios e ótimas ideias para uma possível avaliação. Graças ao incentivo de grandes mestres e amigos em todo o Brasil espero estar, principalmente, ajudando à ciência brasileira, principalmente na formação acadêmica de cada aluno. Diante disso, meu maior desejo é prestar um bom serviço na criação de uma literatura e cultura científica 100% brasileira. O meu muito obrigado a todos que fizeram parte deste trabalho.

Junho de 2023
Professor Alexandre Vargas Grillo

AGRADECIMENTOS

Dedico este trabalho primeiramente a Deus, grande pai e meu grande guia. Meus guias espirituais presentes em todos os meus momentos da minha vida. Minha mãe, Estela Vargas Grillo, meus pais Vincenzo Grillo e Jorge Luiz Zaupa, in memoriam, e minha irmã Denise Vargas Grillo. Dedico também ao meu grande mestre, "In Memorian", pela existência de ter sido meu amigo, pai, companheiro e mestre da vida e da química, JOÃO ROBERTO DA PACIÊNCIA NABUCO. Em todas as minhas obras sempre irei mencionar o meu mestre e amigo, PROFESSOR DOUTOR FRANCISCO JOSÉ MOURA, meu eterno orientador em toda a vida acadêmica. À editora Ciência Moderna, o meu muito obrigado por acreditar nesta linda obra.

Professor Alexandre Vargas Grillo

SUMÁRIO

CAPÍTULO VI – Estudo da Velocidade dos Processos Químicos 1
CAPÍTULO VII – Estudo do Equilíbrio Químico 109
CAPÍTULO VIII – Estudo do Equilíbrio Iônico 273
APÊNDICE 333
REFERÊNCIAS BIBLIOGRÁFICAS 341

CAPÍTULO VI – Estudo da Velocidade dos Processos Químicos

EXEMPLOS APLICATIVOS

Exemplo Aplicativo I

A reação entre íons brometo e bromato, em meio aquoso e ácido, pode ser representada pela seguinte equação química balanceada: $5Br^-_{(aquoso)} + BrO^-_{3(aquoso)} + 6H^+_{(aquoso)} \rightarrow 3Br_{2(aquoso)} + 3H_2O_{(líquido)}$. Sabendo que a velocidade de desaparecimento do íon bromato é igual a 5,63 x 10^{-6} mol.L^{-1}.s^{-1}, determine a:

a) velocidade da reação, expressa em mol.L^{-1}.s^{-1};

b) velocidade de aparecimento do bromo, Br_2, expressa em mol.L^{-1}.s^{-1};

c) velocidade de desaparecimento de H^+, expressa em mol.L^{-1}.s^{-1}.

Resolução

Equação química iônica apresentada pelo enunciado do problema:

$$5Br^-_{(aquoso)} + BrO^-_{3(aquoso)} + 6H^+_{(aquoso)} \rightarrow 3Br_{2(aquoso)} + 3H_2O_{(líquido)}$$

$$V_{reação} = -\frac{1}{5}x\frac{d[Br^-]}{dt} = -\frac{d[BrO_3^-]}{dt} = -\frac{1}{6}x\frac{d[H^+]}{dt} = +\frac{1}{3}x\frac{d[Br_2]}{dt} = +\frac{1}{3}x\frac{d[H_2O]}{dt}$$

$$V_{reação} = -\frac{1}{5}x\,V_{Br^-} = -\frac{1}{1}x\,(5{,}63 \text{ x } 10^{-6}) = -\frac{1}{6}x\,V_{H^+} = +\frac{1}{3}x\,V_{Br_2} = +\frac{1}{3}x\,V_{H_2O}$$

Item a) $V_{reação} = \frac{1}{1}x\;5{,}63 \text{ x } 10^{-6} = 5{,}63 \text{ x } 10^{-6}\,\frac{mol}{L\,x\,s}$

Item b) $V_{Br_2} = +3 \text{ x } 5{,}63 \text{ x } 10^{-6} = 1{,}69 \text{ x } 10^{-5}\,\frac{mol}{L\,x\,s}$

Item c) $V_{H^+} = +\,6 \text{ x } 5{,}63 \text{ x } 10^{-6} = 3{,}38 \text{ x } 10^{-5}\,\frac{mol}{L\,x\,s}$

Exemplo Aplicativo II

(CONCURSO PARA DOCENTE FEDERAL - INSTITUTO FEDERAL DO PIAUÍ) O pentóxido de dinitrogênio sofre decomposição de acordo com a reação: $2N_2O_5 \rightarrow 4NO_2 + O_2$. Fazendo um comparativo das formas possíveis de expressar a velocidade da reação, podemos afirmar que:

a) $-\left(\frac{\Delta[N_2O_5]}{\Delta t}\right) = +\left(\frac{\Delta[NO_2]}{\Delta t}\right) = +\left(\frac{\Delta[O_2]}{\Delta t}\right)$

b) $-\frac{1}{2}\left(\frac{\Delta[N_2O_5]}{\Delta t}\right) = +\frac{1}{4}\left(\frac{\Delta[NO_2]}{\Delta t}\right) = +\left(\frac{\Delta[O_2]}{\Delta t}\right)$

c) $-2\left(\frac{\Delta[N_2O_5]}{\Delta t}\right) = +4\left(\frac{\Delta[NO_2]}{\Delta t}\right) = +\left(\frac{\Delta[O_2]}{\Delta t}\right)$

d) $-\frac{1}{4}\left(\frac{\Delta[N_2O_5]}{\Delta t}\right) = +\frac{1}{2}\left(\frac{\Delta[NO_2]}{\Delta t}\right) = +\left(\frac{\Delta[O_2]}{\Delta t}\right)$

e) $+2\left(\frac{\Delta[N_2O_5]}{\Delta t}\right) = -4\left(\frac{\Delta[NO_2]}{\Delta t}\right) = -\left(\frac{\Delta[O_2]}{\Delta t}\right)$

Resolução

Alternativa B.

A partir da equação química apresentada pelo enunciado do problema: $2N_2O_{5(gás)} \longrightarrow 4NO_{2(gás)} + O_{2(gás)}$. A partir disso, a relação entre a velocidade da reação com a derivada de cada participante químico presente na reação, temos:

$$V_{reação} = -\frac{1}{2} x \frac{d[N_2O_5]}{dt} = +\frac{1}{4} x \frac{d[NO_2]}{dt} = +\frac{d[O_2]}{dt}.$$

Exemplo Aplicativo III

(EXAME NACIONAL DOS ESTUDANTES - ENADE) Em um laboratório, foram efetuadas diversas experiências para a reação: $2H_{2(g)} + 2NO_{(g)} \longrightarrow N_{2(g)} + 2H_2O_{(g)}$. Os resultados das velocidades iniciais obtidos estão representados na tabela a seguir.

Experiência	Concentração de H_2 (mol.L^{-1})	Concentração de NO (mol.L^{-1})	Velocidade Inicial da reação (mol.L^{-1}.s^{-1})
1	0,10	0,10	0,10
2	0,20	0,10	0,20
3	0,10	0,20	0,40
4	0,30	0,10	0,30
5	0,10	0,30	0,90

Com base nesses dados, a equação da velocidade para a reação é:
a) v = k x $[H_2]$
b) v = k x [NO]
c) v = k x $[H_2]$ x [NO]
d) v = k x $[H_2]^2$ x [NO]
e) v = k x $[H_2]$ x $[NO]^2$

Resolução

Para a resolução deste exemplo, será necessário aplicar o método das velocidades iniciais.

Equação da velocidade de reação: $v_{reação} = k \, x \, [H_2]^{\alpha} x \, [NO]^{\beta}$, em que α e β são as ordens de reação dos reagentes A e B, respectivamente.

Aplicando a função logarítmica na equação acima, temos: $\log v_{reação} = \log k + \alpha \, x \log[H_2] + \beta \, x \log[NO]$

Através do experimento 1: $\log(0{,}10) = \log k + \alpha \, x \log(0{,}10) + \beta \, x \log(0{,}10)$
$\log(0{,}10) = \log k + \alpha \, x \log(0{,}10) + \beta \, x \log(0{,}10)$
$-1 = \log k + \alpha \, x \, (-1) + \beta \, x \, (-1)$
$\log k = +\alpha + \beta - 1$ (Equação A)

Através do experimento 2: $\log(0{,}20) = \log k + \alpha \, x \log(0{,}20) + \beta \, x \log(0{,}10)$
$-0{,}70 = \log k + \alpha \, x \log(-0{,}70) + \beta \, x \log(-1)$
$-1 = \log k + \alpha \, x \, (-0{,}70) + \beta \, x \, (-1)$
$\log k = -0{,}70 + 0{,}70 \, x \, \alpha + \beta$ (Equação B)

Através do experimento 3: $\log(0{,}40) = \log k + \alpha \, x \log(0{,}10) + \beta \, x \log(0{,}20)$
$-0{,}40 = \log k + \alpha \, x \, (-1) + \beta \, x \, (-0{,}70)$
$-0{,}40 = \log k - \alpha - 0{,}70 \, x \, \beta$
$\log k = -0{,}40 + \alpha + 0{,}70\beta$ (Equação C)

Igualando as equações A e B: $+\alpha + \beta - 1 = -0{,}70 + 0{,}70 \, x \, \alpha + \beta$
$+\alpha + \cancel{\beta} - 1 = -0{,}70 + 0{,}70 \, . \, \alpha + \cancel{\beta}$
$+\alpha - 1 = -0{,}70 + 0{,}70 \, . \, \alpha$
$+\alpha - 0{,}70 \, . \, \alpha = 1 - 0{,}70$
$\alpha = 1$

Igualando as equações A e C: $\alpha + \beta - 1 = -0{,}40 + \alpha + 0{,}70\beta$
$\cancel{\alpha} + \beta - 1 = -0{,}40 + \cancel{\alpha} + 0{,}70\beta$

$+\beta - 0{,}70\beta = -0{,}40 + 1$
$0{,}30 \text{ x } \beta = 0{,}60$
$\beta = 2{,}0$

A ordem de reação parcial do gás hidrogênio (H_2) é igual a 1 e a ordem de reação parcial em relação ao monóxido de nitrogênio (NO) é igual a 2. A ordem global será a soma das ordens parciais, então irá apresentar ordem global igual a três, com a seguinte equação da velocidade: $v_{\text{reação}} = k \text{ x } [H_2]^1 \text{x } [NO]^2$. É possível resolver a questão de uma maneira bem mais rápida. Então, mãos à obra e vamos a sua apresentação!

Determinação da ordem de reação em relação ao gás hidrogênio (α). Observa-se que entre o experimento A e o experimento B, a concentração da quantidade de matéria do monóxido de nitrogênio encontra-se constante e a concentração da quantidade de matéria do gás hidrogênio dobra o que também ocorre com a velocidade da reação. Logo: $\left(\frac{0{,}20}{0{,}10}\right)^{\alpha} = \frac{0{,}20}{0{,}10}$
$\alpha = 1$

Determinação da ordem de reação em relação ao monóxido de nitrogênio (β). Entre o experimento A e o C, a concentração da quantidade de matéria do gás hidrogênio fica constante, enquanto a concentração da quantidade de matéria do monóxido de nitrogênio dobra e a velocidade da reação quadruplica. $\left(\frac{0{,}20}{0{,}10}\right)^{\beta} = \frac{0{,}40}{0{,}10}$
$\beta = 2$

Equação da velocidade: $v_{\text{reação}} = k \text{ x } [H_2]^1 \text{x } [NO]^2$

Exemplo Aplicativo IV

(GRILLO) O mecanismo a seguir foi proposto para explicar a destruição da camada de ozônio:
$O_{3(\text{gás})} + Cl \rightleftarrows ClO_{(\text{gás})} + O_{2(\text{gás})}$
$ClO_{(\text{gás})} + O_{(\text{gás})} \xrightarrow{k_a} Cl + O_{2(\text{gás})}$
Através de experimentos laboratoriais foi verificado que a primeira equação química atingiu o equilíbrio de forma bastante rápida (processo reversível). Levando em consideração que a constante de equilíbrio seja igual a K, deduzir uma expressão matemática para a velocidade de formação de oxigênio molecular, em termos de K e k_a, além da presença das concentrações das quantidades de matéria de O e O_3.

Resolução

Para a reação reversível, a equação da constante de equilíbrio fica da seguinte maneira: $K = \frac{[ClO] \text{ x } [O_2]}{[O_3] \text{ x } [Cl]}$. A partir das equações químicas apresentadas, tanto a etapa rápida (primeira equação) quanto a etapa lenta (segunda equação) o [ClO] é a espécie intermediária. Isolando a [ClO] na equação anterior, temos:

$$[ClO] = \frac{K \text{ x } [O_3] \text{ x } [Cl]}{[O_2]}$$

A etapa lenta fornece a seguinte taxa em relação ao oxigênio molecular:

$$\frac{d[O_2]}{dt} = k_a \text{ x } [ClO] \text{ x } [O]$$

Substituindo a expressão da concentração da quantidade de matéria de [ClO], a equação da taxa de oxigênio molecular $\left(\frac{d[O_2]}{dt}\right)$ vai ficar da seguinte forma: $\frac{d[O_2]}{dt} = k_a \text{ x } [ClO] \text{ x } [O]$

$$\frac{d[O_2]}{dt} = k_a \text{ x} \frac{K \text{ x } [O_3] \text{ x } [Cl]}{[O_2]} \text{x } [O]$$

$$\frac{d[O_2]}{dt} = \frac{k_a \times K \times [O_3] \times [Cl] \times [O]}{[O_2]}$$

Exemplo Aplicativo V

Cloreto de sulfurila, $SO_2Cl_{2(g)}$ se decompõe em fase gasosa, produzindo $SO_{2(g)}$ e $Cl_{2(g)}$. A concentração do $SO_2Cl_{2(g)}$ foi acompanhada em uma experiência e verificou-se que o gráfico $\ln[SO_2Cl_2]$ contra o tempo é linear e que, em 240 segundos, a concentração caiu de 0,400 $mol.L^{-1}$ para 0,280 $mol.L^{-1}$.

a) Qual a constante de velocidade da reação $SO_2Cl_{2(g)} \longrightarrow SO_{2(g)} + Cl_{2(g)}$?

b) Qual o tempo de meia-vida desta reação?

Resolução

Item a) Cálculo da constante cinética (k), a partir da cinética de primeira ordem: $\ln\left(\frac{[SO_2Cl_2]_{Final}}{[SO_2Cl_2]_{inicial}}\right) = -k \times t$

$$\ln\left(\frac{0{,}280}{0{,}400}\right) = -k \times 240$$

$$\ln(0{,}70) = -k \times 240$$

$$k = \frac{\ln(0{,}70)}{-240} = \frac{-0{,}357}{-240} = 0{,}0015\ s^{-1}$$

Item b) Cálculo do tempo de meia-vida: $t_{1/2} = \frac{\ln 2}{k} = \frac{0{,}693}{0{,}0015} = 462\ s$

Exemplo Aplicativo VI

A reação gasosa com cinética de primeira ordem está representada pela seguinte equação química balanceada: $SO_2Cl_{2(gás)} \longrightarrow SO_{2(gás)} + Cl_{2(gás)}$, apresentando uma constante cinética igual a $k_1 = 2{,}20 \times 10^{-5}.min^{-1}$ a uma temperatura de aproximadamente igual a 600 K. Qual o valor da percentagem de uma amostra de SO_2Cl_2 que se decompõe no aquecimento a mesma temperatura durante 1 hora, e qual o tempo de meia-vida, em dias, do referido composto?

Resolução

Cálculo da percentagem de cloreto de sulfurila durante 1 hora (60 minutos):

$$\ln\left(\frac{[SO_2Cl_2]_{Final}}{[SO_2Cl_2]_{inicial}}\right) = -\frac{2{,}20 \times 10^{-5}}{\cancel{min}} \times 60\ \cancel{min}$$

$$\frac{[SO_2Cl_2]_{Final}}{[SO_2Cl_2]_{inicial}} = e^{(-2{,}20 \times 10^{-5} \times 60)}$$

$$\frac{[SO_2Cl_2]_{Final}}{[SO_2Cl_2]_{inicial}} = e^{(-0{,}00132)}$$

$$\frac{[SO_2Cl_2]_{Final}}{[SO_2Cl_2]_{inicial}} = 0{,}9987\ (99{,}87\%)$$

Cálculo do tempo de meia-vida (dias):

$$t_{1/2} = \frac{\ln 2}{k} = \frac{0{,}693}{2{,}20 \times 10^{-5}} = 31500\ min \times \frac{1\ dia}{24 \times 60} = 21{,}87\ dias$$

Exemplo Aplicativo VII

A decomposição em fase gasosa do aldeído acético, também conhecido como acetaldeído, ocorre através de uma cinética de segunda ordem com velocidade específica de aproximadamente 0,30 $L.mol^{-1}.s^{-1}$. A partir destas informações, determine:

a) o tempo de meia-vida, sabendo que a concentração inicial do aldeído é igual a 0,05 $mol.L^{-1}$.

b) o tempo necessário para que a concentração deste composto diminua de 0,50 $mol.L^{-1}$ para 0,10 $mol.L^{-1}$.

Resolução

Equação química: $CH_3 - CHO_{(gás)} \longrightarrow CH_{4(gás)} + CO_{(gás)}$

Item a) Cálculo do tempo de meia-vida, a partir da equação para a cinética de segunda ordem:

$$t_{1/2} = \frac{1}{k \text{ x } [A]_{Inicial}} = \frac{1}{0{,}30 \text{ x } 0{,}050} = \frac{1}{0{,}015} = 66{,}67 \text{ s}$$

Item b) Cálculo do tempo: $\frac{1}{0{,}10} = \frac{1}{0{,}50} + 0{,}30 \text{ x t}$

$$8 = 0{,}30 \text{ x t}$$

$$t = \frac{8}{0{,}30} = 26{,}67 \text{ s}$$

Exemplo Aplicativo VIII

Moléculas de butadieno podem acoplar para formar C_8H_{12}. A expressão da velocidade para esta reação é: $v = k.[C_4H_6]^2$, e a constante de velocidade estimada é 0,014 $L.mol^{-1}.s^{-1}$. Se a concentração inicial de butadieno é 0,016 $mol.L^{-1}$, determine o tempo necessário para que a concentração decaia para 0,0016 $mol.L^{-1}$.

Resolução

A reação química apresenta cinética de segunda ordem, o que pode ser observado pela unidade da constante cinética, apresentado no enunciado na questão.

$$\frac{1}{[C_4H_6]_{Final}} = \frac{1}{[C_4H_6]_{Inicial}} + k \text{ x t}$$

$$\frac{1}{0{,}0016} = \frac{1}{0{,}016} + 0{,}014 \text{ x t}$$

$$625 - 62{,}5 = 0{,}014 \text{ x t}$$

$$t = \frac{625 - 62{,}5}{0{,}014} = \frac{562{,}4}{0{,}014} = 40178{,}57 \text{ s}$$

Exemplo Aplicativo IX

A reação química do tipo $3A_{(gás)} \longrightarrow P_{(gás)}$, apresenta cinética de terceira ordem, com constante cinética na ordem de 3,50 x 10^{-4} $L^2.mol^{-2}.s^{-1}$. Sabendo que a espécie gasosa apresenta um decréscimo de concentração igual a 7,70 x 10^{-2} $mol.L^{-1}$ para 2,1 x 10^{-2} $mol.L^{-1}$, calcule o tempo necessário para esta diminuição.

Resolução

Equação matemática para uma cinética de terceira ordem: $\frac{1}{[A]^2_{Final}} - \frac{1}{[A]^2_{Inicial}} = 2 \text{ x k x t}$

Cálculo do tempo: $\frac{1}{[A]^2_{Final}} - \frac{1}{[A]^2_{Inicial}} = 2 \text{ x k x t}$

$$\frac{1}{(0{,}021)^2} - \frac{1}{(0{,}077)^2} = 2 \times 3{,}50 \times 10^{-4} \times t$$

$$t = \frac{2267{,}57 - 168{,}66}{7{,}0 \times 10^{-4}} = \frac{2098{,}91}{7{,}0 \times 10^{-4}} = 3{,}0 \times 10^{6}\ \cancel{s} \times \frac{1\ \text{dia}}{(24 \times 3600)\ \cancel{s}}$$

$$t = 34{,}70\ \text{dias}$$

Exemplo Aplicativo X

Considerando a reação hipotética A + B ⟶ C, que ocorre na direção direta, numa única etapa e cujo perfil energético está representado na figura a seguir:

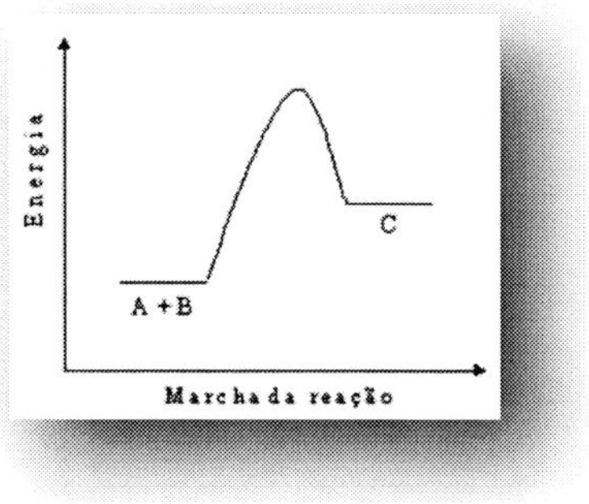

Responda:

a) Em geral, como um catalisador alteraria o perfil energético dessa reação?

b) Um catalisador afetaria a razão entre as constantes velocidade das reações direta e inversa?

Resolução

Item a) A partir do gráfico apresentado, conclui-se que o "caminho" mais rápido se refere à reação inversa (menor seta), uma vez que apresenta menor energia de ativação. Com a adição do catalisador, há uma diminuição da energia de ativação.

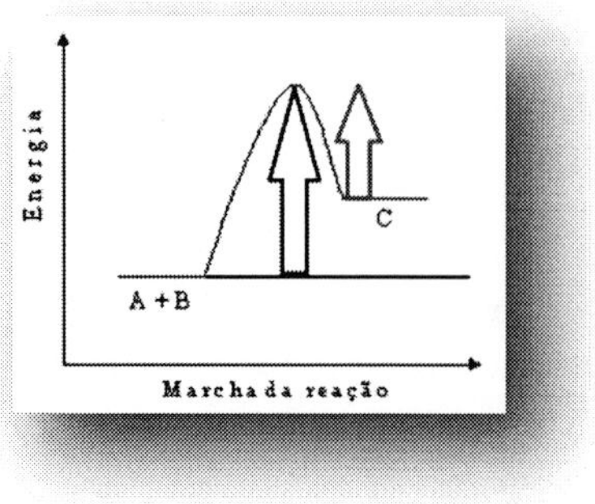

Item b) A utilização do catalisador aumenta a velocidade, diminui a energia de ativação, consequentemente o equilíbrio chega mais rápido. O único fator que afeta a constante da velocidade é a temperatura. Por isso, a utilização do catalisador não afeta as constantes de velocidades da reação direta e inversa.

Exemplo Aplicativo XI

(GRILLO) Os dados apresentados na tabela abaixo mostram a relação entre a dependência da velocidade específica com a temperatura, através da equação química do tipo $A_{(gás)} \longrightarrow 2B_{(gás)}$.

T (kelvin)	k (s^{-1})
338	4,87 x 10^{-3}
328	1,50 x 10^{-3}
318	4,98 x 10^{-4}
308	1,35 x 10^{-4}
298	3,46 x 10^{-5}
273	7,87 x 10^{-7}

Utilizando esses dados apresentados na tabela, determine a energia de ativação, a partir de um gráfico.

Resolução

Plotando o gráfico ($\ln K$) versus o inverso da temperatura $\left(\frac{1}{T}\right)$, a tabela vai ficar da seguinte maneira:

T (Kelvin)	k (s^{-1})	$1/T$	ln k
338	4,87 x 10^{-3}	0,002959	- 5,325
328	1,50 x 10^{-3}	0,003049	- 6,502
318	4,98 x 10^{-4}	0,003145	- 7.605
308	1,35 x 10^{-4}	0,003247	- 8,910
298	3,46 x 10^{-5}	0,003356	- 10,272
273	7,87 x 10^{-7}	0,003663	- 14,055

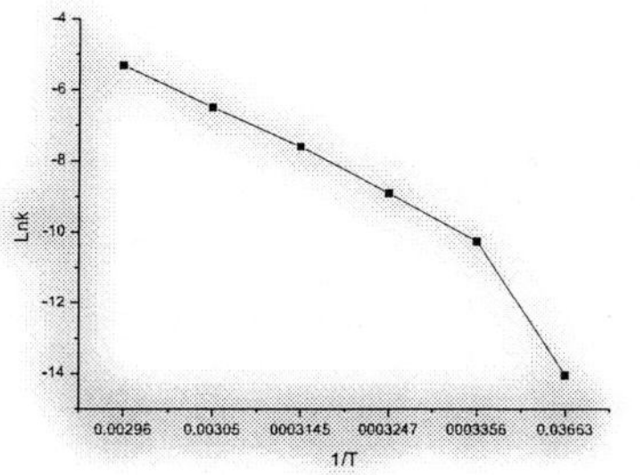

Cálculo da energia de ativação (E_{at}): $-\frac{E_{at}}{R} = \frac{\Delta y}{\Delta x}$

$$-\frac{E_{at}}{8,314} = \frac{-14,055 - (-5,325)}{0,003363 - 0,002959}$$

$$-\frac{E_{at}}{8,314} = \frac{-8,73}{0,000704}$$

$$-E_{at} = \frac{-8,73 \text{ x } 8,314}{0,000704}$$

$$E_{at} = +103098,32 \frac{J}{mol} \ (+103,1 \frac{kJ}{mol})$$

Exemplo Aplicativo XII

(GRILLO) As constantes de velocidade para a reação química que apresenta cinética de segunda ordem, $2ICl_{(gás)} + H_{2(gás)} \longrightarrow I_{2(gás)} + 2HCl_{(gás)}$, são 0,163 e 0,348 $L.mol^{-1}.s^{-1}$, a 503 K e 513 K, respectivamente. A partir da informação apresentada, determine a energia de ativação (E_{at}) e o fator pré-exponencial (A) para essa reação.

Resolução

Dados do problema: k_1 (503 K) = 0,163 $L.mol^{-1}.s^{-1}$ e k_2 (513 K) = 0,348 $L.mol^{-1}.s^{-1}$. A partir da utilização da equação de Arrhenius, temos:

$$\ln\left(\frac{0,163}{0,348}\right) = \frac{E_{at}}{8,314} \text{x} \left[\frac{1}{513} - \frac{1}{503}\right]$$

$$\ln(0{,}468) = \frac{E_{at}}{8{,}314} \text{ x } [1{,}95 \text{ x } 10^{-3} - 1{,}99 \text{ x } 10^{-3}]$$

$$-0{,}759 = \frac{E_{at}}{8{,}314} \text{ x } [-4{,}0 \text{ x } 10^{-5}]$$

$$E_{at} = \frac{-0{,}759 \text{ x } 8{,}314}{-4{,}0 \text{ x } 10^{-5}} = 157758{,}15 \frac{J}{mol} \left(+157{,}76 \frac{kJ}{mol}\right)$$

Determinação do fator pré-exponencial (A), a partir de k_1 e T_1: $k_1 = A \text{ x } e^{\left(-\frac{E_{at}}{R \text{ x } T_1}\right)}$

$$0{,}163 = A \text{ x } e^{\left(-\frac{157758{,}15}{8{,}314 \text{ x } 503}\right)}$$

$$0{,}163 = A \text{ x } e^{(-37{,}72)}$$

$$0{,}163 = A \text{ x } 4{,}15 \text{ x } 10^{-17}$$

$$A = \frac{0{,}163}{4{,}15 \text{ x } 10^{-17}} = 3{,}93 \text{ x } 10^{+15} \frac{L}{mol \text{ x } s}$$

Exemplo Aplicativo XIII

Uma determinada reação química possui uma energia de ativação maior do que a outra. Sabendo-se que as constantes de velocidade de ambas as reações possuem o mesmo valor em uma dada temperatura T, qual das duas reações terá o maior valor para o fator de frequência. Demonstre matematicamente.

Resolução

A partir da equação matemática de Arrhenius, $k = A \text{ x } e^{\left(-\frac{E_{at}}{R \text{ x } T}\right)}$, aplicando a função logarítmica: $\ln k = \ln A + \ln e^{\left(-\frac{E_{at}}{R \text{ x } T}\right)}$

$$\ln k = \ln A - \frac{E_{at}}{R \text{ x } T}$$

Para a reação 1, temos: $\ln k_1 = \ln A_1 - \frac{E_{at_1}}{R \text{ x } T}$

Para a reação 2, temos: $\ln k_2 = \ln A_2 - \frac{E_{at_2}}{R \text{ x } T}$.

Como a constante cinética é a mesma para as duas situações, as equações matemáticas serão iguais, ou seja, $\ln k_1 = \ln k_2$.

$$\ln A_1 - \frac{E_{at_1}}{R \text{ x } T} = \ln A_2 - \frac{E_{at_2}}{R \text{ x } T}$$

$$\ln A_1 - \ln A_2 = -\frac{E_{at_2}}{R \text{ x } T} + \frac{E_{at_1}}{R \text{ x } T}$$

$$\ln \frac{A_1}{A_2} = \frac{1}{R \text{ x } T} \text{ x } \left[-E_{at_2} + E_{at_1}\right]$$

$$\ln \frac{A_1}{A_2} = \frac{1}{R \text{ x } T} \text{ x } \underbrace{\left[E_{at_1} - E_{at_2}\right]}_{E_{at_1} > E_{at_2}}$$

Logo, o fator de frequência da reação 1 é maior que a 2, uma vez que a E_{at_1} (energia de ativação da reação 1) é maior que a da E_{at_2} (energia de ativação 2).

EXERCÍCIO DE FIXAÇÃO

Questão 01

(GRILLO) Através da equação química hipotética apresentada a seguir: $4A_{(gás)} + 3B_{(gás)} \longrightarrow 2W_{(gás)}$, e sabendo que a velocidade da reação seja igual a 1,5 $mol.L^{-1}.h^{-1}$, determine as velocidades de formação e de consumo dos participantes gasosos da referida reação.

Questão 02

(GRILLO) Sabendo que a velocidade de consumo de A é igual a 1,75 $mol.L^{-1}.s^{-1}$ na reação gasosa do tipo $3A_{(gás)} + 2B_{(gás)} \longrightarrow W_{(gás)} + 5Z_{(gás)}$. A partir das informações apresentadas, determine as velocidades de formação, a velocidade de consumo dos participantes gasosos e da velocidade de reação.

Questão 03

Estudos cinéticos demonstram que a equação $4A + B + C \longrightarrow 2D + 2E$ ocorre em três etapas, segundo o mecanismo a seguir:

Etapa 1: $A + B + C \longrightarrow 2F$ (lenta)
Etapa 2: $2F + A \longrightarrow 2G$ (rápida)
Etapa 3: $G + A \longrightarrow D + E$ (rápida)
Os dados cinéticos de quatro experimentos conduzidos a mesma temperatura são apresentados na Tabela 1.

Tabela 1 - Dados cinéticos da reação em estudo.

Experimento	Velocidade inicial ($mol.L^{-1}.s^{-1}$)	Concentração inicial das espécies químicas ($mol.L^{-1}$)				
		A	B	C	F	G
1	90	9	3	3	2	2
2	60	9	2	3	2	1
3	120	9	3	4	1	1
4	3	3	3	3	0,5	0,5

Determine:
a) A equação da velocidade da reação.
b) A ordem global da reação.
c) O valor da constante de velocidade.

Questão 04

Para a reação foram realizados três experimentos, conforme a tabela abaixo:

Experimento	[A] ($mol.L^{-1}$)	[B] ($mol.L^{-1}$)	Velocidade de reação ($mol.L^{-1}.s^{-1}$)
I	0,10	0,10	$2,0 \times 10^{-3}$
II	0,20	0,20	$8,0 \times 10^{-3}$
III	0,10	0,20	$4,0 \times 10^{-3}$

Determine:
a) a lei da velocidade da reação acima;
b) a constante de velocidade;
c) a velocidade de formação de C quando as concentrações de A e B forem ambas 0,50 $mol.L^{-1}$.

Questão 05

A decomposição do aldeído acético ocorre segundo a reação: $CH_3CHO_{(g)} \longrightarrow CH_{4(g)} + CO_{(g)}$. A velocidade inicial da reação foi medida na mesma temperatura para duas concentrações do aldeído, fornecendo os resultados abaixo:

[CH_3CHO] ($mol.L^{-1}$)	Velocidade da reação ($mol.L^{-1}.s^{-1}$)
0,10	0,020
0,20	0,081

Determine a constante de velocidade e a ordem dessa reação.

Questão 06

A reação em fase gasosa: aA + bB $\rightarrow$ cC + dD foi estudada em diferentes condições, tendo sido obtidos os seguintes resultados experimentais:

Concentração inicial (mol.L^{-1})		Velocidade inicial (mol.L^{-1}.h^{-1})
[A]	[B]	
1×10^{-3}	1×10^{-3}	3×10^{-5}
2×10^{-3}	1×10^{-3}	12×10^{-5}
2×10^{-3}	2×10^{-3}	48×10^{-5}

A partir dos dados acima, determine a constante de velocidade da reação.

Questão 07

Para a reação hipotética A + B $\rightarrow$ Produtos, têm-se os seguintes dados:

A (mol.L^{-1})	B (mol.L^{-1})	v (mol.L^{-1}.h^{-1})
10,00	10,00	100,0

Considerando a mesma reação, verificou-se também a seguinte correlação:

A (mol.L^{-1})	B (mol.L^{-1})	v (mol. L^{-1}.h^{-1})
10α	β	$\alpha^{\beta}\alpha^{\alpha}$

onde α e β são, respectivamente, as ordens da reação em relação a A e B. Sabendo que $(\alpha/\beta) = 10,0$, determine:
a) a constante de velocidade k;
b) os valores numéricos das ordens parciais e global da reação.

Questão 08

No estudo da cinética da reação $2NO_{(g)} + H_{2(g)} \rightarrow N_2O_{(g)} + H_2O_{(g)}$ ocorrendo à temperatura de 700°C, foram obtidos os dados constantes da tabela abaixo:

C (concentração inicial) (mol.L^{-1})		V_o (velocidade inicial) (mol.L^{-1}.s^{-1})
NO	H_2	
0,025	0,01	$2,4 \times 10^{-6}$
0,025	0,005	$1,2 \times 10^{-6}$
0,0125	0,01	$0,6 \times 10^{-6}$

Pede-se:
a) a ordem global da reação;
b) a constante de velocidade a esta temperatura.

Questão 09

Observa-se que uma reação de decomposição de primeira ordem tem as seguintes constantes de velocidade nas temperaturas mencionadas:

T (°C)	k (10^{-3} s^{-1})
0	2,46
20,0	25,1
40,0	576

Estime a energia de ativação.

Questão 10

Um primeiro estudo da cinética da reação $SO_{2(g)} + O_{3(g)} \longrightarrow SO_{3(g)} + O_{2(g)}$ foi feito a 250 K, fornecendo os dados da tabela abaixo:

$[SO_2]$ (mol.L^{-1})	$[O_3]$ (mol.L^{-1})	Taxa (mol.L^{-1}.s^{-1})
0,25	0,40	0,118
0,25	0,20	0,118
0,75	0,20	1,062

Um segundo estudo foi então realizado a 400 K, fornecendo:

$[SO_2]$ (mol.L^{-1})	$[O_3]$ (mol.L^{-1})	Taxa, (mol.L^{-1}.s^{-1})
0,50	0,30	1,425

Com base nesses dados, estime a energia de ativação da referida reação.

Questão 11

A decomposição térmica do SO_2Cl_2, gasoso a 320°C, segue uma cinética idêntica à desintegração radioativa, formando SO_2 e Cl_2 gasosos, com uma constante de velocidade k = 2,20 x 10^{-5}.s^{-1}. Calcule a percentagem de SO_2Cl_2 que se decompõe por aquecimento a 320°C, durante 4h 25min.

Questão 12

Considere o decaimento radioativo do ^{24}Na como um processo cinético de primeira ordem, conforme mostrado no gráfico abaixo.

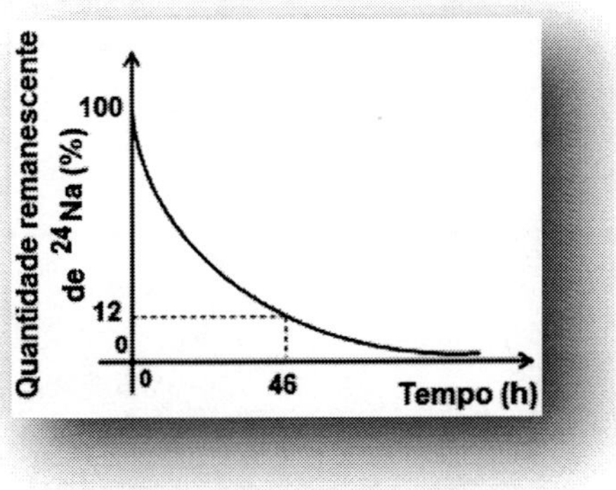

Para este radioisótopo, determine:

a) a constante de decaimento, k;

b) o tempo de meia-vida, em horas. Dados: ln 2 = 0,693; ln 3 = 1,099; ln 5 = 1,609.

Questão 13

Em 1889, o químico sueco August Svante Arrhenius demonstrou que, para uma reação com energia de ativação constante E_{at}, a variação da velocidade específica, k, com a temperatura é expressa pela equação: $k = A.e^{-E_{at}/R.T}$, onde: A é o fator de frequência, R é a constante universal dos gases, **e** é a base dos logaritmos neperianos e T é a temperatura Kelvin. Certa reação obedece a uma lei velocidade onde os valores de k são 0,00001 e 0,00010 L.mol^{-1}.s^{-1}, a 312,50 K e 357,14 K, respectivamente. Usando essas informações, calcule:

a) a ordem da reação;

b) a energia de ativação;

c) o fator de frequência;
d) a temperatura na qual a reação é 10 vezes mais lenta que a 312,50 K. Dado: R = 2,00 cal.K.$^{-1}$.mol^{-1}.

Questão 14

A reação a seguir segue a mesma cinética do decaimento radioativo. A ⟶ 2B + ½C. Ao se acompanhar analiticamente o desenvolvimento desta reação na temperatura T_1, obtêm-se o Gráfico 1, o qual estabelece uma relação entre a concentração molar da substância A no meio reacional e o tempo de reação.

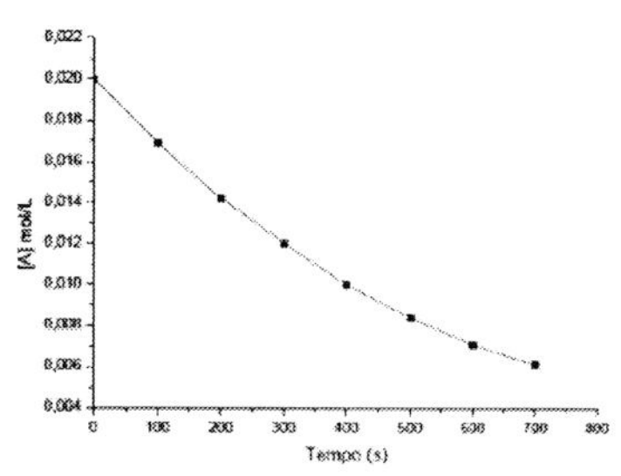

Gráfico 1 – Concentração da substância A no tempo

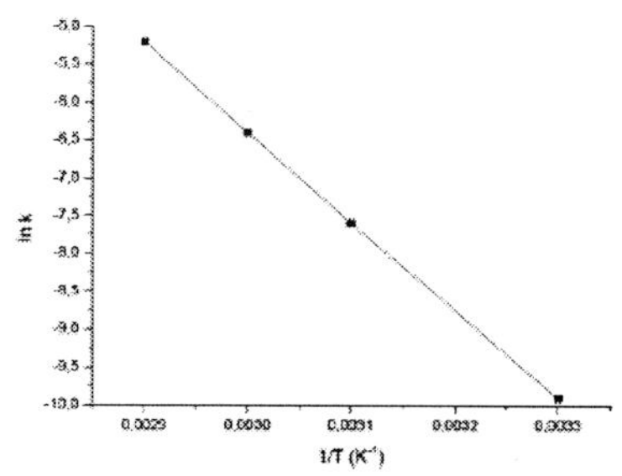

Gráfico 2 – ln k *versus* 1/T

Ao se conduzir esta mesma reação em diversas temperaturas, obtêm-se diferentes valores para a constante de velocidade de reação k, conforme os dados da Tabela 1.

Tabela 1 - Efeito da temperatura na constante de velocidade (k).

Temperatura (°C)	25	45	55	65
Constante de velocidade, k (s^{-1})	$3,2 \times 10^{-5}$	$5,1 \times 10^{-4}$	$1,7 \times 10^{-3}$	$5,2 \times 10^{-3}$

Finalmente, com um tratamento matemático dos dados da Tabela 1, pode-se construir o Gráfico 2, o qual fornece uma relação entre a constante de velocidade e a temperatura. Com base nas informações fornecidas, considerando ainda que ln 2 = 0,69 e que a constante universal dos gases é igual a 8,3 J.mol^{-1}.K^{-1}, determine:
a) a temperatura T_1;
b) a energia de ativação, em kJ/mol, da reação.

Questão 15

A reação 3ClO$^-$ ⟶ ClO^{3-} + 2Cl$^-$, pode ser representada pelo seguinte diagrama de energia potencial (EP) pela coordenada da reação:

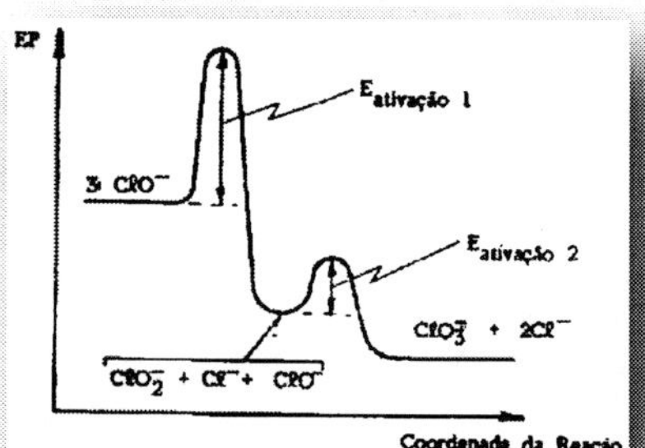

Pede-se:
a) Propor um mecanismo para a reação, composto por reações elementares.
b) A expressão da velocidade de reação global. Justifique a resposta.

Questão 16

À temperatura de 147°C, a decomposição do peróxido de diterbutila, em fase gasosa, obedece à equação: $(CH_3)_3COOC(CH_3)_3 \rightarrow 2CH_3COCH_3 + C_2H_6$. O estudo cinético dessa reação pela medida da pressão total da mistura em função do tempo, a volume constante, mostrou que a mesma é de 1ª ordem. Com base na tabela abaixo, calcular a velocidade média da reação em relação de di-t-butila, no intervalo de 0 a a10 minutos, em mol.L^{-1}.min^{-1}.

Tempo (min)	0	6	10	14	22
Pressão (mmHg)	180	200	210	220	240

Dado: Constante dos gases ideais (R) = 62,50 mm Hg.L.mol^{-1}.K^{-1}.

Questão 17

A reação do óxido nítrico com hidrogênio, a 827ºC, fornece nitrogênio e vapor d'água. Nestas condições, foram obtidos os seguintes dados cinéticos:

Experiência	P_{H2} (torr)	P_{NO} (torr)	Velocidade inicial (torr.s^{-1})
1	400	152	0,28
2	400	300	1,08
3	400	359	1,55
4	300	400	1,44
5	289	400	1,39
6	205	400	0,98
7	147	400	0,70

Considerando a reação ocorrendo em um recipiente de 1,00 L, na temperatura dada e com uma pressão inicial de NO de 100 torr, calcule o número de mol de H_2 necessário para que a velocidade inicial seja de 3,75 x 10^{-2} torr.s^{-1}.

Questão 18

A reação $2A_{(l)} + 2B_{(l)} \longrightarrow 3C_{(l)}$, onde A, B e C representam substâncias puras foi realizada, isotermicamente, em um béquer, repetidas vezes. As concentrações iniciais dos reagentes usados e as velocidades iniciais de cada uma das reações realizadas são mostradas no quadro abaixo. Calcule a ordem parcial da referida reação em relação a cada um dos reagentes.

Reação N°	Concentração inicial (mol.L^{-1})			Velocidade inicial (mol.L^{-1}.min^{-1})
	A	B	C	
1	4,000	0,5000	0	12,13
2	4,000	0,8000	0	17,67
3	4,000	2,0000	0	36,76
4	2,000	4,0000	0	27,86
5	0,800	4,0000	0	9,86
6	0,500	4,0000	0	5,65

Dados

Valor	Logaritmo neperiano	Valor	Logaritmo neperiano
12,13	2,50	17,67	2,87
36,76	3,60	27,86	3,33
9,86	2,29	5,65	1,73
4,0	1,39	2,0	0,69
0,5	- 0,69	0,8	- 0,22

Questão 19

Velocidades iniciais (v_i) de decomposição do peróxido de hidrogênio foram determinadas em três experimentos (A, B e C), conduzidos na presença de $I^-_{(aquoso)}$ sob as mesmas condições, mas com diferentes concentrações iniciais de peróxido [H_2O_2], de acordo com os dados abaixo:

Experimento	$[H_2O_2]$ ($mol.L^{-1}$)	V_i (10^{-3} $mol.L^{-1}.s^{-1}$)
A	0,750	2,745
B	0,500	1,83
C	0,250	0,915

Com base nestes dados, para a reação de decomposição do peróxido de hidrogênio:
a) Escreva a equação estequiométrica que representa a reação;
b) Indique a ordem desta reação;
c) Escreva a lei de velocidade da reação;
d) Determine o valor numérico da constante de velocidade;
e) Indique a função do $I^-_{(aq)}$ na reação.

Questão 20

A equação química que representa a reação de decomposição do gás N_2O_5 é: $2N_2O_{5(gás)} \longrightarrow 4NO_{2(gás)} + O_{2(gás)}$. A variação da velocidade de decomposição do gás N_2O_5 é dada pela equação algébrica: $v = k.[N_2O_5]$, em que k é a constante de velocidade desta reação, e $[N_2O_5]$ é a concentração, em mol/L do N_2O_5, em cada tempo. A tabela a seguir fornece os valores de $\ln[N_2O_5]$ em função do tempo, sendo a temperatura mantida constante.

Tempo (segundos)	ln $[N_2O_5]$
0	- 2,303
50	- 2,649
100	- 2,996
200	- 3,689
300	- 4,382
400	- 5,075

a) Determine o valor da constante de velocidade (k) desta reação de decomposição. Mostre os cálculos realizados.
b) Determine o tempo de meia-vida do N_2O_5 no sistema reagente. Mostre os cálculos realizados.

Questão 21

(CONCURSO PARA DOCENTE FEDERAL - INSTITUTO FEDERAL DO RIO DE JANEIRO) A decomposição química de um composto A apresenta cinética de primeira ordem. Um estudo sobre o decréscimo de concentração do composto versus o tempo é mostrado na seguinte tabela:

[A] ($mol.L^{-1}$)	Tempo (horas)
25,00	0
18,95	1
10,88	3
6,25	5

De acordo com os dados obtidos, calcule:
a) o tempo de meia-vida para o decaimento do composto;
b) o valor da constante de velocidade;
c) a concentração da substância A, decorridos 4 horas de reação;
d) o tempo necessário para a decomposição de 99% do composto.

Questão 22

(CONCURSO PARA DOCENTE FEDERAL - INSTITUTO FEDERAL DO RIO DE JANEIRO) A reação de decomposição do pentóxido de dinitrogênio (N_2O_5) possui uma constante de velocidade a 25°C igual a $3{,}38 \times 10^{-4}.s^{-1}$. Considerando que a equação que representa a reação é: $2N_2O_{5(gás)} \longrightarrow 4NO_{2(gás)} + O_{2(gás)}$.
a) Calcule o tempo de meia vida do N_2O_5.
b) Construa um gráfico qualitativo, do qual possa extrair o valor da constante.

Questão 23

(CONCURSO PARA DOCENTE FEDERAL - INSTITUTO FEDERAL DO RIO DE JANEIRO) Esta reação, expressa na equação a seguir, foi realizada na temperatura de 20°C, com concentração inicial de $NO_{3(gás)}$, igual a 0,05 mol.L^{-1}. Decorridos 60 minutos, foi verificado que a concentração de NO_3 passou a ser de 0,0358 mol.L^{-1}. $NO_{3(gás)} \longrightarrow NO_{2(gás)} + \frac{1}{2} O_{2(gás)}$. Sabendo que a decomposição de $NO_{3(gás)}$ segue uma cinética de segunda ordem, determine o seguinte:

a) O valor da constante cinética;

b) A concentração de $NO_{3(gás)}$ decorridos 145 minutos;

c) O tempo necessário para que reste 1% da concentração inicial do reagente.

Questão 24

(CONCURSO PARA DOCENTE FEDERAL - INSTITUTO FEDERAL DO RIO DE JANEIRO) Dados cinéticos foram levantados a uma determinada temperatura para esta reação: $C_2H_5I_{(gás)} \longrightarrow C_2H_{4(gás)} + HI_{(gás)}$. Com base nesses dados, construíram-se os seguintes gráficos:

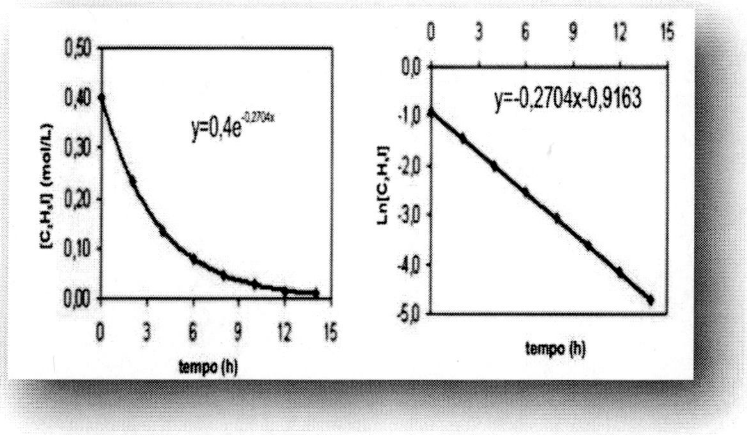

O efeito da temperatura sobre essa mesma reação foi também estudado. A tabela a seguir mostra os resultados obtidos. Para esta reação:

Temperatura (°C)	300	325	375	400
Tempo de meia vida (h)	86,69	13,85	0,54	0,13

a) Descreva a lei de velocidade e justifique sua resposta;

b) Calcule os parâmetros de Arrhenius;

c) Determine a constante de velocidade da reação e a temperatura em que os dados empregados na construção dos gráficos foram obtidos.

Questão 25

Considere uma reação hipotética em fase aquosa que apresenta cinética de segunda ordem, do tipo $A_{(aquoso)} + B_{(aquoso)} \longrightarrow P_{(aquoso)}$. Este processo foi conduzido inicialmente em 0,050 mol.L^{-1} de Q e 0,080 mol.L^{-1} em B. Após o decorrer da reação, a concentração da quantidade de matéria de A caiu para 0,020 mol.L^{-1} em um período de uma hora. Determine a constante cinética em L.mol^{-1}.s^{-1}.

Questão 26

Considere a reação de segunda ordem do tipo $A_{(aquoso)} + 2B_{(aquoso)} \longrightarrow P_{(aquoso)}$. Este processo apresentou inicialmente 0,075 mol.L^{-1} em A e 0,080 mol.L^{-1} em B. Após um período de aproximadamente uma hora, a concentração da quantidade de matéria de A foi igual a 0,045 mol.L^{-1}. Através destas informações, determine a constante de velocidade em L.mol^{-1}.s^{-1}.

Questão 27

A figura apresenta cinco curvas (I, II, III, IV e V) da concentração de uma espécie X em função do tempo. Considerando uma reação química hipotética representada pela equação $X_{(g)} \longrightarrow Y_{(g)}$, determine qual a curva correspondente a uma reação química que obedece a uma lei de velocidade de segunda ordem em relação à espécie X.

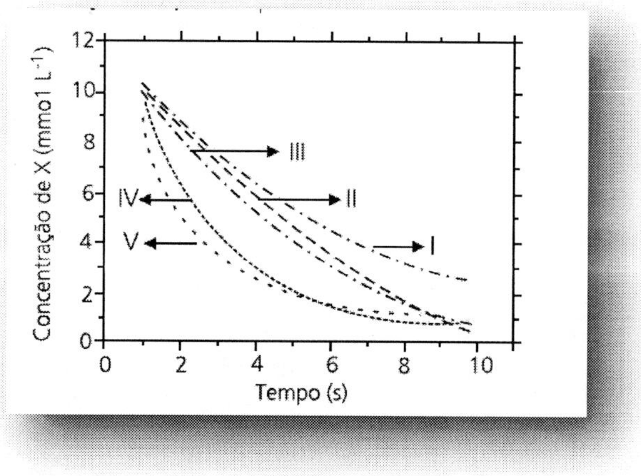

Questão 28

Na reação abaixo ocorre a transferência de um átomo de oxigênio do NO_2 para o CO: $CO_{(g)} + NO_{2(g)} \longrightarrow CO_{2(g)} + NO_{(g)}$. Esta reação foi estudada a 267°C obtendo-se os seguintes dados:

Experimento	Concentração (mol.L^{-1})		Velocidade Inicial (mol.L^{-1}.s^{-1})
	[CO]	[NO_2]	
1	5,0 x 10^{-4}	0,35 x 10^{-4}	5,65 x 10^{-10}
2	5,0 x 10^{-4}	0,70 x 10^{-4}	1,13 x 10^{-9}
3	1,0 x 10^{-3}	0,35 x 10^{-4}	1,13 x 10^{-9}

A partir destes dados, determine:
a) A expressão da velocidade;
b) A ordem de reação em relação a cada reagente;
c) Calcule a constante de velocidade, expressando-a com suas unidades.

Questão 29

Uma reação elementar do tipo W + Z ⟶ X foi realizada a uma temperatura ambiente com concentrações iniciais iguais a dos dois reagentes, $[W]_0$ e $[Z]_0$, de 10^{-3} mol.L^{-1} e obteve-se uma constante cinética, k = 8 x 10^{-3} (unidade). Responda:
a) Qual a ordem da reação?
b) Qual a unidade da velocidade específica?
c) Calcule o tempo de meia-vida da reação.

Questão 30

(GRILLO) A energia de ativação para a reação de decomposição do iodeto de hidrogênio é de aproximadamente 182 kJ.mol^{-1}. A constante de velocidade a 700°C é 1,57x10^{-3} L.mol^{-1}.s^{-1}. Calcule: (a) velocidade específica a 600°C; (b) o fator pré-exponencial (A) a 600°C.

Questão 31

O propeno pode ser obtido através da reação de isomerização do ciclopropano, conforme apresentado na reação abaixo:

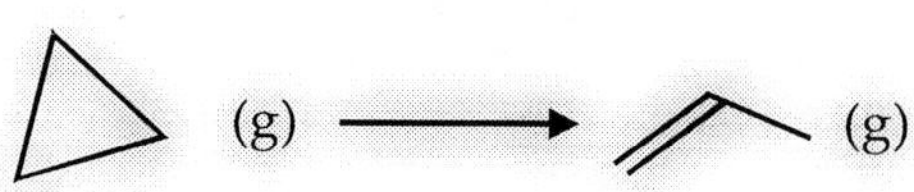

O estudo teórico da cinética, considerando diferentes ordens para esta reação, fornece as seguintes equações:

$[\Delta] = 0{,}100 - \text{k x t}$, se a reação for de ordem zero;

$\ln\left(\frac{\Delta}{0{,}100}\right) = -\text{k x t}$, se a reação for de primeira ordem e

$\frac{1}{\Delta} - \frac{1}{0,100} = k \times t$, se a reação for de segunda ordem, onde k é a constante de velocidade.

Seguindo este estudo, foram obtidos dados experimentais da concentração de ciclopropano [Δ] ao longo do tempo t, apresentados nos gráficos abaixo em três formas diferentes. Considerando as informações mencionadas, determine a expressão da velocidade de reação para a isomerização do ciclopropano.

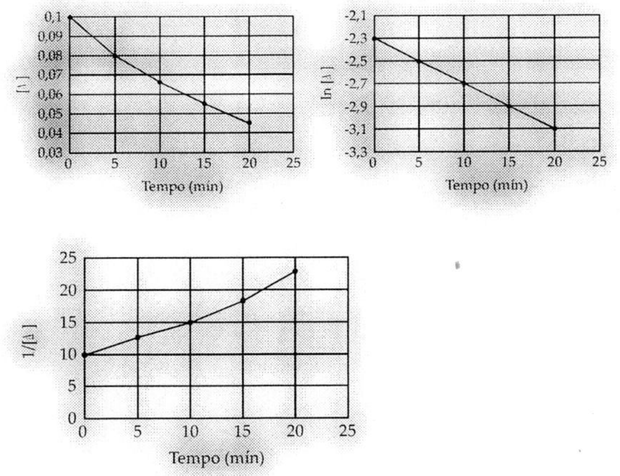

Questão 32

Considere a reação em fase gasosa entre o óxido nítrico e oxigênio exibindo a concentração inicial das espécies gasosas a uma certa temperatura T. $2NO_{(gás)} + O_{2(gás)} \longrightarrow 2NO_{2(gás)}$.

Experimento	Concentração ($mol.L^{-1}$)		Taxa inicial de formação de NO_2 ($mol.L^{-1}.s^{-1}$)
	[NO]	[O_2]	
1	0,020	0,020	0,057
2	0,040	0,040	0,455
3	0,040	0,020	0,228

a) Determine a ordem de reação para o NO.
b) Determine a ordem de reação para o O_2.
c) Calcule a constante cinética.
d) Calcule a constante de taxa e dê suas unidades a esta temperatura.
e) Calcule a taxa inicial de desaparecimento de $O_{2(g)}$ em $mol.L^{-1}.s^{-1}$ para o experimento 3.
f) Nesta reação segue um mecanismo em duas etapas, sendo o primeiro passo dado a seguir: $2NO_{(gás)} \rightleftarrows N_2O_{2(gás)}$.
g) Escreva a equação da segunda etapa do mecanismo.

Questão 33

A reação química hipotética representada pela seguinte equação: $2AB_2C \overset{k}{\rightleftarrows} 2AB_2 + C_2$ foi acompanhada experimentalmente, medindo-se as concentrações das espécies [AB_2C], [AB_2] e [C_2] em função do tempo. A partir destas informações experimentais, foram determinadas a constante de velocidade (k) e a lei de velocidade da reação. Com base nessa lei de velocidade, o mecanismo abaixo foi proposto e aceito:

$AB_2C \overset{k_1}{\rightleftarrows} AB_2 + C$ (Etapa Lenta)

$AB_2 + C \overset{k_2}{\rightleftarrows} AB_2 + C_2$ (Etapa Rápida)

Explique como foi possível determinar a constante de velocidade (k).

Questão 34

A reação de combustão $2SO_{2(gás)} + O_{2(gás)} \longrightarrow 2SO_{3(gás)}$ é lenta e pode ser representada pela figura:

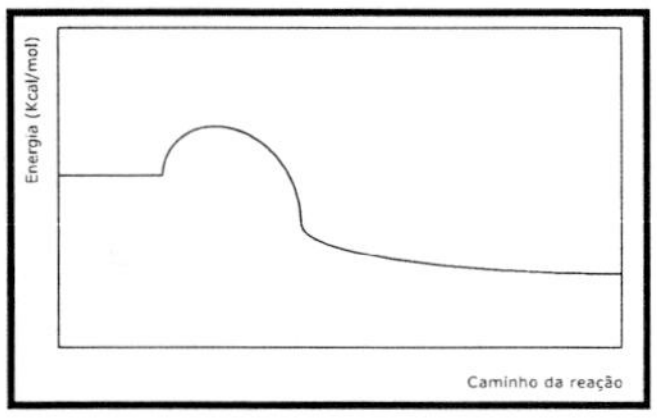

Esta mesma reação pode ser catalisada pelo $NO_{2(g)}$ em duas etapas, sendo que a primeira é bem mais lenta que a segunda. Numa mesma figura, esboce o perfil da curva da reação não catalisada e da reação catalisada pelo $NO_{2(gás)}$.

Questão 35

Para a reação A + B ⟶ C, foram constatados experimentalmente os seguintes perfis de concentração molar ($mol.L^{-1}$) versus tempo (h):

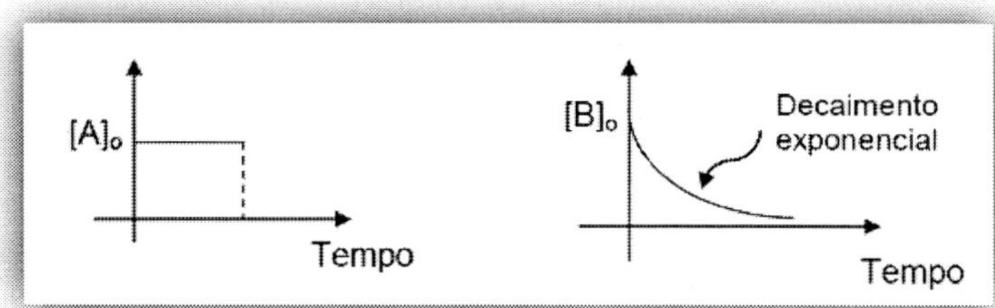

Observa-se ainda, experimentalmente, que a concentração do reagente B cai à metade do valor inicial em 195 h. Determine:
a) A lei de velocidade;
b) O valor da constante de velocidade.

Questão 36

Com base nos dados de variação da concentração com o tempo, obtidos em laboratório para a reação 2A ⟶ B + C foi levantado o gráfico a seguir. Valendo-se exclusivamente de métodos gráficos, pôde-se determinar a velocidade específica como sendo $k = 2.s^{-1}$.

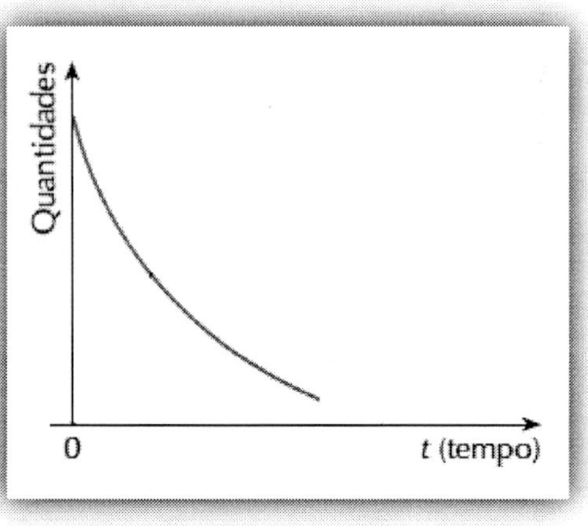

a) Diga a ordem da reação;
b) Descreva o método utilizado.

Questão 37

(EXAME NACIONAL DE CURSOS – ENGENHARIA QUÍMICA) Dados experimentais obtidos a partir de uma reação A ⟶ B são apresentados na tabela abaixo:

Tempo (segundos)	Concentração de A ($mol.L^{-1}$)
100	0,50
200	0,25
300	0,20

Determine:

a) A ordem de reação.
b) O valor da constante de velocidade.
c) O tempo de meia-vida para uma concentração inicial de 1 $mol.L^{-1}$.

Questão 38

$2HgCl_2 + C_2O_4^{2-} \longrightarrow 2Cl^- + 2CO_{2(gás)} + Hg_2Cl_{2(sólido)}$ foi estudada em solução aquosa, segundo o número de mol de cloreto mercuroso que precipita por litro de solução por minuto. Os dados obtidos estão na tabela.

$[HgCl_2]$ ($mol.L^{-1}$)	$[C_2O_4^{2-}]$ ($mol.L^{-1}$)	Velocidade ($mol.L^{-1}.min^{-1}$)
0,100	0,15	$1,8 \times 10^{-5}$
0,100	0,30	$7,2 \times 10^{-5}$
0,050	0,30	$3,6 \times 10^{-5}$

a) Determine a equação de velocidade de reação.
b) Calcule o valor da constante de velocidade da reação.
c) Qual será a velocidade da reação quando $[HgCl_2]$ = 0,010 $mol.L^{-1}$ e $[C_2O_4^{2-}]$ = 0,010 $mol.L^{-1}$?

Questão 39

Para a reação genérica abaixo, a 298 K: $3X_2Y + WZ_3 \longrightarrow$ Produtos. Foram obtidos os seguintes dados cinéticos:

Experimento	Concentração ($mol.L^{-1}$)		Velocidade inicial ($mol.L^{-1}.s^{-1}$)
	$[X_2Y]_0$	$[WZ_3]_0$	
I	1,72	2,44	0,68
II	3,44	2,44	5,44
III	1,72	0,10	$2,8 \times 10^{-2}$
IV	2,91	1,33	?

a) Em relação a cada reagente, determine a ordem da reação. Determine também, a ordem global da reação.
b) A partir das informações da tabela, determine a lei de velocidade para a reação.
c) Utilizando os dados, determine o valor da constante de velocidade para a reação genérica acima.
d) Utilizando os dados fornecidos, calcule a velocidade de reação para o experimento IV.
e) A velocidade de reação aumenta por um fator de 100 da presença de um catalisador, a 298 K. A energia de ativação aumentará, diminuirá ou permanecerá a mesma? Justifique.

Questão 40

Considere a curva de variação de energia potencial das espécies A, B, C, D e E, envolvidas em uma reação química genérica, em função do caminho da reação, apresentada na figura ao lado.

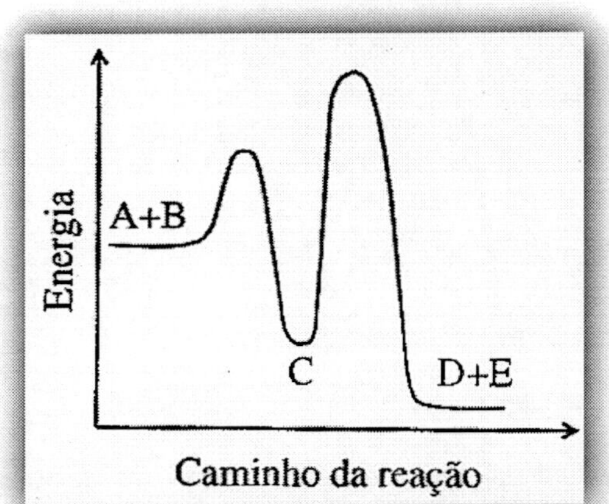

Suponha que a reação tenha sido acompanhada experimentalmente, medindo-se as concentrações de A, B e C em função do tempo.

a) Proponha um mecanismo de reação para o processo descrito na figura, indicando a reação global.
b) Indique a etapa lenta do processo e escreva a lei de velocidade da reação.
c) Baseado na sua resposta no item b e conhecendo as concentrações de A, B e C em função do tempo, explique como determinar a constante de velocidade desta reação.

Questão 41

Uma das reações que ocorrem nos motores de carro e sistemas de exaustão é: $NO_{2(gás)} + CO_{(gás)} \longrightarrow NO_{(gás)} + CO_{2(gás)}$. Os dados experimentais para esta reação são os seguintes:

Experimento	$[NO_2]$ inicial ($mol.dm^{-3}$)	[CO] inicial ($mol.dm^{-3}$)	Velocidade inicial ($mol.dm^{-3}.s^{-1}$)
1	0,10	0,10	0,0050
2	0,40	0,10	0,0800
3	0,10	0,20	0,0050

a) Escreva a equação da lei de velocidade desta reação, considerando o seguinte mecanismo para esta reação:
Etapa 1: $NO_2 + NO_2 \longrightarrow NO_3 + NO$
Etapa 2: $NO_3 + CO \longrightarrow NO_2 + CO_2$
b) Qual a etapa determinante da reação? Justifique.
c) Desenhe um diagrama de energia (energia versus caminho da reação) para esta reação.

Questão 42

Considere o seguinte mecanismo proposto para a decomposição do peróxido de hidrogênio:
$H_2O_{2(aquoso)} + I^-_{(aquoso)} \longrightarrow H_2O_{(líquido)} + IO^-_{(aquoso)}$
$H_2O_{2(aquoso)} + IO^-_{(aquoso)} \longrightarrow H_2O_{(líquido)} + I^-_{(aquoso)} + O_{2(gás)}$
a) Escreva a reação global.
b) Diga qual é o catalisador desta decomposição. Justifique.
c) Quais são os intermediários desta reação? Justifique.

Questão 43

(EXAME NACIONAL DE CURSOS – ENGENHARIA QUÍMICA) Para a reação de decomposição do ozônio $2O_{3(g)} \longrightarrow 3O_{2(g)}$ foi proposto um mecanismo em duas etapas, a primeira envolvendo a reação de equilíbrio $O_3 \rightleftarrows O_2 + O$ e a segunda envolvendo a reação irreversível $O + O_3 \longrightarrow 2O_2$.
a) Desenvolva a equação da velocidade de reação em termos de O_2 para o mecanismo proposto.
b) Mostre que a cinética da reação é de segunda ordem em relação ao O_3 e de ordem -1 em relação ao O_2.

Questão 44

(GRILLO) A reação gasosa $X_{(gás)} + Y_{(gás)} \longrightarrow Z_{(gás)}$ ocorre em duas etapas, de acordo com o seguinte mecanismo:
$2X_{(gás)} \rightleftarrows W_{(gás)}$
$Y_{(gás)} + W_{(gás)} \xrightarrow{k_1} X_{(gás)} + Z_{(gás)}$
A primeira etapa deste processo ocorre de forma rápida, atingindo o equilíbrio e a constante de equilíbrio é designada pela letra K. Deduza uma expressão para a velocidade de formação em relação a Z, em termos de K, k_1 e das concentrações de X e Y.

Questão 45

Uma determinada substância sofre decomposição segundo uma cinética de primeira ordem, e sua dependência em relação à temperatura segue uma lei empírica chamada de equação de Arrhenius. Os tempos de meia-vida determinados a 95ºC e 85ºC foram 15,4 minutos e 57,8 minutos, respectivamente. A partir destes dados:

a) Calcule a energia de ativação e, supondo que esta permaneça constante, independente da temperatura, estime o tempo de meia-vida a 25ºC.
b) Estime também a energia de ativação por meio de um gráfico do logaritmo natural da constante de velocidade versus o inverso da temperatura (em Kelvin).

Questão 46

(GRILLO) Escreva a expressão para a velocidade de aparecimento do composto D, considerando os dois mecanismos apresentados a seguir, considerando que cada etapa descrita ocorre de acordo com uma cinética de primeira ordem:

a) $A \rightleftarrows B$ (Etapa rápida; equilíbrio dinâmico)
$B + C \rightarrow D$ (Etapa lenta)

b) $A + B \rightleftarrows AB$ (Etapa rápida; equilíbrio dinâmico)
$AB + C \rightarrow D$ (Etapa lenta)

Questão 47

(GRILLO) Considere o seguinte mecanismo proposto para a reação a seguir:
$AH + B \rightleftarrows BH^+ + A^-$
$A^- + AH \rightarrow P$
Encontre a lei de velocidade, expressando o valor da constante de velocidade em função das constantes de velocidade das etapas elementares.

Questão 48

Considere uma reação endotérmica entre reagentes, todos no estado gasoso.
a) Esboce graficamente como deve ser a variação da constante de velocidade em função da temperatura.
b) Conhecendo-se a função matemática que descreve a variação da constante de velocidade com a temperatura é possível determinar a energia de ativação da reação. Explique como e justifique.
c) Descreva um método que pode ser utilizado para determinar a ordem da reação.

Questão 49

(CONCURSO PARA DOCENTE FEDERAL – UNIVERSIDADE FEDERAL DO PARÁ) A constante de velocidade para a reação de decomposição $A \rightarrow B$ é $k = 0{,}5\ h^{-1}$, sendo a concentração inicial do reagente $[A]_0 = 1{,}0\ mol.L^{-1}$. Portanto, nessas condições, o grau de conversão do reagente A expresso em porcentagem, decorridos 60 min de reação, considerando-se que a reação seja de primeira ordem, será de:
a) 61
b) 50
c) 39
d) 25
e) 17

Questão 50

A figura apresenta a variação de velocidade em função do tempo para a reação química hipotética não catalisada representada pela equação $A_2 + B_2 \rightarrow 2AB$. Reproduza esta figura no caderno de soluções, incluindo no mesmo gráfico, além das curvas da reação catalisada, as da reação não catalisada, explicitando ambas as condições.

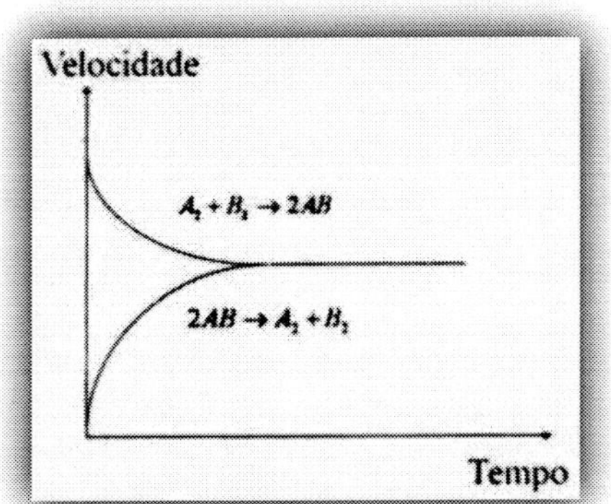

Questão 51

Considere uma reação genérica reversível $A + B \rightleftarrows 2C$ e os dados cinéticos para a reação direta (D) e inversa (I):

Sentido da reação	Constante de velocidade	Energia de ativação
$A + B \rightarrow 2C$	k_D	$E_{a,D}$
$2C \rightarrow A + B$	$K_I = (3/2).k_D$	$E_{a,I} = (1/2).E_{a,D}$

a) Desenhe o gráfico de energia potencial versus coordenada da reação direta.
b) Determine o valor numérico da constante de equilíbrio da reação.
c) Qual o sentido da reação?

Questão 52

(EXAME NACIONAL DE CURSOS – ENGENHARIA QUÍMICA) Calcule a constante de equilíbrio a 350°C para a reação $H_{2(gás)} + I_{2(gás)} \rightleftarrows 2HI_{(gás)}$, a partir dos dados abaixo.

Reação	E_{at} (kJ.mol^{-1})	A (L.mol^{-1}.s^{-1})
Sentido 1	165,1	$1,6 \times 10^{11}$
Sentido 2	186,0	$1,2 \times 10^{10}$

E_{at} é a energia de ativação e A é o fator de frequência ou pré-exponencial.

Questão 53

Dado o seguinte mecanismo reacional, constituído de duas etapas elementares (I e II).

I) $A \underset{k_{-1}}{\overset{k_1}{\rightleftarrows}} M$

II) $M + A \overset{k_2}{\rightarrow} C$

Escreva a expressão para a taxa de variação temporal da concentração do:
a) reagente A.
b) intermediário M.
c) produto C.

Questão 54

(GRILLO) Considere a seguinte reação de formação do dióxido de nitrogênio, representado pela seguinte equação química, $2NO + O_2 \rightarrow 2NO_2$. Sabendo que o mecanismo proposto está representado da seguinte maneira:

$NO + NO \overset{k_1}{\rightarrow} N_2O_2$

$N_2O_2 \overset{k_2}{\rightarrow} 2NO$

$N_2O_2 + O_2 \overset{k_3}{\rightarrow} 2NO_2$

Deduza a equação de taxa da velocidade em relação à formação de NO_2, utilizando a aproximação do estado estacionário em relação à espécie estacionária.

Questão 55

Os diagramas seguintes, traçados numa mesma escala, referem-se, respectivamente, aos equilíbrios, em fase gasosa e numa mesma temperatura, representados pelas seguintes equações químicas:

I) $AB + CD \rightleftarrows AD + CB$ $\quad K_1$

II) $AX + CY \rightleftarrows AY + CX$ $\quad K_2$

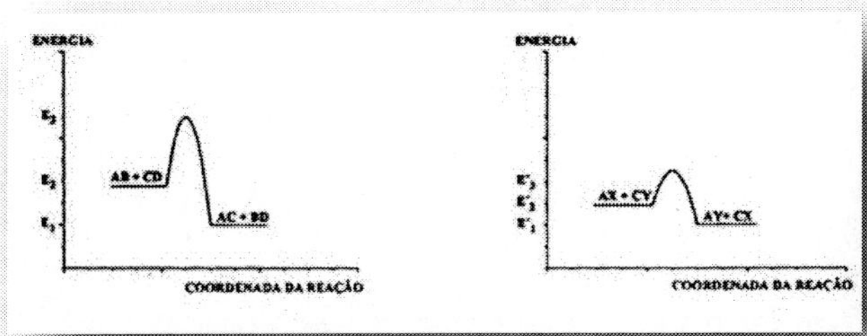

Comparando as informações apresentadas nos dois diagramas, pedem-se:

a) Qual das constantes de equilíbrio, K_1 ou K_2 terá maior valor? Justifique sua resposta. Dado eventualmente necessário: A relação entre a energia da Energia Livre de Gibbs padrão (ΔG°) e a constante de equilíbrio (K) de uma reação é dada por $\Delta G° = - R.T.\ln K$.

b) Para as seguintes misturas numa mesma temperatura:

Mistura I		Mistura II	
$[AB]_{Inicial}$ = 0,10 mol.L^{-1}	$[AD]_{Inicial}$ = ZERO	$[AX]_{Inicial}$ = 0,10 mol.L^{-1}	$[CY]_{Inicial}$ = 0,20 mol.L^{-1}
$[CD]_{Inicial}$ = 0,20 mol.L^{-1}	$[CD]_{Inicial}$ = ZERO	$[AY]_{Inicial}$ = ZERO	$[CX]_{Inicial}$ = ZERO

Qual das reações químicas, expressa pela equação I e II, atinge o equilíbrio mais rapidamente? Justifique sua resposta.

Questão 56

O seguinte mecanismo foi proposto para a reação:

$O_{3(gás)} \rightleftarrows O_{2(gás)} + O_{(gás)}$

$O_{(gás)} + O_{3(gás)} \longrightarrow 2O_{2(gás)}$

Usando a aproximação de estado estacionário, derivar a lei de taxa prevista por este mecanismo.

Questão 57

Qual foi a contribuição de Arrhenius para o entendimento da cinética das reações químicas?

Questão 58

(GRILLO) Considere o seguinte mecanismo proposto para a reação a seguir:

$2A + 2B \xrightarrow{k_a} C + D$

$2A \rightleftarrows B + C$

Encontre a lei de velocidade, expressando o valor da constante de velocidade em função das constantes de velocidades das etapas elementares.

Questão 59

(GRILLO) Considere o seguinte mecanismo proposto para a reação a seguir:

$A + B \rightleftarrows C + I$

$I + A \xrightarrow{k_1}$ Produtos

Encontre a lei de velocidade, expressando o valor da constante de velocidade em função das constantes de velocidades das etapas elementares.

Questão 60

(GRILLO) Deduza a equação da velocidade, mostrando que se trata de cinética de terceira ordem.

$2A \rightleftarrows I$ (Etapa rápida; equilíbrio dinâmico)

$I + B \xrightarrow{k_a}$ Produtos (Etapa lenta)

Questão 61

Considere a seguinte reação: 2A + B → C. A partir dos dados fornecidos na tabela abaixo, calcule a constante de velocidade da reação e o valor da concentração X. Considere que as ordens de reação em relação aos reagentes são iguais aos respectivos coeficientes estequiométricos.

Teste	[A] ($mol.L^{-1}$)	[B] ($mol.L^{-1}$)	Velocidade da reação ($mol.L^{-1}.s^{-1}$)
1	10	X	v
2	X	20	2v
3	15	30	13500

Questão 62

Uma mistura gasosa ideal de propano e ar é queimada a pressão constante, gerando 720 L de CO_2 por hora, medidos a 20°C. Sabe-se que o propano e o ar encontram-se em proporção estequiométrica. Determine a velocidade média de reação da mistura em relação ao ar, considerando a composição do ar 21% de oxigênio e 79% de nitrogênio, em volume.

Questão 63

O leite cru azedo em aproximadamente quatro horas a uma temperatura de aproximadamente 28°C. A 48 horas, o mesmo processo ocorre à temperatura de aproximadamente 5°C. A partir de todas estas informações, determine a energia de ativação deste processo de azedamento.

Questão 64

(GRILLO) Após alguns estudos experimentais de uma certa reação, foi identificado que a Equação de Arrhenius era satisfeita para um valor de fator de frequência igual a $4 \times 10^{13}.s^{-1}$ e de energia de ativação igual a 98,6 $kJ.mol^{-1}$. Sabendo-se ainda que a reação é de primeira ordem, calcule a temperatura na qual o tempo de meia vida da reação será igual a 10 minutos?

Questão 65

Existem reações que, apesar de termodinamicamente possíveis, ocorrem com velocidade tão pequena que pode levar dias para que sua ocorrência seja percebida, ao passo que outras ocorrem com velocidade tão grande que chegam a ser explosivas. Como, num laboratório de química, você procederia para:

a) Acelerar uma reação muito lenta? (Cite alguns procedimentos, justificando-os).

b) Retardar uma reação muito rápida? (Cite alguns procedimentos, justificando-os).

Questão 66

(GRILLO) A decomposição térmica do N_2O_5 forma NO_2 e O_2 apresentando cinética de primeira ordem, com velocidade específica igual a $5,1 \times 10^{-4}\ s^{-1}$ a 313 K.

a) Apresente a equação química balanceada.

b) Calcule o tempo de meia vida do processo.

c) A 70°C a velocidade específica é igual a $6,82 \times 10^{-3}\ s^{-1}$. Suponha que no início o número de N_2O_5 seja de 0,3 mol, quantos mol de N_2O_5 restarão após 1,5 min de reação?

d) Qual o tempo de meia vida do N_2O_5 a 70°C?

Questão 67

(GRILLO) Considere o seguinte mecanismo abaixo:

$Z_{2(gás)} \rightleftarrows 2Z_{(gás)}$ (Etapa rápida)

$Z_{(gas)} + W_{(gás)} \xrightarrow{k_a}$ Produtos (Etapa lenta)

Deduza a lei de cinética para o processo apresentado.

Questão 68

(GRILLO) A reação química dada por $A_{(gás)} + B_{(gás)} \rightarrow C_{(gás)}$ ocorre em dois estágios através do seguinte mecanismo:

$2A_{(gás)} \rightleftarrows D_{(gás)}$

$B_{(gás)} + D_{(gás)} \xrightarrow{k_a} A_{(gás)} + C_{(gás)}$

O primeiro estágio atinge rapidamente o equilíbrio. Deduza a lei de cinética para o produto C, em termos de k_a, K, [A] e [B].

Questão 69

(PROGRAMA DE PÓS-GRADUAÇÃO PARA MESTRADO & DOUTORADO - UNIVERSIDADE FEDERAL DO CEARÁ) O mecanismo abaixo foi proposto para a reação entre o óxido nítrico e o bromo.

Etapa 1: $NO + Br_2 \longrightarrow NOBr_2$ $k_1 = 3,9 \times 10^{-6}$ $dm^3 \times mol^{-1} \times s^{-1}$

Etapa 2: $NOBr_2 + NO \longrightarrow 2NOBr$ $k_2 = 6,7 \times 10^{-4}$ $dm^3 \times mol^{-1} \times s^{-1}$

Escreva a equação de velocidade sugerida para este mecanismo e determine a ordem de reação. Justifique sua resposta.

Questão 70

(GRILLO) A velocidade de uma determinada reação química gasosa a 100°C é três vezes mais rápida que a temperatura de 35°C. Estime a energia de ativação para esta reação.

Questão 71

Pentóxido de dinitrogênio gasoso, N_2O_5, decompõe para formar oxigênio gasoso e dióxido de carbono com uma taxa inicial a 25°C, conforme a tabela abaixo:

$[N_2O_5]$ $(mol.L^{-1})$	Taxa $(mol.L^{-1}min^{-1})$
0,150	$3,42 \times 10^{-4}$
0,350	$7,98 \times 10^{-4}$
0,650	$1,48 \times 10^{-3}$

a) Escreva a equação balanceada para esta reação.
b) Use os dados fornecidos para escrever a lei de taxa e calcule o valor de k para esta reação. Mostre os cálculos.
c) Calcule o tempo necessário para que a concentração de N_2O_5 diminua de 0,150 $mol.L^{-1}$ para 0,050 $mol.L^{-1}$.
d) A taxa inicial para a reação de uma amostra 0,150 $mol.L^{-1}$ a 40°C é $2,37 \times 10^{-3}$ $mol.L^{-1}.min^{-1}$. Determine a energia de ativação para esta reação.

Questão 72

A decomposição térmica do HO_2NO_2 tem sido estudada e foi observado que se trata de uma cinética de primeira ordem. A constante de taxa foi determinada para $2,1 \times 10^{-1}$ s^{-1} a 331K e 1,1 s^{-1} a 342K.
a) Calcule o tempo de meia-vida para o HO_2NO_2 a 331K, em segundos.
b) Para uma amostra de HO_2NO_2 com uma concentração inicial igual a $7,1 \times 10^{-8}$ $mol.L^{-1}$, calcule a concentração de HO_2NO_2 depois de 0,40 minutos a 331K.
c) Calcule a energia de ativação para esta reação.

Questão 73

(CONCURSO PARA DOCENTE FEDERAL - INSTITUTO FEDERAL DO RIO DE JANEIRO – MODIFICADA) O seguinte mecanismo foi proposto para a obtenção do ácido hipobromoso:

1) $HBr + O_2 \rightleftharpoons HOOBr$

2) $HOOBr + HBr \xrightarrow{k_2} 2\ HOBr$

Onde k_1 e k'_1 são, respectivamente, na etapa 1, as constantes de velocidade das reações direta e inversa e k_2 é a constante de velocidade da reação na etapa 2. Baseando-se no mecanismo proposto, determine a lei de velocidade da reação de formação de HOBr.

Questão 74

A energia de ativação para a seguinte reação $H + CH_4 \longrightarrow H_2 + CH_3$ apresenta valor igual a 49,9 $kJ.mol^{-1}$. Sabendo que a entalpia de formação das espécies químicas está apresentada na tabela abaixo, calcule a energia de ativação reversa.

Espécies Químicas	H° $(kJ.mol^{-1})$
H	218
CH_4	- 75
CH_3	139

Questão 75

O tempo para o processo térmico de maturação da hemoglobina obedece a uma cinética de primeira ordem, apresentados os seguintes valores com suas temperaturas, conforme apresentado na tabela abaixo:

Tempo de meia-vida
$t_{1/2}^{60°C} = 3460\ s$
$t_{1/2}^{65°C} = 530\ s$

Calcule a energia de ativação e o fator de frequência.

Questão 76

A reação de formação de C para a reação $3A_{(gás)} + \frac{1}{2}B_{(g)} \longrightarrow 5C_{(gás)} + 1/3D_{(gás)}$ é igual a ¾ x mol x L^{-1} x s^{-1}. A partir disso, calcule a velocidade da reação, e, também calcule as velocidades de formação de D e de consumo de A e B.

Questão 77

(GRILLO) Considere a seguinte reação de decomposição térmica representada pela equação hipotética apresentada logo a seguir: $A_{(gás)} \longrightarrow B_{(gás)} + C_{(gás)}$. A partir de experimentos cuidadosos, a concentração do reagente A foi monitorada com o tempo a 50°C. Descobriu-se que a cinética deve seguir uma lei de primeira ordem.

[A] (mol.L^{-1})	Tempo (h)
40,00	0
35,95	1
24,80	4
9,25	6

a) Calcule a velocidade específica.
b) Determine o tempo de meia-vida.
c) Determine a concentração da substância A, transcorridas 9 horas de reação.
d) Calcule o tempo necessário para atingir uma conversão de 99%.

Questão 78

Considere um isótopo radioativo de certo elemento (A), cujo decaimento radioativo a 50°C pode ser representado pelo gráfico abaixo. Sabe-se que a cinética do decaimento deve ser de primeira ordem.

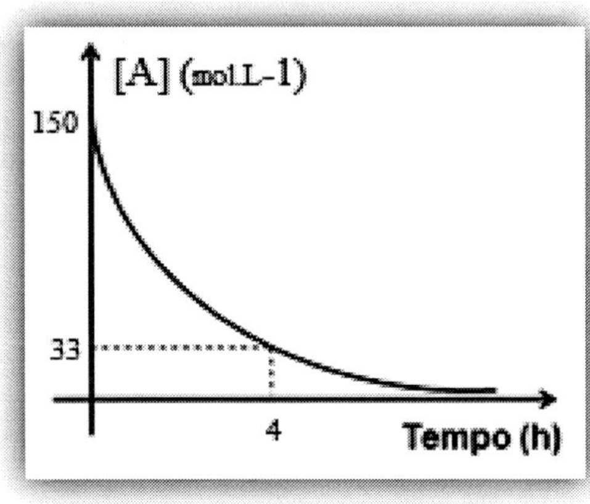

a) A velocidade específica a 50°C.
b) Determine a constante cinética a 90°C, sabendo que a energia de ativação é igual a 166 kJ.mol^{-1}.
c) Calcule o tempo de meia-vida para as duas temperaturas, 50°C e 90°C.
d) Calcule o fator pré-exponencial (A).

Questão 79

(GRILLO) Suponha que você seja um engenheiro de processo responsável em dimensionar um reator do tipo PFR (Plug flow reactor model), que através de uma equação hipotética representada por $A_{(gás)} \longrightarrow$ Produtos, sua ordem de reação seja igual a ½ e seu chefe pede que você determine a expressão matemática da concentração da quantidade de matéria do reagente A em função do tempo e a expressão da equação matemática do tempo de meia-vida ($t_{1/2}$). Então, mãos à obra!

Questão 80

(GRILLO) Escreva a lei de velocidade integrada para uma reação química que segue uma cinética de terceira ordem em relação a um dos reagentes, conforme a seguinte equação química: $A_{(gás)} \longrightarrow$ Produtos. Escreva quais as variáveis que deverão ser colocadas em um gráfico para obter comportamento linear e faça a dedução para a expressão matemática para o tempo de meia-vida.

Questão 81

Considere duas reações químicas que apresentam duas propriedades iguais: o fator de frequência (A) e a mesma ordem de reação. Sabendo que a energia de ativação entre essas duas reações difere em um valor de aproximadamente igual a 33,20 $kJ.mol^{-1}$, a partir desta informação calcule a relação entre as velocidades específicas a uma temperatura igual a 327°C.

Questão 82

O tempo de meia-vida do carbono - 14 é de aproximadamente igual a 5730 anos. Este valor alto está diretamente relacionado a emissões de raios beta com uma energia fixa de aproximadamente igual a 0,16 MeV. Uma amostra descoberta por arqueólogos contém celulose, havendo 62% deste carbono, descoberto por vegetais vivos. A partir desta informação, calcule a idade do sítio arqueológico.

Questão 83

Uma certa reação gasosa apresenta cinética de primeira ordem, sendo completada em 36% em um tempo de 53 minutos a 25°C. A partir desta informação, calcule a velocidade específica.

Questão 84

Uma determinada reação química apresentada pela equação hipotética $W_{(gás)} + Z_{(gás)} \longrightarrow$ produtos apresenta velocidade v a T = 10°C, representada pela seguinte equação da velocidade: $v = k \times [A] \times [B]$. Determine a velocidade a T = 60°C, a partir do seu conhecimento da regra de Van´t Hoff para a cinética química, deixando a concentração das espécies químicas gasosas constantes.

Questão 85

A decomposição do composto gasoso A produz dois diferentes produtos, de forma simultânea, conforme pode ser observado logo a seguir:

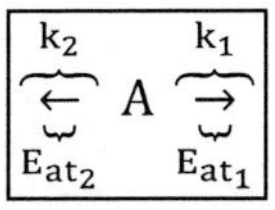

As velocidades específicas para os dois caminhos (1 e 2) são iguais a: $k_1 = 1{,}2 \times 10^{-2}$ e $k_2 = 3{,}0 \times 10^{-2}$ por segundo, respectivamente. Sabendo que a energia de ativação para o caminho 1 é igual a 180 $kJ.mol^{-1}$ e para o segundo caminho é igual a 200 $kJ.mol^{-1}$, determine o valor da energia de ativação do processo "global".

Questão 86

Considere o seguinte esquema que ocorre de forma paralela:

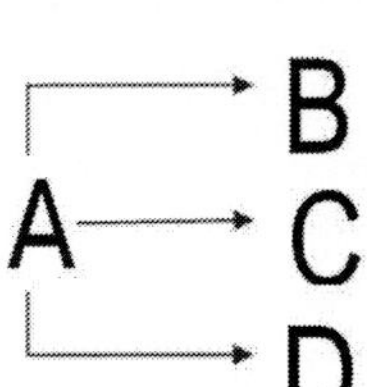

Sabendo que a relação de A com B, C e D em percentual de número de mol é igual a 10, 25 e 15 respectivamente. Sabendo que a energia de ativação entre A $\longrightarrow$ B é igual a 150 kJ.mol^{-1}, A $\longrightarrow$ C é igual a 80 kJ.mol^{-1} e A $\longrightarrow$ D é igual a 30 kJ.mol^{-1}, calcule a energia de ativação do processo global.

Questão 87

(GRILLO) A decomposição do gás amônia na presença de um metal chamado tungstênio (W) apresenta cinética de ordem zero, com a velocidade na ordem de 4,25 x 10^{-3} mol x L^{-1} x min^{-1} a 1250 K quando a concentração da quantidade de matéria da amônia é igual a 0,040 mol.L^{-1}. A partir desta informação, faça o que se pede:
a) Escreva a equação de velocidade.
b) Calcule a constante da velocidade.
c) Quais são as unidades de k.
d) Qual é a velocidade quando a concentração [NH_3] = 0,035 mol.L^{-1}?

Questão 88

(GRILLO) A velocidade específica de um processo que apresenta cinética de primeira ordem do pentóxido de dinitrogênio é igual a 2,66 x 10^{-3} x min^{-1}, a 298 K. A partir desta informação, calcule o tempo de meia-vida e também a pressão após 1 hora e 10 minutos depois do início da reação, sendo 450 torr a pressão no instante inicial?

Questão 89

Sabe-se que 50% de uma substância é decomposta em 120 minutos através de uma reação de primeira ordem, a 20°C, e apresenta $\Delta H > 0$. Pergunta-se:
a) Quanto tempo será necessário para a decomposição de 90% deste composto a 20ºC?
b) Qual o valor da energia de ativação desta reação de decomposição se a constante de velocidade triplicar por uma variação de temperatura de 20°C para 50°C?

Questão 90

Um mecanismo proposto para a reação entre $NO_{(gás)}$ e $H_{2(gás)}$ está apresentado logo a seguir.
$2NO_{(gás)} \rightleftarrows N_2O_{2(gás)}$
$N_2O_{2(gás)} + H_{2(gás)} \longrightarrow N_2O_{(gás)} + H_2O_{(gás)}$
Realize a derivação da lei de taxa para a formação de N_2O para o mecanismo proposto utilizando o método de aproximação do estado estacionário para o intermediário.

Questão 91

Em um béquer, a 25°C e 1 atm, foram misturadas as seguintes soluções: permanganato de potássio ($KMnO_4$), ácido oxálico ($H_2C_2O_4$) e ácido sulfúrico (H_2SO_4). Nos minutos seguintes após a homogeneização desta mistura, nada se observou. No entanto, após a adição de um pequeno cristal de sulfato de manganês ($MnSO_4$) a esta mistura, observou-se o descoramento da mesma e a liberação de um gás. Interprete as observações feitas neste experimento. Em sua interpretação devem constar:
a) a justificativa para o fato de a reação só ser observada após a adição de sulfato de manganês sólido, e
b) as equações químicas balanceadas das reações envolvidas.

Questão 92

A reação de Sabatier-Sanderens consiste na hidrogenação catalítica de alcenos ou de alcinos com níquel, para a obtenção de alcanos. Considerando a reação de hidrogenação do acetileno, um engenheiro químico obteve os resultados abaixo:

Tempo (min)	[Acetileno] (mol.L^{-1})	[Hidrogênio] (mol.L^{-1})	[Etano] (mol.L^{-1})
0	50	60	0
4	38	36	12
6	35	30	15
10	30	20	20

A partir dessas informações, determine:
a) a velocidade média da reação no período de 4 (quatro) a 6 (seis) minutos;
b) a relação entre a velocidade média de consumo do acetileno e a velocidade média de consumo do hidrogênio;
c) o efeito do aumento da temperatura de reação na constante de velocidade, considerando a equação de Arrhenius.

Questão 93

Considere a seguinte reação química gasosa hipotética dada por $A_{(gás)} \rightarrow \text{Produtos gasosos}$. Suponha que essa reação química apresente cinética de terceira ordem e que sua constante de velocidade seja igual a $3{,}0 \times 10^{-4}\,\frac{L^2}{mol^2 \times s}$. A partir desta informação, determine o tempo necessário para que a concentração da quantidade de matéria do composto gasoso A caia de 0,6 $mol.L^{-1}$ para 0,06 $mol.L^{-1}$.

Questão 94

(GRILLO) A reação química $A_{(gás)} \rightarrow \text{Produtos gasosos}$ apresenta cinética de terceira ordem, apresentando velocidade específica igual a $2{,}0 \times 10^{-4}\,\frac{L^2}{mol^2 \times s}$. A partir desta informação, calcule o tempo necessário para que a concentração da quantidade de matéria do composto gasoso A passe de 0,080 $mol.L^{-1}$ para 0,023 $mol.L^{-1}$. Além disso, deduza e calcule o tempo de meia-vida para esta cinética de terceira ordem.

Questão 95

Considere a reação de decomposição da nitramida em solução aquosa: $NH_2NO_{2(aquoso)} \rightarrow N_2O_{(gás)} + H_2O_{(líquido)}$. Sabendo-se que a lei de velocidade, determinada experimentalmente, é dada pela expressão $v = k \times \frac{[NH_2NO_2]}{[H_3O^+]}$, foram propostos três possíveis mecanismos para a reação:

MECANISMO I:
$NH_2NO_2 + H_2O \rightleftharpoons NHNO_2^- + H_3O^+$ (equilíbrio rápido)
$NHNO_2^- \rightarrow N_2O + OH^-$ (etapa lenta)
$H_3O^+ + OH^- \rightarrow 2\,H_2O$ (etapa rápida)

MECANISMO II: $NH_2NO_2 \rightarrow N_2O + H_2O$ (etapa elementar)

MECANISMO III:
$NH_2NO_2 + H_3O^+ \rightleftharpoons NH_3NO_2^+ + H_2O$ (equilíbrio rápido)
$NH_3NO_2^+ \rightleftharpoons N_2O + H_3O^+$ (etapa lenta)

Com base nas informações acima, determine se cada mecanismo proposto é compatível com a expressão da velocidade experimental, fundamentando suas respostas.

Questão 96

Considere a reação genérica X + Y ⇄ Z, sendo que:
I) As concentrações iniciais de X e Y são iguais;
II) A reação direta apresenta lei de velocidade de segunda ordem;
III) A energia de ativação da reação inversa é 2,49 $kJ.mol^{-1}$, a 300 K.
Considere dados o fator pré-exponencial da reação inversa, $A_{-1} = 2{,}72 \times 10^5\ L.mol^{-1}.s^{-1}$ e a constante de equilíbrio da reação direta, $K_1 = 4{,}0$. Com base nessas informações, determine o valor numérico da velocidade da reação direta, quando a concentração de Z for 0,5 $mol.L^{-1}$, o que corresponde a 25% de rendimento da reação.

Questão 97

Escreva as unidades das velocidades específicas quando as concentrações das quantidades de matéria estiverem em mol x L^{-1} e o tempo em horas, para:
a) reação química com cinéticas de ordem zero;
b) reação química com cinética de primeira ordem.
c) reação química com cinética de segunda ordem;
d) reação química com cinética de terceira ordem.

Questão 98

O dióxido de nitrogênio decompõe-se com uma velocidade igual a $6{,}50 \times 10^{-3}$ mol x L^{-1} x s^{-1} para a seguinte reação química: $2NO_{2(gas)} \rightarrow 2NO_{(gás)} + O_{2(gás)}$.
a) determine a de velocidade de formação de NO e O_2;
b) Determine a velocidade única da reação.

Questão 99

(GRILLO) Considere a seguinte reação gasosa representada pela seguinte equação química: $A_{(gás)} \longrightarrow P_{(gás)}$. Este processo regido por esta equação química apresenta uma variação de entalpia igual a -64 kJ/mol e a energia de ativação é igual a 32 kcal/mol. A partir das informações apresentadas, calcule a energia de ativação para a seguinte reação $P_{(gás)} \longrightarrow A_{(gás)}$.

Questão 100

^{131}I is a radioactive isotope of iodine (β-emitter) used in nuclear medicine for analytical procedures to determine thyroid endocrine disorders by scintigraphy. The decay rate constant, k, is $9,93 \times 10^{-7}\ s^{-1}$.

a) Write the decay reaction of ^{131}I.

b) Calculate the half-life of ^{131}I expressed in days.

c) Calculate the time necessary (expressed in days) for a sample of ^{131}I to reduce its activity to 30% of the original value.

Questão 101

Rate constants k_c for reaction were measured at various temperatures in a simulation experiment in order to obtain its kinetic parameters. On the basis of the data given below, answer the following questions.

T/°C	25°C	40°C
k_c/mol x dm^{-3} x s^{-1}	$1,29 \times 10^{-4}$	$2,50 \times 10^{-4}$

i) Write the equation for calculating the activation energy of reaction and find the value.

ii) Assign the overall reaction order of reaction.

Questão 102

The dissociation of $N_2O_{4(g)}$ to give $NO_{2(g)}$ is a first order process with a specific rate constant of $5.3\times10^{4}\ s^{-1}$ at 298 K. Starting with an initial concentration of 0,10 M, how many seconds would it take for 20% of the original N_2O_4 to decompose?

Questão 103

The association of $NO_{2(g)}$ to give $N_2O_{4(g)}$ is a second-order process with a specific rate constant of $9,8 \times 10^{6}\ dm^3.mol^{-1}.s^{-1}$ at 298 K. Calculate the concentration equilibrium constant, K_c, at 298 K for the reaction $2NO_{2(g)} \rightleftarrows N_2O_{4(g)}$.

Questão 104

Using simple collision theory, what reaction orders would be expected for Proposal A and for Proposal B?

Proposal B is thought to proceed by the following two-step process:

$$SO_3 + 2H_2O \underset{k_{-1}}{\overset{k_1}{\rightleftarrows}} SO_3 \cdot 2H_2O \text{ (fast)}$$

$$SO_3 \cdot 2H_2O \underset{k_2}{\rightarrow} H_2SO_4 + H_2O \text{(slow)}$$

($SO_3 \cdot 2H_2O$ is a complex which is stabilized by hydrogen bonds and $k_2 << k_1$ or k_{-1}) 2.2 By applying the principle of stationary (steady) states, derive the appropriate rate law and hence the reaction order of the two-step mechanism for Proposal B.

Questão 105

A altas temperaturas, o cloreto de sulfurila se decompõe em dióxido de enxofre e cloro, ambos em fase gasosa. A 552,3 K, a velocidade específica deste processo é igual a $6,08 \times 10^{-5}\ min^{-1}$ e a 602 K corresponde a $2,74 \times 10^{-3}\ min^{-1}$. A partir das informações apresentadas, calcule o fator de Arrhenius A̲.

Questão 106

O seguinte mecanismo foi proposto para a reação:

$O_{3(gás)} \rightleftarrows O_{2(gás)} + O_{(gás)}$

$O_{(gás)} + O_{3(gás)} \longrightarrow 2O_{2(gás)}$

Usando a aproximação de estado estacionário, derivar a lei de taxa prevista para este mecanismo.

Questão 107

Uma certa reação com cinética de primeira ordem apresenta um percentual de 33,9% completa em um tempo de aproximadamente igual a 53 minutos à temperatura de 25°C. Calcule a velocidade específica nesta temperatura.

Questão 108

A constante de taxa para uma cinética de primeira ordem é 4,60 x 10^{-3} s^{-1} para uma temperatura de 325°C. Se a energia de ativação for igual a 100 kJ/mol, calcule o valor da temperatura no qual a constante seja igual a 8,70 x 10^{-3} s^{-1}.

Questão 109

À 650°C, a velocidade de decomposição de uma amostra gasosa, inicialmente à pressão de 250 bar é igual a 1,07 bar/min, quando 5,0% reagiram e 0,76 bar/min quando 20% reagiram. A partir das informações apresentadas, calcule a ordem de reação.

Questão 110

Em um determinado processo em escala laboratorial a uma temperatura de 40°C, 20% dos reagentes se transformam em um tempo de aproximadamente igual a quinze minutos. À 60°C, a mesma quantidade de reagentes se transforma em um tempo menor, três minutos. Calcular a energia de ativação, levando em consideração que somente a velocidade específica irá variar com a temperatura.

Questão 111

Qual a fórmula dimensional da constante de velocidade específica de uma reação de ordem zero?

Questão 112

Um cientista prepara uma amostra de 1,1 g do isótopo C_{11} do carbono de extrema pureza. Esse isótopo é radioativo, iniciando seu decaimento após a preparação (instante inicial t_0 = 0). Sabendo-se que sua meia-vida é de 21 min, calcule a massa restante de C_{11} no instante t = 1 h e 31 min.

Questão 113

O tempo de meia-vida do 231Pa é 3,25 x 10^4 anos. Assinale a alternativa que apresenta a massa restante (em dg) de uma amostra inicial de 376,15 dg, após 3,25 x 10^5 anos.

a) 0,19
b) 0,37
c) 1,88
d) 3,76
e) 7,52

Questão 114

(PROGRAMA DE PÓS-GRADUAÇÃO PARA MESTRADO & DOUTORADO – UNIVERSIDADE FEDERAL DO CEARÁ) O mecanismo da reação de formação do produto P a partir de A_2 envolve o intermediário B, conforme proposta abaixo. Deduza a lei de velocidade para a reação, em termos de produção de P.

$A_2 \rightleftarrows 2B$ (equilíbrio rápido)
$B + C \longrightarrow P$ (lenta)

Questão 115

(GRILLO) A reação gasosa, $R_{(gás)} \longrightarrow P_{(gás)}$, apresenta constante cinética igual a 5,0 x 10^{-4} L x mol^{-1} x s^{-1} na temperatura de 30°C. Dado que $[A] = \frac{[A]_0}{1+kt[A]_0}$, $k = A \times e^{-\frac{E_a}{R \times T}}$. A partir das informações apresentadas, calcule o tempo necessário em minutos, para que a concentração de R decaia 65%? Sendo que a concentração inicial de R é igual a 0,15 mol x L^{-1}.

Questão 116

(PROGRAMA DE PÓS-GRADUAÇÃO PARA MESTRADO & DOUTORADO - UNIVERSIDADE FEDERAL DO CEARÁ) Um novo medicamento perde a sua eficácia quando sofre degradação de 20%. A concentração inicial da amostra foi de 5,0 mg.mL^{-1} . Quando analisado 15 meses depois, a concentração obtida foi de 4,6 mg.mL^{-1}. Assumindo que a degradação seja uma reação de primeira ordem, qual deve ser o prazo de validade que deve constar no rótulo desse medicamento?

Questão 117

(PROGRAMA DE PÓS-GRADUAÇÃO PARA MESTRADO & DOUTORADO – UNIVERSIDADE FEDERAL DO CEARÁ) O mecanismo abaixo foi proposto para a reação entre óxido nítrico e bromo.

Etapa 1 $NO + Br_2 \longrightarrow NOBr_2$ $k_1 = 3,9 \times 10^{-6}$ $dm^3.mol^{-1}.s^{-1}$

Etapa 2 $NOBr_2 + NO \longrightarrow 2NOBr$ $k_2 = 6,7 \times 10^{-4}\ dm^3.mol^{-1}.s^{-1}$

Escreva a equação de velocidade sugerida para este mecanismo e determine a ordem de reação. Justifique sua resposta.

Questão 118

(PROGRAMA DE PÓS-GRADUAÇÃO PARA MESTRADO & DOUTORADO – UNIVERSIDADE FEDERAL DO CEARÁ) Calcule a energia de ativação (E_a) para uma reação em que o valor da constante de velocidade a 25°C é triplicado devido a um aumento em 20°C na temperatura.

Questão 119

(PROGRAMA DE PÓS-GRADUAÇÃO PARA MESTRADO & DOUTORADO – UNIVERSIDADE FEDERAL DO CEARÁ) A reação $R \longrightarrow P$, apresenta constante cinética igual a $5,0 \times 10^{-4}$ L x mol^{-1} x s^{-1} na temperatura de 30°C.

a) Qual é o tempo necessário para que a concentração de R decaia 95%? Sendo que a concentração inicial de R é igual a 0,15 mol/L.

b) Para a mesma reação, se em 40°C a constante cinética for igual a $4,5 \times 10^{-3}$ L x mol^{-1} x s^{-1}, qual é a energia de ativação?

Questão 120

(PROGRAMA DE PÓS-GRADUAÇÃO PARA MESTRADO & DOUTORADO – UNIVERSIDADE FEDERAL DO CEARÁ) O gráfico a seguir representa a reação de decomposição de peróxido de hidrogênio a água e oxigênio molecular a 20°C. Sabendo que o tempo de meia-vida ($t_{1/2}$) da reação independe da concentração inicial, pede-se os valores de:

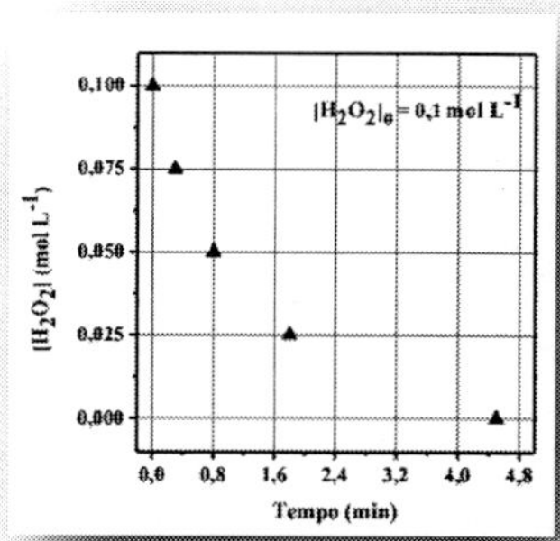

a) tempo de meia-vida ($t_{1/2}$, em minutos);

b) constante de velocidade (k).

Questão 121

(PROGRAMA DE PÓS-GRADUAÇÃO PARA MESTRADO & DOUTORADO / UNIVERSIDADE ESTADUAL DO RIO DE JANEIRO) Mostre que o mecanismo proposto abaixo leva a lei de velocidade experimental $v = k \times [NO]^2 \times [O_2]$.

Primeira etapa (rápida; pré-equilíbrio): $NO_{(gás)} + NO_{(gás)} \rightarrow N_2O_{2(gás)}$

Segunda etapa (lenta): $N_2O_{2(gás)} + O_{2(gás)} \rightarrow 2NO_{2(gás)}$

Questão 122

(PROGRAMA DE PÓS-GRADUAÇÃO PARA MESTRADO & DOUTORADO / UDESC) Considere a reação $A \longrightarrow B$, de primeira ordem em relação a A, a 298K.

a) Derive a forma integrada da lei de velocidade desta reação sabendo que: $v = -\frac{d[A]}{dt}$.

b) Sabendo que 34,50% da reação já ocorreu depois de 49 minutos, calcule a constante de velocidade desta reação.

Questão 123

(PROGRAMA DE PÓS-GRADUAÇÃO PARA MESTRADO & DOUTORADO / UDESC) A equação de Arrhenius, $k = Ae^{-Ea/(RT)}$ mostra a relação empírica da constante de velocidade de uma reação com a temperatura (T) e a energia de ativação (Ea).

a) Para uma reação de primeira ordem, quando ln k foi plotado contra 1/T, foi obtida uma reta com uma inclinação de -6000. Calcule a energia de ativação e o fator pré-exponencial (A) da reação.

b) Se um catalisador que diminui a E_a em 20 kJ.mol^{-1} é adicionado ao sistema como a velocidade da reação será afetada? Compare os valores de k a 25°C.

Questão 124

(PROGRAMA DE PÓS-GRADUAÇÃO PARA MESTRADO & DOUTORADO / UNIVERSIDADE FEDERAL DE SANTA CATARINA) Os dados mostrados na tabela abaixo foram obtidos a partir da reação de redução do óxido nítrico (NO), na presença de hidrogênio (H_2): $2NO_{(g)} + 2H_{2(g)} \longrightarrow N_{2(g)} + 2H_2O_{(g)}$

[NO] (mol/L)	[H_2] (mol/L)	Velocidade inicial de formação de H_2O (mol x L^{-1} x s^{-1})
0,012	0,012	1,23 x 10^{-3}
0,012	0,024	2,46 x 10^{-3}
0,024	0,012	4,92 x 10^{-3}

a) Escreva a lei de velocidade de consumo de NO para a reação e explique como foi estimada.
b) Determine a constante de velocidade para a reação.
c) Calcule a massa de N_2 que será formada se em um recipiente forem inseridos 60,0 g de NO e 10,0 g de H_2.

Questão 125

(PROGRAMA DE PÓS-GRADUAÇÃO PARA MESTRADO & DOUTORADO / UNIVERSIDADE FEDERAL DE ALAGOAS) O tempo de meia vida para o decaimento radioativo do ^{14}C (reação de 1ª ordem) é 5730 anos. Em uma amostra arqueológica de madeira foi encontrado apenas 72% de ^{14}C em relação ao que se encontra nas árvores vivas. Qual a idade da amostra?

Questão 126

(PROGRAMA DE PÓS-GRADUAÇÃO PARA MESTRADO & DOUTORADO / UNIVERSIDADE FEDERAL DE ALAGOAS) Uma reação química ocorre em solução de acordo com a seguinte equação: $2R + P \longrightarrow R_2P$. Com vistas ao cálculo da constante de velocidade de reação, foram realizados três experimentos a 25°C, cujos resultados estão relatados na tabela abaixo. Use os dados para:
a) propor a equação de velocidade;
b) calcular o valor da constante de velocidade na temperatura do experimento;
c) informar a dimensão da constante.

Experimento	[R] (mol/L)	[P] (mol/L)	Velocidade da reação (mol x L^{-1} x s^{-1})
A	1,0	1,0	2,0
B	2,0	1,0	8,0
C	1,0	2,0	4,0

Questão 127

(PROGRAMA DE PÓS-GRADUAÇÃO PARA MESTRADO & DOUTORADO / UNIVERSIDADE FEDERAL DE ALAGOAS) Discuta o que é tempo de meia-vida e como podemos obter expressões do tempo de meia-vida ($t_{1/2}$).
a) para uma reação de 1ª ordem;
b) para uma reação de 2ª ordem do tipo $R \longrightarrow P$, onde R = reagente e P = produtos.

Questão 128

(PROGRAMA DE PÓS-GRADUAÇÃO PARA MESTRADO & DOUTORADO / UNIVERSIDADE FEDERAL DE ALAGOAS) Uma reação química cuja cinética obedece a uma lei de primeira ordem está 24% completa em 19,7 min. Quanto tempo a reação levará até que esteja 85,5% completa?

Questão 129

(PROGRAMA DE PÓS-GRADUAÇÃO PARA MESTRADO & DOUTORADO / INSTITUTO FEDERAL DO MARANHÃO) Considere as seguintes reações elementares:
• etapa I (lenta): $HOOH + I^- \longrightarrow HOI + OH^-$
• etapa II (rápida): $HOI + I^- \longrightarrow I_2 + OH^-$
• etapa III (rápida): $2OH^- + 2H_3O^+ \longrightarrow 4H_2O$
Reação global: $2I^- + HOOH + 2H_3O^+ \longrightarrow I_2 + 4H_2O$
a) Qual a etapa determinante da velocidade da reação?
b) Apresente a expressão da lei de velocidade para a reação global.

c) Qual a ordem global da reação?

Questão 130

(PROGRAMA DE PÓS-GRADUAÇÃO PARA MESTRADO & DOUTORADO / INSTITUTO FEDERAL DO MARANHÃO) O óxido nítrico reage com hidrogênio, produzindo nitrogênio e vapor de água de acordo com a seguinte equação química: $2NO_{(g)} + 2H_{2(g)} \rightarrow N_{2(g)} + 2H_2O_{(g)}$.

Acredita-se que essa reação ocorra em duas etapas:

$2NO_{(g)} + H_{2(g)} \rightarrow N_2O_{(g)} + H_2O_{(g)}$ (lenta)
$N_2O_{(g)} + H_2O_{(g)} \rightarrow N_{2(g)} + H_2O_{(g)}$ (rápida)
De acordo com esse mecanismo, o que acontece com a velocidade da reação se as concentrações de NO e H_2 forem dobradas? Justifique sua resposta.

Questão 131

(CONCURSO PÚBLICO FEDERAL – ENGENHEIRO QUÍMICO) A reação A $\rightarrow$ B com $k = 0{,}01\ s^{-1}$ acontece em um reator contínuo tubular. O tempo necessário para uma conversão de 90% será de:
a) 460 s
b) 90 s
c) 120 s
d) 230 s
e) 690 s

Questão 132

(CONCURSO PARA DOCENTE FEDERAL – UNIVERSIDADE FEDERAL DO RIO DE JANEIRO) Numa reação química de primeira ordem do tipo: A $\rightarrow$ Produtos a meia-vida:
a) varia com o dobro da concentração inicial de A
b) varia com a metade da concentração inicial de A
c) independe da concentração inicial de A
d) depende do tempo de reação
e) depende da quantidade de produto formado

Questão 133

(GRILLO) O mecanismo a seguir foi proposto para explicar a destruição da camada de ozônio, que pode ser observado através das seguintes reações químicas:
$O_3 + Cl \rightarrow ClO^- + O_2$
$ClO^- + O \rightarrow Cl + O_2$
Diante deste processo, determine:
a) Qual o intermediário da reação?
b) Qual o catalisador da reação?
c) Qual a reação global?

Questão 134

(GRILLO) O íon tricloroacetato em determinados solventes ionizantes que contém H^+, decompõe-se em dióxido de carbono e clorofórmio. Foram levantados alguns dados da constante cinética em função da temperatura, conforme pode ser observado no quadro abaixo:

k (s^{-1})	T (°C)
$3{,}11 \times 10^{-4}$	90
$7{,}62 \times 10^{-5}$	80
$1{,}71 \times 10^{-5}$	70

Sabendo que o processo apresenta uma cinética de primeira ordem, assinale a alternativa que apresenta o valor da constante cinética a uma temperatura de 60°C.
a) $3{,}05 \times 10^{-3}\ s^{-1}$
b) $3{,}64 \times 10^{-4}\ s^{-1}$

c) $3{,}91 \times 10^{-5}\ s^{-1}$
d) $3{,}51 \times 10^{-6}\ s^{-1}$
e) $3{,}89 \times 10^{-9}\ s^{-1}$

Questão 135

A decomposição térmica da fosfina (PH_3) em fósforo e hidrogênio molecular trata-se de uma reação de primeira ordem. A meia vida da reação é 35,0 s à 680°C. Determine o tempo necessário para a decomposição de 95% da fosfina.
a) t = 151,3 s
b) t = 250 s
c) t = 50 s
d) t = 15,01 s
e) t = 500 s

Questão 136

Um recipiente contém uma mistura dos compostos A e B que se decompõem segundo uma cinética de primeira ordem. As meias-vidas são de 50,0 minutos para A e 18,0 minutos para B. Se as concentrações de A e B forem iguais no início, que tempo será necessário para que a concentração de A seja quatro vezes a concentração de B?
a) 62 min
b) 56 min
c) 68 min
d) 32 min
e) 45 min

Questão 137

(GRILLO) Considere uma proposta de mecanismo reacional para a reação entre o monóxido de nitrogênio e para o gás hidrogênio, conforme pode ser observado a seguir:

$$2NO_{(gás)} \rightleftarrows N_2O_{2(gás)}$$

$$N_2O_{2(gás)} + H_{2(gás)} \rightarrow N_2O_{(gás)} + H_2O_{(gás)}$$

Assinale a alternativa que corresponde a taxa de formação do monóxido de dinitrogênio, a partir do mecanismo proposto.

a) $\frac{d[N_2O]}{dt} = k_b \times \frac{+k_a \times [NO]}{k_b + k_c \times [H_2]} \times [H_2]$

b) $\frac{d[N_2O]}{dt} = k_c \times \frac{+k_a \times [NO]^2}{k_b + k_c \times [H_2]} \times [H_2]$

c) $\frac{d[N_2O]}{dt} = k_c \times \frac{+k_a \times [H_2]^2}{k_b + k_c \times [H_2]} \times [NO]$

d) $\frac{d[N_2O]}{dt} = k_c \times \frac{+k_a \times [H_2]^4}{k_b + k_c \times [H_2]^3} \times [NO]^2$

e) Nenhuma das alternativas anteriores

Dica: Defina como k_a e k_b como a constante específica da reação reversível e k_c como a constante específica da reação irreversível.

Questão 138

(CONCURSO PETROBRÁS – ENGENHARIA QUÍMICA) No que se refere a catalisadores, analise as seguintes afirmações:
I – catalisadores diminuem a entalpia e a entropia de reações;
II – catalisadores diminuem a energia de ativação de reações;
III – catalisadores viabilizam reações termodinamicamente desfavoráveis;
IV – catalisadores aumentam as velocidades específicas das reações direta e reversa em reações reversíveis. Está correto apenas o que se afirma em:
a) I e II
b) I e III
c) I e IV
d) II e IV
e) I, II e III

Questão 139

(CONCURSO PETROBRÁS – ENGENHARIA QUÍMICA) As substâncias A e B se decompõem a 427ºC com energias de ativação iguais a 89,3 e 48,5 kcal/mol, respectivamente. Se R representa a constante universal dos gases, sendo k_A e k_B os fatores pré-exponenciais da lei de Arrhenius, a razão entre as velocidades específicas de decomposição de A e B é:

a) k_A exp (– 40,8/(R.427))/k_B
b) k_A exp (40,8/(R.700))/k_B
c) k_A exp (137,8/(R.700))/k_B
d) k_A exp (–137,8/(R.427))/k_B
e) k_A exp (– 40,8/(R.700))/k_B

Questão 140

(CONCURSO PETROBRÁS – ENGENHARIA QUÍMICA) A equação química abaixo é da reação, que ocorre no estado gasoso, entre dois reagentes (R_1 e R_2) formando um produto único P.

Experimento	$[R_1]$ (mol/L)	$[R_2]$ (mol/L)	Velocidade inicial (mol/L.h)
1	0,1	0,2	$1{,}0 \times 10^{-3}$
2	0,2	0,2	$4{,}0 \times 10^{-3}$
3	0,1	0,4	$1{,}0 \times 10^{-3}$

Considerando os resultados dos experimentos, a expressão da velocidade (v) dessa reação é

a) $v = k.[R_1]^2$
b) $v = k.[R_1]$
c) $v = k.[R_1].[R_2]$
d) $v = k.[R_1]^2.[R_2]$
e) $v = k.[R_2]$

Questão 141

(CONCURSO PARA DOCENTE FEDERAL – INSTITUTO FEDERAL DO PIAUÍ) A constante de velocidade de uma reação de primeira ordem é de $3{,}46 \times 10^{-2}$ s^{-1} a 298 K. Qual será a constante de velocidade a 350 K se a energia de ativação para a reação é 50,2 kJ/mol?

a) 3,01 s^{-1}
b) 0,04 s^{-1}
c) 104300 s^{-1}
d) 0,702 s^{-1}
e) 0,33 s^{-1}

Questão 142

(PROGRAMA DE PÓS-GRADUAÇÃO PARA MESTRADO & DOUTORADO / UNIVERSIDADE FEDERAL DE SANTA CATARINA - MODIFICADA) Sabe-se que os valores das constantes de velocidade de reação (k) são dependentes da temperatura e dados pela equação (1), na qual E_a tem unidades de energia e, quando E_a for independente da temperatura, a equação (1) pode ser integrada fornecendo a equação (2), na qual E_a e A correspondem à energia de ativação e ao fator pré-exponencial, respectivamente.

$$\frac{d \ln k}{dT} = \frac{E_a}{R \times T^2} \quad \text{(Equação 1)}$$

$$\ln k = \ln A - \frac{E_a}{R \times T} \quad \text{(Equação 2)}$$

$$k = A \times e^{-\frac{E_a}{R \times T}}$$

Para a reação química abaixo, a constante de velocidade é $1{,}22 \times 10^{-6}$ $dm^3 \times mol^{-1} \times s^{-1}$ a 575 K e $2{,}50 \times 10^{-3}$ $dm^3 \times mol^{-1} \times s^{-1}$ a 716 K.

$2HI_{(g)} \longrightarrow H_{2(g)} + I_{2(g)}$

Assumindo que tanto E_a quanto A são independentes da temperatura, calcule o valor da energia de ativação.

Questão 143

(PROGRAMA DE PÓS-GRADUAÇÃO PARA MESTRADO & DOUTORADO / UNIVERSIDADE FEDERAL DE SANTA CATARINA) A tabela a seguir mostra as constantes de velocidade (k) para o rearranjo da isonitrila de metila em várias temperaturas (T):

T / °C	K / s^{-1}
189,7	2,52 x 10^{-5}
198,9	5,25 x 10^{-5}
230,3	6,30 x 10^{-4}
251,2	3,16 x 10^{-3}

A partir desses dados, selecione o valor mais próximo da energia de ativação para a reação:

a) 260 mol x kJ^{-1}
b) 160 kJ x mol^{-1}
c) 160 J x mol^{-1}
d) 260 J x mol^{-1}
e) 260 kJ x mol^{-1}

Questão 144

(CONCURSO FEDERAL PARA DOCENTE - UNIVERSIDADE FEDERAL DE PERNAMBUCO) O etano forma dois radicais metila, em 700°C, na seguinte reação de decomposição: $C_2H_{6(g)} \longrightarrow 2{\bullet}CH_{3(g)}$. O estudo cinético desta decomposição forneceu dados que permitiram a obtenção dos gráficos abaixo:

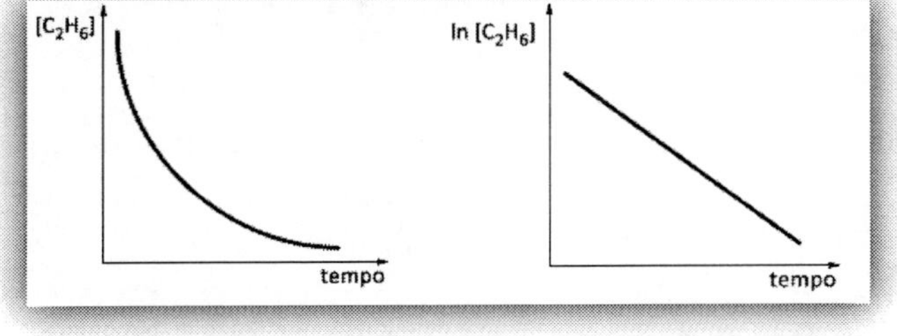

Com base nos gráficos apresentados e considerando k a constante de velocidade da reação, é correto afirmar que a lei de velocidade da decomposição de etano para formação de radicais metila é:

a) $v = k[C_2H_6]^{-1}$
b) $v = k[C_2H_6]$
c) $v = k[C_2H_6]^2$
d) $v = k[C_2H_6].[CH_3]$
e) $v = k[C_2H_6].[CH_3]$

Questão 145

(CONCURSO FEDERAL PARA DOCENTE – INSTITUTO FEDERAL DO PARÁ) Em uma aula experimental, no laboratório de cinética química do IFPA, foi determinado a energia de ativação da reação de oxidação do íon iodeto pelo persulfato, de acordo com a reação dada a seguir.

$$2I^- + S_2O_8^{-2} \xrightarrow[\text{amido}]{k_1} I_2 + 2SO_4^{-2}$$

$$I_2 + 2SO_3^{-2} \xrightarrow[\text{amido}]{k_2} 2I^- + S_4O_6^{-2}$$

Com os resultados obtidos no experimento foi construído um gráfico da constante de velocidade da reação em função da temperatura (ln k versus 1/T), esperando-se obter uma linha reta. A melhor reta foi obtida pelo método dos mínimos quadrados correspondendo a equação abaixo:

$$\ln k = 14{,}58 - \frac{5968}{T}$$

Os estudantes encontraram que a energia de ativação da reação foi de:

a) $2{,}15 \times 10^6$ kJ.mol^{-1}

b) 49,61 kJ.mol^{-1}

c) 14,58 Kj.mol^{-1}

d) 49,61 J.mol^{-1}

e) $2{,}15 \times 10^6$ J.mol^{-1}

Questão 146

(CONCURSO PETROBRÁS – ENGENHARIA DE PROCESSAMENTO JÚNIOR) A expressão de taxa de uma reação A + B ⟶ Produtos é dada por $r = k.C_A^{\alpha}.C_B^{\beta}$, onde k é a constante cinética expressa como uma constante de Arrhenius, e C_A e C_B são as concentrações de A e B, respectivamente. A tabela a seguir apresenta os valores da taxa para diferentes condições operacionais.

Temperatura T(K)	Concentração C_A (mol/L)	Concentração C_B (mol/L)	Taxa R (mol x L^{-1} x min)
400	2	1	0,1
450	2	1	0,15
450	2	2	0,30
400	1	1	0,05

Os dados da tabela sugerem que os valores de energia de ativação, α e β são, respectivamente. Observação: R é a constante universal dos gases.

a) 4800 x K x R x ln (1,50) e 2,1

b) 4800 x K x R x ln (1,50) e 1,1

c) 3600 x K x R x ln (1,50) e 1,1

d) 3600 x K x R x ln (1,50) e 1,2

e) 2000 x K x R x ln (0,30) e 1,1

Questão 147

(PROCESSO DE SELEÇÃO PARA MESTRADO E DOUTORADO - PROVA DE CONHECIMENTO EM FÍSICO-QUÍMICA – DEPARTAMENTO DE EQUÍMICA / UNIVERSIDADE FEDERAL DE MINAS GERAIS) Faça o desenvolvimento matemático adequado para obtenção da equação cinética de 1ª ordem para essa reação utilizando a Lei de Velocidades Integradas.

Questão 148

Catalisadores são substâncias de grande interesse industrial para processos químicos e biotecnológicos, pois permitem a obtenção de produtos-alvo com maior rapidez. Analise as afirmativas abaixo.

I) Na reação $2SO_{2(g)} + O_{2(g)} \overset{V_2O_{5(s)}}{\rightleftarrows} 2SO_{3(g)}$ o pentóxido de vanádio tem efeito de superfície, exemplificando uma catálise heterogênea.

II) Dada a sua característica basicamente proteica e sua menor estabilidade em relação aos catalisadores químicos tradicionais, as enzimas são totalmente inativadas durante processos bioquímicos, independentemente das condições operacionais implementadas.

III) Os catalisadores reduzem a energia de ativação, resultando em aumento da velocidade de reação, sendo regenerados ao final da conversão química.

IV) A ação do catalisador cria um novo caminho reacional que requer menor energia de ativação, alterando o equilíbrio da reação.

V) Todos os catalisadores conhecidos são compostos inorgânicos, geralmente constituídos por metais de transição. Assinale a opção que apresenta apenas as afirmativas verdadeiras.

a) III e V
b) I, III e IV
c) II, IV e V
d) I e III
e) I, II, IV e V

Questão 149

O mapa de contorno da figura abaixo é uma representação bidimensional de uma superfície de energia potencial para a reação A + BC ⟶ AB + C em função das distâncias r_{AB} e r_{BC} entre os átomos A e B e entre B e C, respectivamente. Nesse gráfico, cada uma das linhas cheias indica valores constantes dessa energia e a linha tracejada representa a trajetória da reação.

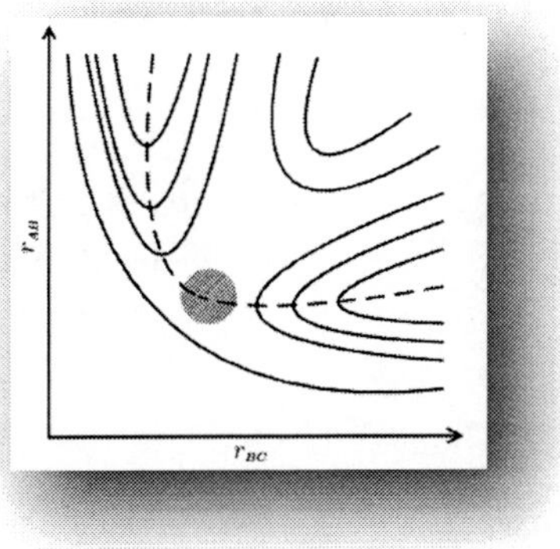

Qual das seguintes opções corresponde à identificação correta da região hachurada para a reação indicada?

a) os reagentes A e BC
b) os produtos AB e C
c) o complexo ativado ABC
d) Os átomos separados A, B e C
e) Os íons separados A+, B+ e C+

Questão 150

Para a equação química hipotética apresentada a seguir: $X_{(gasoso)}$ + $Y_{(gasoso)}$ ⟶ $Z_{(gasoso)}$, foram realizados três experimentos, conforme pode ser observado na tabela logo abaixo.

Experimento	[X] mol/dm³	[Y] mol/dm³	Velocidade inicial de reação mol/(dm³.min)
I	0,20	0,20	$2{,}0 \times 10^{-3}$
II	0,40	0,40	$8{,}0 \times 10^{-3}$
III	0,20	0,40	$4{,}0 \times 10^{-3}$

A partir das informações obtidas na tabela, assinale o valor da velocidade específica (k).

a) k = 0,50 $dm^3.mol^{-1}.min^{-1}$
b) k = 8,33 x 10^{-6} $m^3.mol^{-1}.s^{-1}$
c) k = 5,0 $cm^3.mol^{-1}.min^{-1}$
d) k = 8,33 x 10^{-1} $cm^3.mol^{-1}.s^{-1}$
e) k = 8,33 x 10^{-3} $cm^3.mol^{-1}.s^{-1}$

Questão 151

O processo de decomposição do óxido nitroso resultando em nitrogênio e oxigênio, ocorre a partir de duas etapas (A e B) apresentadas a seguir, conforme pode ser observado:
Etapa A $\longrightarrow$ $N_2O_{(gás)} \longrightarrow N_{2(gás)} + O_{(atômico)}$
Etapa B $\longrightarrow$ $N_2O_{(gás)} + O_{(atômico)} \longrightarrow N_{2(gás)} + O_{2(gás)}$

Este processo, consistindo nestas duas etapas, apresenta cinética de primeira ordem. Diante das informações apresentadas, assinale a alternativa que apresenta de forma correta a espécie intermediária e o valor da velocidade específica (k) em s^{-1}, sabendo que o tempo de meia vida do óxido nitroso é $3{,}58 \times 10^2$ min a 533ºC.

a) espécie intermediária = $N_2O_{(gás)}$; $k_{533^oC} = 3{,}23 \text{ x } 10^{-5} \text{ min}^{-1}$
b) espécie intermediária = $N_{2(gás)}$; $k_{533^oC} = 3{,}23 \text{ x } 10^{-5} \text{ s}^{-1}$
c) espécie intermediária = $O_{(atômico)}$; $k_{533^oC} = 3{,}23 \text{ x } 10^{-3} \text{ s}^{-1}$
d) espécie intermediária = $O_{(atômico)}$; $k_{533^oC} = 3{,}23 \text{ x } 10^{-5} \text{ s}^{-1}$
e) espécie intermediária = $N_2O_{(gás)}$; $k_{533^oC} = 3{,}23 \text{ x } 10^{-5} \text{ min}^{-1}$

Questão 152

Milhares de artefatos foram recolhidos em um sítio arqueológico em Montes Claros de Goiás, na região oeste do estado, segundo o Instituto do Patrimônio Histórico e Artístico Nacional (Iphan). O coordenador de campo da pesquisa e arqueólogo, Matheus Araújo, da empresa Sapiens Arqueologia, explica que a descoberta foi feita após uma solicitação do órgão, para licenciamento ambiental em uma área de plantio de cana-de-açúcar. (https://g1.globo.com/go/goias/noticia/2022/02/01/sitio-arqueologico-de-mais-de-35-mil-anos-e-encontrado-em-goias.ghtml).

Para determinar a idade desses materiais, foi utilizado o carbono – 14, sabendo que seu tempo de meia-vida é de 5600 anos. Diante das informações apresentadas, assinale a alternativa que apresenta de forma aproximada a idade desses materiais, sabendo que foi encontrado 37,50% da taxa inicial com relação aos organismos vivos.

a) 5.600 anos
b) 7925 anos
c) 88925 anos
d) 11.258 anos
e) 56.450 anos

Questão 153

Sabe-se que a constante de velocidade (k) de uma reação é função da temperatura (T) conforme a lei de Arrhenius: $k = A \text{ x } e^{-\frac{E_a}{R \text{ x } T}}$, em que A é o fator de frequência e E_a é a energia de ativação. Em um estudo cinético, observou-se que a velocidade de uma determinada reação aumenta 1000 vezes quando a temperatura do meio reacional aumenta de 400 K para 500 K, permanecendo constantes todos os demais parâmetros iniciais. Assinale a opção que apresenta a energia de ativação desta reação, e kcal.mol^{-1}, considerando que A e E_a não dependem da temperatura.
a) 7,3
b) 17,3
c) 27,3
d) 37,3
e) 47,3

EXERCÍCIOS DE FIXAÇÃO - GABARITO

Questão 01

(GRILLO) Equação química hipotética estando todas as espécies na fase gasosa: $4A_{(gás)} + 3B_{(gás)} \longrightarrow 2W_{(gás)}$

Informação do problema: velocidade da reação = 1,5 mol.L^{-1}.h^{-1}

$$V_{reação} = -\frac{1}{4} \text{x} \frac{d[A]}{dt} = -\frac{1}{3} \text{x} \frac{d[B]}{dt} = +\frac{1}{2} \text{x} \frac{d[W]}{dt}$$

$$1{,}50\frac{mol}{L.h} = -\frac{1}{4}x\frac{d[A]}{dt} = -\frac{1}{3}x\frac{d[B]}{dt} = +\frac{1}{2}x\frac{d[W]}{dt}$$

$$1{,}50\frac{mol}{L.h} = -\frac{1}{4}x\,V_A = -\frac{1}{3}x\,V_B = +\frac{1}{2}x\,V_W$$

$$V_A = -\,6{,}0\frac{mol}{L\,x\,h};\ V_B = -\,4{,}50\frac{mol}{L\,x\,h}\ e\ V_W = +\,3{,}00\ \frac{mol}{L\,x\,h}$$

Questão 02

(GRILLO) Equação química hipotética: $3A_{(gás)} + 2B_{(gás)} \longrightarrow W_{(gás)} + 5Z_{(gás)}$

$$V_{reação} = -\frac{1}{3}x\frac{d[A]}{dt} = -\frac{1}{2}x\,V_B = +\frac{1}{1}x\,V_W = +\frac{1}{5}x\,V_Z$$

$$V_{reação} = -\frac{1}{3}x\,(1{,}75\frac{mol}{L.s}) = -\frac{1}{2}x\,V_B = +\frac{1}{1}x\,V_W = +\frac{1}{5}x\,V_Z$$

$$V_B = -\,1{,}17\frac{mol}{L.s};\ V_{reação} = V_W = -\,0{,}583\frac{mol}{L.h}\ e\ V_Z = +\,2{,}92\ \frac{mol}{L.h}$$

Questão 03

Item a) Determinação da ordem de reação (a) em relação ao reagente A entre os experimentos 1 e 4: $\left(\frac{3}{9}\right)^a = \frac{3}{90}$

$$\left(\frac{1}{3}\right)^a = \frac{1}{30}$$

$$\log\left(\frac{1}{3}\right)^a = \log\left(\frac{1}{30}\right)$$

$$a\ x\ (\log 3)^{-1} = (\log 30)^{-1}$$
$$-\ a\ x\ (\log 3) = -1\ x\ (\log 30)$$

$$a\ x\ (\log 3) = \log 3 + \log 10$$

$$a \cong 3{,}0$$

Determinação da ordem de reação (b) em relação ao reagente B, entre os experimentos 1 e 2: $\left(\frac{2}{3}\right)^b = \frac{60}{90}$

$$\left(\frac{2}{3}\right)^b = \frac{6}{9}$$

$$b = 1$$

Determinação da ordem de reação (c) em relação ao reagente C, entre os experimentos 1 e 3: $\left(\frac{4}{3}\right)^c = \frac{120}{90}$

$$c = 1$$

Equação da velocidade: $v = k.[A]^3 \times [B] \times [C]$

Item b) A ordem global é a soma das ordens paciais dos reagentes químicos. Logo, chamando de β a ordem global, temos: β = a + b + c = 3 + 1 + 1 = 5

Item c) Determinação da constante cinética (k), a partir do experimento 3:

$$v = k \times [A]^3 x [B] \times [C]$$

$$120 \frac{\cancel{mol}}{\cancel{L} \times s} = k \times (9 \frac{mol}{L})^3 x\, 3 \frac{\cancel{mol}}{\cancel{L}} \times 4 \frac{mol}{L}$$

$$k = 1{,}3 \frac{L^4}{mol^4 . s}$$

Observação: Há uma contradição entre os dados fornecidos na Tabela 1 e as etapas da reação química (lenta e rápida). A etapa lenta é determinante no processo cinético. E, para esta etapa a reação seria de terceira ordem ($v = k. [A]^3 x\, [B] x\, [C]$). Já pela tabela, a reação global é de quinta ordem (v = k.[A]³ x [B] x [C]). Para que o problema estivesse de acordo com a teoria, tanto a etapa lenta como os dados fornecidos de forma experimental deveriam obter a mesma ordem de reação global.

Questão 04

Cálculo da ordem de reação em relação ao reagente A, entre o experimento II e III: $\left(\frac{0{,}10}{0{,}20}\right)^a = \frac{4{,}0 \times 10^{-3}}{8{,}0 \times 10^{-3}}$

$$a = 1$$

Cálculo da ordem de reação em relação ao reagente B, entre o experimento I e III: $\left(\frac{0{,}20}{0{,}10}\right)^b = \frac{4{,}0 \times 10^{-3}}{2{,}0 \times 10^{-3}}$

$$b = 1$$

Item a) Equação da velocidade da reação química: v = k.[A].[B]

Item b) Cálculo da constante cinética (k), através do experimento I: $v = k \times [A] \times [B]$

$$2{,}0 \times 10^{-3} = k \times 0{,}10 \times 0{,}10$$

$$k = 0{,}20 \frac{L}{mol \times min}$$

Item c) Cálculo da velocidade de C: $V_{reação} = + \frac{d[C]}{dt} = k \times [A] \times [B]$

$$+ \frac{d[C]}{dt} = 0{,}20 \times 0{,}50 \times 0{,}50 = 0{,}05 \frac{mol}{L. min}$$

Questão 05

Cálculo da ordem de reação em relação a espécie gasosa (acetaldeído gasoso), entre o primeiro e segundo experimento:

$$\left(\frac{0{,}20}{0{,}10}\right)^a = \frac{0{,}081}{0{,}020}$$

$$a = 2$$

Equação da velocidade da reação química: $V_{reação} = k \times [CH_3CHO]^2$

Cálculo da constante cinética (k), através do primeiro experimento: $V_{reação} = k \times [CH_3CHO]^2$

$$0{,}020 = k \times (0{,}10)^2$$

$$k = 2{,}0 \frac{L}{mol. s}$$

Questão 06

Para a determinação da ordem de reação será necessário analisar o comportamento de cada reagente conforme apresentado na tabela.

Cálculo da ordem de reação em relação ao reagente químico A, entre o primeiro e segundo experimento: $2^a = 4$
$a = 2$

Cálculo da ordem de reação em relação ao reagente químico B, entre o segundo e terceiro experimento: $2^b = 4$
$b = 2$

Ordem de reação global da reação (a + b): $a + b = 2 + 2 = 4$

Equação da velocidade de reação química: $V_{reação} = k \times [A]^2 \times [B]^2$

Cálculo da constante cinética (k), através do terceiro experimento:

$$48,0 \times 10^{-5} = k \times (2,0 \times 10^{-3})^2 \times (2,0 \times 10^{-3})^2$$

$$k = \frac{48,0 \times 10^{-5}}{16,0 \times 10^{-9}} = 3,0 \times 10^{+7} \frac{L^3}{mol^3 . h}$$

Questão 07

Este problema proposto está mais preocupado com a matemática do que com a química em si. Analiso desta forma pelo fato do resultado na prática não existir. A probabilidade de uma reação química apresentar ordem de reação igual a 11 é ZERO.

Equação química hipotética: A + B → Produtos

Primeiramente será necessário determinar a ordem de reação de cada reagente. A equação da velocidade pode ser expressa da seguinte maneira: $V_{reação} = k \times [A]^{\alpha} \times [B]^{\beta}$

Equação da velocidade para a primeira correlação: $V_{reação} = k \times [A]^{\alpha} \times [B]^{\beta}$
$100 = k \times (10)^{\alpha} \times (10)^{\beta}$ (Equação A)

Sabendo que o problema apresenta a seguinte relação entre α e β é dado por $\frac{\alpha}{\beta} = 10$, então $\alpha = 10 \times \beta$. Substituindo na equação A, temos: $100 = k \times (10)^{10\beta} \times (10)^{\beta}$

$$100 = k \times (10)^{10\beta + \beta}$$

$$10^2 = k \times (10)^{11\beta}$$

$$k = \frac{10^2}{(10)^{11\beta}}$$
$$k = 10^{2 - 11\beta}$$ (Equação I)

Através da equação da velocidade, temos: $V_{reação} = k \times [A]^{\alpha} \times [B]^{\beta}$

$$\alpha^{\beta} \times \alpha^{\alpha} = k \times (10\alpha)^{\alpha} \times (\beta)^{\beta}$$

Sabendo que $\alpha = 10\beta$, temos: $(10\beta)^{\beta} \times (10\beta)^{10\beta} = k \times (10 \times 10\beta)^{10\beta} \times (\beta)^{\beta}$

$$(10\beta)^{11\beta} = k \times (10)^{10\beta} \times (10\beta)^{10\beta} \times (\beta)^{\beta}$$

$$(10)^{10\beta} \text{ x } (\beta)^{\beta} \text{ x k} = \frac{(10\beta)^{11\beta}}{(10\beta)^{10\beta}}$$

$$(10)^{10\beta} \text{ x } (\beta)^{\beta} \text{ x k} = (10\beta)^{\beta}$$

$$(10)^{10\beta} \text{ x } (\beta)^{\beta} \text{ x k} = (10)^{\beta} \text{ x } (\beta)^{\beta}$$

$$(10)^{10\beta} \text{ x } \cancel{(\beta)^{\beta}} \text{ x k} = (10)^{\beta} \text{ x } \cancel{(\beta)^{\beta}}$$

$k = \frac{(10)^{\beta}}{(10)^{10\beta}} = (10)^{-9\beta}$ (Equação B)

Igualando as equações A e B, temos: $10^{2-11\beta} = (10)^{-9\beta}$

$$2 - 11\beta = -9\beta$$

$$\beta = \frac{2}{2} = 1$$

Sendo $\frac{\alpha}{\beta} = 10, \text{logo } \alpha = 10.$

A ordem global é o somatório das ordens parciais, α + β = 11.

Item a) Cálculo da velocidade específica, a partir da equação B: $k = (10)^{-9\beta} = (10)^{-9 \text{ x } 1} = 10^{-9} \frac{L^{10}}{mol^{10} \text{ x h}}$

Item b) As ordens parciais são as seguintes: α = 10 e β = 1.

Questão 08

Item a) Cálculo da ordem de reação em relação ao reagente NO, entre o experimento I e III: $\left(\frac{0{,}0125}{0{,}0250}\right)^{a} = \frac{0{,}6 \text{ x } 10^{-6}}{2{,}4 \text{ x } 10^{-6}}$

$a = 2$

Cálculo da ordem de reação em relação ao reagente H_2, entre o experimento I e II: $\left(\frac{0{,}005}{0{,}010}\right)^{a} = \frac{1{,}2 \text{ x } 10^{-6}}{2{,}4 \text{ x } 10^{-6}}$

$b = 1$

A ordem global se caracteriza pelo somatório das ordens parciais. Diante disso: a + b = 2 + 1 = 3

Item b) Cálculo da constante cinética (k), a partir do primeiro experimento apresentado pela tabela: $v_{reação} = k \text{ x } [NO]^{2} \text{ x } [H_2]^{1}$

$$2{,}4 \text{ x } 10^{-6} = k \text{ x } (0{,}025)^{2} \text{ x } 0{,}010$$

$$k = 0{,}384 \text{ L}^{2}.\text{mol}^{-2}.\text{s}^{-1}$$

Questão 09

Refazendo a tabela fornecida pelo problema:

T (°C)	T (K)	k (s^{-1})	1 / T	Ln k
0	273	2,46 x 10^{-3}	0,003663	- 6,01
20,0	293	25,1 x 10^{-3}	0,003413	- 3,68
40,0	313	576 x 10^{-3}	0,003195	- 0,55

Plotando um gráfico ln k versus 1/T, temos:

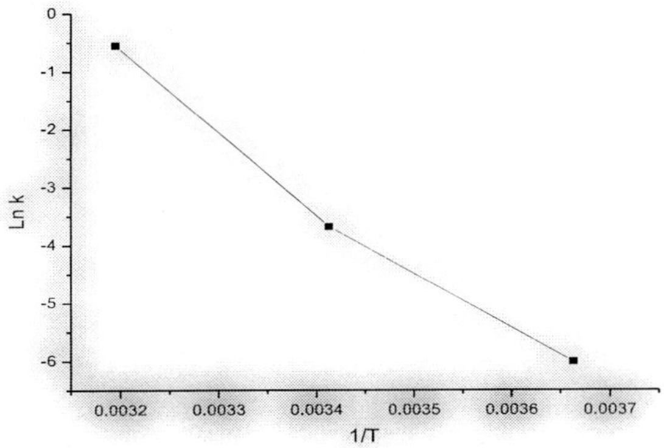

Cálculo da energia de ativação (E_{at}): $\frac{-E_{at}}{R} = \frac{\Delta y}{\Delta x}$

$$\frac{-E_{at}}{8,314} = \frac{-0,55-(-6,01)}{0,003195-0,003663}$$

$$E_{at} = 96996,97\frac{J}{mol}\left(\approx 97,0\frac{kJ}{mol}\right)$$

Questão 10

Cálculo da ordem de reação (a) em relação ao dióxido de enxofre, entre o segundo e o terceiro experimento: $\left(\frac{0,75}{0,25}\right)^a = \frac{1,062}{0,118}$

$a = 2$

Cálculo da ordem de reação (b) em relação ao ozônio, entre o primeiro e o segundo experimento: $\left(\frac{0,20}{0,40}\right)^b = \frac{0,118}{0,118}$

$b = 0$

Cálculo da constante cinética (k_1) em relação ao primeiro estudo do primeiro experimento: $V_{reação} = k_1 \text{ x } [SO_2]^2 \text{ x } [O_3]^0$

$$k_1 = \frac{0,118}{0,25} = 1,89\frac{L}{mol.s}$$

Cálculo da constante cinética (k_2) em relação ao segundo estudo: $V_{reação} = k_2 \text{ x } [SO_2]^2 \text{ x } [O_3]^0$

$$k_2 = \frac{1,425}{0,50} = 5,70\frac{L}{mol \text{ x } s}$$

Para a determinação e cálculo da energia de ativação será necessário aplicar a equação de Arrhenius.

$$\ln\left(\frac{k_1}{k_2}\right) = \frac{E_{at}}{R}\text{x}\left\{\frac{1}{T_2}-\frac{1}{T_1}\right\}$$

$$\ln\left(\frac{1,89}{5,70}\right) = \frac{E_{at}}{8,314}\text{x}\left\{\frac{1}{400}-\frac{1}{250}\right\}$$

$$E_{at} = 6118,49\frac{J}{mol}$$

Questão 11

Primeiramente cabe ressaltar que a cinética de desintegração radioativa segue uma cinética de primeira ordem. Convertendo o tempo para segundos: (4 x 3600)s + (25 x 60)s = 14400 s + 1500 s = 15900 s

Cálculo da percentagem de cloreto de sulfurila decomposto: $\ln\left(\frac{[SO_2Cl_2]_{Final}}{[SO_2Cl_2]_{Inicial}}\right) = -(2{,}20 \text{ x } 10^{-5}) \text{ x } 15900$

$$\frac{[SO_2Cl_2]_{Final}}{[SO_2Cl_2]_{Inicial}} = e^{-0{,}350}$$

$$\frac{[SO_2Cl_2]_{Final}}{[SO_2Cl_2]_{Inicial}} = 0{,}7047\ (70{,}47\%)$$

A decomposição do cloreto de sulfurila corresponde a 70,47%.

Questão 12

Item a) Cálculo da constante de decaimento radioativo (k) do átomo de sódio, a partir da utilização da equação cinética de primeira ordem. $\ln\left(\frac{[Na]_{Final}}{[Na]_{Inicial}}\right) = -k \text{ x tempo}$

$$\ln\left(\frac{12}{100}\right) = -k \text{ x } 46$$

$$\ln 12 - \ln 100 = -k \text{ x } 46$$

$$\ln(2^2 \text{x } 3) - \ln(10)^2 = -k \text{ x } 46$$

$$\cancel{2.\ln 2} + \ln 3 - \cancel{2.\ln 2} - 2\ln 5 = -k \text{ x } 46$$

$$\ln 3 - 2.\ln 5 = -k \text{ x } 46$$

$$k = 4{,}61 \text{ x } 10^{-2}\ s^{-1}$$

Item b) Cálculo do tempo de meia-vida: $t_{1/2} = \frac{\ln 2}{k} = \frac{0{,}693}{4{,}61 \text{ x } 10^{-2}} = 15{,}05\ h$

Questão 13

Item a) Para uma unidade de constante cinética (k) igual a $L.mol^{-1}.s^{-1}$, a reação apresenta cinética de segunda ordem.

Item b) Cálculo da energia de ativação, considerando os seguintes dados: k_1 (312,50 K) = 10^{-5} $L.mol^{-1}.s^{-1}$ e k_1 (357,14 K) = 10^{-4} $L.mol^{-1}.s^{-1}$.

Aplicando a equação de August Svante Arrhenius: $\ln\left(\frac{10^{-5}}{10^{-4}}\right) = \frac{E_{at}}{2{,}00} \text{x} \left\{\frac{1}{357{,}14} - \frac{1}{312{,}50}\right\}$

$$\ln(10^{-1}) = \frac{E_{at}}{2{,}00} \text{x} \left\{\frac{1}{357{,}14} - \frac{1}{312{,}50}\right\}$$

$$E_{at} = 11513{,}57 \frac{cal}{mol}$$

Item c) Cálculo do fator pré-exponencial (A), através de k_1. $k_1 = A.e^{\left(-\frac{Eat}{R.T}\right)}$

$$10^{-5} = A.e^{\left(-\frac{11513{,}57}{625{,}00}\right)}$$

$$10^{-5} = A.e^{(-18{,}42)}$$

$$A = \frac{10^{-5}}{e^{(-18{,}42)}} = \frac{10^{-5}}{1{,}00 \text{ x } 10^{-8}} = 999{,}32 \frac{L}{mol.s}$$

Item d) Cálculo da temperatura (T) em que a reação é dez vezes mais lenta em relação a 312,50K: $\ln\left(\frac{k_1}{k_2}\right) = \frac{E_{at}}{R} \text{x} \left\{\frac{1}{T} - \frac{1}{T_1}\right\}$

$$\ln\left(\frac{10^{-5}}{10^{-6}}\right) = \frac{11513,57}{2,00} \text{x} \left\{\frac{1}{T} - \frac{1}{312,50}\right\}$$

$$T = 277,78\ K$$

Questão 14

Item a) Para a determinação da temperatura T_1, será necessário determinar a constante cinética a partir do gráfico 1 e comparado com a tabela 1 fornecida pelo problema. A reação de decomposição obedece a uma cinética química de primeira ordem, uma vez que a constante cinética se encontra na unidade (s^{-1}). $\ln\left(\frac{[A]_{Final}}{[A]_{Inicial}}\right) = -k \text{ x tempo}$

No intervalo entre 0 e 400 segundos, temos: $\ln\left(\frac{0,010}{0,020}\right) = -400 \text{ x } k$

$k = 1,73 \text{ x } 10^{-3}\ s^{-1}$

Observando a tabela 1, a temperatura correspondente é de 55°C.

Item b) Através de dois pontos do gráfico 2, temos:

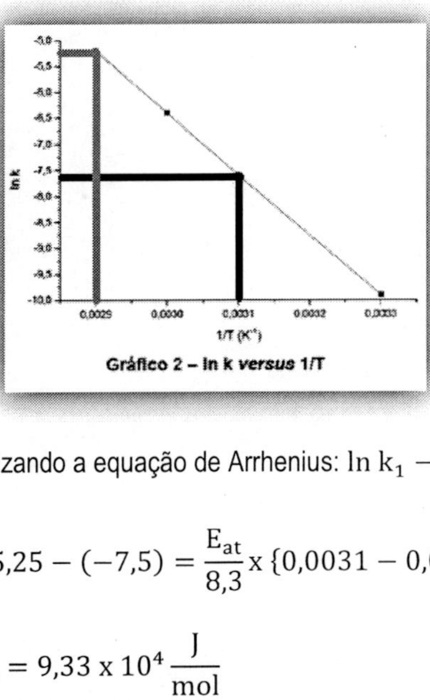

Utilizando a equação de Arrhenius: $\ln k_1 - \ln k_2 = \frac{E_{at}}{R} \text{x} \left\{\frac{1}{T} - \frac{1}{T_1}\right\}$

$$-5,25 - (-7,5) = \frac{E_{at}}{8,3} \text{x} \{0,0031 - 0,0029\}$$

$$E_{at} = 9,33 \text{ x } 10^{4} \frac{J}{mol}$$

Questão 15

Item a) Mecanismo reacional: Etapa lenta (por apresentar maior energia de ativação, E_{at1}): $3ClO^-_{(aquoso)} \rightarrow ClO_2^-{}_{(aquoso)} + Cl^-_{(aquoso)} + ClO^-_{(aquoso)}$

Etapa rápida (por apresentar menor energia de ativação, E_{at2}): $ClO_2^-{}_{(aquoso)} + Cl^-_{(aquoso)} + ClO^-_{(aquoso)} \rightarrow ClO_3^-{}_{(aquoso)} + 2Cl^-_{(aquoso)}$

Organizando e somando as equações químicas, temos:

$2ClO^-_{(aquoso)} \rightarrow ClO_2^-{}_{(aquoso)} + Cl^-_{(aquoso)}$

$ClO_2^-{}_{(aquoso)} + ClO^-_{(aquoso)} \rightarrow ClO_3^-{}_{(aquoso)} + Cl^-_{(aquoso)}$ +

Equação química global: $3ClO^-_{(aquoso)} \rightarrow ClO_3^-{}_{(aquoso)} + 2Cl^-_{(aquoso)}$

Item b) Equação da velocidade: $v = k \text{ x } [ClO^-]^3$.

Observação com relação ao problema proposto: Cabe ressaltar que na primeira etapa o íon hipoclorito se encontra no produto enquanto na segunda etapa se encontra no reagente. Diante desta premissa este íon se caracteriza como sendo a espécie intermediária. Ainda com relação ao mecanismo proposto, não se observa a presença do catalisador.

Questão 16

Neste problema a tabela está em função da pressão total. Como a cinética estuda a velocidade de decomposição em relação ao reagente, que neste caso é o peróxido de diterbutila. Com isso será necessário calcular a pressão em relação a este reagente, ou seja, P_A (pressão parcial do peróxido de diterbutila). Representando $(CH_3)_3COOC(CH_3)_3$ por A, CH_3COCH_3 por B e C_2H_6 por C, a tabela de equilíbrio químico fica da seguinte maneira:

Equação química	A	→	2B	C
Início	P_0		0	0
Reage	P		2P	P
Equilíbrio	P_0 - P		2P	P

Cálculo da pressão do sistema: $P_t = P_o - P + 2P + P$, sendo P_o = 180 mmHg

$P_t = 180 \cancel{-P} + 2P \cancel{+P}$

$P_t = 180 + 2P$

Em t = 6 min, a pressão total é de 200 mmHg, logo a pressão do peróxido de diterbutila neste tempo será igual a: $p_o + 2p = 200$

$180 + 2p = 200$ e $p = 10 \therefore p_A = p_o - p = 170$ mmHg

Repetindo o raciocínio para os demais intervalos de tempo, tem-se:

T(min)	0	6	10	14	22
p_o + 2p	180	200	210	220	240
2p	0	20	30	40	60
p(mmHg)	0	10	15	20	30
p_A(mmHg)	180	170	165	160	150

$$V_{média} = \frac{n_{10} - n_0}{t_{10} - t_0} = \frac{\frac{PV}{RT}}{t_{10} - t_0} = \frac{\frac{(p_{10} - p_0)}{RT}}{t_{10} - t_0} = \frac{\left|\frac{(165 - 180)}{62{,}32 \text{ x } (147 + 273)}\right|}{10 - 0}$$

$$V_{média} = \frac{\left|\frac{-15}{26174{,}40}\right|}{10} = 5{,}73 \text{ x } 10^{-5} \frac{\text{mol}}{\text{L.min}}$$

Questão 17

Equação química: $2NO_{(gás)} + 2H_{2(gás)} \longrightarrow N_{2(gás)} + 2H_2O_{(vapor)}$

Equação da velocidade de reação: $v = k.[NO]^x.[H_2]^y$

Cálculo da ordem de reação em relação ao NO, entre o experimento 1 e 2: $\frac{V_2}{V_1} = \frac{k \text{ x } (300)^y}{k \text{ x } (153)^y}$

$$\frac{1{,}08}{0{,}28} = \frac{(300)^y}{(153)^y}$$

$$y = \frac{1{,}351}{0{,}673} = 2{,}0$$

Cálculo da ordem de reação em relação ao H_2, entre o experimento 4 e 5: $\frac{V_4}{V_5} = \frac{k \text{ x } (300)^x}{k \text{ x } (289)^x}$

$$1{,}038 = \frac{(300)^x}{(153)^x}$$

$x = 1,0$

Equação da velocidade: $v = k \, x \, p_{H_2}^1 x \, p_{NO}^2$. Cálculo da constante cinética, a partir do primeiro experimento: $v = k \, x \, p_{H_2}^1 x \, p_{NO}^2$

$$k = \frac{v}{p_{H_2}^1 x \, p_{NO}^2} = \frac{0,28}{400 \, x \, (152)^2} = 3,03 \, x \, 10^{-8} \frac{torr}{s}$$

Cálculo da pressão de hidrogênio ao valor desejado para a velocidade inicial: $v = k \, x \, p_{H_2}^1 x \, p_{NO}^2$

$$3,75 \, x \, 10^{-2} = 3,0 \, x \, 10^{-8} \, x \, p_{H_2}^1 x \, (100)^2$$

$$p_{H_2} = \frac{3,75 \, x \, 10^{-2}}{3,0 \, x \, 10^{-8} \, x \, (100)^2}$$

$$p_{H_2} = 123,77 \text{ torr } (0,163 \text{ atm})$$

Cálculo do número de mol de $H_{2(g)}$, considerando comportamento ideal:

$$n = \frac{pV}{RT} = \frac{0,163 \, x \, 1}{0,08206 \, x \, 300} = 6,61 \, x \, 10^{-3} \text{ mol}$$

Questão 18

Cálculo da ordem de reação em relação ao reagente A, entre o experimento 4 e 6: $\left(\frac{0,500}{2,000}\right)^a = \frac{5,65}{27,86}$

Aplicando a função logarítmica natural, temos: $\ln\left(\frac{0,500}{2,000}\right)^a = \ln\left(\frac{5,65}{27,86}\right)$

$$a \, x \ln\left(\frac{0,500}{2,000}\right) = \ln(5,65) - \ln(27,56)$$

$$a \, x \, [\ln(0,500) - \ln(2,000)] = \ln(5,65) - \ln(27,56)$$

$$a = 1,16$$

Cálculo da ordem de reação em relação ao reagente B, entre o experimento 1 e 3: $\left(\frac{2,000}{0,500}\right)^b = \frac{36,76}{12,13}$

Aplicando o logaritmo neperiano na equação acima: $\ln\left(\frac{2,000}{0,500}\right)^b = \ln\left(\frac{36,76}{12,13}\right)$

$$b \, x \ln\left(\frac{2,000}{0,500}\right) = \ln(36,76) - \ln(12,13)$$

$$b = \frac{1,10}{1,39} = 0,79$$

Ordem de reação em relação ao reagente C: c = 0.

Equação da velocidade de reação: $v_{reação} = k \, x \, [A]^{1,16} \, x \, [B]^{0,79} \, x \, [C]^0$
$v_{reação} = k \, x \, [A]^{1,16} \, x \, [B]^{0,79}$

Questão 19

Item a) Equação química da decomposição do peróxido de hidrogênio: $H_2O_{2(aquoso)} \longrightarrow H_2O_{(líquido)} + 1/2O_{2(gás)}$

Item b) Cálculo da ordem de reação do peróxido de hidrogênio, entre o experimento A e C: $\left(\frac{0,250}{0,750}\right)^a = \frac{0,915}{2,745}$

a $\cong 1$ (reação de decomposição que apresenta cinética de primeira ordem)

Item c) Equação da velocidade: $v = k \times [H_2O_2]^1$

Item d) cálculo da velocidade específica, a partir do experimento A: $v = k \times [H_2O_2]^1$

$$2{,}745 \times 10^{-3}\,\frac{mol}{L.s} = k \times 0{,}750\,\frac{mol}{L}$$

$$k = 0{,}0036\ s^{-1}$$

Item e) Para este processo, o íon iodeto (I^-) apresenta como função de ser um catalisador.

Questão 20

A partir da tabela fornecida pelo problema, a cinética é de primeira ordem.

Item a) Cálculo da constante cinética (k): $\ln\left(\frac{[N_2O_5]_{Final}}{[N_2O_5]_{Inicial}}\right) = -k \times tempo$

$$\ln[N_2O_5]_{Final} - \ln[N_2O_5]_{Inicial} = -k \times tempo$$

$$-5{,}075 - (-2{,}303) = -k \times 400$$

$$k = 0{,}00693\ s^{-1}$$

Item b) Cálculo do tempo de meia-vida: $t_{1/2} = \frac{\ln 2}{k} = \frac{\ln 2}{0{,}00693} = 100\ s$

Questão 21

(CONCURSO PARA DOCENTE FEDERAL – INSTITUTO FEDERAL DO RIO DE JANEIRO)

Item a) Cálculo do tempo de meia-vida para o composto A: $t_{1/2} = \frac{\ln 2}{k} = \frac{\ln 2}{0{,}227} = 2{,}50\ h$

Item b) Cálculo da constante de velocidade (k): $\ln\left(\frac{6{,}25}{25{,}0}\right) = -k \times 5$

$$k = 0{,}277\ h^{-1}$$

Item c) Cálculo da concentração de A, decorridos 4 horas: $\ln\left(\frac{[A]_{Final}}{25{,}0}\right) = -0{,}277 \times 4$

$$[A]_{Final} = 25 \times e^{-(4 \times 0{,}277)} = 8{,}25\,\frac{mol}{L}$$

Item d) Cálculo do tempo para uma decomposição de 99%, a partir da decomposição de 99%, restando 1%. Logo a relação entre a concentração final e inicial ficará da seguinte maneira: $[A]_{Final} = 0{,}01 \times [A]_{Inicial}$.

$$\ln\left(\frac{0{,}01 \times \cancel{[A]_{Inicial}}}{\cancel{[A]_{Inicial}}}\right) = -0{,}277 \times tempo$$

$$tempo = 16{,}62\ h$$

Questão 22

(CONCURSO PARA DOCENTE FEDERAL – INSTITUTO FEDERAL DO RIO DE JANEIRO)

Item a) Cálculo do tempo de meia-vida para o composto A: $t_{1/2} = \frac{\ln 2}{k} = \frac{\ln 2}{3{,}38 \times 10^{-4}} = 2050{,}73\ s$

Item b) Desenvolvendo a equação para a cinética de primeira ordem, temos: $\ln[N_2O_5]_{Final} - \ln[N_2O_5]_{Inicial} = -k \text{ x tempo}$. Chamando: $\ln[N_2O_5]_{Final}$ de eixo y; $\ln[N_2O_5]_{Inicial}$ como o coeficiente linear; t como o eixo x e k (constante cinética) será o coeficiente angular. O gráfico qualitativo ficará da seguinte maneira:

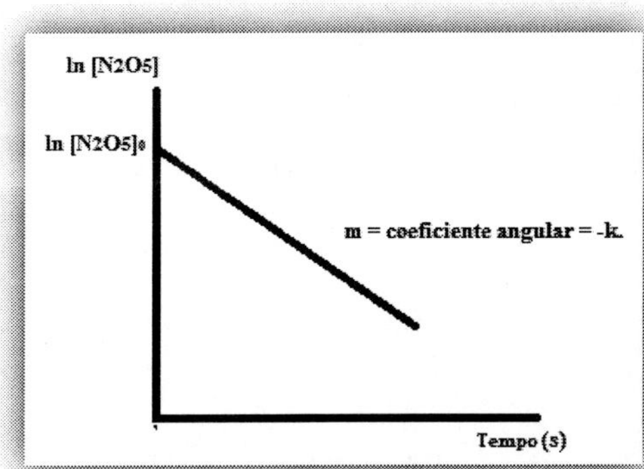

Questão 23

(CONCURSO PARA DOCENTE FEDERAL – INSTITUTO FEDERAL DO RIO DE JANEIRO)

Item a) Cálculo da constante cinética para uma reação com cinética de segunda ordem: $\frac{1}{0{,}0358} - \frac{1}{0{,}05} = k \text{ x } 60$

$$k = 0{,}132 \frac{L}{mol.\,min}$$

Item b) Cálculo da concentração da quantidade de matéria após 145 min: $\frac{1}{[NO_3]_{Final}} - \frac{1}{0{,}05} = 0{,}132 \text{ x } 143$

$$[NO_3]_{Final} = 2{,}55 \text{ x } 10^{-2} \frac{mol}{L}$$

Item c) Informação do problema: $[NO_3]_{Final} = 0{,}01 \text{ x } [NO_3]_{Inicial}$

$$\frac{1}{0{,}01 \text{ x } [NO_3]_{Final}} - \frac{1}{[NO_3]_{Inicial}} = 0{,}132 \text{ x tempo}$$

$$\frac{99}{0{,}05} = 0{,}132 \text{ x tempo}$$

$$\text{tempo} = 15000 \text{ min}$$

Questão 24

(CONCURSO PARA DOCENTE FEDERAL - INSTITUTO FEDERAL DO RIO DE JANEIRO) Através do gráfico que relaciona $\ln[C_2H_5I]$ versus o tempo (t) está linearizado, o que comprova que a reação de decomposição apresenta um comportamento cinético de primeira ordem.

Item a) Cálculo dos parâmetros de Arrhenius à 300°C: $t_{1/2} = \frac{\ln 2}{k^{300°C}} = 86{,}69$

$$k^{300°C} = \frac{\ln 2}{86{,}69} = 0{,}0080 \text{ h}^{-1}$$

Cálculo da constante cinética (k) à 400°C: $t_{1/2} = \frac{\ln 2}{k^{400°C}} = 0{,}13$

$$k^{400°C} = \frac{\ln 2}{0{,}13} = 5{,}33 \text{ h}^{-1}$$

Cálculo da energia de ativação: $\ln\left(\frac{k^{300°C}}{k^{400°C}}\right) = \frac{E_{at}}{R} x \left[\left(\frac{1}{400+273}\right) - \left(\frac{1}{300+273}\right)\right]$

$$E_{at} = 298479{,}82 \frac{J}{mol}$$

Cálculo do fator de frequência (A), a partir da equação de Arrhenius, a uma temperatura de 400°C: $k^{400°C} = A.e^{\left(-\frac{Eat}{R.T}\right)}$

$$5{,}33 = A.e^{\left\{\left(\frac{-208479{,}82}{8{,}314\ x\ (400+273)}\right)\right\}}$$

$$A = 8{,}06\ x\ 10^{16}\ h^{-1}$$

Caso, o fator de frequência fosse calculado a uma temperatura de 300°C, temos:

$$0{,}0080 = A\ x\ e^{\left(\frac{-208479{,}82}{8{,}314\ x\ (300+273)}\right)}$$

$$A = 8{,}10\ x\ 10^{16}\ h^{-1}$$

Item b) A partir do gráfico ln[C_2H_5I] versus o tempo, temos: $\ln[C_2H_5I]_{Final} - \ln[C_2H_5I]_{Inicial} = -k\ x\ tempo$

Para a equação y = - 0,9163 – 0,2704.x, então a constante cinética equivale a k = 0,2704 h^{-1}.

Cálculo da temperatura para a constante cinética igual a k = 0,2704 h^{-1}: $\ln\left(\frac{k}{k^{300°C}}\right) = \frac{E_{at}}{8{,}314} x \left[\left(\frac{1}{300+273}\right) - \left(\frac{1}{T}\right)\right]$

$$\ln\left(\frac{0{,}2704}{0{,}0080}\right) = \frac{298479{,}82}{8{,}314} x \left[\frac{1}{573} - \frac{1}{T}\right]$$

$$T = 623{,}13\ K$$

Caso a temperatura fosse calculada em função de $k_{400°C}$:

$$\ln\left(\frac{k}{k^{400°C}}\right) = \frac{E_{at}}{8{,}314} x \left[\left(\frac{1}{400+273}\right) - \left(\frac{1}{T}\right)\right]$$

$$\ln\left(\frac{0{,}2704}{5{,}33}\right) = \frac{298479{,}82}{8{,}314} x \left[\frac{1}{673} - \frac{1}{T}\right]$$

$$T = 623{,}13\ K$$

Questão 25

Equação química hipotética: $A_{(aquoso)} + B_{(aquoso)} \longrightarrow P_{(aquoso)}$

Aplicando e utilizando a tabela de equilíbrio químico em função da concentração da quantidade de matéria:

	$A_{(aq)}$ (mol.L^{-1})	$B_{(aq)}$ (mol.L^{-1})		$P_{(aq)}$ (mol.L^{-1})
Início	0,050	0,080	→	0
Reage	0,030 = α	0,030		0,030
Equilíbrio	0,020	0,050		0,030

Sabendo que a equação matemática que expressa a cinética de segunda ordem para uma reação do tipo $A_{(aquoso)} + B_{(aquoso)} \longrightarrow P_{(aquoso)}$ em que as concentrações de ambos os reagentes são distintas, temos:

$$k\ x\ tempo = \frac{1}{[B]_0 - [A]_0} x \ln\left[\frac{[A]_0\ x\ ([B]_0 - \alpha)}{([A]_0 - \alpha)\ x\ [B]_0}\right]$$

$$k \times 1 = \frac{1}{0{,}080 - 0{,}050} \times \ln\left[\frac{0{,}050 \times (0{,}080 - 0{,}030)}{(0{,}050 - 0{,}030) \times 0{,}080}\right]$$

$$k \times 1 = \frac{1}{0{,}030} \times \ln\left[\frac{0{,}050 \times (0{,}080 - 0{,}030)}{(0{,}050 - 0{,}030) \times 0{,}080}\right]$$

$$k = \frac{1}{0{,}030} \times \ln\left[\frac{(0{,}050)^2}{(0{,}020) \times 0{,}080}\right]$$

$$k = 33{,}33 \times \ln(1{,}5625) = 14{,}38 \frac{L}{mol \times h}$$

$$k = 14{,}38 \frac{L}{mol \times \not{h}} \times \left(\frac{1 \not{h}}{3600\ s}\right) = 0{,}00413 \frac{L}{mol \times s}$$

Questão 26

Equação química hipotética: $A_{(aquoso)} + 2B_{(aquoso)} \longrightarrow P_{(aquoso)}$. Para a resolução do problema será necessário utilizar a tabela de equilíbrio químico:

	$A_{(aquoso)}$ (mol.L^{-1})	$B_{(aquoso)}$ (mol.L^{-1})		$P_{(aquoso)}$ (mol.L^{-1})
Início	0,075	0,080		0
Reage	0,030 = α	2 x 0,030 = 0,060	⟶	0,030
Equilíbrio	0,045	0,020		0,030

Sabendo que a cinética de segunda ordem para uma reação do tipo $A_{(aq)} + B_{(aq)} \longrightarrow P_{(aq)}$ em que as concentrações dos reagentes são distintas é dada pela equação matemática a seguir:

$$k \times tempo = \frac{2\alpha}{(2 \times [A]_0 - [B]_0) \times ([B]_0 - 2\alpha) \times [B]_0} + \frac{1}{(2 \times [A]_0 - [B]_0)^2} \times \ln\left[\frac{[A]_0 \times ([B]_0 - 2\alpha)}{([A]_0 - \alpha) \times [B]_0}\right]$$

Cálculo da constante cinética:

$$k \times tempo = \frac{2\alpha}{(2 \times [A]_0 - [B]_0) \times ([B]_0 - 2\alpha) \times [B]_0} + \frac{1}{(2 \times [A]_0 - [B]_0)^2} \times \ln\left[\frac{[A]_0 \times ([B]_0 - 2\alpha)}{([A]_0 - \alpha) \times [B]_0}\right]$$

$$k = \frac{2 \times 0{,}030}{(2 \times 0{,}075 - 0{,}080) \times (0{,}080 - 2 \times 0{,}030) \times 0{,}080} + \frac{1}{(2 \times 0{,}075 - 0{,}080)^2} \times \ln\left[\frac{0{,}075 \times (0{,}080 - 2 \times 0{,}030)}{(0{,}075 - 0{,}030) \times 0{,}080}\right]$$

$$k = \frac{0{,}060}{0{,}070 \times 0{,}020 \times 0{,}080} + \frac{1}{(0{,}070)^2} \times \ln\left[\frac{0{,}075 \times (0{,}080 - 0{,}060)}{(0{,}045) \times 0{,}080}\right]$$

$$k = \frac{3}{0{,}0056} + \frac{1}{0{,}0049} \times \ln\left[\frac{0{,}075}{(0{,}045) \times 4}\right]$$

$$k = 357{,}04 \frac{L}{mol \times \not{h}} \times \frac{1 \not{h}}{3600\ s} = 0{,}099 \frac{L}{mol \times s}$$

Questão 27

Se a reação química obedece a uma lei cinética de segunda ordem em relação à espécie química X, a equação da velocidade será expressa da seguinte maneira: $v = k.[X]^2$. Desenvolvendo a equação cinética, temos: $v = -\frac{d[X]}{dt}$

$$-\frac{d[X]}{dt} = k \times [X]^2$$

$$\frac{d[X]}{dt} + k \times [X]^2 = 0$$

Então, temos que a solução desta equação diferencial respeita uma equação da seguinte maneira: [X] = at^{-1}. Verificando na equação: $\frac{d[X]}{dt} + k \times [X]^2 = 0$

$$-at^{-2} + k \times a^2 t^{-2} \times [A]^2 = 0$$

$$ak - 1 = 0$$

$$a = \frac{1}{k}$$

Logo, para uma função do tipo [X] = $(kt)^{-1}$, trata-se de uma hipérbole equilátera, que equivalente a curva V.

Questão 28

Item a) Cálculo da ordem de reação para o CO, entre o experimento I e III: $\left(\frac{1{,}0 \times 10^{-3}}{5{,}0 \times 10^{-4}}\right)^a = \frac{1{,}13 \times 10^{-9}}{5{,}65 \times 10^{-10}}$

a = 1

Cálculo da ordem de reação para o NO_2, entre o experimento I e II: $\left(\frac{0{,}35 \times 10^{-4}}{0{,}70 \times 10^{-4}}\right)^b = \frac{5{,}65 \times 10^{-10}}{1{,}13 \times 10^{-9}}$

b = 1

Equação da velocidade da reação: $v_{reação} = k \times [CO] \times [NO_2]$

Item b)
Ordem de reação em relação ao monóxido de carbono = 1
Ordem de reação em relação ao dióxido de nitrogênio = 1
Ordem de reação global = 1 + 1 = 2

Item c) Cálculo da constante cinética (k), através do experimento I: $v_{reação} = k \times [CO] \times [NO_2]$

$$5{,}65 \times 10^{-10} \frac{mol}{L \times s} = k \times 5{,}0 \times 10^{-4} \frac{mol}{L} \times 0{,}35 \times 10^{-4} \frac{mol}{L}$$

$$k = 3{,}23 \times 10^{-2} \frac{L}{mol \times s}$$

Questão 29

Item a) Como o problema afirma que se trata de uma reação elementar, logo a equação da velocidade química é dada pela seguinte equação:
$v_{reação} = k \times [W] \times [Z]$
Ordem de reação em relação ao reagente W: primeira ordem (1)
Ordem de reação em relação ao reagente Z: primeira ordem (1)
Ordem de reação global: 1 + 1 = 2 (cinética de segunda ordem)

Item b) Considere que a velocidade da reação apresenta a seguinte unidade: $mol.L^{-1}.s^{-1}$ e a concentração da quantidade de matéria dos reagentes como $mol.L^{-1}$. Com isso, a velocidade específica apresenta a seguinte unidade:

$$v_{reação} = k \times [W] \times [Z]$$

$$\frac{\cancel{mol}}{\cancel{L} \times s} = k \times \frac{\cancel{mol}}{\cancel{L}} \times \frac{mol}{L}$$

$k = \frac{L}{mol \times s}$ (unidade da constante cinética com cinética de segunda ordem)

Item c) Cálculo do tempo de meia-vida com cinética de segunda ordem:

$$t_{1/2} = \frac{1}{k\ x\ [W]_0} = \frac{1}{0{,}008\ x\ 0{,}001} = 125000\ s\ (34{,}72\ horas)$$

Questão 30

(GRILLO) Equação química que corresponde a decomposição do Iodeto de hidrogênio gasoso: $2HI_{(gás)} \rightarrow H_{2(gás)} + I_{2(gás)}$

k_1 (700°C/973 K) = 1,53 x 10^{-3} $L.mol^{-1}.s^{-1}$ e k_2 (600°C/873 K) = ?.

Item a) Determinação da constante de velocidade, k_2: $\ln\left(\frac{k_1}{k_2}\right) = \frac{E_{at}}{R} x \left[\frac{1}{T_2} - \frac{1}{T_1}\right]$

$$\ln\left(\frac{1{,}53\ x\ 10^{-3}}{k_2}\right) = \frac{182000}{8{,}314} x \left[\frac{1}{873} - \frac{1}{973}\right]$$

$$\left(\frac{1{,}53\ x\ 10^{-3}}{k_2}\right) = e^{+2{,}58}$$

$$k_2 = 1{,}16\ x\ 10^{-4}\frac{L}{mol\ x\ s}$$

Item b) Determinação do fator pré-exponencial (A): $1{,}16\ x\ 10^{-4} = A\ x\ e^{\left(-\frac{182000}{8{,}314\ x\ 873}\right)}$

$$1{,}16\ x\ 10^{-4} = A\ x\ 1{,}29\ x\ 10^{-11}$$

$$A = 8{,}99\ x\ 10^{6}\frac{L}{mol\ x\ s}$$

Questão 31

Para que uma reação química seja de uma determinada ordem cinética, o gráfico deverá apresentar uma característica linear (retilínea). Por isso, o único gráfico que apresenta esta característica trata-se do gráfico ln[Δ] versus o tempo (t). Logo, a reação de isomerização é de primeira ordem.

Questão 32

Item a) Cálculo da ordem de reação em relação ao reagente óxido nítrico (NO), entre o experimento 1 e 3: $\left(\frac{0{,}020}{0{,}040}\right)^a = \frac{0{,}057}{0{,}228}$

a = 2

Item b) Cálculo da ordem de reação em relação ao reagente oxigênio molecular (O_2), entre o experimento 2 e 3, temos: $\left(\frac{0{,}040}{0{,}020}\right)^a = \frac{0{,}455}{0{,}228}$

b = 2

Item c) Cálculo da constante cinética a partir do experimento 1: $v_{reação} = k\ x\ [NO_2]^2 x\ [O_2]$

$$0{,}057 = k\ x\ (0{,}020)^2 x\ 0{,}020$$

$$k = 7125\frac{L^2}{mol^2\ x\ s}$$

Item d) Equação química: $2NO_{(gás)} + O_{2(gás)} \rightarrow 2NO_{2(gás)}$

$$V_{reação} = -\frac{1}{2}x\frac{d[NO]}{dt} = -\frac{1}{1}x\frac{d[O_2]}{dt} = +\frac{1}{2}x\frac{d[NO_2]}{dt}$$

$$V_{reação} = -\frac{1}{2} x V_{NO} = -\frac{1}{1} x V_{O_2} = +\frac{1}{2} x V_{NO_2}$$

$$-V_{O_2} = +\frac{1}{2} x V_{NO_2}$$

$$-V_{O_2} = +\frac{1}{2} x 0{,}228 = 0{,}144 \frac{mol}{l x s}$$

Item e) Somando as duas equações químicas apresentadas:

Primeiro passo: $2NO_{(gás)} \rightleftarrows \cancel{N_2O_{2(gás)}}$
Segundo passo: $\cancel{N_2O_{2(gás)}} + O_{2(gás)} \longrightarrow 2NO_{2(gás)}$

$2NO_{(gás)} + O_{2(gás)} \longrightarrow 2NO_{2(gás)}$ (Equação química global)

$N_2O_{2(g)}$ = espécie intermediária. Através do processo apresentado, não há a presença do catalisador.

Questão 33

Sabendo que a etapa lenta é a etapa determinante do processo cinético, temos: v = k_1.[AB_2C] (1ª ordem).

$$-\frac{d[AB_2C]}{dt} = k[AB_2C]$$

Realizando a integral da função acima, temos: $\int_{[AB_2C]_{Inicial}}^{[AB_2C]_{Final}} \frac{1}{[AB_2C]} d[AB_2C] = \int_0^t -k x dT$

$$\ln[AB_2C]|_{[AB_2C]_{Inicial}}^{[AB_2C]_{Final}} = -k x (t-0)$$
$$\ln[AB_2C]_{Final} - \ln[AB_2C]_{Inicial} = -k x t$$

Conhecendo-se as concentrações de AB_2C ao longo do tempo, pode-se determinar a constante k. O gráfico ln [AB_2C] x t fica da seguinte maneira:

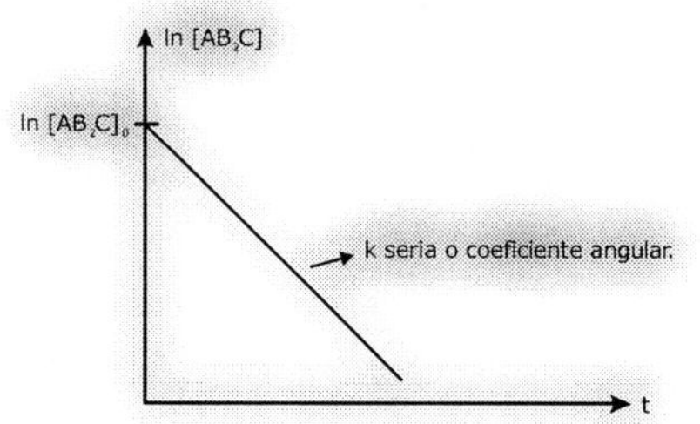

Questão 34

O perfil da curva da reação não catalisada e da reação catalisada pelo dióxido de nitrogênio será dado pela seguinte figura abaixo:

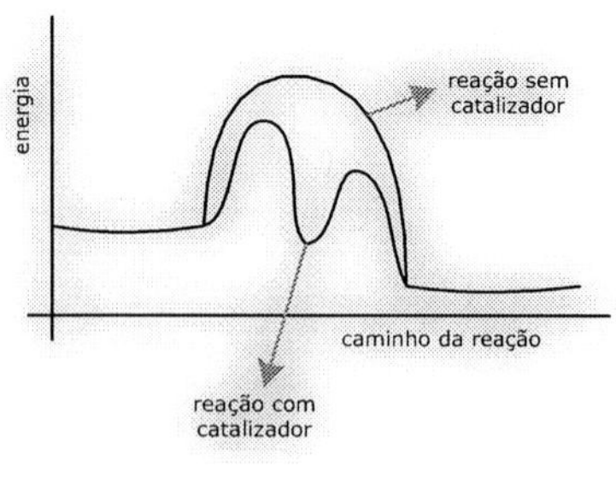

Questão 35

Item a) A lei de velocidade para este processo é de primeira ordem em relação ao reagente B e ordem zero em relação ao reagente A.

Item b) Cálculo da velocidade específica, a partir da equação cinética de primeira ordem:

$$\ln\left(\frac{\frac{[B]_{Inicial}}{2}}{[B]_{Inicial}}\right) = -\ k \ x \ tempo$$

$$\ln\left(\frac{1}{2}\right) = -\ k \ x \ 195$$

$$k = 3{,}55 \ x \ 10^{-3} \ h^{-1}$$

Questão 36

Item a) Observando a unidade da constante cinética ou também conhecida como constante específica (k), o processo apresenta cinética de primeira ordem.

Item b) A figura a seguir apresenta um gráfico cinético que relaciona a concentração da quantidade de matéria versus o tempo.

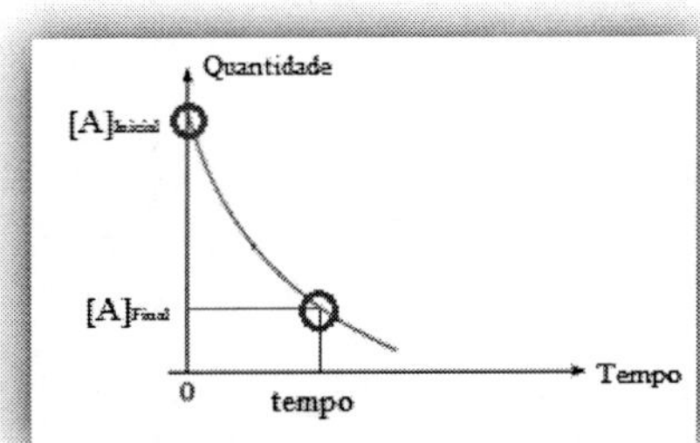

O método utilizado para a determinação da constante cinética de primeira ordem (k) foi a relação entre a concentração da quantidade de matéria do reagente em função do tempo, através da seguinte equação matemática: $\ln\frac{[A]_{Final}}{[A]_{Inicial}} = -\ k \ x \ tempo$. A partir da quantidade inicial ($[A]_{Inicial}$) e da quantidade final ($[A]_{Final}$), conforme pode ser visualizado na figura acima, em um determinado intervalo de tempo (t), a constante cinética (k) pode ser calculada.

Questão 37

(EXAME NACIONAL DE CURSOS – ENGENHARIA QUÍMICA)

Cálculo da constante cinética entre 100 e 300 s: $0{,}25 - 0{,}50 = -k \ x \ 200$

$$k = \ 1{,}25 \ x \ 10^{-3} \frac{mol}{L \ x \ s}$$

Cálculo da constante cinética entre 100 e 400 s: $[A]_{Final} - [A]_{Inicial} = -k \ x \ t$

$$0{,}20 - 0{,}50 = -k \ x \ 300$$

$$k = \ 10^{-3} \frac{mol}{L \ x \ s}$$

Observando as constantes cinéticas, em diferentes intervalos, concluímos que não se trata de uma reação com cinética de ordem zero. Analisando a reação para uma cinética de primeira ordem. Ajustando a tabela para uma reação de primeira ordem, temos:

Tempo (segundos)	100	200	300
Concentração de A ($mol.L^{-1}$)	0,50	0,25	0,20
ln[A]	- 0,693	- 1,386	- 1,609

Cálculo da constante cinética entre 100 e 300 segundos: $\ln \frac{[A]_{Final}}{[A]_{Inicial}} = -\, k \times tempo$

$-\,1{,}386 - (-0{,}693) = -\,k \times 200$

$k = 3{,}46 \times 10^{-3}\ s^{-1}$

Cálculo da constante cinética entre 300 e 400 segundos: $\ln \frac{[A]_{Final}}{[A]_{Inicial}} = -\, k \times tempo$

$-\,1{,}609 - (-1{,}386) = -\,k \times 100$

$k = 2{,}23 \times 10^{-3}\ s^{-1}$

Observando as constantes cinéticas, em diferentes intervalos, concluímos que não se trata de uma reação com cinética de primeira ordem. Analisando a reação para uma cinética de segunda ordem. Ajustando a tabela para uma reação de segunda ordem, temos:

Tempo (segundos)	100	200	300
Concentração de A ($mol.L^{-1}$)	0,50	0,25	0,20
1/[A]	2	4	5

Cálculo da constante cinética entre 100 e 300 segundos: $\frac{1}{[A]_{Final}} - \frac{1}{[A]_{Inicial}} = k \times t$

$4 - 2 = k \times 200$

$$k = 10^{-2} \frac{L}{mol \times s}$$

Cálculo da constante cinética entre 300 e 400 segundos: $\frac{1}{[A]_{Final}} - \frac{1}{[A]_{Inicial}} = k \times t$

$5 - 4 = k \times 100$

$$k = 10^{-2} \frac{L}{mol \times s}$$

Item a) Observando as constantes cinéticas, em diferentes intervalos, concluímos que a reação apresenta cinética de segunda ordem.

Item b) Constante cinética (k) = 10^{-2} $L,mol^{-1}.s^{-1}$.

Item c) Cálculo do tempo de meia-vida para uma reação com cinética de segunda ordem: $t_{1/2} = \frac{1}{k \times [A]_0} = \frac{1}{10^{-2} \times 1} = 100\ s$

Questão 38

Um dos principais objetivos do estudo da cinética química está relacionado com a determinação da ordem de reação.

Item a) Cálculo da ordem de reação em relação ao reagente $HgCl_2$, entre o segundo e o terceiro experimento: $\left(\frac{0{,}050}{0{,}100}\right)^a = \frac{3{,}60 \times 10^{-5}}{7{,}20 \times 10^{-5}}$

a = 1

Cálculo da ordem de reação em relação ao reagente $C_2O_4^{-2}$, entre o primeiro e segundo experimento: $\left(\frac{0{,}15}{0{,}30}\right)^b = \frac{1{,}80 \times 10^{-5}}{7{,}20 \times 10^{-5}}$

b = 2

Equação da velocidade: $v_{reação} = k \times [HgCl_2] \times [C_2O_4^{-2}]^2$

Item b) Cálculo da constante cinética (k): Através do experimento I, temos: $1{,}80 \times 10^{-5} = k \times 0{,}100 \times (0{,}15)^2$

$$k = 8{,}0 \text{ x } 10^{-3} \frac{L^2}{mol^2 \text{ x } min}$$

Item c) Cálculo da velocidade da reação química: $v_{reação} = 8{,}0 \text{ x } 10^{-3} \text{ x } 0{,}010 \text{ x } (0{,}010)^2$

$$v_{reação} = 8{,}0 \text{ x } 10^{-9} \frac{mol}{L \text{ x } min}$$

Questão 39

Item a) Cálculo da ordem de reação (a) em relação ao $[X_2Y]_0$, entre o experimento I e II: $\left(\frac{3{,}44}{1{,}72}\right)^a = \frac{5{,}44}{0{,}68}$

a = 3

Cálculo da ordem de reação (b) em relação ao $[WZ_3]_0$, entre o experimento I e III: $\left(\frac{2{,}44}{0{,}10}\right)^b = \frac{0{,}68}{2{,}8 \text{ x } 10^{-2}}$

b = 1

Cálculo da ordem global (somatório das ordens parciais dos participantes químicos): a + b = 3 + 1 = 4

Item b) Equação da lei de velocidade: $v_{reação} = k \text{ x } [X_2Y]^3 \text{ x } [WZ_3]$

Item c) Cálculo da constante cinética a partir do experimento IV: $v_{IV} = k \text{ x } [X_2Y]^3 \text{ x } [WZ_3]$

$$0{,}68 = k \text{ x } (1{,}72)^3 \text{ x } 2{,}44$$

$$k = 5{,}48 \text{ x } 10^{-2} \frac{L^3}{mol^3 \text{ x } s}$$

Item d) Determinação da velocidade da reação no experimento IV: $v_{IV} = k \text{ x } [X_2Y]^3 \text{ x } [WZ_3]$

$$v_{IV} = 5{,}48 \text{ x } 10^{-2} \text{ x } (2{,}91)^3 \text{ x } 1{,}33$$

$$v_{IV} = 1{,}79 \frac{mol}{L \text{ x } s}$$

Item e) Com a presença de um catalisador específico, a energia de ativação diminui. Vale ressaltar que a introdução de um catalisador em um processo químico, diminui tanto a energia de ativação como também o complexo ativado.

Questão 40

Item a) Estudando o mecanismo proposto:

A + B ⟶ ~~C~~	(Primeira etapa)
~~C~~ ⟶ D + E	(Segunda etapa) +
A + B ⟶ D + E	(Equação química global)

Item b) A etapa lenta é a etapa que apresenta a maior energia de ativação. Este processo pode ser observado no seguinte gráfico abaixo:

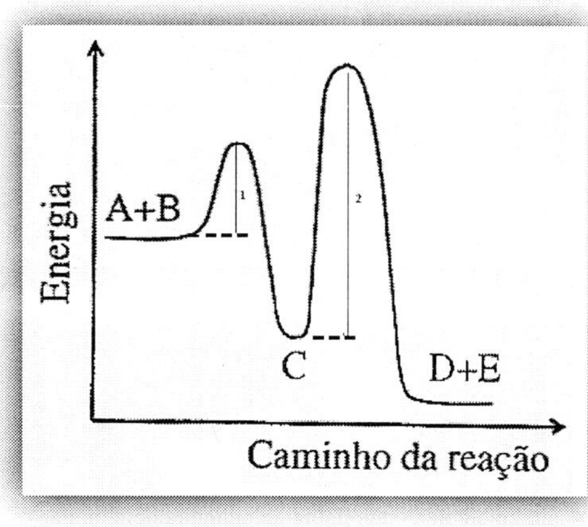

Etapa Lenta: C ⟶ D + E

Equação da velocidade: $v_{reação} = k \times [C]$

Item c) Se for conhecida a [C] em função do tempo, temos que a velocidade da reação pode ser dada por: $v_{reação} = \frac{d[C]}{dt}$, onde $\frac{d[C]}{dt}$ é a derivada da concentração em função do tempo. mas também sabemos que $v_{reação} = k \times [C]$, logo:

$$k \times [C] = \frac{d[C]}{dt}$$

$$k = \frac{1}{[C]} \times \frac{d[C]}{dt}$$

Questão 41

Item a) Cálculo da ordem de reação em relação ao dióxido de nitrogênio, entre o experimento 1 e 2: $\left(\frac{0{,}40}{0{,}10}\right)^a = \frac{0{,}0800}{0{,}0050}$

a = 2 (cinética química com ordem parcial de segunda ordem)

Cálculo da ordem de reação em relação ao monóxido de carbono, entre o experimento 1 e 3: $\left(\frac{0{,}20}{0{,}10}\right)^b = \frac{0{,}0050}{0{,}0050}$

b = 0 (cinética química com ordem parcial zero)

Equação da velocidade: $v_{reação} = k \times [NO_2]^2$

Item b) A etapa 1 é a etapa determinante, uma vez em que o catalisador se encontra como reagente (NO_2) e o intermediário (NO_3) como produto.

Item c) Gráfico que representa a Energia versus caminho da reação (C.R.).

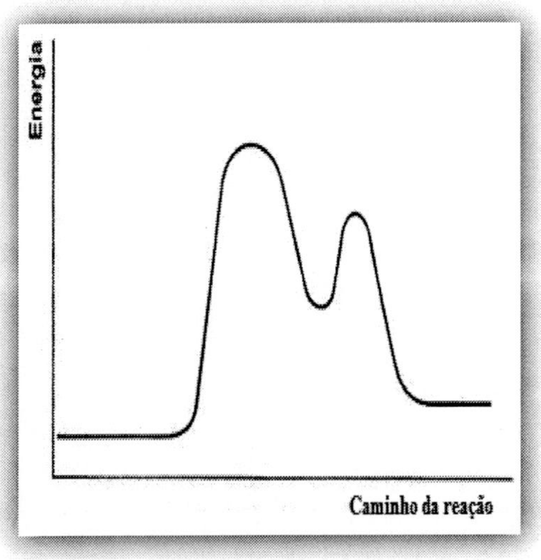

Questão 42

Somando as equações iônicas apresentadas na questão, temos:

$H_2O_{2(aquoso)} + \cancel{I^-_{(aquoso)}} \longrightarrow H_2O_{(líquido)} + \cancel{IO^-_{(aquoso)}}$
$H_2O_{2(aquoso)} + \cancel{IO^-_{(aquoso)}} \longrightarrow H_2O_{(líquido)} + \cancel{I^-_{(aquoso)}} + O_{2(gás)}$ +

$2H_2O_{2(aquoso)} \longrightarrow 2H_2O_{(líquido)} + O_{2(gás)}$ (Equação química global)

Item b) O catalisador para este determinado mecanismo trata-se do íon iodeto, $I^-_{(aq)}$. A identificação do catalisador consiste em ser um reagente na primeira equação química e como produto na segunda equação química. Significa dizer que toda quantidade de iodeto inserido na primeira etapa, será consumido na segunda etapa. O único intermediário presente neste mecanismo trata-se do íon hipoiodato [$IO^-_{(aquoso)}$]. O intermediário "liga" uma etapa a outra, não aparecendo na equação química global. O intermediário consiste em ser um produto da primeira equação química e como reagente na segunda equação química.

Questão 43

(EXAME NACIONAL DE CURSOS – ENGENHARIA QUÍMICA)

Item a) Analisando a primeira reação – reação reversível. Expressão da constante de equilíbrio:

$$K = \frac{[O_2] \text{ x } [O]}{[O_3]} = \frac{k_1}{k_1'}$$

Isolando o intermediário ([O]): $[O] = \frac{K \text{ x } [O_3]}{[O_2]}$

$$[O] = \frac{k_1}{k_1'} \text{x} \frac{[O_3]}{[O_2]} \qquad \text{(Equação A)}$$

Analisando a segunda reação – reação irreversível. Expressão da velocidade da reação: $v_{reação} = k \text{ x } [O] \text{ x } [O_3]$ (Equação B)

Substituindo a equação A na equação B, temos: $v_{reação} = k_2 \text{ x } [O] \text{ x } [O_3]$

$$v_{reação} = k_2 \text{ x} \frac{k_1}{k_1'} \text{x} \frac{[O_3]}{[O_2]} \text{x } [O_3]$$

$$v_{reação} = k_2 \text{x} \frac{k_1}{k_1'} \text{x} \frac{[O_3]^2}{[O_2]}$$

Sabendo que a velocidade da reação em relação ao O_2 é dada por $v_{reação} = +\frac{1}{2} x \frac{d[O_2]}{dt}$.

Sendo $v_{reação} = k_2 x \frac{k_1}{k_1'} x \frac{[O_3]^2}{[O_2]}$, temos: $+\frac{1}{2} x \frac{d[O_2]}{dt} = k_2 x \frac{k_1}{k_1'} x \frac{[O_3]^2}{[O_2]}$

$$\frac{d[O_2]}{dt} = \frac{2 \text{ x } k_1 \text{x } k_2 \text{ x } [O_3]^2}{k_1' \text{ x } [O_2]}$$

Item b) Observando a equação em relação a velocidade de formação do Oxigênio, observamos que $\frac{d[O_2]}{dt} = \frac{2 \text{ x } k_1 \text{ x } k_2 \text{ x } [O_3]^2}{k_1' \text{ x } [O_2]}$.

A ordem de reação em relação ao $[O_3]$ é igual a dois e em relação ao $[O_2]$ é igual a -1.

Questão 44

(GRILLO) Através da reação reversível, a constante de equilíbrio para esta reação gasosa é definida como: $K = \frac{[W]}{[X]^2}$ (Equação 1)

Equação da velocidade, através da segunda reação química, gasosa e irreversível: $v_{reação} = k_1 \text{ x } [Y] \text{ x } [Z]$ (Equação 2)

Relação da velocidade da reação com o produto gasoso $Z_{(g)}$: $+\frac{d[Z]}{dt} = k_1 \text{ x } [Y] \text{ x } [W]$ (Equação 3)

Isolando a concentração molar W, através da equação (1): $K = \frac{[W]}{[X]^2}$

$[W] = K \text{ x } [X]^2$ (Equação 4)

Substituindo a concentração da quantidade de matéria de W (equação 4) na equação 3: $+\frac{d[Z]}{dt} = k_1 \text{ x } [Y] \text{ x } [W]$

$$+\frac{d[Z]}{dt} = k_1 \text{ x } [Y] \text{ x } K \text{ x } [X]^2$$

$$+\frac{d[Z]}{dt} = \underbrace{K \text{ x } k_1}_{\text{produto de constantes}} \text{ x } [Y] \text{ x } [X]^2$$

Questão 45

Item a) Cálculo da constante cinética a T = 85°C: $k_{85°C} = \frac{\ln 2}{t_{1/2}^{85°C}} = \frac{\ln 2}{57{,}8} = 0{,}012 \text{ min}^{-1}$

Cálculo da constante cinética a T = 95°C: $k_{95°C} = \frac{\ln 2}{t_{1/2}^{95°C}} = \frac{\ln 2}{15{,}4} = 0{,}045 \text{ min}^{-1}$

Cálculo da energia de ativação (E_{at}): $\ln\left(\frac{k_{95°C}}{k_{85°C}}\right) = \frac{E_{at}}{R} x \left[\frac{1}{T_2} - \frac{1}{T_1}\right]$

$$\ln\left(\frac{0{,}045 \cancel{\text{min}^{-1}}}{0{,}012 \cancel{\text{min}^{-1}}}\right) = \frac{E_{at}}{8{,}314} x \left[\frac{1}{(85+273)} - \frac{1}{(95+273)}\right]$$

$$E_{at} = \frac{\ln(3{,}75) \text{ x } 8{,}314}{\left[\frac{1}{358} - \frac{1}{368}\right]} = \frac{1{,}32 \text{ x } 8{,}314}{\left[\frac{1}{358} - \frac{1}{368}\right]} = \frac{10{,}32}{\left[\frac{1}{358} - \frac{1}{368}\right]} = 144774{,}19 \frac{J}{mol}$$

Cálculo da constante cinética a 25°C, a partir dos dados referentes a 95°C:

$$\ln\left(\frac{k_{25°C}}{0{,}045\ \text{min}^{-1}}\right) = \frac{144774{,}19}{8{,}314} \text{ x } \left[\frac{1}{(95+273)} - \frac{1}{(25+273)}\right]$$

$$\ln\left(\frac{k_{25°C}}{0{,}045\ \text{min}^{-1}}\right) = \frac{144774{,}19}{8{,}314} \text{ x } \left[\frac{1}{368} - \frac{1}{298}\right]$$

$$k_{25°C} = 6{,}73 \text{ x } 10^{-7}\ \text{min}^{-1}$$

Caso a constante cinética a 25°C fosse calculada a partir de 85°C, temos: $\ln\left(\frac{k_{25°C}}{0{,}012\ \text{min}^{-1}}\right) = \frac{144774{,}19}{8{,}314} \text{ x } \left[\frac{1}{(85+273)} - \frac{1}{(25+273)}\right]$

$$\left(\frac{k_{25°C}}{0{,}012\ \text{min}^{-1}}\right) = e^{(-9{,}79)}$$

$$k_{25°C} = 6{,}72 \text{ x } 10^{-7}\ \text{min}^{-1}$$

Cálculo do tempo de meia-vida a 25°C: $t_{1/2}^{25°C} = \frac{\ln 2}{k} = \frac{\ln 2}{6{,}72 \text{ x } 10^{-7}} = 1{,}03 \text{ x } 10^{6}\ \text{min}$

Item b) Sabendo que a equação de Arrhenius é dada por: $k = A \text{ x } e^{\left(-\frac{Eat}{R.T}\right)}$

Aplicando a função logarítmica natural (ln), temos: $\ln k = \ln A + \ln\left[e^{\left(-\frac{Eat}{R.T}\right)}\right]$

$$\ln k = \ln A - \frac{Eat}{R \text{ x } T}$$

Chamando ln k = y, ln A = a (coeficiente linear), 1/T = x e a razão $\left(-\frac{E_{at}}{T}\right)$ será o coeficiente angular (m). Logo, a energia de ativação pode ser calculada a partir da seguinte relação matemática: $m = \frac{\Delta y}{\Delta x} = -\frac{E_{at}}{T}$, conforme pode ser visualizado a partir do gráfico abaixo.

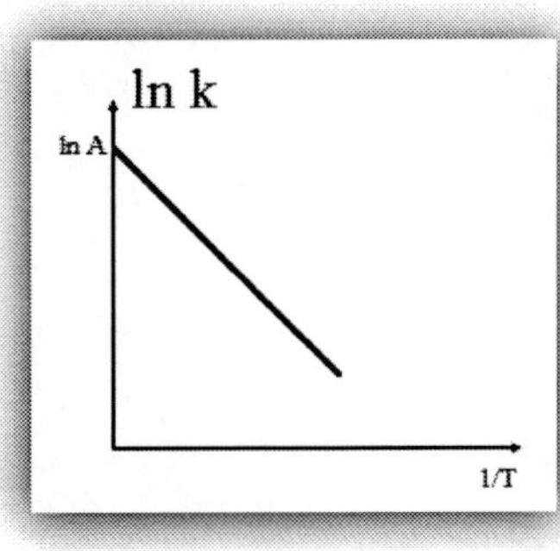

Questão 46

(GRILLO) Item a) Analisando a primeira equação química, através da expressão da constante de equilíbrio: $K_c = \frac{[B]}{[A]}$ (Equação I)

Analisando a equação de velocidade, através da segunda equação química: $v_{reação} = \frac{d[D]}{dt} = k \text{ x } [B] \text{ x } [C]$ (Equação II)

Isolando a concentração da quantidade de matéria do reagente B a partir da equação I, pois se refere ao intermediário, temos:

$[B] = K_c \text{ x } [A]$ (Equação III)

Substituindo a concentração da quantidade de matéria de B da equação III na equação II:

$v_{reação} = \frac{d[D]}{dt} = k \times [B] \times [C]$

$\frac{d[D]}{dt} = k \times K_c \times [A] \times [C]$

Item b) Analisando a primeira equação química através da expressão da constante de equilíbrio: $K_c = \frac{[AB]}{[A] \times [B]}$ (Equação I)

Analisando a equação de velocidade, através da segunda equação química: $v_{reação} = \frac{d[D]}{dt} = k \times [AB] \times [C]$ (Equação II)

Isolando a concentração da quantidade de matéria [AB] a partir da equação I, uma vez que se trata do intermediário, temos: $K_c = \frac{[AB]}{[A] \times [B]}$

$[AB] = K_c \times [A] \times [B]$ (Equação III)

Substituindo a concentração da quantidade de matéria de AB da equação III na equação II: $v_{reação} = \frac{d[D]}{dt} = k \times [AB] \times [C]$

$v_{reação} = \frac{d[D]}{dt} = k \times K_c \times [A] \times [B] \times [C]$

Questão 47

(GRILLO) Analisando a primeira equação química reversível: $K_c = \frac{[BH^+] \times [A^-]}{[AH] \times [B]}$ (Equação I)

Analisando a segunda equação química da velocidade: $v_{reação} = k \times [A^-] \times [AH]$ (Equação II)

Isolando a concentração da quantidade de matéria do reagente [A^-] a partir da equação I de equilíbrio, pois se refere ao intermediário: $[BH^+] \times [A^-] = K_c \times [AH] \times [B]$

$[A^-] = \frac{K_c \times [AH] \times [B]}{[BH^+]}$ (Equação III)

Substituindo a concentração da quantidade de matéria de [A^-] da equação III na equação II: $v_{reação} = k \times [A^-] \times [AH]$

$$v_{reação} = k \times \frac{K_c \times [AH] \times [B]}{[BH^+]} \times [AH]$$

$$v_{reação} = \frac{k \times K_c \times [AH]^2 \times [B]}{[BH^+]}$$

Questão 48

Item a) Aplicando a função logarítmica natural (ln) na equação acima, temos: $\ln k = \ln A - \frac{E_{at}}{R \times T}$.

Chamando ln k = y, ln A = a, $\left(-\frac{E_{at}}{R}\right)$ = b e $\frac{1}{T}$ = x, em que a é o coeficiente linear e b o coeficiente angular, o gráfico de ln k versus 1/T está apresentado através da seguinte figura abaixo:

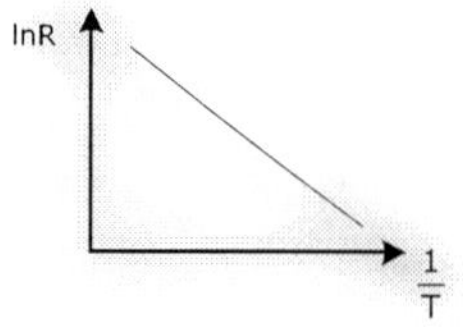

Item b) Sim, é possível determinar a energia de ativação (E_{at}). Através do cálculo do coeficiente angular da reta (b) no gráfico ln k x 1/T, temos a seguinte relação matemática: $\left(-\frac{Eat}{R}\right) = b = tg\,\theta = \frac{\Delta y}{\Delta x}$, em que R é a constante dos gases e E_{at} é a energia de ativação.

Item c) Basta verificar como varia a concentração de um reagente em função do tempo. Com isso é possível construir o gráfico [Reagente] versus o tempo (t), e através do comportamento da curva obtida determina-se a ordem da reação.

Questão 49

(CONCURSO PARA DOCENTE FEDERAL – UNIVERSIDADE FEDERAL DO PARÁ) Alternativa C.

No enunciado do problema não haveria a necessidade de afirmar que a cinética é de primeira ordem, uma vez que o enunciado apresenta a unidade da velocidade específica (h^{-1}) e este representa e afirma que o processo corresponde a cinética de primeira ordem. Para a resolução do problema será necessário calcular a razão entre a concentração da quantidade de matéria final e inicial do reagente químico A. Aplicando a equação que relaciona a concentração da quantidade de matéria com o tempo para um processo cinético de primeira ordem, temos:

$$\ln\left(\frac{[A]_{Final}}{[A]_{Inicial}}\right) = -0{,}50 \text{ x } 1$$

$$\frac{[A]_{Final}}{[A]_{Inicial}} = e^{-0{,}50}$$

$$\frac{[A]_{Final}}{[A]_{Inicial}} = 0{,}606\ (61\%)$$

Conversão: 100% - 61% = 39%.

Questão 50

Como o catalisador atua tanto na reação direta quanto na reação inversa, o valor absoluto da velocidade da reação no equilíbrio não se altera. O efeito do catalisador é o de antecipar o equilíbrio. Logo, o gráfico que representa a reação catalisada e a reação não catalisada está apresentada abaixo.

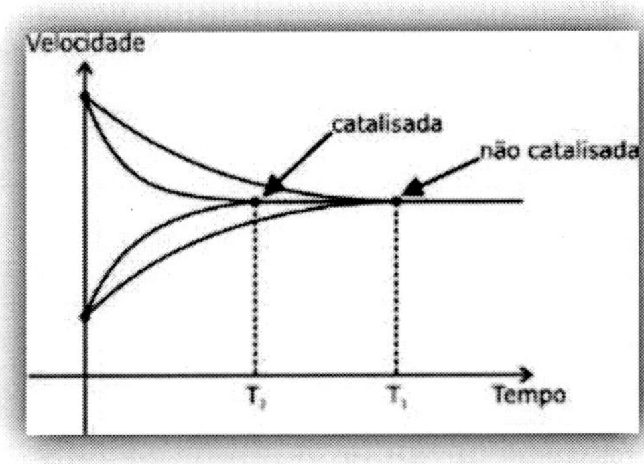

Além deste fator de participação do catalisador, ele atua em aumentar a velocidade da reação química, diminui a energia de ativação e diminui a energia do complexo ativado.

Questão 51

Item a) A seguir está apresentado o gráfico da energia potencial versus o caminho da reação (C.R.).

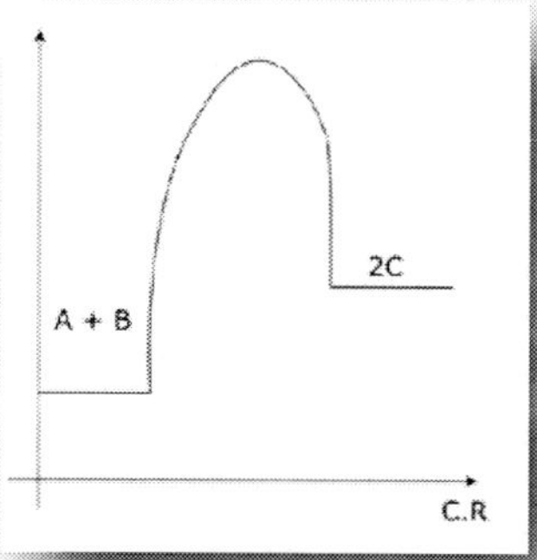

Item b) Expressão da constante de equilíbrio da reação em função das velocidades específicas:

$$K_c = \frac{k_{direta}}{k_{inversa}} = \frac{\cancel{k_{direta}}}{\frac{3}{2} \text{ x } \cancel{k_{direta}}} = \frac{2}{3}$$

Item c) Observando o diagrama de energia, a de ativação da reação direta é maior em comparação ao processo inverso. A reação química caracteriza-se como um processo endotérmico, uma vez que o patamar da energia dos produtos ($H_{produtos}$) é maior em comparação aos reagentes ($H_{reagentes}$), $H_{produtos} > H_{reagentes}$.

Questão 52

(EXAME NACIONAL DE CURSOS – ENGENHARIA QUÍMICA)

Cálculo da constante cinética para a reação direta, ou seja, $H_{2(gás)} + I_{2(gás)} \overset{k_1}{\rightarrow} 2HI_{(gás)}$

$$k_1 = A_1 \text{ x } e^{\left(-\frac{Eat}{R.T}\right)}$$

$$k_1 = 1{,}6 \text{ x } 10^{11} \text{ x } e^{\left(-\frac{165100}{8{,}314 \text{ x } (350+273)}\right)} = 2{,}30 \text{ x } 10^{-3} \frac{L}{mol \text{ x } s}$$

Cálculo da constante cinética para a reação inversa, ou seja, $2HI_{(gás)} \overset{k_2}{\rightarrow} H_{2(gás)} + I_{2(gás)}$

$$k_2 = A_2 \text{ x } e^{\left(-\frac{Eat}{R.T}\right)}$$

$$k_2 = 1{,}20 \text{ x } 10^{10} \text{ x } e^{\left(-\frac{186000}{8{,}314 \text{ x } (350+273)}\right)} = 3{,}04 \text{ x } 10^{-6} \frac{L}{mol \text{ x } s}$$

Cálculo da constante de equilíbrio (K_{eq}): $K_{eq} = \frac{k_1}{k_2} = \frac{2{,}30 \text{ x } 10^{-3} \cancel{\frac{L}{mol \text{ x } s}}}{3{,}04 \text{ x } 10^{-6} \cancel{\frac{L}{mol \text{ x } s}}} = 756{,}58$

Questão 53

Item a) Determinação da taxa temporal em relação a A: $\frac{d[A]}{dt} = -\, k_1 \text{ x } [A] + k_{-1} \text{ x } [M] - k_2 \text{ x } [M] \text{ x } [A]$

Item b) Determinação da taxa temporal em relação ao intermediário M: $\frac{d[M]}{dt} = +\, k_1 \text{ x } [A] - k_{-1} \text{ x } [M] - k_2 \text{ x } [M] \text{ x } [A]$

Item c) Determinação da taxa temporal em relação a C: $\frac{d[C]}{dt} = +\, k_2 \text{ x } [M] \text{ x } [A]$

Questão 54

(GRILLO) Determinação da taxa temporal em relação ao composto intermediário (N_2O_2):

$$\frac{d[N_2O_2]}{dt} = +\, k_1 \text{ x } [NO] \text{x } [NO] - k_2 \text{ x } [N_2O_2] - k_3 \text{ x } [N_2O_2] \text{ x } [O_2]$$

$\frac{d[N_2O_2]}{dt} = +\,k_1 \text{ x } [NO]^2 - k_2 \text{ x } [N_2O_2] - k_3 \text{ x } [N_2O_2] \text{ x } [O_2]$

Como a concentração do intermediário, $[N_2O_2]$, é praticamente constante ao longo do processo, temos: $\frac{d[N_2O_2]}{dt} = 0$, logo:

$\frac{d[N_2O_2]}{dt} = +\,k_1 \text{ x } [NO]^2 - k_2 \text{ x } [N_2O_2] - k_3 \text{ x } [N_2O_2] \text{ x } [O_2]$

$0 = +\,k_1 \text{ x } [NO]^2 - k_2 \text{ x } [N_2O_2] - k_3 \text{ x } [N_2O_2] \text{ x } [O_2]$

$k_1 \text{ x } [NO]^2 = k_2 \text{ x } [N_2O_2] + k_3 \text{ x } [N_2O_2] \text{ x } [O_2]$
$k_1 \text{ x } [NO]^2 = [N_2O_2] \text{ x } \{k_2 + k_3 \text{ x } [O_2]\}$

$$[N_2O_2] = \frac{k_1 \text{ x } [NO]^2}{k_2 + k_3 \text{ x } [O_2]}$$

Através da equação química $N_2O_2 + O_2 \longrightarrow 2NO_2$, a taxa temporal em relação ao dióxido de nitrogênio será igual a:

$\frac{1}{2} \text{x} \frac{d[NO_2]}{dt} = +\,k_3 \text{ x } [N_2O_2] \text{ x } [O_2]$

$\frac{d[NO_2]}{dt} = 2 \text{ x } k_3 \text{ x } [N_2O_2] \text{ x } [O_2]$

$$\frac{d[NO_2]}{dt} = 2 \text{ x } k_3 \text{ x} \frac{k_1 \text{ x } [NO]^2}{k_2 + k_3 \text{ x } [O_2]} \text{x } [O_2]$$

$$\frac{d[NO_2]}{dt} = \frac{2 \text{ x } k_3 \text{ x } k_1 \text{ x } [NO]^2 \text{x } [O_2]}{k_2 + k_3 \text{ x } [O_2]}$$

Questão 55

Item a) Segundo os diagramas, a reação I é mais exotérmica do que a reação II. Da equação de Van't Hoff $k = A.e^{\left(-\frac{\Delta H}{R.T}\right)}$, sabe-se que: K: constante de equilíbrio; A: fator pré-exponencial ou fator de frequência; ΔH: variação de entalpia; R: constante dos gases e T: temperatura na escala kelvin. A partir disto, deduz-se que quanto mais exotérmica for a reação, maior será a constante de equilíbrio. Logo, $K_I > K_{II}$.

Item b) Nas duas reações, as concentrações iniciais de reagente são iguais. Segundo a equação de Arrhenius, $k = A.e^{\left(-\frac{E_{at}}{R.T}\right)}$, o sistema que possuir maior energia de ativação terá k com o menor valor. A mistura 2 é a que apresenta menor E_a, portanto maior k e maior velocidade.

Questão 56

Analisando o intermediário, através das duas reações:

$$\frac{d[O]}{dt} = +\,k_1 \text{ x } [O_3] - k_{-1} \text{ x } [O_2] \text{ x } [O] - k_2 \text{ x } [O] \text{ x } [O_3]$$

Como a concentração da espécie intermediária é praticamente constante, temos: $\frac{d[O]}{dt} = 0$

$\frac{d[O]}{dt} = +\,k_1 \text{ x } [O_3] - k_{-1} \text{ x } [O_2] \text{ x } [O] - k_2 \text{ x } [O] \text{ x } [O_3]$

$0 = +\,k_1 \text{ x } [O_3] - k_{-1} \text{ x } [O_2] \text{ x } [O] - k_2 \text{ x } [O] \text{ x } [O_3]$

$k_{-1} \text{ x } [O_2] \text{ x } [O] + k_2 \text{ x } [O] \text{ x } [O_3] = +\,k_1 \text{ x } [O_3]$

$[O] \text{ x } \{k_{-1} \text{ x } [O_2] + k_2 \text{ x } [O_3]\} = +\,k_1 \text{ x } [O_3]$

$$[O] = \frac{k_1 \times [O_3]}{k_{-1} \times [O_2] + k_2 \times [O_3]}$$

Equação da taxa de reação: $v_{reação} = k_2 \times [O] \times [O_3]$

Substituindo a concentração do intermediário, [O], na equação de taxa, temos:

$$v_{reação} = k_2 \times \frac{k_1 \times [O_3]}{k_{-1} \times [O_2] + k_2 \times [O_3]} \times [O_3]$$

$$v_{reação} = \boxed{\frac{k_2 \times k_1 \times [O_3]^2}{k_{-1} \times [O_2] + k_2 \times [O_3]}}$$

Questão 57

Svante August Arrhenius, químico, físico e matemático sueco, além de ter estudado a teoria dos ácidos e das bases, como até hoje é muito estudado em todas as universidades e centros de pesquisas, também desenvolveu outros trabalhos na área da Físico-Química, mas especificamente na área da velocidade das reações químicas (cinética química). Estudou a dependência da constante cinética ou também conhecido como velocidade específica (k) com a temperatura. A equação matemática que relaciona a constante cinética com a temperatura é a seguinte: $\frac{d \ln k}{dt} = \frac{E_{at}}{R \times T^2}$, em que E_{at} = Energia de ativação; R = constante dos gases ideais; T = temperatura absoluta; k = constante cinética ou também conhecida como velocidade específica. A equação de Arrhenius é útil porque expressa a relação quantitativa entre a temperatura, a energia de ativação e a constante de velocidade. Uma de suas principais aplicações é a determinação da energia de ativação de uma reação química, a partir de dados cinéticos experimentais a diferentes temperaturas.

Questão 58

(GRILLO) Expressão da constante de equilíbrio: $K_{eq} = \frac{[B] \times [C]}{[A]^2}$ (Equação 1)

Analisando a reação irreversível (equação da taxa): $v_{reação} = k_a \times [A]^2 \times [B]^2$ (Equação 2)

Isolando a concentração do intermediário, [B], na equação 1: $K_{eq} = \frac{[B] \times [C]}{[A]^2}$

$[B] = \frac{K \times [A]^2}{[C]}$ (Equação 3)

Substituindo a equação o intermediário da equação 3 na equação 2, temos:

$$v_{reação} = k_a \times [A]^2 \times [B]^2$$

$$v_{reação} = k_a \times [A]^2 \times \left\{\frac{K \times [A]^2}{[C]}\right\}^2$$

$$v_{reação} = k_a \times [A]^2 \times \frac{K^2 \times [A]^4}{[C]^2} = \boxed{\frac{k_a \times K^2 \times [A]^6}{[C]^2}}$$

Questão 59

(GRILLO)

Expressão da constante de equilíbrio: $K_{eq} = \frac{[C] \times [I]}{[A] \times [B]}$ (Equação 1)

Expressão da velocidade: $v_{reação} = k_1 \times [I] \times [A]$ (Equação 2)

Isolando a concentração da quantidade de matéria do intermediário na equação 1: $K_{eq} = \frac{[C] \times [I]}{[A] \times [B]}$

$K_{eq} \times [A] \times [B] = [C] \times [I]$

$[I] = \frac{K_{eq} \times [A] \times [B]}{[C]}$ (Equação 3)

Substituindo a equação 3 na equação 2, temos: $v_{reação} = k_1 \times [I] \times [A]$

$$v_{reação} = k_1 x \frac{K \times [A] \times [B]}{[C]} \times [A]$$

$$\boxed{v_{reação} = \frac{k_1 \times K \times [A]^2 \times [B]}{[C]}}$$

Questão 60

(GRILLO) Expressão da constante de equilíbrio: $K_{eq} = \frac{[I]}{[A]^2}$ (Equação 1)

Analisando a reação irreversível, expressando sua taxa de velocidade:
$v_{reação} = k_a \times [I] \times [B]$ (Equação 2)

Isolando a concentração do intermediário, [I], na equação 1: $K_{eq} = \frac{[I]}{[A]^2}$

$[I] = K_{eq} \times [A]^2$ (Equação 3)

Substituindo a equação 3 na equação 2, temos: $v_{reação} = k_a \times [I] \times [B]$

$$v_{reação} = k_a \times K_{eq} \times [A]^2 \times [B]$$

$$v_{reação} = K_{eq} \times k_a \times [A]^2 \times [B]$$

Ordem de reação em relação a [A] = 2
Ordem de reação em relação a [B] = 1 +

Ordem de reação global: 2 + 1 = 3

Questão 61

Como a reação é elementar, a ordem de reação coincide com os coeficientes estequiométricos. Cálculo da constante cinética (k), a partir do terceiro teste, temos: $v_{reação} = k \times [A]^2 \times [B]$

$$13500 = k \times (15)^2 \times 30$$

$$k = \frac{13500}{6750} = 2 \frac{L^2}{mol^2 \times s}$$

Cálculo da concentração X, substituindo os dados dos testes 1 e 2, temos:

Teste (1): $v = k \times [A]^2 \times [B]^1$
$v = k.(10)^2.X$
$v = k.100.X$

Teste (2): $v = k \times [A]^2 \times [B]^1$
$2v = k. X^2 . 20$

Dividindo o teste (1) pelo teste (2), temos: $\frac{v}{2v} = \frac{k.100.X}{k.X^2.20}$

$$\frac{1}{2} = \frac{100}{X.20}$$

$$X = 10\frac{mol}{L}$$

Questão 62

Equação química da combustão completa do gás propano: $C_3H_{8(gás)} + 5O_{2(gás)} \longrightarrow 3CO_{2(gás)} + 4H_2O_{(gás)}$

Cálculo do número de mol de gás nitrogênio (N_2):
5 mol de O_2 ------------- 21%
n_{N2} mol de N_2 ----------- 79%
n_{N2} = 18,81 mol de N_2

Equação de combustão completa do propano com a presença do gás nitrogênio: $C_3H_{8(gás)} + 5O_{2(gás)} + 18{,}81N_{2(gás)} \longrightarrow 18{,}81N_{2(gás)} + 3CO_{2(gás)} + 4H_2O_{(gás)}$.

Cálculo da velocidade média do ar a partir da velocidade do gás carbônico:

$$-\frac{1}{23{,}81}x\frac{d[ar]}{dt} = -\frac{1}{3}x\frac{d[CO_2]}{dt}$$
$$-\frac{1}{23{,}81}x\,V_{ar} = -\frac{1}{3}x\,V_{CO_2}$$

$$-\frac{1}{23{,}81}x\,V_{ar} = -\frac{1}{3}x\,720\frac{L}{h}$$

$$V_{ar} = -5714{,}40\frac{L}{h}$$

Observação: O sinal negativo indicado na velocidade do ar atmosférico significa que ao longo do tempo a concentração da quantidade de matéria é consumido.

Questão 63

Levando em consideração que o processo apresenta cinética de primeira ordem.

Cálculo da velocidade específica em um tempo de 4h: $k_{28°C} = \frac{\ln 2}{t_{1/2}} = \frac{\ln 2}{4{,}0}$

Cálculo da velocidade específica em um tempo de 48 h: $k_{5°C} = \frac{\ln 2}{t_{1/2}} = \frac{\ln 2}{48{,}0}$

Cálculo da energia de ativação, a partir da equação de Arrhenius:

$$\ln\left(\frac{\frac{\ln 2}{4{,}0}}{\frac{\ln 2}{48}}\right) = \frac{E_{at}}{8{,}314}x\left[\frac{1}{278} - \frac{1}{301}\right]$$

$$E_{at} = \frac{\ln\left(\frac{48{,}0}{4{,}0}\right)x\,8{,}314}{2{,}75\,x\,10^{-4}} = 75162{,}90\frac{J}{mol}$$

Questão 64

(GRILLO) Aplicando o logaritmo neperiano na equação de Arrhenius, temos:

$$\ln k = \ln A + \ln e^{\left(-\frac{E_{at}}{R.T}\right)}$$

$$\ln k = \ln A - \frac{E_{at}}{R \times T}$$

Cálculo da velocidade específica para t = 10 minutos (600 segundos), a partir da equação do tempo de meia-vida com cinética de primeira ordem:

$$k = \frac{\ln 2}{600\ s} = 1{,}15 \times 10^{-3} s^{-1}$$

Cálculo da temperatura: $\ln(1{,}15 \times 10^{-3}) = \ln(4{,}0 \times 10^{13}) - \frac{98600}{8{,}314 \times T}$

$$-6{,}77 = 31{,}32 - \frac{98600}{8{,}314 \times T}$$

$$-38{,}09 \times 8{,}314 \times T = -98600$$

$$T = \frac{98600}{316{,}68} = 311{,}35\ K$$

Questão 65

Item a) Para acelerar uma determinada reação química lenta, há vários procedimentos, dentre eles pode ser citado:

- O aumento da temperatura provoca aumento da velocidade de reação;
- Adição de um catalisador provoca um aumento na reação química;
- Para um processo heterogêneo, regido por uma reação heterogênea, pode ter uma velocidade aumentada, por causa do aumento da superfície de contato entre os reagentes;
- Para uma reação homogênea gasosa, aumentando a pressão, mantendo o volume constante, há um aumento da velocidade, pois aumentou o número de colisões efetivas.

Item b) Para retardar uma reação química rápida, há vários procedimentos, dentre eles podem ser citados os seguintes pontos:

- Diminuição da temperatura;
- Adicionar um inibidor, substância esta que aumenta a energia de ativação e consequentemente reduz a velocidade da reação;
- Em uma reação heterogênea, usar aglomerados dos reagentes, o que faz reduzir a superfície de contato;
- Em um meio gasoso, a redução de pressão a volume constante.

Questão 66

(GRILLO) Item a) Equação química da decomposição térmica do pentóxido de dinitrogênio: $N_2O_{5(gás)} \longrightarrow 2NO_{2(gás)} + \frac{1}{2}O_{2(gás)}$

Item b) Cálculo do tempo de meia-vida para 313 K: $t_{1/2} = \frac{\ln 2}{5{,}10 \times 10^{-4}} = 1359{,}11\ s$

Item c) Sendo o processo com cinética de primeira ordem, temos: $\ln\left(\frac{n_{Final}}{0{,}30}\right) = -(6{,}82 \times 10^{-3} \times 1{,}50\ min \times \frac{60\ s}{1\ min})$

$$\frac{n_{Final}}{0{,}30} = e^{(-0{,}6138)}$$

$$n_{Final} = 0{,}162\ mol$$

Item d) Cálculo do tempo de meia-vida a 70°C: $t_{1/2} = \frac{\ln 2}{k} = \frac{\ln 2}{6{,}82 \times 10^{-3}} = 101{,}63\ s$

Questão 67

(GRILLO) Analisando a reação reversível, aplicando a expressão da constante de equilíbrio: $Z_{2(gás)} \rightleftarrows 2Z_{(gás)}$

$$K_{eq} = \frac{[Z]^2}{[Z_2]}$$

Analisando a reação irreversível: $Z_{(gás)} + W_{(gás)} \xrightarrow{k_a}$ Produtos

$v_{reação} = k_a \text{ x } [Z] \text{ x } [W]$

Isolando o intermediário na expressão da constante de equilíbrio, temos: $K = \frac{[Z]^2}{[Z_2]}$

$[Z]^2 = K_{eq} \text{ x } [Z_2]$

$[Z] = \sqrt{K_{eq} \text{ x } [Z_2]}$

Substituindo o intermediário na equação de taxa, temos: $v_{reação} = k_a \text{ x } [Z] \text{ x } [W]$

$v_{reação} = k_a \text{ x } \sqrt{K_{eq} \text{ x } [Z_2]} \text{ x } [W]$

$v_{reação} = K_{eq}^{1/2} \text{ x } k_a \text{ x } \sqrt{[Z_2]} \text{ x } [W]$

Questão 68

(GRILLO) Analisando a reação reversível, a partir da constante de equilíbrio: $K = \frac{[D]}{[A]^2}$, uma vez que se trata da etapa rápida. Equação da velocidade da reação, a partir da equação irreversível: $v_{reação} = k_a \text{ x } [B] \text{ x } [D]$. Sendo a etapa reversível a mais rápida, a etapa irreversível se torna a mais lenta. Isolando a concentração da quantidade de matéria do intermediário [D], na equação do equilíbrio químico, temos: $[D] = K \text{ x } [A]^2$

Substituindo na equação da velocidade, temos: $v_{reação} = k_a \text{ x } [B] \text{ x } [D]$

$v_{reação} = k_a \text{ x } [B] \text{ x } K \text{ x } [A]^2$

$v_{reação} = K \text{ x } k_a \text{ x } [B] \text{ x } [A]^2$

Equação da velocidade em função do produto C: $v_{reação} = +\frac{d[C]}{dt} = K \text{ x } k_a \text{ x } [A]^2 \text{ x } [B]$

Questão 69

(PROGRAMA DE PÓS-GRADUAÇÃO PARA MESTRADO & DOUTORADO - UNIVERSIDADE FEDERAL DO CEARÁ)

Analisando a cinética química do processo apresentado, a partir da espécie intermediária.

$$\frac{d[NOBr_2]}{dt} = +k_1 \text{ x } [NO] \text{ x } [Br_2] - k_2 \text{ x } [NOBr_2] \text{ x } [NO]$$

Como a concentração do intermediário $\frac{d[NOBr_2]}{dt}$ é praticamente constante ao longo do processo, temos: $\frac{d[NOBr_2]}{dt} = 0$, logo:

$$\overbrace{\frac{d[NOBr_2]}{dt}}^{=0} = +k_1 \text{ x } [NO] \text{ x } [Br_2] - k_2 \text{ x } [NOBr_2] \text{ x } [NO]$$

$$k_2 \text{ x } [NOBr_2] \text{ x } [NO] = +k_1 \text{ x } [NO] \text{ x } [Br_2]$$

$$[NOBr_2] = \frac{+k_1 \text{ x } [NO] \text{ x } [Br_2]}{k_2 \text{ x } [NO]}$$

Equação da velocidade será representada pela primeira equação química uma vez que a constante cinética é a menor (k_1).

$v_{reação} = k_2 \text{ x } [NOBr_2] \text{ x } [NO]$

$$v_{reação} = \cancel{k_2} \times \frac{+k_1 \times [NO] \times [Br_2]}{\cancel{k_2} \times \cancel{[NO]}} \times \cancel{[NO]}$$

$$v_{reação} = +k_1 \times [NO] \times [Br_2]$$

A partir da unidade da velocidade específica, a ordem de cinética é de segunda ordem.

Questão 70

(GRILLO) Informação do problema: $v_1^{100°C} = 3 \times v_2^{35°C}$

$k_1 \times \cancel{[A]^n} = 3 \times k_2 \times \cancel{[A]^n}$

$$k_1 = \frac{3 \times k_2 \times \cancel{[A]^n}}{\cancel{[A]^n}}$$

$$k_1 = 3 \times k_2$$

Cálculo da energia de ativação (E_{at}): $\ln\left(\frac{3 \times \cancel{k_2}}{\cancel{k_2}}\right) = \frac{E_{at}}{8,314} \times \left\{\frac{1}{308} - \frac{1}{373}\right\}$

$$\ln(3) = \frac{E_{at}}{8,314} \times \left\{\frac{1}{308} - \frac{1}{373}\right\}$$

$$E_{at} = 16143,61 \frac{J}{mol} \ (16,14 \frac{kJ}{mol})$$

Questão 71

Item a) Equação química de decomposição: $N_2O_{5(gás)} \longrightarrow 2NO_{2(gás)} + \frac{1}{2}O_{2(gás)}$

Item b) Cálculo da ordem de reação (a) entre o experimento I e III: $\left(\frac{0,650}{0,150}\right)^a = \frac{1,48 \times 10^{-3}}{3,42 \times 10^{-4}}$

$$(4,33)^a = 4,33$$

a = 1 (Reação de decomposição com cinética de primeira ordem)

Cálculo da constante cinética (k), através do experimento I: $v_{reação} = k \times [N_2O_5]$

$$3,42 \times 10^{-4} = k \times 0,150$$

$$k = \frac{3,42 \times 10^{-4}}{0,150} = 0,00228 \ min^{-1}$$

Item c) Cálculo do tempo (t): $\ln\left(\frac{0,050}{0,150}\right) = -0,00228 \times tempo$

$$tempo = 482 \ min$$

Item c) Cálculo da velocidade específica (k_2) a 40°C: $v_{reação} = k_2 \times [N_2O_5]$

$$2,37 \times 10^{-3} = k_2 \times 0,150$$

$$k_2 = \frac{2,37 \times 10^{-3}}{0,150} = 0,0158 \ min^{-1}$$

Utilizando a equação de Arrhenius e considerando a constante dos gases igual a 8,314 J.mol^{-1}K^{-1}, temos: k_1 (25°C) = 0,00228 min^{-1} e k_2 (40°C) = 0,0158 min^{-1}

$$\ln\left(\frac{0{,}00228}{0{,}0158}\right) = \frac{E_{at}}{8{,}314} x \left\{\frac{1}{313} - \frac{1}{298}\right\}$$

$$\ln(0{,}144) = \frac{E_{at}}{8{,}314} x \left\{\frac{1}{313} - \frac{1}{298}\right\}$$

$$-1{,}94 = \frac{E_{at}}{8{,}314} x\,(-1{,}61 \times 10^{-4})$$

$$E_{at} = \frac{8{,}314 \times 1{,}94}{1{,}61 \times 10^{-4}} = 100181{,}12 \frac{J}{mol}$$

Questão 72

Item a) Cálculo do tempo de meia-vida ($t_{1/2}$) a 331 K: $t_{1/2} = \frac{\ln 2}{k} = \frac{0{,}693}{2{,}10 \times 10^{-1}} = 3{,}30$ s

Item b) Cálculo da concentração final da quantidade de matéria:

$$\ln\left(\frac{[HO_2NO_2]_{Final}}{[HO_2NO_2]_{Inicial}}\right) = -k \times tempo$$

$$\ln\left(\frac{[HO_2NO_2]_{Final}}{7{,}10 \times 10^{-8}}\right) = -2{,}10 \times 10^{-1} \times 0{,}40\, \cancel{min} \times \frac{60\ s}{1\ \cancel{min}}$$

$$\frac{[HO_2NO_2]_{Final}}{7{,}10 \times 10^{-8}} = e^{-5{,}04}$$

$$[HO_2NO_2]_{Final} = 7{,}10 \times 10^{-8} \times e^{-5{,}04} = 4{,}60 \times 10^{-10} \frac{mol}{L}$$

Item c) Cálculo da energia de ativação (E_{at}), a partir da utilização da equação de Arrhenius:

$$\ln\left(\frac{2{,}1 \times 10^{-1}}{1{,}10}\right) = \frac{E_{at}}{8{,}314} x \left[\frac{1}{342} - \frac{1}{331}\right]$$

$$E_{at} = 141683{,}97 \frac{J}{mol}\ \left(141{,}7 \frac{kJ}{mol}\right)$$

Questão 73

(CONCURSO PARA DOCENTE FEDERAL - INSTITUTO FEDERAL DO RIO DE JANEIRO – MODIFICADA)

Analisando a cinética do intermediário, HOOBr: $\frac{d[HOOBr]}{dt} = +k_1 x\,[HBr] \times [O_2] - k_1' x\,[HOOBr] - k_2 x\,[HOOBr] \times [HBr]$

Admitindo que a espécie intermediária, $\frac{d[HOOBr]}{dt}$ não apresenta variação ao longo do processo cinético, temos: $\frac{d[HOOBr]}{dt} = 0$

$$\frac{d[HOOBr]}{dt} = +k_1 \times [HBr] x [O_2] - k_1' x\,[HOOBr] - k_2 x\,[HOOBr] \times [HBr]$$

$$0 = +k_1 \times [HBr] \times [O_2] - k_1' \times [HOOBr] - k_2 \times [HOOBr] \times [HBr]$$

$$+k_1 \times [HBr] \times [O_2] = k_1' \times [HOOBr] + k_2 \times [HOOBr] \times [HBr]$$

$$+ k_1 \text{ x } [HBr] \text{ x } [O_2] = [HOOBr] \text{ x } \{k_1' + k_2 \text{ x } [HBr]\}$$

$$[HOOBr] = \frac{k_1 \text{ x } [HBr] \text{ x } [O_2]}{\{k_1' + k_2 \text{ x } [HBr]\}}$$

Cálculo da taxa cinética $\frac{d[HOOBr]}{dT}$, substituindo expressão do intermediário na equação da taxa em função do HOOBr:

$$+\frac{1}{2} \text{x} \frac{d[HOOBr]}{dt} = + k_2 \text{ x } [HOOBr] \text{ x } [HBr]$$

Sabendo que $[HOOBr] = \frac{+ k_1 \text{ x } [HBr] \text{ x } [O_2]}{\{k_1' + k_2 \text{ x } [HBr]\}}$, temos:

$$+\frac{1}{2} \text{x} \frac{d[HOOBr]}{dt} = \frac{k_2 \text{ x } k_1 \text{ x } [HBr]^2 \text{ x } [O_2]}{\{k_1' + k_2 \text{ x } [HBr]\}}$$

$$\boxed{\frac{d[HOOBr]}{dt} = \frac{2 \text{ x } k_2 \text{ x } k_1 \text{ x } [HBr]^2 \text{ x } [O_2]}{\{k_1' + k_2 \text{ x } [HBr]\}}}$$

Questão 74

Cálculo da variação de entalpia padrão para a reação fornecida pelo problema: $H + CH_4 \rightarrow H_2 + CH_3$

$$\Delta H^0 = [H^0_{H_2} + H^0_{CH_3}] - [H^0_H + H^0_{CH_4}] = [0 + 139] - [218 - 75] = 139 - 143$$

$$\Delta H^0 = -4 \frac{kJ}{mol}$$

Cálculo da energia de ativação para a reação reversa: $E_{at_{\cdot reversa}} = E_{at_{\cdot inversa}} + |\Delta H^0|$

$$E_{at_{\cdot reversa}} = 49{,}90 + 4{,}0 = 53{,}90 \frac{kJ}{mol}$$

Questão 75

Cálculo da constante cinética a 60°C, sabendo que a cinética é de primeira ordem: $k_{60°C} = \frac{\ln 2}{t^{60°C}_{1/2}} = \frac{0{,}693}{3460} = 2{,}00 \text{ x } 10^{-4} s^{-1}$

Cálculo da constante cinética a 65°C, sabendo que a cinética é de primeira ordem: $k_{65°C} = \frac{\ln 2}{t^{65°C}_{1/2}} = \frac{0{,}693}{530} = 1{,}31 \text{ x } 10^{-3} s^{-1}$

Cálculo da energia de ativação: $\ln\left(\frac{k_{60°C}}{k_{65°C}}\right) = \frac{E_{at}}{R} \text{x} \left[\frac{1}{T_2} - \frac{1}{T_1}\right]$

$$\ln\left(\frac{2{,}00 \text{ x } 10^{-4}}{1{,}31 \text{ x } 10^{-3}}\right) = \frac{E_{at}}{8{,}314} \text{x} \left[\frac{1}{(65+273)} - \frac{1}{(60+273)}\right]$$

$$\ln(0{,}153) = \frac{E_{at}}{8{,}314} \text{x } [2{,}96 \text{ x } 10^{-3} - 3{,}00 \text{ x } 10^{-3}]$$

$$E_{at} = \frac{\ln(0{,}153) \text{ x } 8{,}314}{[2{,}96 \text{ x } 10^{-3} - 3{,}00 \text{ x } 10^{-3}]} = 390758 \frac{J}{mol} \ (390{,}76 \frac{kJ}{mol})$$

Cálculo do fator de frequência (A) a partir de T = 60°C: $k_{60°C} = A \text{ x } e^{-\frac{E_{at}}{R \text{ x } T}}$

$$2{,}00 \text{ x } 10^{-4} = A \text{ x } e^{-\frac{390758}{8{,}314 \text{ x } (60+273)}}$$

$$A = \frac{2,00 \text{ x } 10^{-4}}{e^{-\frac{390758}{8,314 \text{ x } 333}}} = \frac{2,00 \text{ x } 10^{-4}}{5,025 \text{ x } 10^{-62}} = 3,96 \text{ x } 10^{+57} s^{-1}$$

Questão 76

Equação química: $3A_{(gás)} + \frac{1}{2}B_{(gás)} \rightarrow 5C_{(gás)} + \frac{1}{3}D_{(gás)}$

$$V_{reação} = -\frac{1}{3} x \frac{d[A]}{dt} = -\frac{1}{1/2} x \frac{d[B]}{dt} = +\frac{1}{5} x \frac{d[C]}{dt} = +\frac{1}{1/3} x \frac{d[D]}{dt}$$

$$V_{reação} = \frac{1}{5} x \frac{3}{4} = \frac{3}{20} x \frac{mol}{L \text{ x } h}$$

Cálculo da velocidade de consumo do reagente A: $-\frac{1}{3} x \underbrace{\frac{d[A]}{dt}}_{v_A} = -\frac{1}{5} x \frac{3}{4}$

$$-\underbrace{\frac{d[A]}{dt}}_{v_A} = -\frac{9}{20} x \frac{mol}{L \text{ x } h}$$

Cálculo da velocidade de consumo do reagente B: $-\frac{1}{2} x \underbrace{\frac{d[B]}{dt}}_{v_B} = +\frac{1}{5} x \frac{3}{4}$

$$-\underbrace{\frac{d[B]}{dt}}_{v_B} = \frac{6}{20} = \frac{3}{10} x \frac{mol}{L \text{ x } h}$$

Cálculo da velocidade de formação do produto D: $-\frac{1}{\frac{1}{3}} x \underbrace{\frac{d[D]}{dt}}_{v_D} = +\frac{1}{5} x \frac{3}{4}$

$$-\underbrace{\frac{d[D]}{dt}}_{v_D} = \frac{1}{20} x \frac{mol}{L \text{ x } h}$$

Questão 77

(GRILLO) Item a) Como a cinética é de primeira ordem, as concentrações de A em dois instantes sucessivos no tempo podem ser relacionadas com o tempo mediante a seguinte equação: $\ln\left(\frac{[A]_2}{[A]_1}\right) = -k \text{ x } (t_2 - t_1)$. Aplicando-se esta equação entre os instantes 0 e 6 h, pode-se determinar o valor de k com base nas concentrações medidas.

$$\ln\left(\frac{9,25}{40,0}\right) = -k \text{ x } (6 - 0)$$

$$k = \frac{\ln 0,23}{-6} = 0,245 \text{ h}^{-1}$$

Item b) Como a cinética é de primeira ordem, o tempo de meia-vida é função somente do valor da constante cinética e independente da concentração da quantidade de matéria inicial, conforme pode ser observado a seguir. $t_{1/2} = \frac{\ln 2}{k} = \frac{\ln 2}{0,245} = 2,83 \text{ h}$

Item c) Como a constante cinética foi determinada, pode-se determinar a concentração de A em qualquer instante do tempo, considerando-se o instante inicial como referência.

$$\ln\left(\frac{[A]_{Final}}{40}\right) = -0,245 \text{ x } 9$$

$$\frac{[A]_{Final}}{40} = e^{(-2,205)}$$

$$[A]_{Final} = 4,41\ mol.L^{-1}$$

Item d) Para a decomposição térmica e questão, uma conversão de 99% significa que 99% do número de mol inicial de A foi consumido, restando, portanto, 1%. Logo: $[A]_{Final} = 0,01 \times [A]_{Inicial}$

Substituindo-se na forma integrada da lei cinética, tem-se: $\ln\left(\frac{0,01 \times [A]_{Inicial}}{[A]_{Inicial}}\right) = -0,245 \times t$

$$\ln\left(\frac{0,01 \times \cancel{[A]_{Inicial}}}{\cancel{[A]_{Inicial}}}\right) = -0,245 \times t$$

$$t = \frac{\ln(0,01)}{-0,245} = \frac{-4,605}{-0,245} = 18,79\ h$$

Questão 78

Item a) Pelo gráfico apresentado pelo exercício, sabe-se que a concentração do isótopo era de 33 mol.L^{-1}, após 4 h de duração. Logo:

$$\ln\left(\frac{33}{150}\right) = -k \times (4-0)$$

$$k = \frac{\ln(0,22)}{-4} = \frac{-1,51}{-4} = 0,378\ h^{-1}$$

Item b) A velocidade específica a 90°C, pode ser determinada pela forma integrada da equação de Arrhenius, inserindo-se o valor de k já conhecido a 50°C.

$$\ln\left(\frac{k^{50°C}}{k^{90°C}}\right) = \frac{E_{at}}{R} \times \left[\left(\frac{1}{90+273}\right) - \left(\frac{1}{50+273}\right)\right]$$

$$\ln\left(\frac{0,378}{k^{90°C}}\right) = \frac{166000}{8,314} \times \left[\frac{1}{(90+273)} - \frac{1}{(50+273)}\right]$$

$$\ln\left(\frac{0,378}{k^{90°C}}\right) = 19966,32 \times [-0,34 \times 10^{-3}]$$

$$\frac{0,378}{k^{90°C}} = e^{(-6,79)}$$

$$k^{90°C} \times e^{(-6,79)} = 0,378$$

$$k^{90°C} = 336\ h^{-1}$$

Item c) Em se tratando de uma cinética de primeira ordem, os valores dos tempos de meia-vida a 50°C e a 90°C podem ser determinados diretamente a partir dos valores da constante cinética nas respectivas temperaturas. Para T = 50°C: $t_{1/2}^{50°C} = \frac{\ln 2}{k} = \frac{\ln 2}{0,378} = 1,83\ h$

Para T = 90°C: $t_{1/2}^{90°C} = \frac{\ln 2}{k} = \frac{0,693}{336} = 0,0021\ h$

Item d) O fator pré-exponencial ou de frequência contido na equação de Arrhenius pode ser determinado empregando-se o valor da constante cinética em qualquer uma das duas temperaturas. Escolhendo-se, por exemplo, o valor a 90ºC, tem-se: $k^{90°C} = A \times e^{\left(-\frac{Eat}{R.T}\right)}$

$$A = \frac{k^{90°C}}{e^{\left(-\frac{Eat}{R \times T}\right)}} = \frac{336}{e^{\left(-\frac{166000}{8,314 \times (90+273)}\right)}} = \frac{336}{e^{(-55,0)}} = \frac{336}{1,30 \times 10^{-24}} = \boxed{2,58 \times 10^{26}\ h^{-1}}$$

Questão 79

(GRILLO) Equação cinética com ordem de reação igual a 1/2: $-\frac{d[A]}{dt} = k \times [A]^{1/2}$ (Equação diferencial para a cinética de ordem igual a 1/2)

Separando as variáveis, temos: $-\frac{d[A]}{dt} = k \times [A]^{1/2}$

$$\left(\frac{1}{[A]^{\frac{1}{2}}}\right) \times d[A] = -\,k \times dt$$

$$\left([A]^{-\frac{1}{2}}\right) \times d[A] = -\,k \times dt$$

$$\int_{[A]_{inicial}}^{[A]_{final}} [A]^{-\frac{1}{2}} \times d[A] = \int_{t_{inicial}}^{t_{final}} -\,k \times dT$$

$$\left.\frac{[A]^{\left(-\frac{1}{2}+1\right)}}{-\frac{1}{2}+1}\right|_{[A]_{inicial}}^{[A]_{final}} = -k \times t|_{t_{inicial}}^{t_{final}}$$

$$\left.\frac{[A]^{\frac{1}{2}}}{\frac{1}{2}}\right|_{[A]_{inicial}}^{[A]_{final}} = -k \times t|_{t_{inicial}}^{t_{final}}$$

$$2 \times \left.[A]^{\frac{1}{2}}\right|_{[A]_{inicial}}^{[A]_{final}} = -k \times t|_{t_{inicial}}^{t_{final}}$$

$$2 \times \left\{[A]_{Final}^{1/2} - [A]_{inicial}^{1/2}\right\} = -k \times (t_{final} - t_{inicial})$$

$$2 \times \left\{[A]_{Final}^{1/2} - [A]_{inicial}^{1/2}\right\} = -k \times (t - 0)$$

$$\boxed{\mathbf{2 \times \left\{[A]_{Final}^{1/2} - [A]_{inicial}^{1/2}\right\} = -k \times t}}$$

(Equação integrada para uma reação de ordem igual a 1/2).

Determinação do tempo de meia-vida: $2 \times \left\{[A]_{Final}^{1/2} - [A]_{inicial}^{1/2}\right\} = -k \times t$

$$2 \times \left\{\left(\frac{[A]_{inicial}}{2}\right)^{1/2} - [A]_{inicial}^{1/2}\right\} = -k \times t_{1/2}$$

$$\left(\frac{[A]_{inicial}}{2}\right)^{1/2} - [A]_{inicial}^{1/2} = -\frac{k}{2} x\, t_{1/2}$$

$$\frac{\sqrt{[A]_{inicial}}}{2^{1/2}} - [A]_{inicial}^{1/2} = -\frac{k}{2} x\, t_{1/2}$$

$$\left\{\left(\frac{\sqrt{[A]_{inicial}}}{\sqrt{2}}\right) x \frac{\sqrt{2}}{\sqrt{2}}\right\} - \sqrt{[A]_{inicial}} = -\frac{k}{2} x\, t_{1/2}$$

$$\frac{\sqrt{2}}{2} x \sqrt{[A]_{inicial}} - \sqrt{[A]_{inicial}} = -\frac{k}{2} x\, t_{1/2}$$

$$\sqrt{[A]_{inicial}}\, x \left[\frac{\sqrt{2}}{2} - 1\right] = -\frac{k}{2} x\, t_{1/2}$$

$$t_{1/2} = \frac{\sqrt{[A]_{inicial}}\, x \left[\frac{\sqrt{2}}{2} - 1\right]}{\left(-\frac{k}{2}\right)} = \boxed{\frac{\sqrt{[A]_{inicial}}\ x\,(\sqrt{2} - 2)}{(-k)}}$$

Questão 80

(GRILLO) Equação química hipotética: $A_{(gás)} \rightarrow Produtos_{(g)}$

$\mathbf{\frac{d[A]}{dt} = -\,k\, x\, [A]^3}$(Equação diferencial para cinética de terceira ordem). Separando as variáveis, temos: $\frac{d[A]}{dt} = -\,k\, x\, [A]^3$

$$[A]^{-3}\, x\, d[A] = -\,k\, x\, dt$$

$$\int_{[A]_{Inicial}}^{[A]_{Final}} [A]^{-3}\, x\, d[A] = -k\, x \int_{t_{inicial}}^{t_{final}} dt$$

$$\left.\frac{[A]^{-3+1}}{-3+1}\right|_{[A]_{Inicial}}^{[A]_{Final}} = -k\, x \int_{t_{inicial}}^{t_{final}} dt$$

$$\left.\frac{[A]^{-2}}{-2}\right|_{[A]_{Inicial}}^{[A]_{Final}} = -k\, x \int_{t_{inicial}}^{t_{final}} dt$$

$$\left.-\frac{1}{2\, x\, [A]^2}\right|_{[A]_{Inicial}}^{[A]_{Final}} = -k\, x\, (t_{final} - t_{inicial})$$

$$-\frac{1}{2\, x\, [A]_{Final}^2} + \frac{1}{2\, x\, [A]_{Inicial}^2} = -k\, x\, (t - 0)$$

$$-\frac{1}{2\, x\, [A]_{Final}^2} + \frac{1}{2\, x\, [A]_{Inicial}^2} = -k\, x\, t$$

$$\frac{1}{2\, x\, [A]_{Final}^2} - \frac{1}{2\, x\, [A]_{Inicial}^2} = +\, k\, x\, t$$

$$\frac{1}{2}\, x \left[\frac{1}{[A]_{Final}^2} - \frac{1}{[A]_{Inicial}^2}\right] = +\, k\, x\, t$$

$\frac{1}{[A]^2_{Final}} - \frac{1}{[A]^2_{Inicial}} = \mathbf{2\ x\ k\ x\ t}$ (Lei de velocidade integrada para uma cinética de terceira ordem)

$$\underbrace{\frac{1}{[A]^2_{Final}}}_{y} - \underbrace{\frac{1}{[A]^2_{Inicial}}}_{a} = 2\ x\ k\ x\ \underbrace{t}_{x}$$

Comportamento linear: $\frac{1}{[A]^2_{Final}}\ x\ t$

Tempo de meia-vida para reações químicas com cinética de terceira ordem, do tipo $A_{(g)} \rightarrow Produtos_{(g)}$, $[A]_{inicial} \overset{t_{1/2}}{\rightleftarrows} \underbrace{\frac{[A]_{inicial}}{2}}_{[A]_{final}}$

$$\left[\frac{1}{[A]^2_{Final}} - \frac{1}{[A]^2_{Inicial}}\right] = 2\ x\ k\ x\ t$$

$$\left[\frac{1}{\left(\frac{[A]_{inicial}}{2}\right)^2} - \frac{1}{[A]^2_{Inicial}}\right] = 2\ x\ k\ x\ t_{1/2}$$

$$\left[\frac{1}{\frac{[A]^2_{Inicial}}{4}} - \frac{1}{[A]^2_{Inicial}}\right] = 2\ x\ k\ x\ t_{1/2}$$

$$\frac{3}{[A]^2_{Inicial}} = 2\ x\ k\ x\ t_{1/2}$$

$$\boxed{\mathbf{t_{1/2} = \frac{3}{2\ x\ k\ x\ [A]^2_{Inicial}}}}$$ (Equação do tempo de meia-vida para cinética de terceira ordem)

Questão 81

Equação química: $A_{(gás)} \rightarrow$ produtos.

Para a reação química 1: $k_1 = A_1\ x\ e^{\left(\frac{-E_{at_1}}{R\ x\ T}\right)}$ (Equação 1)

Para a reação química 2: $k_2 = A_2\ x\ e^{\left(\frac{-E_{at_2}}{R\ x\ T}\right)}$ (Equação 2)

Dividindo a equação 1 pela equação 2: $\frac{k_1}{k_2} = \frac{A_1\ x\ e^{\left(\frac{-E_{at_1}}{R\ x\ T}\right)}}{A_2\ x\ e^{\left(\frac{-E_{at_2}}{R\ x\ T}\right)}}$. Desenvolvendo a equação de forma matemática: $\frac{k_1}{k_2} = \frac{\cancel{A_1}\ x\ e^{\left(\frac{-E_{at_1}}{R\ x\ T}\right)}}{\cancel{A_2}\ x\ e^{\left(\frac{-E_{at_2}}{R\ x\ T}\right)}}$

$$\frac{k_1}{k_2} = e^{\left(\frac{-E_{at_1}}{R\ x\ T}\right)-\left(\frac{-E_{at_2}}{R\ x\ T}\right)}$$

$$\frac{k_1}{k_2} = e^{\left(\frac{E_{at_2}-E_{at_1}}{R\ x\ T}\right)}$$

$$\frac{k_1}{k_2} = e^{\left(\frac{33200}{8,314\ x\ 600}\right)} = e^{\left(\frac{33200}{4988,4}\right)} = e^{(+6,65)} = 772,78$$

Questão 82

Sabendo que o decaimento radioativo é característico de uma reação com cinética de primeira ordem. Informação do problema: $[C^{14}]_{Final} = 0,62\ x\ [C^{14}]_{Inicial}$

Cálculo do tempo de meia-vida: $\lambda = \frac{\ln 2}{t_{1/2}} = \frac{0{,}693}{5730\ \text{aanos}} = 1{,}21 \times 10^{-4}\ \text{anos}^{-1}$

Substituindo-se na forma integrada da lei cinética de primeira ordem:

$$\ln\left(\frac{0{,}62 \times \cancel{[C^{14}]_{\text{Inicial}}}}{\cancel{[C^{14}]_{\text{Inicial}}}}\right) = -\lambda \times \text{idade}$$

$$\ln(0{,}62) = -(1{,}21 \times 10^{-4}) \times \text{idade}$$

$$\text{Idade} = \frac{\ln(0{,}62)}{-1{,}21 \times 10^{-4}} = \frac{-0{,}478}{-1{,}21 \times 10^{-4}} = 3950\ \text{anos}$$

Questão 83

Equação química gasosa: $A_{(gás)} \longrightarrow$ Produtos

Informação do problema: $[A]_{\text{Final}} = (1 - 0{,}36) \times [A]_{\text{Inicial}}$

Cálculo da velocidade específica (k), a partir da cinética de primeira ordem:

$$\ln\left(\frac{0{,}64 \times \cancel{[A]_{\text{Inicial}}}}{\cancel{[A]_{\text{Inicial}}}}\right) = -k \times 53$$

$$k = \frac{\ln(0{,}64)}{-53} = \frac{-0{,}446}{-53} = 8{,}41 \times 10^{-3}\ \text{min}^{-1}$$

Questão 84

A regra de Van't Hoff para o estudo da cinética química afirma que a cada variação positiva de 10°C, a velocidade da reação química duplica.

Situação I: $v_{\text{reação}_1} = k \times [A] \times [B]$ T = 10°C

Situação II: $v_{\text{reação}_2} = k \times [A] \times [B]$ T = 60°C

Cálculo da variação da temperatura: ΔT = 60°C – 10°C = 50°C

$$x = \frac{50°C}{10°C} = 5$$

Velocidade:

$$v_{\text{reação}_1} = 2^5 \times v_{\text{reação}_2}$$
$$v_{\text{reação}_1} = 32 \times v_{\text{reação}_2}$$

Questão 85

Para o cálculo da energia de ativação global do sistema apresentado pela questão, a fórmula para tal procedimento está apresentada logo a seguir: $E_{at_{global}} = \frac{\sum k_i \times E_{at}}{\sum k_i}$, ou seja, trata-se da razão do somatório da constante cinética pela energia de ativação pelo somatório da constante cinética.

Então, o cálculo vai ficar da seguinte forma: $\boxed{E_{at_{global}} = \frac{(k_1 \times E_{at_1}) + (k_2 \times E_{at_2})}{(k_1 + k_2)}}$. Colocando os dados fornecidos pelo problema na equação matemática, temos:

$$E_{at_{global}} = \frac{(1{,}20 \times 10^{-2} \times 180) + (3{,}0 \times 10^{-2} \times 200)}{(1{,}20 \times 10^{-2} + 3{,}0 \times 10^{-2})} = 194{,}28\ \text{kJ} \times \text{mol}^{-1}$$

Questão 86

Dados do problema: $\frac{k_1}{k_2} = \frac{10}{25}$ (Equação 1) e $\frac{k_1}{k_3} = \frac{10}{15}$ (Equação 1).

Isolando a constante cinética k_1 na equação 1, temos: $k_1 = \frac{10}{25} \times k_2 = 0{,}40 \times k_2$

Colocando em função de k_2: $k_2 = 2{,}50 \times k_1$

Isolando a constante cinética k_1 na equação 2, temos: $k_1 = \frac{10}{15} \times k_3 = 0{,}67 \times k_3$. Colocando em função de k_3: $k_3 = 1{,}50 \times k_1$

Sabendo que para um processo cinético em paralelo é dado por:

$$\boxed{E_{at_{global}} = \frac{(k_1 \times E_{at_1}) + (k_2 \times E_{at_2})}{k_1 + k_2}}$$

$$E_{at_{global}} = \frac{(k_1 \times 150) + (2{,}50 \times k_1 \times 80) + (1{,}50 \times k_1 \times 30)}{(k_1 + 2{,}50 \times k_1 + 1{,}50 \times k_1)}$$

$$E_{at_{global}} = \frac{150 \times k_1 + 200 \times k_1 + 45 \times k_1}{5{,}00 \times k_1}$$

$$E_{at_{global}} = \frac{395 \times \cancel{k_1}}{5{,}00 \times \cancel{k_1}} = 79 \frac{kJ}{mol}$$

Questão 87

(GRILLO) Equação química de decomposição da amônia com a presença do catalisador metálico: $NH_{3(gás)} \overset{W_{(sólido)}}{\rightleftarrows} \frac{1}{2}N_{2(gás)} + \frac{3}{2}H_{2(gás)}$

Item a) Equação da velocidade da reação: $v_{reação} = k \times [NH_3]^0 = k$. Essa equação explica que a velocidade da reação é diretamente proporcional da constante cinética.

Item b) Valor da constante cinética (k): $v_{reação} = k \times [NH_3]^0$

$k = 4{,}25 \times 10^{-3} \frac{mol}{L \times min}$

Item c) Unidade da constante cinética (k): $\left[\frac{mol}{L \times min}\right]$

Item d) Para qualquer valor fornecido pelo problema da concentração da quantidade de matéria da amônia, o valor da constante cinética será a mesma, ou seja: $k = 4{,}25 \times 10^{-3} \frac{mol}{L \times min}$.

Questão 88

(GRILLO) Cálculo do tempo de meia-vida para um processo com cinética de primeira ordem: $t_{1/2} = \frac{\ln 2}{k} = \frac{\ln 2}{2{,}66 \times 10^{-3}} = 260{,}53\ min$

Cálculo da pressão no estado final em um tempo de 1 hora e 10 minutos (70 minutos), também considerando que a cinética é de primeira ordem:

$$\ln\left(\frac{P_A^{Final}}{450}\right) = -\frac{2{,}66 \times 10^{-3}}{min} \times 70\ min$$

$$\left(\frac{P_A^{Final}}{450}\right) = \underbrace{e^{(-0,1862)}}_{0,830}$$

$$P_A^{Final} = 0,830 \text{ x } 450 \text{ torr} = 373,50 \text{ torr}$$

Questão 89

Equação química: $A_{(gás)} \rightarrow B_{(gás)} + C_{(gás)}$

Cálculo da constante cinética sabendo que a reação apresenta cinética de primeira ordem, sabendo que a decomposição corresponde a 50%, restando 50%: $[A]_{FINAL} = 0,50 \text{ x } [A]_{INICIAL}$

$$\ln\left(\frac{0,50 \text{ x } \cancel{[A]_{inicial}}}{\cancel{[A]_{inicial}}}\right) = -k \text{ x } 120$$

$$k = \frac{\ln(0,50)}{-120} = 0,00577 \text{ s}^{-1}$$

Item a) Como a temperatura é a mesma, ou seja, 20°C, a constante cinética será a mesma, não importando o quanto foi decomposto. Para uma decomposição de 90%, resta 10%, logo:

$[A]_{FINAL} = 0,10 \text{ x } [A]_{INICIAL}$

Cálculo do tempo: $\ln\left(\frac{0,10 \text{ x } \cancel{[A]_{inicial}}}{\cancel{[A]_{inicial}}}\right) = -0,00577 \text{ x tempo}$

$$\text{tempo} = \frac{\ln(0,10)}{-0,00577} = 399,06 \text{ s}$$

Item b) Dados do problema: $k_1 \longrightarrow 20°C$; $k_2 = 3 \text{ x } k_1 \longrightarrow 50°C$

Aplicando a equação de Arrhenius: $\ln\left(\frac{k}{3 \text{ x } k}\right) = \frac{E_{at}}{8,314} \text{ x } \left\{\frac{1}{(50+273)} - \frac{1}{(20+273)}\right\}$

$$\ln(0,33) = \frac{E_{at}}{8,314} \text{ x } \{-3,17 \text{ x } 10^{-4}\}$$

$$E_{at} = \frac{\ln(0,33) \text{ x } 8,314}{\{-3,17 \text{ x } 10^{-4}\}} = 29077 \frac{J}{mol}$$

Questão 90

A primeira equação química (reversível) é a etapa mais rápida enquanto a segunda equação química apresentada abaixo é a etapa lenta. Sendo a segunda equação a etapa lenta, a equação da velocidade será expressa da seguinte maneira: $v_{reação} = k_2 \text{ x } [N_2O_2] \text{ x } [H_2]$

Entre a etapa rápida e a lenta, o $[N_2O_2]$ é o agente intermediário.

Método de aproximação do estado estacionário para o intermediário:

$$\frac{d[N_2O_2]}{dt} = +k_1 \text{ x } [NO]^2 - k_{-1} \text{ x } [N_2O_2] - k_2 \text{ x } [N_2O_2] \text{ x } [H_2]$$

Sabendo que a concentração da quantidade de matéria do agente intermediário é muito pequena, a derivada de qualquer número é igual a zero, logo: $\frac{d[N_2O_2]}{dt} = 0$.

$$\frac{d[N_2O_2]}{dt} = +k_1 \text{ x } [NO]^2 - k_{-1} \text{ x } [N_2O_2] - k_2 \text{ x } [N_2O_2] \text{ x } [H_2]$$

$$0 = +k_1 \text{ x } [NO]^2 - k_{-1} \text{ x } [N_2O_2] - k_2 \text{ x } [N_2O_2] \text{ x } [H_2]$$

Isolando a concentração de N_2O_2, temos: $[N_2O_2] = \frac{k_1 \text{ x } [NO]^2}{k_{-1} + [H_2]}$.

Substituindo na equação da velocidade da reação a expressão da concentração da quantidade de matéria do N_2O_2, temos:

$$v_{reação} = k_2 \text{ x } [N_2O_2] \text{ x } [H_2]$$

$$\boxed{v_{reação} = k_2 \text{ x } \frac{k_1 \text{ x } [NO]^2}{k_{-1} + [H_2]} \text{ x } [H_2]}$$

Questão 91

Item a) A reação química somente foi observada pelo fato de o sulfato de manganês sólido funcionar como um catalisador.

Item b) As equações químicas estão apresentadas a seguir:

$$2KMnO_4 + 3H_2SO_4 + 5H_2C_2O_4 \rightarrow K_2SO_4 + 2MnSO_4 + 10CO_2 + 8H_2O$$

$$2MnO_4^- + 6H^+ + 5H_2C_2O_4 \rightarrow 2Mn^+ + 10CO_2 + 8H_2O$$

Questão 92

Equação química: $C_2H_{2(gás)} + 2H_{2(gás)} \rightarrow C_2H_{6(gás)}$

Item a) Cálculo da velocidade média no intervalo entre quatro e seis minutos:

$$V_{média}^{reação} = -\frac{d[C_2H_{2(g)}]}{dt} = -\frac{1}{2} \text{x} \frac{d[H_{2(g)}]}{dt} = +\frac{d[C_2H_{6(g)}]}{dt}$$

$$V_{média}^{reação} = -\frac{35 - 38}{6 - 4} = -\frac{1}{2} \text{x} \frac{30 - 36}{6 - 4} = +\frac{15 - 12}{6 - 4} = 1{,}50 \frac{mol}{L \text{ x } min}$$

Item b) Relação entre a velocidade de consumo do acetileno com a velocidade de consumo do gás hidrogênio: $-\underbrace{\frac{d[C_2H_{2(g)}]}{dt}}_{v_{C_2H_2}} = -\frac{1}{2} \text{x} \underbrace{\frac{d[H_{2(g)}]}{dt}}_{v_{H_2}}$

$$-v_{C_2H_{2(g)}} = -\frac{1}{2} \text{x } v_{H_2}$$

$$v_{H_{2(g)}} = 2 \text{ x } v_{C_2H_2}$$

Item c) O efeito da constante cinética com a temperatura pode ser explicado a partir da equação de Arrhenius $k = A \text{ x } e^{-\frac{E_{at}}{R \text{ x } T}}$. Aplicando a função logarítmica, temos: $\ln k = \ln\left\{A \text{ x } e^{-\frac{E_{at}}{R \text{ x } T}}\right\}$

$$\ln k = \ln A - \frac{E_{at}}{R \text{ x } T}$$

Plotando um gráfico lnk versus o inverso da temperatura (1/T), o gráfico vai apresentar a seguinte característica apresentada logo abaixo:

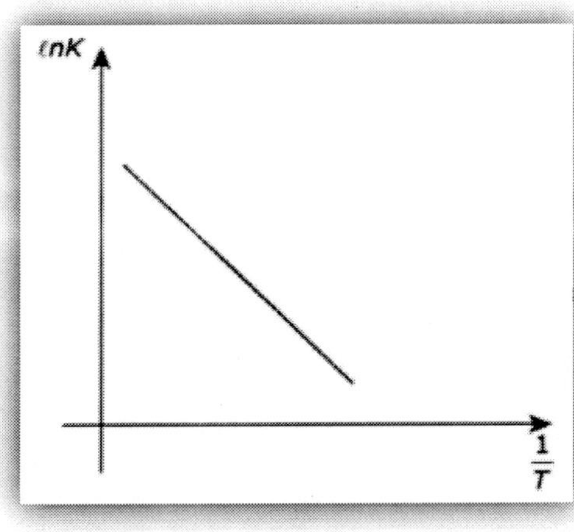

Questão 93

Equação química: $A_{(gás)} \rightarrow \text{Produtos gasosos.}$

Equação matemática derivada para uma cinética de terceira ordem: $-\frac{d[A]}{dt} = k \times [A]^3$

Desenvolvendo a equação matemática acima: $\frac{d[A]}{[A]^3} = -k \times dt$

$$[A]^{-3} \times d[A] = -k \times dt$$

$$\int_{[A]_{inicial}}^{[A]_{final}} [A]^{-3} \times d[A] = -\int_0^{tempo} k \times dt$$

$$\frac{[A]^{-3+1}}{-3+1}\Bigg|_{[A]_{inicial}}^{[A]_{final}} = -k \times t|_0^t$$

$$\frac{[A]^{-2}}{-2}\Bigg|_{[A]_{inicial}}^{[A]_{final}} = -k \times t|_0^t$$

$$-\frac{1}{2} \times \left\{\frac{1}{[A]_{final}^2} - \frac{1}{[A]_{inicial}^2}\right\} = -k \times tempo$$

$$\boxed{\frac{1}{2} \times \left\{\frac{1}{[A]_{final}^2} - \frac{1}{[A]_{inicial}^2}\right\} = k \times tempo}$$

Substituindo os valores do enunciado na equação apresentada acima, temos:

$$\frac{1}{2} \times \left\{\frac{1}{(0{,}06)^2} - \frac{1}{(0{,}6)^2}\right\} = 3{,}0 \times 10^{-4} \times tempo$$

$$tempo = \frac{275}{6{,}0 \times 10^{-4}} = 4583333{,}33\ \text{s} \times \frac{1\ \text{h}}{3600\ \text{s}} \times \frac{1\ \text{dia}}{24\ \text{h}} = 53{,}05\ \text{dias}$$

Questão 94

(GRILLO) Conforme a equação apresentada na questão 93, temos:

$$\boxed{\frac{1}{2} x \left\{\frac{1}{[A]^2_{final}} - \frac{1}{[A]^2_{inicial}}\right\} = k \text{ x tempo}}$$

Substituindo os valores do enunciado: $\frac{1}{2} x \left\{\frac{1}{(0,023)^2} - \frac{1}{(0,080)^2}\right\} = 2,0 \text{ x } 10^{-4} \text{ x tempo}$

$$1890,36 - 156,25 = 4,0 \text{ x } 10^{-4} \text{ x tempo}$$

$$\text{tempo} = \frac{1734,11}{4,0 \text{ x } 10^{-4}} = 4335275 \text{ s x} \frac{1 \text{ h}}{3600 \text{ s}} \text{ x} \frac{1 \text{ dia}}{24 \text{ h}} = 50,17 \text{ dias}$$

Dedução da expressão do tempo de meia-vida para uma cinética de terceira ordem: $[A]_{Inicial} \overset{t_{1/2}}{\rightleftarrows} \frac{[A]_{Inicial}}{2}$

$$\frac{1}{2} x \left\{\frac{1}{\left(\frac{[A]_{Inicial}}{2}\right)^2} - \frac{1}{[A]^2_{inicial}}\right\} = k \text{ x } t_{1/2}$$

$$\frac{4}{[A]^2_{inicial}} - \frac{1}{[A]^2_{inicial}} = 2 \text{ x k x } t_{1/2}$$

$$\boxed{t_{1/2} = \frac{3}{2 \text{ x k x } [A]^2_{inicial}}}$$

Cálculo do tempo de meia-vida: $t_{1/2} = \frac{3}{2 \text{ x k x } [A]^2_{inicial}}$

$$t_{\frac{1}{2}} = \frac{3}{2 \text{ x } 2,0 \text{ x } 10^{-4} \text{ x } (0,080)^2} = 1171875 \text{ s x} \frac{1 \text{ h}}{3600 \text{ s}} \text{x} \frac{1 \text{ dia}}{24 \text{ h}} = 13,56 \text{ dias}$$

Questão 95

Primeiramente analisaremos o mecanismo II que é bastante direto. Como se trata de uma reação elementar, a equação da velocidade é dada pela seguinte expressão: $v_{reação} = k \text{ x } [NH_2NO_2]^1$. Diante da equação fornecida pelo problema, o mecanismo II não condiz com a lei de velocidade sugerida pelo problema.

Analisando o mecanismo III: Apresentando as equações químicas apresentadas pelo enunciado, $NH_2NO_2 + H_3O^+ \rightleftharpoons NH_3NO_2^+ + H_2O$ (equilíbrio rápido) e $NH_3NO_2^+ \rightarrow N_2O + H_3O^+$ (etapa lenta), o $[NH_3NO_2^+]$ é o intermediário, por isso realizando o estudo do estado estacionário em função do próprio intermediário temos:

$$\frac{d[NH_3NO_2^+]}{dt} = + k_a \text{ x } [NH_2NO_2] \text{ x } [H_3O^+] - k_b \text{ x } [NH_3NO_2^+] \text{ x } [H_2O] - k_c \text{ x } [NH_3NO_2^+]$$

Sabendo que a concentração da quantidade de matéria do intermediário é pequena e sua respectiva derivada é igual a zero, temos:

$$\frac{d[NH_3NO_2^+]}{dt} = + k_a \text{ x } [NH_2NO_2] \text{ x } [H_3O^+] - k_b \text{ x } [NH_3NO_2^+] \text{ x } [H_2O] - k_c \text{ x } [NH_3NO_2^+]$$

$$0 = + k_a \text{ x } [NH_2NO_2] \text{ x } [H_3O^+] - k_b \text{ x } [NH_3NO_2^+] \text{ x } [H_2O] - k_c \text{ x } [NH_3NO_2^+]$$

Isolando a concentração da quantidade de matéria do intermediário:

$$[NH_3NO_2^+] = \frac{k_a \text{ x } [NH_2NO_2] \text{ x } [H_3O^+]}{k_b \text{ x } [H_2O] + k_c}$$

Equação da velocidade do mecanismo III: $v_{reação} = k_c \text{ x } [NH_3NO_2^+]^1$.

Substituindo a expressão da concentração da quantidade de matéria do intermediário na equação da velocidade de reação, temos:
$v_{reação} = k_c \text{ x } [NH_3NO_2^+]^1$

$$v_{reação} = k_c \text{ x } \frac{k_a \text{ x } [NH_2NO_2] \text{ x } [H_3O^+]}{k_b \text{ x } [H_2O] + k_c}$$

Levando em consideração que a concentração da quantidade de matéria do $[H_3O^+]$ é baixa e a atividade da água líquida é igual a 1, a equação da velocidade da reação pode ser reescrita da seguinte maneira: $v_{reação} = k_c \text{ x } \frac{k_a \text{ x } [NH_2NO_2] \text{ x } [H_3O^+]}{k_b \text{ x } [H_2O] + k_c}$

$$v_{reação} = \frac{k_a \text{ x } k_c \text{ x } [NH_2NO_2]}{k_b + k_c}$$

Portanto, para esta lei de velocidade não condiz com o enunciado.

Analisando o mecanismo I: A equação da taxa de velocidade para o mecanismo I é dada pela seguinte equação: $v_{reação} = k_c \text{ x } [NHNO_2^-]^1$. Observando as etapas e concluindo que a concentração de $[NHNO_2^-]$ é o intermediário e realizando o seu estado estacionário, temos:

$$\frac{d[NHNO_2^-]}{dt} = + k_a \text{ x } [NH_2NO_2] \text{ x } [H_2O] - k_b \text{ x } [NHNO_2^-] \text{ x } [H_3O^+] - k_c \text{ x } [NHNO_2^-]$$

Analisando o estado estacionário do intermediário igual a zero, $\frac{d[NHNO_2^-]}{dt} = 0$:

$$\frac{d[NHNO_2^-]}{dt} = + k_a \text{ x } [NH_2NO_2] \text{ x } [H_2O] - k_b \text{ x } [NHNO_2^-] \text{ x } [H_3O^+] - k_c \text{ x } [NHNO_2^-]$$

$$0 = + k_a \text{ x } [NH_2NO_2] \text{ x } [H_2O] - k_b \text{ x } [NHNO_2^-] \text{ x } [H_3O^+] - k_c \text{ x } [NHNO_2^-]$$

Isolando a concentração da quantidade de matéria do intermediário:

$$[NHNO_2^-] = \frac{k_b \text{ x } [NH_2NO_2] \text{ x } [H_2O]}{k_b \text{ x } [H_3O^+] + k_c}$$

Levando em consideração que a concentração da quantidade de matéria do $[H_3O^+]$ é baixa e a atividade da água líquida é igual a 1, a equação da velocidade da reação pode ser reescrita da seguinte maneira: $v_{reação} = k_c \text{ x } \frac{k_b \text{ x } [NH_2NO_2] \text{ x } [H_2O]}{k_b \text{ x } [H_3O^+] + k_c}$

$$v_{reação} = \underbrace{\frac{k_b \text{ x } k_c}{k_b + k_c}}_{k'} \text{ x } [NH_2NO_2] = k' \text{ x } [NH_2NO_2]$$

Portanto para esta lei de velocidade condiz com o enunciado.

Questão 96

Cálculo da constante cinética inversa (k_{-1}), a 300 K, utilizando a equação de Arrhenius:

$$k_{-1} = A \text{ x } e^{\left(-\frac{E_{at}}{R \text{ x } T}\right)}$$

$$k_{-1} = 2{,}72 \text{ x } 10^5 \text{ x } e^{\left(-\frac{2490}{8{,}314 \text{ x } 300}\right)}$$

$$k_{-1} = 1{,}0 \text{ x } 10^5 \frac{L}{mol \text{ x } s}$$

Sabendo que a constante de equilíbrio é a razão entre as constantes cinéticas direta e inversa, temos: $K = \frac{k_{direta}}{k_{-1}}$

$$4{,}0 = \frac{k_{direta}}{1{,}0 \text{ x } 10^5}$$

$$k_{direta} = 4{,}0 \text{ x } 10^5 \frac{L}{mol \text{ x } s}$$

Para a determinação da velocidade da reação, será necessário utilizar a tabela de equilíbrio químico.

	$X_{(aquoso)}$ (mol.L^{-1})	$Y_{(aquoso)}$ (mol.L^{-1})	$\rightleftharpoons$	$Z_{(aquoso)}$ (mol.L^{-1})
Início	M	M		0
Reage	0,25M	0,25M		0,25M
Equilíbrio	0,75M	0,75M		0,25M

O problema afirma que no equilíbrio, a concentração da quantidade de matéria (M) do produto Z é igual a 0,50 mol.L^{-1}. Então, para a concentração de Z, temos: $0{,}25 \text{ x } M = 0{,}50$

$$M = \frac{0{,}50}{0{,}25} = 2{,}0 \frac{mol}{L}$$

Cálculo da concentração da quantidade de matéria dos reagentes: $[X]_0 = [Y]_0 = 0{,}75 \text{ x } (2 \text{ mol.L}^{-1}) = 1{,}50 \text{ mol.L}^{-1}$

Cálculo da velocidade da reação direta: $v = k \text{ x } [X_0] \text{ x } [Y_0] = 4{,}0 \text{ x } 10^5 \text{ x } 1{,}50 \text{ x } 1{,}50 = 9{,}0 \text{ x } 10^5 \text{ mol.L}^{-1}.s^{-1}$

Questão 97

Equação química gasosa: $A_{(gás)} \rightarrow P_{(gás)}$

Item a) Analisando para uma cinética de ordem zero: $v_{reação} = k \text{ x } [A]^0$

$v_{reação} = k$

$$k = \frac{mol}{L \text{ x } h}$$

Item b) Analisando para uma cinética de primeira ordem: $v_{reação} = k \text{ x } [A]^1$

$$k = \frac{v_{reação}}{[A]} = \frac{\frac{mol}{L \text{ x } h}}{\frac{mol}{L}} = h^{-1}$$

Item c) Analisando para uma cinética de segunda ordem: $v_{reação} = k \text{ x } [A]^2$

$$k = \frac{v_{reação}}{[A]^2} = \frac{\frac{mol}{L \text{ x } h}}{\frac{mol^2}{L^2}} = \frac{L}{mol \text{ x } h}$$

Item d) Analisando para uma cinética de terceira ordem: $v_{reação} = k \text{ x } [A]^3$

$$k = \frac{v_{reação}}{[A]^2} = \frac{\frac{mol}{L \text{ x } h}}{\frac{mol^3}{L^3}} = \frac{L^2}{mol^2 \text{ x } h}$$

Questão 98

Equação química: $2NO_{2(gás)} \rightarrow 2NO_{(gás)} + O_{2(gás)}$

Item a) Determinação da velocidade da reação:

$$v_{reação} = -\frac{1}{2}x\frac{d[NO_2]}{dt} = +\frac{1}{2}x\frac{d[NO]}{dt} = +\frac{d[O_2]}{dt}$$

$$v_{reação} = 3{,}25 \text{ x } 10^{-3}\,\frac{mol}{L \text{ x } s}$$

Item b) Determinação da velocidade de formação do óxido nítrico e do oxigênio molecular:

$$v_{reação} = -\frac{1}{2}x\frac{d[NO_2]}{dt} = +\frac{1}{2}x\frac{d[NO]}{dt} = +\frac{d[O_2]}{dt}$$

$$-\frac{1}{2} \text{ x } 6{,}50 \text{ x } 10^{-3} = +\frac{1}{2}x\frac{d[NO]}{dt} = +\frac{d[O_2]}{dt}$$

$$\frac{d[NO]}{dt} = +\ 6{,}50 \text{ x } 10^{-3}\,\frac{mol}{L \text{ x } s}$$

$$\frac{d[O_2]}{dt} = +\ 3{,}25 \text{ x } 10^{-3}\,\frac{mol}{L \text{ x } s}$$

Questão 99

(GRILLO) Cálculo da energia de reação para a seguinte equação química: $P_{(gás)} \longrightarrow A_{(gás)}$.

$$E_{at} = 64 + 32 = 96\,\frac{kJ}{mol}$$

Questão 100

Item a) Equação nuclear: ${}^{131}_{53}I \rightarrow {}^{0}_{-1}\beta + {}^{131}_{54}X$

Item b) Cálculo do tempo de meia-vida em dias: $t_{1/2} = \frac{\ln 2}{\lambda} = \frac{0{,}693}{9{,}93 \text{ x } 10^{-7}}x\frac{1 \text{ h}}{3600 \text{ s}}x\frac{1 \text{ dia}}{24 \text{ h}} = 8{,}08 \text{ dias}$

Item c) Cálculo do tempo em dias, a partir da aplicação da equação matemática para uma cinética de primeira ordem: $[I]_{Final} = 0{,}30 \text{ x } [I]_{Inicial}$

$$\ln\left\{\frac{0{,}30 \text{ x } \cancel{[I]_{Inicial}}}{\cancel{[I]_{Inicial}}}\right\} = -9{,}93 \text{ x } 10^{-7} \text{ x tempo}$$

$$tempo = \frac{\ln(0{,}30)}{-9{,}93 \text{ x } 10^{-7}} = 1{,}21 \text{ x } 10^{+6}\ \cancel{s}\ x\frac{1\ \cancel{h}}{3600\ \cancel{s}}x\frac{1 \text{ dia}}{24\ \cancel{h}} = 14{,}03 \text{ dias}$$

Questão 101

Item i) Utilizando a equação de Arrhenius: $\ln\left(\frac{1{,}29 \text{ x } 10^{-4}}{2{,}50 \text{ x } 10^{-4}}\right) = \frac{E_{at}}{8{,}314}x\left(\frac{1}{313} - \frac{1}{298}\right)$

$$E_{at} = \frac{8{,}314 \text{ x} \ln(0{,}516)}{-\ 1{,}60 \text{ x } 10^{-4}} = 34206{,}35\,\frac{J}{mol}$$

Item ii) Sabendo que a unidade da constante cinética é de mol x dm^{-3} x s, o que corresponde à cinética de primeira ordem.

Questão 102

Equação química: $N_2O_{4(gás)} \rightleftarrows 2NO_{2(gás)}$. Decomposição de 20%, restando 80%; $[N_2O_4]_{Final} = 0{,}80 \text{ x } [N_2O_4]_{Inicial}$

Cálculo do tempo, levando em consideração que o processo cinético seja de primeira ordem:

$$\ln\left(\frac{0{,}80 \text{ x } \cancel{[A]_{inicial}}}{\cancel{[A]_{inicial}}}\right) = -5{,}30 \text{ x } 10^{4} \text{ x tempo}$$

$$\text{tempo} = \frac{\ln(0{,}80)}{-5{,}30 \text{ x } 10^{4}} = 4{,}21 \text{ x } 10^{-6} \text{ s}$$

Questão 103

Equação química reversível: $2NO_{2(gás)} \rightleftarrows N_2O_{4(gás)}$

Pela definição do equilíbrio químico, temos:

$$K_c = \frac{k_{direta}}{k_{inversa}} = \frac{\text{cinética de segunda ordem}}{\text{cinética de primeira ordem}}$$

$$K_c = \frac{9{,}80 \text{ x } 10^{6}}{5{,}30 \text{ x } 10^{4}}$$

$$K_c = 184{,}90$$

Questão 104

Estudando a relação do intermediário em função com o tempo: $\frac{d[SO_3.2H_2O]}{dt} = k_1.[SO_3].[H_2O]^2 - k_{-1}.[SO_3.2H_2O] - k_2.[SO_3.2H_2O]$

Sabendo que o intermediário atua de forma rápida e sua concentração da quantidade de matéria é pequena, sua derivada é igual a zero.

$$0 = k_1.[SO_3].[H_2O]^2 - k_{-1}.[SO_3.2H_2O] - k_2.[SO_3.2H_2O]$$

$$k_{-1}.[SO_3.2H_2O] + k_2.[SO_3.2H_2O] = k_1.[SO_3].[H_2O]^2$$

Isolando a concentração da quantidade de matéria do intermediário, temos: $[SO_3.2H_2O] = \frac{k_1.[SO_3].[H_2O]^2}{(k_{-1}+k_2)}$

Equação da velocidade: $v_{reação} = k_2.[SO_3.2H_2O]$

$$v_{reação} = k_2.\frac{k_1.[SO_3].[H_2O]^2}{(k_{-1}+k_2)}$$

Questão 105

Para a resolução deste problema será necessário utilizar a equação de Arrhenius para a determinação da energia de ativação:

$$\ln\left(\frac{6{,}09 \text{ x } 10^{-5}}{2{,}74 \text{ x } 10^{-3}}\right) = \frac{E_{at}}{8{,}314} \text{x} \left\{\frac{1}{602} - \frac{1}{552{,}3}\right\}$$

$$E_{at} = 2{,}12 \text{ x } 10^{+5} \frac{J}{mol}$$

Cálculo do fator de frequência (A) à T = 552,3 K: $k = A \text{ x } e^{-\left(\frac{E_{at}}{R \text{ x } T}\right)}$

$$6{,}09 \text{ x } 10^{-5} = A \text{ x } e^{-\left(\frac{2{,}12 \text{ x } 10^{+5}}{8{,}314 \text{ x } 552{,}3}\right)}$$

$$A = \frac{6{,}09 \text{ x } 10^{-5}}{e^{-(46{,}11)}} = 6{,}43 \text{ x } 10^{+15} \text{ min}^{-1}$$

Questão 106

A reação reversível é a etapa rápida enquanto a segunda equação química corresponde a etapa lenta. Através do mecanismo apresentado o oxigênio atômico, [O], é o agente intermediário. Com isso, o estudo da derivada do estado intermediário é representado pela seguinte expressão:

$$\frac{d[O]}{dt} = +k_1 \text{ x } [O_3] - k_{-1} \text{ x } [O_2] \text{ x } [O] - k_2 \text{ x } [O] \text{ x } [O_3]$$

Sabendo que a concentração da quantidade de matéria do intermediário é pequena e sua derivada é igual a zero, $\frac{d[O]}{dt} = 0$, temos:

$$0 = +k_1 \text{ x } [O_3] - k_{-1} \text{ x } [O_2] \text{ x } [O] - k_2 \text{ x } [O] \text{ x } [O_3]$$

$$k_{-1} \text{ x } [O_2] \text{ x } [O] + k_2 \text{ x } [O] \text{ x } [O_3] = +k_1 \text{ x } [O_3]$$

$$[O] \text{ x } \{k_{-1} \text{ x } [O_2] + k_2 \text{ x } [O_3]\} = +k_1 \text{ x } [O_3]$$

$$[O] = \frac{+k_1 \text{ x } [O_3]}{k_{-1} \text{ x } [O_2] + k_2 \text{ x } [O_3]}$$

Equação da velocidade: $v_{reação} = k_2 \text{ x } [O] \text{ x } [O_3]$

Substituindo a concentração da quantidade de matéria do intermediário na equação da velocidade da reação: $v_{reação} = k_2 \text{ x } [O] \text{ x } [O_3]$

$$\boxed{v_{reação} = \frac{+k_1 \text{ x } k_2 \text{ x } [O_3]^2}{k_{-1} \text{ x } [O_2] + k_2 \text{ x } [O_3]}}$$

Questão 107

Informação do problema: $[A]_{Final} = 0{,}339 \text{ x } [A]_{inicial}$

$$\ln\left(\frac{0{,}339 \text{ x } \cancel{[A]_{inicial}}}{\cancel{[A]_{inicinal}}}\right) = -k \text{ x } 53$$

$$k = \frac{\ln(0{,}339)}{-53} = 2{,}04 \text{ x } 10^{-2} \text{ min}^{-1}$$

Questão 108

Para a resolução deste problema será necessário utilizar a equação de Arrhenius para o cálculo da temperatura (T_2).

$$\ln\left(\frac{4{,}60 \text{ x } 10^{-3}}{8{,}70 \text{ x } 10^{-3}}\right) = \frac{100000}{8{,}314} \text{ x } \left\{\frac{1}{T_2} - \frac{1}{598}\right\}$$

$$\frac{1}{T_2} = 1{,}62 \text{ x } 10^{-3}$$

$$T_2 = 617{,}57 \text{ K}$$

Questão 109

À 650°C, a velocidade de decomposição de uma amostra gasosa, inicialmente à pressão de 250 bar é igual a 1,07 bar/min, quando 5,0% reagiram e 0,76 bar/min quando 20% reagiram. A partir das informações apresentadas, calcule a ordem de reação.

Resolução: Equação química: $A_{(gás)} \longrightarrow$ produtos gasosos

Analisando a primeira condição: $v_{reação} = k \text{ x } [A]^y$

$1{,}07 = \mathrm{k\,x}\,(0{,}95)^{y}$ (Equação 1)

Analisando a segunda condição: $v_{reação} = \mathrm{k\,x}\,[A]^{y}$

$0{,}76 = \mathrm{k\,x}\,(0{,}80)^{y}$ (Equação 2)

Dividindo a equação 1 pela equação 2, temos: $\frac{1{,}07}{0{,}76} = \frac{\mathrm{k\,x}\,(0{,}95)^{y}}{\mathrm{k\,x}\,(0{,}80)^{y}}$

$1{,}41 = (1{,}1875)^{y}$

Aplicando o logaritmo decimal, temos: $\log 1{,}41 = \log(1{,}1875)^{y}$

$y \cong 2{,}0$

Questão 110

Equação química: $A_{(gás)} \longrightarrow$ Produtos Gasosos.

Cálculo da velocidade específica a 20°C: $\ln\left(\frac{0{,}20\ \mathrm{x}\ \cancel{[A]_{inicial}}}{\cancel{[A]_{inicial}}}\right) = -15\ \mathrm{x\,k}$

$$k = \frac{\ln(0{,}20)}{-15} = 0{,}107\ \mathrm{min^{-1}}$$

Cálculo da velocidade específica a 60°C: $\ln\left(\frac{0{,}20\ \mathrm{x}\ \cancel{[A]_{inicial}}}{\cancel{[A]_{inicial}}}\right) = -3\ \mathrm{x\,k}$

$$k = \frac{\ln(0{,}20)}{-3} = 0{,}536\ \mathrm{min^{-1}}$$

Cálculo da energia de ativação: $\ln\left(\frac{0{,}107}{0{,}536}\right) = \frac{E_{at}}{8{,}314}\mathrm{x}\left\{\frac{1}{333} - \frac{1}{373}\right\}$

$$E_{at} = 69814{,}63\frac{\mathrm{J}}{\mathrm{mol}}$$

Questão 111

Para este caso, linearizações serão realizadas para a determinação da ordem de reação, conforme a seguinte relação matemática: $-\frac{d[A]}{dt} = \mathrm{k\,x}\,[A]^{0}$

$$\boxed{-\frac{d[A]}{dt} = k}$$ (Equação diferencial para a cinética de ordem zero)

Desenvolvendo a equação diferencial acima em negrito, temos: $-\frac{d[A]}{dt} = k$

$$\int d[A] = -\int \mathrm{k\,x\,dT}$$

$$\int_{[A]_{inicial}}^{[A]_{final}} d[A] = -\int_{t_{inicial}}^{t_{final}} dt$$

$[A]_{final} - [A]_{inicial} = -\mathrm{k\,x}\,(t_{final} - t_{inicial})$. Sendo o tempo inicial igual a zero, temos:

$$\boxed{[A]_{final} = [A]_{inicial} - \mathrm{k\,x\,t}}$$

Através desta equação, é possível plotar um gráfico para uma reação de ordem zero:

$$\underbrace{[A]_{final}}_{y} = \underbrace{[A]_{inicial}}_{a} - \underbrace{k}_{b}\ \mathrm{x}\ \underbrace{t}_{x}$$

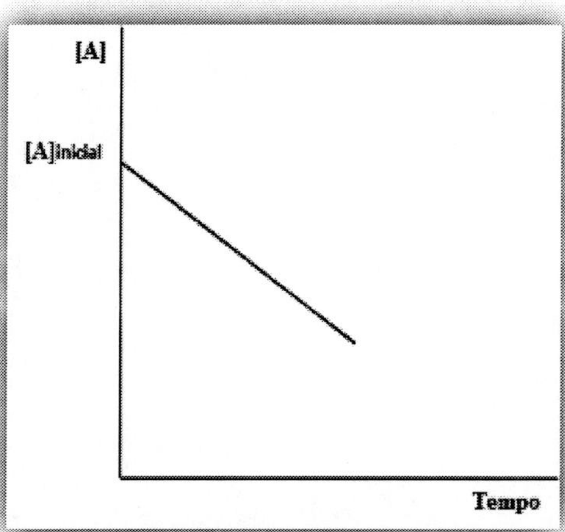

A unidade da velocidade específica ou também conhecida como constante da velocidade para um processo cinético de ordem zero levando em consideração que a concentração da quantidade de matéria do reagente seja $\frac{\text{mol}}{\text{dm}^3 \text{ x s}}$ e o tempo dado em segundos (s), logo sua unidade é $\frac{\text{mol}}{\text{dm}^3 \text{ x s}}$.

Questão 112

Para um processo radioativo, a cinética a ser utilizada para este caso trata-se da primeira ordem. É necessário que seja calculada a velocidade específica (k), a partir do tempo de meia-vida,

$$\text{k} = \frac{0{,}693}{21} = 0{,}033 \text{ min}^{-1}$$

Cálculo da massa após 1 h e 31 min, o que corresponde a 91 minutos.

$$\ln \frac{\text{m}_{\text{C}_{11}}^{\text{final}}}{1{,}10} = -0{,}033 \text{ min}^{-1} \text{ x } 91 \text{ min}$$

$$\frac{\text{m}_{\text{C}_{11}}^{\text{final}}}{1{,}10} = \text{e}^{=-3{,}003}$$

$$\text{m}_{\text{C}_{11}}^{\text{final}} = 5{,}46 \text{ x } 10^{-2} \text{ g}$$

Questão 113

Alternativa B.

Cálculo da constante radioativa a partir do tempo de meia-vida para um processo cinético de primeira ordem: $\lambda = \frac{\ln 2}{32500}$

$$\ln \frac{\text{m}_{\text{final}}}{376{,}15} = -\frac{\ln 2}{32500} \text{ x } 325000$$

$$\ln \frac{\text{m}_{\text{final}}}{376{,}15} = -0{,}693 \text{ x } 10$$

$$\text{m}_{\text{final}} = 0{,}368 \text{ g}$$

Questão 114

(PROGRAMA DE PÓS-GRADUAÇÃO PARA MESTRADO & DOUTORADO – UNIVERSIDADE FEDERAL DO CEARÁ)

Equação da velocidade para o processo em questão: $v_{reação} = k_3 \text{ x } [B] \text{ x } [C]$. Analisando a cinética química do processo apresentado a partir da espécie intermediária.

$$\frac{d[B]}{dt} = k_1 \text{ x } [A_2] - k_2 \text{ x } [B]^2 - k_3 \text{ x } [B] \text{ x } [C]$$

Como a concentração do intermediário [B] é praticamente constante ao longo do processo, temos: $\frac{d[B]}{dt} = 0$, logo: $\overbrace{\frac{d[B]}{dt}}^{=0} = k_1 \text{ x } [A_2] - k_2 \text{ x } [B]^2 - k_3 \text{ x } [B] \text{ x } [C]$

$$0 = k_1 \text{ x } [A_2] - k_2 \text{ x } [B]^2 - k_3 \text{ x } [B] \text{ x } [C]$$

$$k_2 \text{ x } [B]^2 + k_3 \text{ x } [B] \text{ x } [C] = k_1 \text{ x } [A_2]$$

$$[B] \text{ x } \{k_2 \text{ x } [B] + k_3 \text{ x } [C]\} = k_1 \text{ x } [A_2]$$

$$[B] = \frac{k_1 \text{ x } [A_2]}{k_2 \text{ x } [B] + k_3 \text{ x } [C]}$$

Equação da velocidade em função do produto P: $\frac{d[P]}{dt} = k_3 \text{ x } [B] \text{ x } [C]$

Substituindo a concentração da quantidade de matéria da espécie B na equação da velocidade em função do produto acima, temos:

$$\boxed{\frac{d[P]}{dt} = \frac{k_3 \text{ x } k_1 \text{ x } [A_2] \text{ x } [C]}{k_2 \text{ x } [B] + k_3 \text{ x } [C]}}$$

Questão 115

(GRILLO) Item a) Informação do enunciado do problema: $[R]_{final} = 0{,}35 \text{ x } [R]_{inicial}$

Aplicando a equação da lei de velocidade integrada para cinética de segunda ordem, temos: $\frac{1}{[R]_{final}} = \frac{1}{[R]_{inicial}} + k \text{ x tempo}$

$$\frac{1}{0{,}35 \text{ x } [R]_{inicial}} = \frac{1}{[R]_{inicial}} + 4{,}5 \text{ x } 10^{-3} \text{ x tempo}$$

$$\frac{1}{0{,}35 \text{ x } [R]_{inicial}} - \frac{1}{[R]_{inicial}} = 4{,}5 \text{ x } 10^{-3} \text{ x tempo}$$

$$\frac{1}{0{,}35 \text{ x } 0{,}15} - \frac{1}{0{,}15} = 4{,}5 \text{ x } 10^{-3} \text{ x tempo}$$

$$19{,}05 - 6{,}66 = 4{,}5 \text{ x } 10^{-3} \text{ x tempo}$$

$$\text{tempo} = \frac{12{,}38}{4{,}5 \text{ x } 10^{-3}} = 2751{,}32 \text{ s } (45{,}85 \text{ min})$$

Questão 116

(PROGRAMA DE PÓS-GRADUAÇÃO PARA MESTRADO & DOUTORADO - UNIVERSIDADE FEDERAL DO CEARÁ) Cálculo da velocidade específica sabendo que a cinética para o processo descrito é de primeira ordem.

$$\ln\left(\frac{[\text{amostra}]_{Final}}{[\text{amostra}]_{Inicial}}\right) = -k \text{ x tempo}$$

$$\ln\left(\frac{4,6}{5,0}\right) = -k \text{ x } 15$$

$k = 5,56 \text{ x } 10^{-3}$ meses

Cálculo do prazo sabendo que a degradação corresponde a 20%, sobrando 80%, logo:
$[\text{amostra}]_{\text{Final}} = 0,80 \text{ x } [\text{amostra}]_{\text{Inicial}}$

$$\ln\left(\frac{0,80 \text{ x } [\text{amostra}]_{\text{Inicial}}}{[\text{amostra}]_{\text{Inicial}}}\right) = -k \text{ x tempo}$$

$\ln(0,80) = -\ 5,56 \text{ x } 10^{-3} \text{ x tempo}$
$\text{tempo} \cong 40 \text{ meses}$

Questão 117

(PROGRAMA DE PÓS-GRADUAÇÃO PARA MESTRADO & DOUTORADO – UNIVERSIDADE FEDERAL DO CEARÁ) Uma outra forma de resolver esta questão, que também foi apresentada na questão 69, pode ser observada a seguir. Observe que a etapa 1 apresenta velocidade específica menor em comparação à etapa 2. Diante disso, a etapa representa a etapa lenta. Equação da velocidade relacionado com a etapa lenta: $v_{\text{reação}} = k \text{ x } [NO] \text{ x } [Br_2]$.

A ordem de reação pode ser observada pela unidade da própria velocidade específica, ou seja, $\frac{dm^3}{mol \text{ x } s}$. Para esta unidade a cinética global é de segunda ordem.

Questão 118

(PROGRAMA DE PÓS-GRADUAÇÃO PARA MESTRADO & DOUTORADO – UNIVERSIDADE FEDERAL DO CEARÁ) A energia de ativação é a energia mínima necessária para que os reagentes possam ultrapassar a barreira da instabilidade (complexo ativado) para a formação dos produtos. Para a determinação deste tipo de energia, coube a Arrhenius apresentar sua célebre equação que relaciona a velocidade específica com a temperatura. Informação do problema: $k^{318\,K} = 3 \text{ x } k^{298\,K}$

$$\ln\left(\frac{k^{298\,K}}{k^{318\,K}}\right) = \frac{E_{at}}{R} \text{ x } \left[\left(\frac{1}{318}\right) - \left(\frac{1}{298}\right)\right]$$

$$\ln\left(\frac{\cancel{k^{298\,K}}}{3 \text{ x } \cancel{k^{298\,K}}}\right) = \frac{E_{at}}{8,314} \text{ x } \left[\left(\frac{1}{318}\right) - \left(\frac{1}{298}\right)\right]$$

$$E_{at} = 43278 \frac{J}{mol} \left(43,28 \frac{kJ}{mol}\right)$$

Questão 119

(PROGRAMA DE PÓS-GRADUAÇÃO PARA MESTRADO & DOUTORADO – UNIVERSIDADE FEDERAL DO CEARÁ) A partir da unidade da velocidade específica apresentada pelo enunciado do problema é possível determinar sua ordem de reação. Então, para este exercício específico sendo a unidade como sendo $\left(\frac{L}{mol \text{ x } s}\right)$, a cinética de decomposição do reagente R é de segunda ordem.

Item a) Informação do problema: Ocorrendo um decaimento de 95%, resta 5%, logo: $[R]_{\text{Final}} = 0,05 \text{ x } [R]_{\text{Inicial}}$

A partir da equação cinética de segunda ordem, temos: $\frac{1}{[R]_{\text{Final}}} = \frac{1}{[R]_{\text{Inicial}}} + k \text{ x } t$

$$\frac{1}{0,05 \text{ x } [R]_{\text{Inicial}}} = \frac{1}{[R]_{\text{Inicial}}} + 5,0 \text{ x } 10^{-4} \text{ x } t$$

$$\frac{1}{0,05 \text{ x } [R]_{\text{Inicial}}} = \frac{1}{[R]_{\text{Inicial}}} + 5,0 \text{ x } 10^{-4} \text{ x } t$$

$$\frac{1}{0{,}05 \text{ x } 0{,}15} = \frac{1}{0{,}15} + 5{,}0 \text{ x } 10^{-4} \text{ x t}$$

$$t = \frac{133{,}33 - 6{,}67}{5{,}0 \text{ x } 10^{-4}} = 253333 \text{ s x} \frac{1 \text{ h}}{3600 \text{ s}} = 70{,}37 \text{ h}$$

Item b) Informação do problema: $k^{303\text{ K}} = 5{,}0 \text{ x } 10^{-4} \frac{L}{\text{mol x s}}$ e $k^{313\text{ K}} = 4{,}50 \text{ x } 10^{-3} \frac{L}{\text{mol x s}}$

$$\ln\left(\frac{k^{303\text{ K}}}{k^{313\text{ K}}}\right) = \frac{E_{at}}{R} \text{x} \left[\left(\frac{1}{313}\right) - \left(\frac{1}{303}\right)\right]$$

$$\ln\left(\frac{5{,}0 \text{ x } 10^{-4} \frac{L}{\text{mol x s}}}{4{,}50 \text{ x } 10^{-3} \frac{L}{\text{mol x s}}}\right) = \frac{E_{at}}{8{,}314} \text{x} \left[\left(\frac{1}{313}\right) - \left(\frac{1}{303}\right)\right]$$

$$E_{at} = 1{,}73 \text{ x } 10^{+5} \frac{J}{\text{mol}}$$

Questão 120

(PROGRAMA DE PÓS-GRADUAÇÃO PARA MESTRADO & DOUTORADO – UNIVERSIDADE FEDERAL DO CEARÁ) A partir do enunciado apresentado pelo problema, como o tempo de meia-vida é independente da concentração da quantidade de matéria do peróxido de hidrogênio, o estudo cinético para este caso específico é de primeira ordem. Inicialmente será necessário calcular o item b.

Item b) Cálculo da velocidade específica para uma cinética de primeira ordem: $\ln\left(\frac{[H_2O_2]_{Final}}{[H_2O_2]_{Inicial}}\right) = -k \text{ x tempo}$

A partir dos dados extraídos do gráfico, temos que: $\ln\left(\frac{0{,}050}{0{,}100}\right) = -k \text{ x } 0{,}8$

$k = 0{,}866 \text{ min}^{-1}$

Item a) A partir da determinação da velocidade específica do item b calculado, é possível calcular o tempo de meia-vida para um processo com cinética de primeira ordem.

$$t_{1/2} = \frac{\ln 2}{k} = \frac{0{,}693}{0{,}866 \text{ min}^{-1}} = 0{,}800 \text{ min}$$

Questão 121

(PROGRAMA DE PÓS-GRADUAÇÃO PARA MESTRADO & DOUTORADO / UNIVERSIDADE ESTADUAL DO RIO DE JANEIRO) A partir da equação da constante de equilíbrio, temos: $K_{eq} = \frac{[N_2O_2]}{[NO] \text{ x } [NO]}$

Isolando a concentração da quantidade de matéria do intermediário, temos: $[N_2O_2] = K_{eq} \text{ x } [NO]^2$

Substituindo a concentração da quantidade de matéria do intermediário na lei de velocidade, temos: $v = k \text{ x } [N_2O_2] \text{ x } [O_2]$

$$v = \underbrace{k \text{ x } K_{eq}}_{k'} \text{ x } [NO]^2 \text{ x } [O_2]$$

$$v = k' \text{x } [NO]^2 \text{ x } [O_2]$$

Questão 122

(PROGRAMA DE PÓS-GRADUAÇÃO PARA MESTRADO & DOUTORADO / UDESC)

Item a) Desenvolvendo a equação diferencial acima, temos: $-\frac{d[A]}{dt} = k \text{ x } [A]$

$$\int \frac{1}{[A]} \text{x } d[A] = -\int k \text{ x } dT$$

$$\ln[A]|_{[A]_{Inicial}}^{[A]_{Final}} = -k \times \int_{t_{inicial}}^{t_{final}} dt$$

$$\ln\left(\frac{[A]_{Final}}{[A]_{inicial}}\right) = -k \times (t_{final} - \underbrace{t_{inicial}}_{0})$$

$$\boxed{\ln\left(\frac{[A]_{Final}}{[A]_{inicial}}\right) = -k \times t}$$ (Lei de velocidade integrada para uma cinética de primeira ordem)

Item b) Informação apresentada pela questão: $[A]_{Final} = 0{,}655 \times [A]_{Inicial}$

A partir da equação cinética de primeira ordem, temos: $\ln\left(\frac{0{,}655 \times \cancel{[A]_{Inicial}}}{\cancel{[A]_{Inicial}}}\right) = -k \times 49$

$k = 8{,}63 \times 10^{-3}\ min^{-1}$

Questão 123

(PROGRAMA DE PÓS-GRADUAÇÃO PARA MESTRADO & DOUTORADO / UDESC)

Item a) Levando em consideração que a constante dos gases seja igual a 8,314 J/mol x K, temos: $-\frac{E_{at}}{R} = -6000$

$$E_{at} = 6000 \times 8{,}314 = 49884 \frac{J}{mol}$$

Item b) Adicionando um catalisador no sistema reacional, a energia de ativação diminui enquanto a velocidade da reação aumenta.

Questão 124

(PROGRAMA DE PÓS-GRADUAÇÃO PARA MESTRADO & DOUTORADO / UNIVERSIDADE FEDERAL DE SANTA CATARINA)

Item a) Determinação da ordem de reação em relação ao gás hidrogênio (α). Observa-se que entre o primeiro e o segundo experimento que a concentração da quantidade de matéria do monóxido de nitrogênio encontra-se constante e a concentração da quantidade de matéria do gás hidrogênio dobra o que também ocorre com a velocidade da reação.

Logo: $\left(\frac{0{,}024}{0{,}012}\right)^{\alpha} = \frac{2{,}46 \times 10^{-3}}{1{,}23 \times 10^{-3}}$

$\alpha = 1$

Determinação da ordem de reação em relação ao monóxido de nitrogênio (β). Entre o primeiro e o terceiro experimento A e o C, a concentração da quantidade de matéria do gás hidrogênio encontra-se constante, enquanto a concentração da quantidade de matéria do monóxido de nitrogênio dobra e a velocidade da reação quadruplica. $\left(\frac{0{,}024}{0{,}012}\right)^{\beta} = \frac{4{,}92 \times 10^{-3}}{1{,}23 \times 10^{-3}}$

$\beta = 2$

Equação da velocidade em função do consumo de monóxido de nitrogênio:

$$v_{reação} = -\frac{1}{2} \times \frac{d\,[NO]}{dt} = k \times [H_2]^1 \times [NO]^2$$

Item b) Cálculo da velocidade específica a partir do primeiro experimento, conforme pode ser observado a partir da tabela apresentada.

$$v_{reação} = k \times [H_2]^1 \times [NO]^2$$

$$1{,}23 \times 10^{-3} \frac{mol}{L \times s} = k \times 0{,}012 \frac{mol}{L} \times \left(0{,}012 \frac{mol}{L}\right)^2$$

$$k = 711{,}80 \frac{L^2}{mol^2 \times s}$$

Item c) Para a determinação da massa de óxido nítrico será necessário inicialmente determinar o reagente limitante e o reagente em excesso.

$n_{NO} = \frac{60}{30} = 2{,}0 \text{ mol}$ (reagente limitante)

$n_{H_2} = \frac{10}{2{,}0} = 5{,}0 \text{ mol}$ (reagente em excesso)

A partir da determinação do reagente limitante e em excesso, teremos a seguinte relação estequiométrica:

2 x 30 g de NO ------- 28 g de N_2
60 g de NO ------------ Massa
Massa = 28 g de gás nitrogênio

Questão 125

(PROGRAMA DE PÓS-GRADUAÇÃO PARA MESTRADO & DOUTORADO / UNIVERSIDADE FEDERAL DE ALAGOAS) O estudo da cinética química para um processo radioativo é e será sempre de primeira ordem. A partir disso, primeiramente será necessário calcular a constante cinética (λ) levando em consideração o tempo de meia-vida fornecido pelo problema. $t_{1/2} = \frac{\ln 2}{\lambda}$

$$\lambda = \frac{0{,}693}{5730 \text{ anos}} = 120{,}94 \text{ x } 10^{-6} \text{ anos}^{-1}$$

Cálculo do tempo, levando em consideração que o processo é de primeira ordem e que $[A]_{final} = 0{,}72 \text{ x } [A]_{inicial}$.

$$\ln\left(\frac{0{,}72 \text{ x } \cancel{[A]_{inicial}}}{\cancel{[A]_{inicial}}}\right) = -120{,}94 \text{ x } 10^{-6} \text{ x tempo}$$

$$\text{tempo} = \frac{\ln(0{,}72)}{-120{,}94 \text{ x } 10^{-6}} = 2716{,}20 \text{ anos}$$

Questão 126

(PROGRAMA DE PÓS-GRADUAÇÃO PARA MESTRADO & DOUTORADO / UNIVERSIDADE FEDERAL DE ALAGOAS)

Item a) Determinação da ordem de reação em relação ao reagente químico hipotético R, entre o experimento A e B: $\left(\frac{2{,}0}{1{,}0}\right)^{\alpha} = \frac{8{,}0}{2{,}0}$

$\alpha = 2$

Determinação da ordem de reação em relação ao reagente hipotético P, entre o experimento A e o C: $\left(\frac{2{,}0}{1{,}0}\right)^{\beta} = \frac{4{,}0}{2{,}0}$

$\beta = 1$

Equação da velocidade em função do consumo de monóxido de nitrogênio: $v_{reação} = k \text{ x } [R]^2 \text{x } [P]^1$

Item b) Cálculo da velocidade específica a partir do primeiro experimento (A), conforme pode ser observado a partir da tabela apresentada.

$v_{reação} = k \text{ x } [R]^2 \text{x } [P]^1$

$$2{,}0 \frac{\text{mol}}{\text{L x s}} = k \text{ x} \left(1{,}0 \frac{\text{mol}}{\text{L}}\right) \text{x } 1{,}0 \frac{\text{mol}}{\text{L}}$$

$$k = 2{,}0 \frac{\text{L}^2}{\text{mol}^2 \text{ x s}}$$

Item c) A dimensão da constante é dada por $\left[\frac{L^2}{mol^2 \times s}\right]$.

Questão 127

(PROGRAMA DE PÓS-GRADUAÇÃO PARA MESTRADO & DOUTORADO / UNIVERSIDADE FEDERAL DE ALAGOAS) Tempo de meia-vida é o tempo necessário para que haja a diminuição de metade de uma amostra química.

Item a) Para uma equação química hipotética: $R_{(gás)} \longrightarrow P_{(gás)}$.

$[R]_{inicial} \overset{t_{1/2}}{\rightleftarrows} \underbrace{\frac{[R]_{inicial}}{2}}_{[A]_{final}}$. Logo, o tempo de meia-vida para uma cinética de primeira ordem é dado por: $\ln\left(\frac{[R]_{Final}}{[R]_{inicial}}\right) = -k \times t$

$$\ln\left(\frac{\frac{\cancel{[R]_{inicial}}}{2}}{\cancel{[R]_{inicial}}}\right) = -k \times t_{1/2}$$

$$\ln\left(\frac{1}{2}\right) = -k \times t_{1/2}$$

$$\ln(2)^{-1} = -k \times t_{1/2}$$

$$-1 \times \ln 2 = -k \times t_{1/2}$$

$$\boxed{t_{1/2} = \frac{\ln 2}{k}}$$ (Equação do tempo de meia-vida para um processo com cinética de primeira ordem)

Item b) Tempo de meia-vida para reações químicas com cinética de segunda ordem. Conforme já apresentado anteriormente para um processo com cinética de primeira ordem, temos: $[R]_{inicial} \overset{t_{1/2}}{\rightleftarrows} \underbrace{\frac{[R]_{inicial}}{2}}_{[R]_{final}}$. Logo, o tempo de meia-vida para uma reação química de segunda ordem é dada por:

$$\frac{1}{[R]_{Final}} = \frac{1}{[R]_{Inicial}} + k \times t$$

$$\frac{1}{\frac{[R]_{Inicial}}{2}} = \frac{1}{[R]_{Inicial}} + k \times t_{1/2}$$

$$\frac{2}{[R]_{Inicial}} - \frac{1}{[R]_{Inicial}} = k \times t_{1/2}$$

$$\boxed{t_{1/2} = \frac{1}{k \times [R]_{Inicial}}}$$ (Equação do tempo de meia-vida para cinética de segunda ordem).

Questão 128

(PROGRAMA DE PÓS-GRADUAÇÃO PARA MESTRADO & DOUTORADO / UNIVERSIDADE FEDERAL DE ALAGOAS) Levando em consideração uma equação química hipotética: $A_{(gás)} \longrightarrow Produto_{(gás)}$. Primeiramente será necessário calcular a velocidade específica: $\ln\left(\frac{[A]_{Final}}{[A]_{Inicial}}\right) = -k \times tempo$, sabendo que 24% do regente reagiu.

$$\ln\left(\frac{0{,}76 \times \cancel{[A]_{Inicial}}}{\cancel{[A]_{Inicial}}}\right) = -k \times 19{,}7$$

$$k = \frac{\ln(0{,}76)}{-19{,}7} = 1{,}39 \times 10^{-2}\ min^{-1}$$

Cálculo do tempo para que o processo esteja 85,5% seja completada:

$$\ln\left(\frac{0{,}145 \text{ x } \cancel{[A]_{Inicial}}}{\cancel{[A]_{Inicial}}}\right) = -1{,}39 \text{ x } 10^{-2} \text{ x tempo}$$

$\text{tempo}138{,}6 \text{ min}$

Questão 129

(PROGRAMA DE PÓS-GRADUAÇÃO PARA MESTRADO & DOUTORADO / INSTITUTO FEDERAL DO MARANHÃO)

Item a) A etapa determinante para um processo cinético é a etapa lenta.

Item b) A expressão da lei de velocidade está fundamentada na etapa lenta. Equação da velocidade: $v_{\text{reação}} = k \text{ x } [HOOH]^1 \text{x } [I^-]^1$

Item c) Determinação da ordem global.

Ordem de reação em relação ao peróxido de hidrogênio = 1
Ordem de reação em relação ao iodeto = 1
Ordem de reação global = 1 + 1 = 2 (cinética de segunda ordem)

Questão 130

(PROGRAMA DE PÓS-GRADUAÇÃO PARA MESTRADO & DOUTORADO / INSTITUTO FEDERAL DO MARANHÃO) A etapa lenta é a determinante para o estudo de um processo cinético, diante disso a lei de velocidade fica da seguinte forma: $v_{\text{reação}} = k \text{ x } [NO]^2 \text{ x } [H_2]$. Dobrando ambas as concentrações das quantidades de matéria, temos:

$$v_{\text{reação}} = k \text{ x } [2 \text{ x } NO]^2 \text{ x } [2 \text{ x } H_2]$$

$v_{\text{reação}} = 8 \text{ x } k \text{ x } [NO]^2 \text{ x } [H_2]$. Diante disso a velocidade da reação aumenta oito vezes.

Questão 131

(CONCURSO PÚBLICO FEDERAL – ENGENHEIRO QUÍMICO) Alternativa D.

Pela unidade da velocidade específica (s^{-1}) a cinética é de primeira ordem. Havendo a conversão de 90%, sobra 10%, logo:

$$[A]_{Final} = 0{,}10 \text{ x } [A]_{Inicial}$$

Aplicando a equação que relaciona a concentração da quantidade de matéria com o tempo para um processo com cinética de primeira ordem, temos: $\ln\left(\frac{[A]_{Final}}{[A]_{Inicial}}\right) = -k \text{ x tempo}$, sabendo que 90% do regente reagiu.

$$\ln\left(\frac{0{,}10 \text{ x } \cancel{[A]_{Inicial}}}{\cancel{[A]_{Inicial}}}\right) = -0{,}01 \text{ x tempo}$$

$$\text{tempo} = 230{,}26 \text{ s}$$

Questão 132

(CONCURSO PARA DOCENTE FEDERAL – UNIVERSIDADE FEDERAL DO RIO DE JANEIRO) Alternativa C.

Para um processo de cinética de primeira ordem, o tempo de meia-vida é independente da concentração da quantidade de matéria inicial da espécie química relacionada ao reagente.

Questão 133

(GRILLO)

Item a) O intermediário se caracteriza pelo fato de estar presente na primeira etapa como produto e na primeira etapa como reagente. Diante desta observação o intermediário é o monóxido de cloro (ClO).

Item b) O catalisador se caracteriza pelo fato de estar presente na primeira etapa como reagente e na segunda etapa como produto. Diante desta observação o catalisador é o cloro (Cl).

Item c) Determinação da equação global, a partir das somas das equações representadas por suas etapas:
:

$O_3 + \cancel{Cl} \rightarrow \cancel{ClO} + O_2$	(Primeira etapa)
$\cancel{ClO} + O \rightarrow \cancel{Cl} + O_2$ +	(Segunda etapa)
$O_3 + O \rightarrow 2O_2$	(Processo global)

Questão 134

(GRILLO) Alternativa D.

Informações do problema: 90°C (363 K) ⟶ $k = 3{,}11 \times 10^{-4}\ s^{-1}$ e 70°C (343 K) ⟶ $k = 1{,}71 \times 10^{-5}\ s^{-1}$

Cálculo da energia de ativação (E_{at}): $\ln\left(\frac{k^{90°C}}{k^{70°C}}\right) = \frac{E_{at}}{R} \text{x} \left[\left(\frac{1}{70+273}\right) - \left(\frac{1}{90+273}\right)\right]$

$$\ln\left(\frac{3{,}11 \text{ x } 10^{-4}}{1{,}71 \text{ x } 10^{-5}}\right) = \frac{E_{at}}{8{,}314} \text{x} \left[\frac{1}{343} - \frac{1}{363}\right]$$

$$\ln(18{,}19) = \frac{E_{at}}{8{,}314} \text{x } 1{,}61 \text{ x } 10^{-4}$$

$$E_{at} = +149800 \frac{J}{mol}$$

Cálculo da constante cinética a 60°C, a partir dos seguintes dados: T = 90°C (363 K) ⟶ $k = 3{,}11 \times 10^{-4}\ s^{-1}$ e T = 60°C (333 K) ⟶ k = ?

$$\ln\left(\frac{k^{60°C}}{k^{90°C}}\right) = \frac{E_{at}}{R} \text{x} \left[\frac{1}{90 + 273} - \frac{1}{60 + 273}\right]$$

$$\ln\left(\frac{k^{60°C}}{3{,}11 \text{ x } 10^{-4}}\right) = \frac{149800}{8{,}314} \text{ x} \left[\frac{1}{363} - \frac{1}{333}\right]$$

$$\ln\left(\frac{k^{60°C}}{3{,}11 \text{ x } 10^{-4}}\right) = -4{,}47$$

$$\frac{k^{60°C}}{3{,}11 \text{ x } 10^{-4}} = e^{(-4{,}47)}$$

$$k^{60°C} = 3{,}56 \text{ x } 10^{-6} \text{ s}^{-1}$$

Questão 135

Alternativa A.

Equação química de decomposição da fosfina: $4PH_{3(gás)} \longrightarrow P_{4(gás)} + 6H_{2(gás)}$

Cálculo da constante cinética (k), a partir do tempo de meia-vida ($t_{1/2}$): $35,0 = \frac{\ln 2}{k}$

$$k = \frac{\ln 2}{35,0} = 1,98 \times 10^{-2}\ s^{-1}$$

Informação fornecida pelo problema: $[\text{Óxido}]_{FINAL} = 0,05 \times [\text{Óxido}]_{INICIAL}$

$$\ln\left(\frac{0,05 \times \cancel{[\text{óxido}]_{Inicial}}}{\cancel{[\text{óxido}]_{Inicial}}}\right) = -0,0198 \times \text{tempo}$$

$$\ln(0,05\ ) = -0,0198 \times \text{tempo}$$

$$\text{tempo} = \frac{\ln(0,05\ )}{-0,0198} = 151,3\ s$$

Questão 136

Alternativa B.

Cálculo da velocidade específica (k) para o gás A: $k^A = \frac{\ln 2}{t_{1/2}}$

$$k^A = \frac{\ln 2}{50\ \text{min}} = 1,39 \times 10^{-2}\ \text{min}^{-1}$$

Cálculo da velocidade específica para o gás B: $k^B = \frac{\ln 2}{t_{1/2}}$

$$k^B = \frac{\ln 2}{18\ \text{min}} = 3,85 \times 10^{-2}\ \text{min}^{-1}$$

Dividindo a equação A pela equação B, temos: $\frac{[A]_{Final}}{[B]_{Final}} = \frac{[A]_{Inicial} \times e^{-k \times \text{tempo}}}{[B]_{Inicial} \times e^{-k \times \text{tempo}}}$

Informação do problema: $[A]_{Inicial} = [B]_{Inicial}$ e $[A]_{Final} = 4 \times [B]_{Final}$

$$\frac{[A]_{Final}}{[B]_{Final}} = \frac{[B]_{Inicial} \times e^{-k \times \text{tempo}}}{[B]_{Inicial} \times e^{-k \times \text{tempo}}}$$

$$\frac{4 \times [B]_{Final}}{[B]_{Inicial}} = \frac{[B]_{Inicial} \times e^{-1,39 \times 10^{-2} \times \text{tempo}}}{[B]_{Inicial} \times e^{-3,85 \times 10^{-2} \times \text{tempo}}}$$

$$4 = \frac{e^{-1,39 \times 10^{-2} \times \text{tempo}}}{e^{-3,85 \times 10^{-2} \times \text{tempo}}}$$

$$4 = e^{(-1,39 \times 10^{-2} + 3,85 \times 10^{-2}) \times \text{tempo}}$$

Aplicando o logaritmo neperiano, temos: $\ln 4 = \ln\{e^{(-1,39 \times 10^{-2} + 3,85 \times 10^{-2}) \times \text{tempo}}\}$

$$1,386 = 2,47 \times 10^{-2} \times \text{tempo}$$

$$\text{tempo} = \frac{1{,}386}{2{,}47 \times 10^{-2}} = 56{,}11 \text{ min}$$

Questão 137

(GRILLO) Alternativa B.

A partir do mecanismo proposto, o dióxido de dinitrogênio é o intermediário, ou seja, o composto que se encontra como produto da reação reversível e reagente da reação irreversível. Será definido como k_a e k_b como a constante específica da reação reversível e k_c como a constante específica da reação irreversível. Relação da taxa temporal do intermediário a partir do composto que representa o intermediário:

$$\frac{d\,[N_2O_2]}{dt} = +k_a \times [NO]^2 - k_b \times [N_2O_2] - k_c \times [N_2O_2] \times [H_2]$$

Como a taxa temporal do intermediário é igual a zero, temos que:

$$\underbrace{\frac{d\,[N_2O_2]}{dt}}_{0} = +k_a \times [NO]^2 - k_b \times [N_2O_2] - k_c \times [N_2O_2] \times [H_2]$$

$$+ k_b \times [N_2O_2] + k_c \times [N_2O_2] \times [H_2] = + k_a \times [NO]^2$$

$$[N_2O_2] \times \{+ k_b + k_c \times [H_2]\} = + k_a \times [NO]^2$$

$$[N_2O_2] = \frac{+ k_a \times [NO]^2}{+k_b + k_c \times [H_2]}$$

Equação da taxa de formação do óxido de dinitrogênio: $\frac{d\,[N_2O]}{dt} = k_c \times [N_2O_2] \times [H_2]$

$$\boxed{\frac{d\,[N_2O]}{dt} = k_c \times \frac{+ k_a \times [NO]^2}{k_b + k_c \times [H_2]} \times [H_2]}$$

Questão 138

(CONCURSO PETROBRAS – ENGENHARIA QUÍMICA) Alternativa D.

Item I) Falso. O catalisador não modifica a quantidade de calor (entalpia) de um processo químico. A "responsabilidade" do catalisador é aumentar a velocidade de um processo químico, diminuindo a energia de ativação e diminuindo o complexo ativado.

Ite II) Verdadeiro.

Item III) Falso. O catalisador não modifica o processo espontâneo ou não espontâneo. Esta "responsabilidade" de espontaneidade está a cargo da termodinâmica.

Item IV) Verdadeiro.

Questão 139

(CONCURSO PETROBRAS – ENGENHARIA QUÍMICA) Alternativa E.

Para a resolução desta questão será necessário aplicar a equação de Arrhenius e realizar algumas "manobras" matemáticas. Analisando a velocidade específica para a situação A:

$$\ln k_A = \ln A - \frac{E_{at}}{R \times T}$$

$$\ln k_A + \frac{89300}{R \times T} = \ln A \qquad \text{(Equação I)}$$

Analisando a velocidade específica para a situação B: $\ln k_B = \ln A - \frac{E_{at}}{R \times T}$

$\ln k_B + \frac{48500}{R \times T} = \ln A$ (Equação II)

Igualando as equações matemáticas: $\ln k_A + \frac{89300}{R \times T} = \ln k_B + \frac{48500}{R \times T}$

$$\ln k_A - \ln k_B = +\frac{48500}{R \times T} - \frac{89300}{R \times T}$$

$$\ln \frac{k_A}{k_B} = -\frac{40800}{R \times 700}$$

$$\frac{k_A}{k_B} = e^{-\frac{40800}{R \times 700}}$$

Questão 140

(CONCURSO PETROBRAS – ENGENHARIA QUÍMICA) Alternativa A.

Cálculo da ordem de reação do reagente R_1 entre o experimento 1 e 2: $2^a = 4 \rightarrow a = 2$
Cálculo da ordem de reação do reagente R_2 entre o experimento 1 e 3: $2^b = 1 \rightarrow b = 0$
Cálculo da ordem de reação global: 2 + 0 = 2
Lei da velocidade: $v = k \times [R_1]^2$

Questão 141

(CONCURSO PARA DOCENTE FEDERAL – INSTITUTO FEDERAL DO PIAUÍ) Alternativa D.

Para a resolução do problema será necessário aplicar a equação de Arrhenius. $\ln\left(\frac{k_{298\,K}}{k_{350\,K}}\right) = \frac{E_{at}}{R} \times \left[\frac{1}{T_2} - \frac{1}{T_1}\right]$

$$\ln\left(\frac{0{,}0346}{k_{350\,K}}\right) = \frac{50200}{8{,}314} \times \left[\frac{1}{350} - \frac{1}{298}\right]$$

$$k_{350\,K} = 0{,}702\ s^{-1}$$

Questão 142

(PROGRAMA DE PÓS-GRADUAÇÃO PARA MESTRADO & DOUTORADO / UNIVERSIDADE FEDERAL DE SANTA CATARINA - MODIFICADA) Aplicando a equação de Arrhenius. $\ln\left(\frac{k^{575K}}{k^{716K}}\right) = \frac{E_{at}}{R} \times \left[\frac{1}{716} - \frac{1}{575}\right]$

$$\ln\left(\frac{1{,}22 \times 10^{-6}}{2{,}50 \times 10^{-3}}\right) = \frac{E_{at}}{8{,}314} \times \left[\frac{1}{716} - \frac{1}{575}\right]$$

$$E_{at} \times \left[\frac{1}{716} - \frac{1}{575}\right] = -63{,}39$$

$$E_{at} = 1{,}85 \times 10^{+5} \frac{J}{mol}$$

Questão 143

(PROGRAMA DE PÓS-GRADUAÇÃO PARA MESTRADO & DOUTORADO / UNIVERSIDADE FEDERAL DE SANTA CATARINA) Alternativa B.

A partir da tabela apresentada pela questão é possível calcular a energia de ativação a partir da aplicação da equação de Arrhenius.

$$\ln\left(\frac{k^{189,7^oC}}{k^{251,2^oC}}\right) = \frac{E_{at}}{8,314} x \left[\frac{1}{251,2 + 273} - \frac{1}{189,7 + 273}\right]$$

$$\ln\left(\frac{2,52 \ x \ 10^{-5}}{3,16 \ x \ 10^{-3}}\right) = \frac{E_{at}}{8,314} x \left[\frac{1}{251,2 + 273} - \frac{1}{189,7 + 273}\right]$$

$$E_{at} = 158,42 \frac{kJ}{mol}$$

Questão 144

(CONCURSO FEDERAL PARA DOCENTE - UNIVERSIDADE FEDERAL DE PERNAMBUCO)
Alternativa B.

Com a linearização do primeiro gráfico para o segundo gráfico e sendo a linearização em função do logaritmo neperiano da concentração da quantidade de matéria do reagente (etano), o estudo da cinética é de primeira ordem.

Equação da velocidade da reação: velocidade = k x $[C_2H_6]^1$

Questão 145

(CONCURSO FEDERAL PARA DOCENTE – INSTITUTO FEDERAL DO PARÁ) Alternativa B.

Aplicando e desenvolvendo a equação de Arrhenius, temos: $k = A \ x \ e^{-\frac{E_a}{R \ x \ T}}$

$$\ln k = \ln A - \frac{E_{at}}{R \ x \ T}$$

Igualando a equação anterior com a equação apresentada no enunciado do exercício, temos:

$$\frac{\ln k}{\ln A} = -\frac{E_{at}}{R \ x \ T}$$

$$\frac{\ln k}{14,58} = -\frac{5968}{T}$$

Igualando as equações: $-\frac{E_{at}}{R \ x \ T} = -\frac{5968}{T}$

$$E_{at} = 42,62 \ x \ 10^{+3} \frac{J}{mol} \left(42,62 \frac{kJ}{mol}\right)$$

Questão 146

(CONCURSO PETROBRAS – ENGENHARIA DE PROCESSAMENTO JÚNIOR) Alternativa C.

Cálculo da ordem de reação do reagente A entre o experimento 1 e 4: $(\frac{1}{2})^{\alpha} = \frac{0,05}{0,1} \rightarrow \alpha = 1$

Cálculo da ordem de reação do reagente B entre o experimento 2 e 3: $(\frac{2}{1})^{\beta} = \frac{0,30}{0,15} \rightarrow \beta = 1$

Cálculo da ordem de reação global: 1 + 1 = 2

Lei da velocidade: $v_{reação} = k \ x \ C_A^1 \ x \ C_B^1$

Cálculo da velocidade específica para T = 400K: $v_{reação} = k \ x \ C_A^1 \ x \ C_B^1$

$$0,05 \frac{mol}{L \ x \ min} = k \ x \ 1 \frac{mol}{L} x \ 1 \frac{mol}{L}$$

$$k = 0,05 \frac{L}{mol \ x \ min}$$

Cálculo da velocidade específica para T = 450K: $v_{reação} = k \; x \; C_A^1 \; x \; C_B^1$

$$0{,}30\frac{mol}{L \; x \; min} = k \; x \; 2\frac{mol}{L} x \; 2\frac{mol}{L}$$

$$k = 0{,}075\frac{L}{mol \; x \; min}$$

Cálculo da energia de ativação a partir da aplicação da equação de Arrhenius. $\ln\left(\frac{k^{450K}}{k^{400K}}\right) = \frac{E_{at}}{R} x \left[\frac{1}{400} - \frac{1}{450}\right]$

$$\ln\left(\frac{0{,}075}{0{,}05}\right) = \frac{E_{at}}{R} x \left[\frac{1}{400} - \frac{1}{450}\right]$$

$$E_{at} = 3600 \; x \ln(1{,}50) \; x \; R$$

Questão 147

(PROCESSO DE SELEÇÃO PARA MESTRADO E DOUTORADO - PROVA DE CONHECIMENTO EM FÍSICO-QUÍMICA – DEPARTAMENTO DE QUÍMICA / UNIVERSIDADE FEDERAL DE MINAS GERAIS) Considere a equação química de decomposição do reagente gasoso A, a partir da seguinte relação: $A_{(gás)} \rightarrow Produtos.$

$$-\frac{d[A]}{dt} = k \; x \; [A]^1$$

$$\boxed{-\frac{d[A]}{dt} = k \; x \; [A]}$$ (Equação diferencial para cinética de primeira ordem)

Desenvolvendo a equação diferencial acima, temos: $-\frac{d[A]}{dt} = k \; x \; [A]$

$$\int \frac{1}{[A]} x \; d[A] = -\int k \; x \; dT$$

$$\ln[A]|_{[A]_{Inicial}}^{[A]_{Final}} = -k \; x \int_{t_{inicial}}^{t_{final}} dt$$

$$\ln\left(\frac{[A]_{Final}}{[A]_{inicial}}\right) = -k \; x \; (t_{final} - t_{inicial})$$

$$\ln\left(\frac{[A]_{Final}}{[A]_{inicial}}\right) = -k \; x \; (t_{final} - 0)$$

$$\boxed{\ln\left(\frac{[A]_{Final}}{[A]_{inicial}}\right) = -k \; x \; t}$$

(Lei de velocidade integrada para uma cinética de primeira ordem)

Questão 148

Alternativa D.

Item I) Verdadeiro. Sendo o pentóxido de vanádio um catalisador sólido, o processo se caracteriza como uma catálise heterogênea.

Item II) Falso. Enzimas são catalisadores biológicos que apresentam alta eficiência e muitos ativos em processos bioquímicos, apresentam alta influência em parâmetros químicos, como por exemplo, no potencial hidrogeniônico (pH).

Item III) Verdadeiro.

Item IV) Falso. O catalisador não muda o estado de equilíbrio, apenas o torna mais rápido.

Item V) Falso. Há catalisadores orgânicos, conforme o último prêmio Nobel de Química concedido no ano passado.

Questão 149

Alternativa C.

A + BC ⟶ AB + C

A partir da equação química hipotética apresentada pelo enunciado da questão, a reação química é classificada como uma reação de simples troca ou também conhecida como reação de deslocamento. No gráfico que aborda a superfície de contorno é verificado no início do processo e na parte final, a partir das distâncias r_{AB} e r_{BC}.

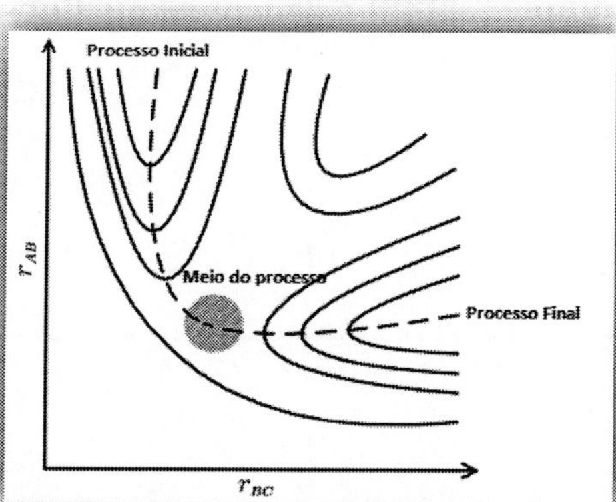

No meio do processo é observado a instabilidade apresentada no estado cinético e, diante disso, a este processo é caracterizado como complexo ativado.

$$A + BC \rightleftarrows \underbrace{\begin{matrix} A \\ B \\ C \end{matrix}}_{\text{complexo ativado}} \rightarrow AB + C$$

Questão 150

Alternativa D.

Cálculo da ordem de reação (a) em relação a X, entre o experimento II e III:

$$\left(\frac{0,40}{0,20}\right)^a = \frac{8,0 \text{ x } 10^{-3}}{4,0 \text{ x } 10^{-3}}$$

a = 1

Cálculo da ordem de reação (b) em relação a Y, entre o experimento I e III:

$$\left(\frac{0,40}{0,20}\right)^a = \frac{4,0 \text{ x } 10^{-3}}{2,0 \text{ x } 10^{-3}}$$

b = 1

Equação da velocidade: $v_{\text{reação}} = \text{k x [A] x [B]}$. A partir do primeiro experimento, temos:

$$2,0 \text{ x } 10^{-3} \frac{\cancel{\text{mol}}}{\cancel{\text{dm}^3} \text{x min}} = \text{k x } 0,20 \text{ x} \frac{\cancel{\text{mol}}}{\cancel{\text{dm}^3}} \text{ x } 0,20 \text{ x} \frac{\text{mol}}{\text{dm}^3}$$

$$k = 5,0 \text{ x } 10^{-2} \frac{\text{dm}^3}{\text{mol x min}}$$

Realizando a conversão: $k = 5,0 \text{ x } 10^{-2} \frac{\text{dm}^3}{\text{mol x min}} \text{x} \frac{1000 \text{ cm}^3}{1 \text{ dm}^3} \text{x} \frac{1 \text{ min}}{60 \text{ s}} = 0,833 \frac{\text{cm}^3}{\text{mol x s}}$

Questão 151

Alternativa D.

Espécie intermediária = $O_{(atômico)}$

Sabendo que o tempo de meia-vida para o processo de primeira ordem é dado por: $\mathrm{Tempo}_{(1/2)} = \frac{\ln 2}{k}$

$$3{,}58 \times 10^{+2} = \frac{0{,}693}{k_{533^0C}}$$

$$k_{533^0C} = \frac{0{,}693}{3{,}58 \times 10^{+2}} \times \frac{1}{\cancel{min}} \times \frac{1\ \cancel{min}}{60\ s} = \frac{3{,}23 \times 10^{-5}}{s}$$

Questão 152

Alternativa B.

Cálculo da constante radioativa (λ), a partir do tempo de meia-vida:

$$\lambda = \frac{0{,}693}{t_{1/2}} = \frac{0{,}693}{5600} = 123{,}75 \times 10^{-6}\ \mathrm{anos}^{-1}$$

Cálculo da idade dos materiais: $\ln(0{,}3750) = -123{,}75 \times 10^{-6} \times \mathrm{tempo}$

$$\mathrm{tempo} = \frac{\ln(0{,}3750)}{-123{,}75 \times 10^{-6}} = 7925{,}89\ \mathrm{anos}$$

Questão 153

Alternativa C.

Informação para a resolução do problema: $k_2 = 1000 \times k_1$

Primeiramente cabe ressaltar que o problema afirma que tanto a energia de ativação quanto o fator de frequência ficam constantes no intervalo de temperatura apresentado. O problema afirma que a velocidade aumenta 1000 vezes quando a temperatura passa de 400 K para 500 K. Diante disso, aplicando a equação de Arrhenius, temos:

$$\ln\left(\frac{k_1}{k_2}\right) = \frac{E_{at}}{1{,}987} \times \left[\frac{1}{500} - \frac{1}{400}\right]$$

$$\ln\left(\frac{\cancel{k_1}}{1000 \times \cancel{k_1}}\right) = \frac{E_{at}}{1{,}987} \times \left[\frac{1}{500} - \frac{1}{400}\right]$$

$$E_{at} = \frac{\ln\left(\frac{1}{1000}\right) \times 1{,}987}{\frac{1}{500} - \frac{1}{400}} = 27451 \frac{J}{mol} \left(27{,}45 \frac{kJ}{mol}\right)$$

CAPÍTULO VII – Estudo do Equilíbrio Químico

EXEMPLO APLICATIVO

Exemplo Aplicativo I

(GRILLO) Expresse a constante de equilíbrio para as seguintes equações químicas apresentadas a seguir:

a) $N_{2(gás)} + 3H_{2(gás)} \rightleftarrows 2NH_{3(gás)}$
b) $2SO_{2(gás)} + O_{2(gás)} \rightleftarrows 2SO_{3(gás)}$
c) $N_{2(gás)} + O_{2(gás)} \rightleftarrows 2NO_{(gás)}$
d) $C_{(grafite)} + CO_{2(gás)} \rightleftarrows 2CO_{(gás)}$
e) $PCl_{5(gás)} \rightleftarrows PCl_{3(gás)} + Cl_{2(gás)}$
f) $N_2O_{4(gás)} \rightleftarrows 2NO_{2(gás)}$
g) $SO_{2(gás)} + H_2O_{(líquido)} \rightleftarrows H_2SO_{4(aquoso)}$
h) $C_{(grafite)} + O_{2(gás)} \rightleftarrows CO_{2(gás)}$
i) $PCl_{3(gás)} + Cl_{2(gás)} \rightleftarrows PCl_{5(gás)}$

Resolução

Item a) Equação do equilíbrio químico: $K_{eq} = \frac{[NH_3]^2}{[N_2]^1 \text{ x } [H_2]^3}$

Item b) Equação do equilíbrio químico: $K_{eq} = \frac{[SO_3]^2}{[SO_2]^2 \text{ x } [O_2]}$

Item c) Equação do equilíbrio químico: $K_{eq} = \frac{[NO]^2}{[N_2] \text{ x } [O_2]}$

Item d) Equação do equilíbrio químico: $K_{eq} = \frac{[CO]^2}{a_C \text{ x } [CO_2]}$

Item e) Equação do equilíbrio químico: $K_{eq} = \frac{[PCl_3] \text{ x } [Cl_2]}{[PCl_5]}$

Item f) Equação do equilíbrio químico: $K_{eq} = \frac{[NO_2]^2}{[N_2O_4]}$

Item g) Equação do equilíbrio químico: $K_{eq} = \frac{1}{[SO_2]}$

Item h) Equação do equilíbrio químico: $K_{eq} = \frac{[CO_2]}{a_C \text{ x } [O_2]}$

Item i) Equação do equilíbrio químico: $K_{eq} = \frac{[PCl_5]}{[PCl_3] \text{ x } [Cl_2]}$

Exemplo Aplicativo II

Dada a reação $2SO_{2(gás)} + O_{2(gás)} \rightleftarrows 2SO_{3(gás)}$, a constante de equilíbrio desta reação pode ser expressa em função de K_c ou K_p. Qual a relação entre K_p e K_c para esta reação?

a) $K_p = K_c$
b) $K_p = K_c \text{ x } (RT)^{-1}$
c) $K_p = K_c \text{ x } (RT)^{1/2}$
d) $K_p = K_c \text{ x } (RT)^2$
e) $K_p = K_c \text{ x } (RT)$

Resolução

Alternativa B.

Equação química reversível: $2SO_{2(gás)} + O_{2(gás)} \rightleftarrows 2SO_{3(gás)}$

Cálculo da variação do número de mol para a reação de síntese do anidrido sulfúrico:

$\Delta n = n_{produtos} - n_{reagentes}$

$\Delta n = 2 - (2 + 1) = -1$

Sabendo que a relação entre K_p e K_c é dada por: $K_p = K_c \text{ x } (RT)^{-1}$

$$K_p = \frac{K_c}{RT}$$

Exemplo Aplicativo III

(GRILLO) Considere a reação reversível que ocorre entre a grafita na presença de dióxido de carbono, representado da seguinte maneira: $CO_{2(gás)} + C_{(grafita)} \rightleftarrows 2CO_{(gás)}$. Este processo de formação do monóxido de carbono também é conhecido como reação de Bourdouard, sendo de extrema importância em todos os processos de extração e/ou refino, em que o carbono sólido é utilizado como redutor, sob pressão de 1 bar e temperatura em torno de 670°C. Sabendo que no equilíbrio químico as pressões de $CO_{(gás)}$ e $CO_{2(gás)}$ são respectivamente, 2,50 bar e 3,75 bar, sendo a concentração de carbono grafite igual a 1,20 g x L^{-1}, calcule a constante de equilíbrio em função da pressão parcial (K_p).

Resolução

Equação do equilíbrio químico em função da pressão parcial: $K_p = \frac{P_{CO}^2}{a_C \text{ x } P_{CO_2}^1}$. Sabendo que a atividade química por convenção para um sólido é igual a 1, substituindo os valores na equação da constante de equilíbrio em função da pressão parcial, temos:

$$K_p = \frac{\left(\frac{P_{CO}}{1 \text{ bar}}\right)^2}{a_C \text{ x } \frac{P_{CO_2}}{1 \text{ bar}}} = \frac{\left(\frac{2{,}50 \text{ bar}}{1 \text{ bar}}\right)^2}{\underbrace{a_C}_{=1} \text{ x } \frac{3{,}75 \text{ bar}}{1 \text{ bar}}} = 1{,}67$$

Sabendo que a pressão parcial da espécie gasosa é o produto da fração molar com a pressão total, temos:

$$K_p = \frac{P_C^c \text{ x } P_D^d}{P_A^a \text{ x } P_B^b} = \frac{[X_C \text{ x } p_T]^c \text{ x } [X_C \text{ x } p_T]^c}{[X_A \text{ x } p_T]^a \text{ x } [X_B \text{ x } p_T]^b} = \frac{X_C^c \text{ x } p_T^c \text{ x } X_D^d \text{ x } p_T^d}{X_A^a \text{ x } p_T^a \text{ x } X_B^b \text{ x } p_T^b}$$

$$K_p = \frac{X_C^c \text{ x } X_D^d}{X_A^a \text{ x } X_B^b} \text{ x } \frac{p_T^c \text{ x } p_T^d}{p_T^a \text{ x } p_T^b}$$

$$K_p = \frac{X_C^c \text{ x } X_D^d}{X_A^a \text{ x } X_B^b} \text{ x } \frac{p_T^{c+d}}{p_T^{a+b}} = \frac{X_C^c \text{ x } X_D^d}{X_A^a \text{ x } X_B^b} \text{ x } p_T^{c+d-(a+b)}$$

$$K_p = \underbrace{\frac{X_C^c \text{ x } X_D^d}{X_A^a \text{ x } X_B^b}}_{K_X} \text{ x } p_T^{\overbrace{c+d-(a+b)}^{\Delta n}}$$

$$\boxed{K_p = K_X \text{ x } p_T^{\Delta n}}$$

Exemplo Aplicativo IV

Em um recipiente fechado contendo CO_2 a 0,40 atm e temeratura igual a 1000 K, foi adicionado grafite. Calcule o valor da constante de equilíbrio, levando em consideração que a pressão total no sistema seja de 0,75 atm, sabendo que ocorreu formação de monóxido de carbono.

Resolução: A equação química está representada pela seguinte equação: $CO_{2(gás)} + C_{(sólido)} \rightleftarrows 2CO_{(gás)}$

Será utilizado como base de cálculo, que na verdade refere-se aos dados iniciais fornecidos pelo problema. Para este caso, a pressão inicial de dióxido de carbono é igual a 0,40 atm.
Diante desta informação importante, a tabela de equilíbrio químico será pautada em função da pressão, dada em atmosferas. A tabela de equilíbrio químico vai nos indicar todo o caminho com relação ao consumo dos reagentes e da formação dos produtos.

Tabela de equilíbrio químico:

	$CO_{2(gás)}$ (atm)	$C_{(sólido)}$	$\rightleftarrows$	$2CO_{(gás)}$ (atm)
Início	0,40	-		0
Reage	α	-		2α
Equilíbrio	0,40 – α	-		2α

OBS: Foi colocada a letra grega alfa (α) na tabela de equilíbrio químico, que simboliza o quanto de dióxido de carbono foi decomposto na presença de carbono grafite.

Cálculo do valor de α, a partir da pressão total do sistema reacional: $p_T = P_{CO2} + P_{CO}$
0,75 = 0,40 - α + 2α
α = 0,35 (35%)

Cálculo das pressões parciais dos compostos gasosos:

Pressão parcial do CO_2: $P_{CO2} = 0{,}40 - \alpha = 0{,}40 – 0{,}35 = 0{,}05$ atm
Pressão parcial do CO: $P_{CO} = 2\alpha = 2 \times 0{,}35 = 0{,}70$ atm

Expressão e cálculo da constante de equilíbrio em função das pressões parciais (K_p):

$$K_p = \frac{P_{CO}^2}{P_{CO_2}^2} = \frac{(0{,}70)^2}{0{,}05} = 9{,}8$$

Exemplo Aplicativo V

Aqueceram-se dois mols de pentacloreto de fósforo, PCl_5, em um recipiente fechado, com capacidade de dois litros. Atingido o equilíbrio, o reagente se encontra 40% dissociado em tricloreto de fósforo e cloro, ambos em fase gasosa. A partir das informações apresentadas, determine o valor da constante de equilíbrio.

Resolução:

Equação química: $PCl_{5(gás)} \rightleftarrows PCl_{3(gás)} + Cl_{2(gás)}$
Base de cálculo: 2 mol (inicial) mol de $PCl_{5(g)}$

Na redação que o problema aborda, todos os participantes gasosos ainda não se encontram no seu estado de equilíbrio. Diante disso, será necessário apresentar e desenvolver uma tabela de equilíbrio químico.

	$PCl_{5(gás)}$ (mol)	$\rightleftarrows$	$PCl_{3(gás)}$ (mol)	$Cl_{2(gás)}$ (mol)
Início	2		0	0
Reage	2α		2α	2α
Equilíbrio	2 - 2α		2α	2α

Expressão das concentrações das quantidades de matéria (mol.L^{-1}):

Concentração da quantidade de matéria do PCl_5: $[PCl_5] = \frac{2-(2 \times 0{,}40)}{2} = 0{,}60\,\frac{mol}{L}$

Concentração da quantidade de matéria do PCl_3: $[PCl_3] = \frac{2\alpha}{2} = 0{,}40\,\frac{mol}{L}$

Concentração da quantidade de matéria do Cl_2: $[Cl_2] = \frac{2\alpha}{2} = 0{,}40\,\frac{mol}{L}$

Expressão da constante de equilíbrio em função da concentração da quantidade de matéria (K_c):

$$K_C = \frac{[PCl_3] \times [Cl_2]}{[PCl_5]} = \frac{(0{,}40)^2}{0{,}60} = 0{,}27$$

Exemplo Aplicativo VI

A um recipiente fechado, mantido a temperatura constante, foi introduzido CO e água em quantidades tais que suas pressões parciais eram iguais a 0,856 atm cada uma. Após certo tempo, há formação de dióxido de carbono e hidrogênio gasoso, estabelecendo o equilíbrio com pressão parcial de monóxido de carbono igual a 0,580 atm. Determine a constante de equilíbrio em função das pressões parciais.

Resolução: Equação química: $CO_{(gás)} + H_2O_{(gás)} \rightleftarrows CO_{2(gás)} + H_{2(gás)}$

Base de cálculo: P_{CO} = 0,856 atm, P_{H2O} = 0,856 atm no estado inicial e P_{CO} = 0,580 atm no estado de equilíbrio.

Tabela de equilíbrio químico:

	$CO_{(gás)}$ (atm)	$H_{2(gás)}$ (atm)	$\rightleftarrows$	$CO_{2(gás)}$ (atm)	$H_{2(gás)}$ (atm)
Início	0,856	0,856		0	0
Reage	0,276	0,276		0,276	0,276
Equilíbrio	0, 856 – 0,276	0, 856 – 0,276		0 + 0,276	0 + 0,276

Na tabela de equilíbrio químico, os reagentes são consumidos enquanto os produtos são formados.

Cálculo da constante de equilíbrio em função das pressões parciais (K_p): $K_P = \frac{P_{CO_2} \times P_{H_2}}{P_{CO} \times P_{H_2O}}$

$$K_P = \frac{(0{,}276)^2}{(0{,}580)^2} = 0{,}226$$

Exemplo Aplicativo VII

Considere que um mol de H_2 e um mol de I_2 estejam confinados em um reator de um litro a 457°C. Diante desta informação, determine a concentração de cada substância no equilíbrio, sabendo que a sua constante de equilíbrio é igual a 49.

Resolução

Equação química: $H_{2(gás)} + I_{2(gás)} \rightleftarrows 2HI_{(gás)}$
Base de cálculo: 1 mol de H_2 e 1 mol de I_2 no estado inicial.
Tabela de equilíbrio químico:

	$H_{2(gás)}$ (mol)	$I_{2(gás)}$ (mol)	$\rightleftarrows$	$2HI_{(gás)}$ (mol)
Início	1	1		0
Reage	α	α		2α
Equilíbrio	1 - α	1 - α		2α

Determinação das expressões da concentração das quantidades de matéria ($mol.L^{-1}$):

$[H_2] = \frac{1-\alpha}{V}$; $[I_2] = \frac{1-\alpha}{V}$ e $[HI] = \frac{2\alpha}{V}$

Cálculo do α, a partir da expressão da constante de equilíbrio: $K_c = \frac{[HI]^2}{[H_2].[I_2]}$

$$\frac{\left(\frac{2\alpha}{V}\right)^2}{\left(\frac{1-\alpha}{V}\right)^2} = 49$$

Tirando a raiz quadrada: $\sqrt{\frac{\left(\frac{2\alpha}{V}\right)^2}{\left(\frac{1-\alpha}{V}\right)^2}} = \sqrt{49}$

$$\frac{2\alpha}{1-\alpha} = 7$$

α = 7/9

Cálculo da concentração das quantidades de matéria ($mol.L^{-1}$):

$[H_2] = \frac{1-\left(\frac{7}{9}\right)}{1} = 0{,}022\ mol.L^{-1}$

$[I_2] = \frac{1-\left(\frac{7}{9}\right)}{1} = 0{,}022\ mol.L^{-1}$

$[HI] = \frac{2.\left(\frac{7}{9}\right)}{1} = \frac{14}{9} = 1{,}56\ mol.L^{-1}$

Exemplo Aplicativo VIII

Um mol de H_2 e um mol de I_2 são misturados, a 500°C, as substâncias reagem até chegarem ao equilíbrio, em que se constata a presença de 0,20 mol de H_2 residual. Determine a constante de equilíbrio (K_c).

Resolução

Equação química: $H_{2(gás)} + I_{2(gás)} \rightleftarrows 2HI_{(gás)}$

Base de cálculo: 1 mol de H_2, 1 mol de I_2 no estado inicial. Tabela de equilíbrio químico:

	$H_{2(gás)}$ (mol)	$I_{2(gás)}$ (mol)	⇄	$2HI_{(gás)}$ (mol)
Início	1	1		0
Reage	α	α		2α
Equilíbrio	1 - α	1 - α		2α

Determinação das expressões das concentrações da quantidade de matéria ($mol.L^{-1}$):

$[H_2] = \frac{1-\alpha}{V}$

$[I_2] = \frac{1-\alpha}{V}$

$[HI] = \frac{2\alpha}{V}$

Pelo enunciado do problema, há 0,20 mol de cloro gasoso no equilíbrio. Diante dessa informação, será possível completar a tabela de equilíbrio químico, ficando da seguinte maneira:

	$H_{2(gás)}$ (mol)	$I_{2(gás)}$ (mol)	⇄	$2HI_{(gás)}$ (mol)
Início	1	1		0
Reage	α = 0,80	α = 0,80		2.(0,80) = 1,60
Equilíbrio	1 – α = 0,20	1 – α = 0,20		2α = 1,60

$[H_2] = \frac{0,20}{V}$; $[I_2] = \frac{0,20}{V}$ e $[HI] = \frac{1,60}{V}$

Cálculo da constante de equilíbrio em função da concentração da quantidade de matéria (K_c):

$$K_c = \frac{[HI]^2}{[H_2].[I_2]} = \frac{\left(\frac{1,60}{V}\right)^2}{\left(\frac{0,20}{V}\right)^2} = \frac{2,56}{0,04} = 64$$

Exemplo Aplicativo IX

Na reação de esterificação, um mol de ácido acético reage com um mol de álcool etílico, a temperatura igual a 25°C, e depois de um determinado tempo t, o equilíbrio é estabelecido quando estão presentes 2/3 mol de éster e 2/3 mol de água, ambos em equilíbrio. A partir desses dados, determine a constante de equilíbrio, Kc.

Resolução: Base de cálculo: 1 mol de ácido acético e 1 mol de álcool etílico. Tabela de equilíbrio químico:

	$CH_3COOH_{(aquoso)}$	$C_2H_5OH_{(aquoso)}$	$\rightleftarrows$	$CH_3COOC_2H_{5(aquoso)}$	$H_2O_{(líquido)}$
Início	1	1		0	0
Reage	α	α		α	α
Equilíbrio	1 - α	1 - α		α	α

Expressão da constante de equilíbrio (K_c): $K_c = \frac{[\text{éster}] \text{ x } [\text{água}]}{[\text{ácido}] \text{ x } [\text{álcool}]}$

Observa-se que no equilíbrio, estão presentes 2/3 mol de éster e 2/3 mol de água. Logo, a tabela de equilíbrio químico ficará estruturada da seguinte maneira:

	$CH_3COOH_{(aquoso)}$	$C_2H_5OH_{(aquoso)}$	$\rightleftarrows$	$CH_3COOC_2H_{5(aquoso)}$	$H_2O_{(líquido)}$
Início	1	1		0	0
Reage	2/3	2/3		2/3	2/3
Equilíbrio	1 – (2/3) = 1/3	1 – (2/3) = 1/3		2/3	2/3

Determinação das expressões das concentrações das quantidades de matéria ($mol.L^{-1}$):

$[CH_3COOH_{(aq)}] = \frac{1}{3V}$; $[C_2H_5OH_{(aq)}] = \frac{1}{3V}$; $[CH_3COOC_2H_{5(aq)}] = \frac{2}{3V}$ e $[H_2O_{(l)}] = \frac{2}{3V}$

Cálculo do valor da constante α, a partir da constante de equilíbrio em função da concentração da quantidade de matéria: $K_c = \frac{[\text{éster}] \text{ x } [\text{água}]}{[\text{ácido}] \text{ x } [\text{álcool}]} = \frac{\frac{2}{3V}\cdot\frac{2}{3V}}{\frac{1}{3V}\cdot\frac{1}{3V}} = 4,0$

Exemplo Aplicativo X

Em um recipiente de 1 litro, foram colocados 4 mols de H_2 e 4 mols de Cl_2, ambos gasosos. Em seguida, o recipiente foi aquecido a uma temperatura T, e logo em seguida se estabeleceu o seguinte equilíbrio químico: $H_{2(gás)} + Cl_{2(gás)} \rightleftarrows 2HCl_{(gás)}$, com uma constante de equilíbrio de 0,25. A partir dessas informações, determine:

a) determine as concentrações de todas as espécies químicas no equilíbrio;
b) calcule o valor de K_c da equação inversa;
c) calcule o valor de K_p da equação direta;
d) mantendo a temperatura constante, descreva o que se observa no valor de K_c, com o aumento da concentração de $Cl_{2(g)}$.

Resolução

Equação química: $H_{2(gás)} + Cl_{2(gás)} \rightleftarrows 2HCl_{(gás)}$

Base de cálculo: 4 mol para cada gás nos reagentes (H_2 e Cl_2)

Tabela de equilíbrio químico:

	$H_{2(gás)}$ (mol)	$Cl_{2(gás)}$ (mol)	⇄	$2HCl_{(gás)}$ (mol)
Início	4	4		0
Reage	α	α		2α
Equilíbrio	(4 – α)	(4 – α)		2α

Determinação das expressões das concentrações das quantidades de matéria (mol.L^{-1}):

$[H_2] = \frac{4-\alpha}{V}$; $[Cl_2] = \frac{4-\alpha}{V}$ e $[HCl] = \frac{2\alpha}{V}$

Cálculo do grau de dissociação (α), em função da concentração da quantidade de matéria:

$$K_c = \frac{[HCl]^2}{[H_2].[Cl_2]} = 0{,}25$$

$$\frac{\left[\frac{2\alpha}{V}\right]^2}{\left[\frac{4-\alpha}{V}\right]^2} = 0{,}25$$

Tirando a raiz quadrada da equação acima: $\sqrt{\frac{\left[\frac{2\alpha}{V}\right]^2}{\left[\frac{4-\alpha}{V}\right]^2}} = \sqrt{0{,}25}$

$$\frac{2\alpha}{(4-\alpha)} = 0{,}5$$

α = 0,80 (80%)

Cálculo das concentrações das quantidades de matéria (mol.L^{-1}), para cada espécie gasosa:

$[H_2] = \frac{(4-0{,}8)}{1} = 3{,}20 \text{ mol. L}^{-1}$

$[Cl_2] = \frac{(4-0{,}8)}{1} = 3{,}20 \text{ mol. L}^{-1}$

$[HCl] = \frac{2 \text{ x } (0{,}8)}{1} = 1{,}60 \text{ mol. L}^{-1}$

Item a) Cálculo da constante de equilíbrio inversa (Kc'): para a reação direta: $H_{2(gás)} + Cl_{2(gás)} \rightleftarrows 2HCl_{(gás)}$

$$K_c = \frac{[HCl]^2}{[H_2] \text{ x } [Cl_2]} = 0{,}25$$

Item b) Para a reação inversa: $2HCl_{(gás)} \rightleftarrows H_{2(gás)} + Cl_{2(gás)}$

$$K'_c = \frac{[H_2] \text{ x } [Cl_2]}{[HCl]^2} = \frac{1}{0{,}25} = 4$$

Item c) Primeira maneira de resolução:

Cálculo do número de mol total: $n_T = n_{H2} + n_{Cl2} + n_{HCl} = (4 - \alpha) + (4 - \alpha) + 2\alpha = 8$ mol

Determinação das expressões das pressões parciais:

Pressão Parcial do P_{H2}: $P_{H_2} = \frac{(4-\alpha)}{8}.p_T = \frac{(4-0{,}8)}{8}.p_T = \frac{3{,}2}{8}.p_T = 0{,}4.p_T$

Pressão Parcial do P_{Cl2}: $P_{Cl_2} = \frac{(4-\alpha)}{8}.p_T = \frac{(4-0,8)}{8}.p_T = \frac{3,2}{8}.p_T = 0,4.p_T$

Pressão Parcial do P_{HCl}: $P_{HCl} = \frac{(2\alpha)}{8}.p_T = \frac{(2 \times 0,8)}{8}.p_T = \frac{1,6}{8}.p_T = 0,2.p_T$

Cálculo da constante de equilíbrio em função das pressões parciais: $K_p = \frac{P_{HCl}^2}{P_{H_2} \times P_{Cl_2}} = \frac{(0,2 \times p_T)^2}{(0,4 \times p_T) \times (0,4 \times p_T)} = 0,25$

Segunda maneira de resolução: Sabendo que a relação entre K_p e K_c é dado pela seguinte equação química: $K_p = K_c \times (RT)^{\Delta n}$

Cálculo da variação do número de mol: $\Delta n = n_{produtos} - n_{reagentes} = 2 - (1 + 1) = 0$

$$\frac{K_p}{K_c} = (RT)^0 = 1$$

$$K_p = K_c$$

Conforme o enunciado do problema, $K_c = 0,25$, logo, $K_p = 0,25$

Item d) Como a temperatura é constante, a constante de equilíbrio químico (K_c) não muda, permanecendo constante.

Exemplo Aplicativo XI

Num recipiente de 10 litros, estão confinados e em equilíbrio, a uma temperatura de 1000 K e pressão do sistema reacional igual a 224 atm, 3,74 litros de N_2, 5,89 litros de H_2 e 0,37 litros de NH_3. Calcule o valor de K_c para a reação de síntese de amônia, nas condições experimentais.

Resolução

Equação química reversível: $N_{2(gás)} + 3H_{2(gás)} \rightleftarrows 2NH_{3(gás)}$.

Cálculo do volume molar nas condições experimentais apresentadas pelo problema:

$$V_{molar} = \frac{RT}{p} = \frac{0,08206 \times 1000}{224} = 0,37\ L.mol^{-1}$$

Cálculo do número de mol de cada espécie gasosa: $n_{N_2} = \frac{3,74\ L}{0,37\ L.mol^{-1}} = 10,11\ mol$

$$n_{H_2} = \frac{5,89\ L}{0,37\ L.mol^{-1}} = 15,92\ mol$$

$$n_{NH_3} = \frac{0,37\ L}{0,37\ L.mol^{-1}} = 1,0\ mol$$

Cálculo da concentração da quantidade de matéria de cada espécie gasosa:

$$[N_2] = \frac{10,11\ mol}{10\ L} = 1,01\frac{mol}{L}$$

$$[H_2] = \frac{15,92\ mol}{10\ L} = 1,59\frac{mol}{L}$$

$$[NH_3] = \frac{1,0\ mol}{10\ L} = 0,10\frac{mol}{L}$$

Cálculo da constante de equilíbrio em função da concentração da quantidade de matéria (K_c):

$$K_c = \frac{[NH_3]^2}{[N_2]\,x\,[H_2]^3}$$

$$K_c = \frac{(0{,}10)^2}{1{,}01\,x\,(1{,}59)^3} = 2{,}46\,x\,10^{-3}$$

Exemplo Aplicativo XII

Considere a seguinte mistura gasosa em equilíbrio, da reação de decomposição do pentacloreto de fósforo, conforme pode ser observado a partir da seguinte equação química: $PCl_{5(gás)} \rightleftarrows PCl_{3(gás)} + Cl_{2(gás)}$. Sabe-se que a pressão total dos gases em equilíbrio é de 1 atm e a densidade da mistura gasosa em gramas por litro é igual a 7,063 $g.L^{-1}$ a 300K. A partir dessa informação, determine os seguintes itens:

a) Determine o grau de dissociação do PCl_5.

b) Determine a pressão inicial do PCl_5, em atm.

Resolução

Equação química da decomposição do pentacloreto de fósforo: $PCl_{5(gás)} \rightleftarrows PCl_{3(gás)} + Cl_{2(gás)}$. Base de cálculo: n(mol) inicial de $PCl_{5(g)}$. Utilizando a tabela de equilíbrio químico:

	$PCl_{5(gás)}$	$\rightleftarrows$	$PCl_{3(gás)}$	$Cl_{2(gás)}$
Início	n		0	0
Reage	$n\alpha$		$n\alpha$	$n\alpha$
Equilíbrio	$n - n\alpha$		$n\alpha$	$n\alpha$

Item a) Cálculo do número de mol total (n_T): $n_T = n_{PCl5} + n_{PCl3} + n_{Cl2}$

$n_T = n$ ~~$- n\alpha + n\alpha$~~ $+ n\alpha$

$n_T = n + n\alpha = n.(1 + \alpha)$

Logo: $p_{total}\,x < MM > = d\,x\,R\,x\,T$

Substituindo os valores para a determinação do grau de dissociação (α), a expressão da densidade com relação à pressão fica da seguinte maneira:

$$1\,x\,(31 + 5\,x\,35{,}5) = 7{,}063\,x\,(1 + \alpha)\,x\,0{,}08206\,x\,(27 + 273)$$

$$\alpha = 0{,}20\ (20\%)$$

Item a) Cálculo da pressão inicial (P_0), utilizando a tabela de equilíbrio químico.

	$PCl_{5(gás)}$ (atm)	$\rightleftarrows$	$PCl_{3(gás)}$ (atm)	$Cl_{2(gás)}$ (atm)
Início	P_0		0	0
Reage	$P_0\alpha$		$P_0\alpha$	$P_0\alpha$
Equilíbrio	$P_0 - P_0\alpha$		$P_0\alpha$	$P_0\alpha$

Determinação da expressão da pressão total do sistema reacional (P_T):

$P_T = P_{PCl5} + P_{PCl3} + P_{Cl2}$

$P_T = P_0 - P_0\alpha + P_0\alpha + P_0\alpha$

$P_T = P_0 + P_0\alpha = P_0.(1 + \alpha)$

$$P_0 = \frac{P_{total}}{1 + \alpha}$$

$$P_0 = \frac{1}{1 + 0{,}20} = 0{,}83 \text{ atm}$$

Exemplo Aplicativo XIII

(GRILLO) A pressão parcial do dióxido de carbono na reação de decomposição do carbonato de cálcio é apresentada na seguinte equação a seguir: $CaCO_{3(sólido)} \rightleftharpoons CaO_{(sólido)} + CO_{2(gás)}$, sendo igual a 0,773 atm a 500°C. Calcule K_p para uma temperatura igual a 600°C para essa mesma reação de decomposição, sabendo que $\Delta H°$ é igual a 43,20 kcal x mol^{-1}.

Resolução

Equação química da decomposição térmica do carbonato de cálcio: $CaCO_{3(sólido)} \rightleftharpoons CaO_{(sólido)} + CO_{2(gás)}$

Para a resolução deste exemplo aplicativo XIII, será necessário aplicar a equação de Van´t Hoff, levando em consideração que a constante dos gases seja igual a 1,987 cal x mol^{-1} x K^{-1}.

$$\ln\left(\frac{0{,}773}{K_{p_2}}\right) = \frac{43200}{1{,}987} x \left\{\frac{1}{873} - \frac{1}{773}\right\}$$

$$\left(\frac{0{,}773}{K_{p_2}}\right) = \underbrace{e^{-3{,}22}}_{3{,}99 \times 10^{-2}}$$

$$K_{p_2} = 19{,}38$$

Exemplo Aplicativo XIV

(MESTRE JOÃO ROBERTO DA PACIÊNCIA NABUCO) Considere o seguinte processo químico, que acarreta na produção de vapor d´água e de cloro gasoso, conforme a equação química apresentada logo a seguir. $4HCl_{(gás)} + O_{2(gás)} \rightleftharpoons 2H_2O_{(vapor)} + 2Cl_{2(gás)}$, $\Delta H < 0$. Aplicando o princípio de Le Chatelier, indique os efeitos que afetam diretamente na concentração da quantidade de matéria do cloro gasoso.

Resolução

A partir do princípio de Le Chatelier, para maior produção de cloro gasoso, será necessário que o equilíbrio seja deslocado para a direita da reação direta, logo, podem ser aplicados ao sistema os seguintes princípios:

a) Aumentando a concentração da quantidade de matéria de cloreto de hidrogênio.
b) Aumentando a concentração da quantidade de matéria de oxigênio molecular.
c) Aumentando a pressão do sistema reacional, a qual representa a pressão total.
d) Diminuindo a temperatura do sistema reacional, uma vez que se trata de um processo exotérmico.

Para menor produção de cloro gasoso, será necessário que o equilíbrio seja deslocado para a esquerda da reação direta. Diante disso, temos os seguintes fatos:

a) Aumento da temperatura do sistema reacional;
b) Diminuição da pressão do sistema reacional.

Exemplo Aplicativo XV

(CONCURSO FEDERAL – PERITO CRIMINAL) O pentacloreto de fósforo é um composto químico de fórmula PCl_5. É um dos mais importantes cloretos de fósforo, outros sendo o PCl_3 e $POCl_3$. O PCl_5 é usado como um reagente de cloração e é preparado pela cloração do PCl_3. Essa reação foi usada para produzir aproximadamente 10 mil toneladas de PCl_5 no ano de 2.000. A reação é apresentada abaixo. Considere o seguinte sistema em equilíbrio: $PCl_{3(g)} + Cl_{2(g)} \rightleftarrows PCl_{5(g)}$ $\Delta H = -87{,}90$ kJ.mol^{-1}. Com base no texto acima e nos conhecimentos de equilíbrio químico, é correto afirmar que:
a) Um aumento na pressão do sistema favorece a formação de PCl_5.
b) A expressão da constante de equilíbrio para esta reação é $K = [PCl_3].[Cl_2]/[PCl_5]$.
c) Um aumento na temperatura do sistema provocará um deslocamento do equilíbrio para a direita.
d) A formação de PCl_5 é um processo endotérmico.
e) Uma diminuição na concentração de PCl_5 provocará um deslocamento do equilíbrio para a esquerda.

Resolução

Alternativa A.

Equação química de formação do pentacloreto de fósforo: $PCl_{3(gás)} + Cl_{2(gás)} \rightleftarrows PCl_{5(gás)}$, com uma variação da entalpia negativa, ou seja: $\Delta H = -\ 87,90\ kJ.mol^{-1}$. Para este valor de entalpia, o sistema se caracteriza como um processo exotérmico. Todas as análises efetuadas serão abordadas a partir dos conhecimentos do equilíbrio químico e dos princípios de Le Chatelier.

Item a) Verdadeiro. Com o aumento da pressão do sistema reacional o equilíbrio será deslocado para a direita, consequentemente havendo maior produção de pentacloreto de fósforo.

Item b) Falso. A expressão da constante de equilíbrio em função da concentração da quantidade de matéria é dada por: $K_{eq} = \frac{[PCl_5]}{[PCl_3]\ x\ [Cl_2]}$

Item c) Como o processo de síntese do pentacloreto de fósforo é exotérmico, aumentando a temperatura do sistema reacional o equilíbrio é deslocado para a esquerda, favorecendo tricloreto de fósforo e cloro gasoso.

Item d) Falso. A reação de síntese ou também conhecido como adição é um processo exotérmico, uma vez que a variação da entalpia é negativa.

Item e) Diminuindo a concentração da quantidade de matéria de pentacloreto de fósforo, o equilíbrio será deslocado para a direita.

Exemplo Aplicativo XVI

A dissociação do pentacloreto de fósforo acontece por meio desta equação química: $PCl_{5(gás)} \rightleftarrows PCl_{3(gás)} + Cl_{2(gás)}$. A uma temperatura de 250°C e pressão total de uma atmosfera, determine o grau de dissociação do pentacloreto de fósforo sabendo que sua densidade seja igual a 2,695 g/L. Além disso, determine os valores relacionados a K_c e K_p.

Resolução

Base de cálculo: n(mol) inicial de pentacloreto de fósforo.

	$PCl_{5(gás)}$ (mol)	$\rightleftarrows$	$PCl_{3(gás)}$ (mol)	$Cl_{2(gás)}$ (mol)
Início	n		0	0
Reage	nα		nα	nα
Equilíbrio	n – nα		nα	nα

Número de mol total: $n_{total} = n - n\alpha + n\alpha + n\alpha = n + n\alpha$

Substituindo os valores na equação que relaciona a pressão, o grau de dissociação e a densidade.

$$2,695 = \frac{1,0\ x\ 208,50}{(1+\alpha)\ x\ 0,08206\ x\ (250+273)}$$

$$\alpha = 1,80 - 1,0 = 0,80\ (80\%)$$

Cálculo das pressões parciais:

$$p_{PCl_5} = \frac{n(1-\alpha)}{n(1+\alpha)} x\ p_T = \frac{(1-\alpha)}{(1+\alpha)} x\ p_T = \frac{1-0,80}{1+0,80} x\ 1,0\ atm = 0,111\ atm$$

$$p_{PCl_3} = \frac{n\alpha}{n(1+\alpha)} x\ p_T = \frac{\alpha}{(1+\alpha)} x\ p_T = \frac{0,80}{1,80} x\ 1,0\ atm = 0,444\ atm$$

$$p_{Cl_2} = \frac{n\alpha}{n(1+\alpha)} x\ p_T = \frac{\alpha}{(1+\alpha)} x\ p_T = \frac{0,80}{1,80} x\ 1,0\ atm = 0,444\ atm$$

$$K_p = \frac{0{,}444 \times 0{,}444}{0{,}111} = 1{,}78$$

Cálculo da constante de equilíbrio em função da concentração da quantidade de matéria:

$$K_C = \frac{K_p}{(RT)^{\Delta n}}$$

$$K_C = \frac{1{,}78}{[0{,}08206 \times (250 + 273)]^{2-1}} = 4{,}15 \times 10^{-2}$$

Exemplo Aplicativo XVII

Abaixo são apresentadas três equações químicas com as respectivas entalpia e entropia de reação a 27°C e 1 atm. Analise-as separadamente e indique, em cada caso, se a 27°C e 1 atm a transformação é espontânea ou não.

I) $TiO_2 + 2Cl_2 \longrightarrow TiCl_4 + O_2$; $\Delta H = +\ 38{,}7$ kcal; $\Delta S = -\ 9{,}18$ cal.K^{-1}

II) $Fe_2O_3 + 2Al \longrightarrow 2Fe + Al_2O_3$; $\Delta H = -202{,}6$ kcal; $\Delta S = -\ 11{,}86$ cal.K^{-1}

III) $2HNO_3 \longrightarrow H_2 + N_2 + 3O_2$; $\Delta H = +\ 82{,}8$ kcal; $\Delta S = +\ 149{,}6$ cal.K^{-1}

Resolução

Item I) Analisando a primeira reação química: $TiO_2 + 2Cl_2 \longrightarrow TiCl_4 + O_2$

$\Delta H = +\ 38{,}7$ kcal; $\Delta S = -\ 9{,}18$ cal.K^{-1}

Substituindo os valores termodinâmicos na equação, temos: $\Delta G = \Delta H - T \times \Delta S$

$\Delta G = 38700 - (27 + 273) \times (-9{,}18)$

$\Delta G = +\ 41454 \frac{J}{mol}$ (Processo não espontâneo)

Item II) Analisando a segunda reação química: $Fe_2O_3 + 2Al \longrightarrow 2Fe + Al_2O_3$

$\Delta H = -202{,}6$ kcal; $\Delta S = -\ 11{,}86$ cal.K^{-1}

Substituindo os valores termodinâmicos na equação, temos: $\Delta G = \Delta H - T \times \Delta S$

$\Delta G = -202600 - (27 + 273) \times (-11{,}86)$

$\Delta G = -199042 \frac{J}{mol}$ (Processo espontâneo)

Item III) Analisando a terceira reação química: $2HNO_3 \longrightarrow H_2 + N_2 + 3O_2$
$\Delta H = +\ 82{,}8$ kcal; $\Delta S = +\ 149{,}6$ cal.K^{-1}

Substituindo os valores termodinâmicos na equação, temos:
$\Delta G = +82800 - (27 + 273) \times 149{,}6$

$\Delta G = +\ 37920 \frac{J}{mol}$ (Processo não espontâneo)

Conclusão: Item I) Processo não espontâneo; Item II) Processo espontâneo e Item III) Processo não espontâneo.

Exemplo Aplicativo XVI

O tetracloreto de carbono é um composto orgânico apolar, líquido à temperatura ambiente. Dentre outras aplicações, foi amplamente utilizado no século passado como solvente, como pesticida e na síntese de agentes refrigerantes. Seu emprego comercial, entretanto, foi progressivamente reduzido quando se tornaram evidentes os seus efeitos nocivos à saúde humana e ao meio ambiente. Estudos constataram que a inalação é a principal via de exposição ao tetracloreto de carbono pelos trabalhadores e pela população em geral em razão de sua pressão de vapor relativamente elevada e de sua lenta degradação no ambiente. Supondo que as energias livres padrão de formação (ΔG_f^0) do tetracloreto de carbono, nos estados líquido e vapor a 25°C, sejam – 68,6 kJ.mol^{-1} e – 64,0 kJ.mol^{-1} respectivamente, determine a sua pressão de vapor, à mesma temperatura, em função da constante **e** (número de neper).

Resolução

Analisando a formação de tetracloreto de carbono na fase líquida: $C_{(sólido)} + 2Cl_{2(gás)} \rightleftarrows CCl_{4(líquido)}$ Analisando a formação de tetracloreto de carbono na fase gasosa: $C_{(sólido)} + 2Cl_{2(gás)} \rightleftarrows CCl_{4(gás)}$

Determinação da variação da energia livre de Gibbs para a vaporização do tetracloreto de carbono, invertendo a equação de formação de tetracloreto de carbono na fase líquida.

$CCl_{4(líquido)} \rightleftarrows C_{(sólido)} + 2Cl_{2(g)}$ $\Delta G° = + 68,6\ kJ.mol^{-1}$

$C_{(sólido)} + 2Cl_{2(gás)} \rightleftarrows CCl_{4(gás)}$ $\Delta G° = - 64,0\ kJ.mol^{-1}$ +

$CCl_{4(líquido)} \rightleftarrows CCl_{4(gás)}$ $\Delta G° = + 4,6\ kJ.mol^{-1}$

Cálculo da pressão de vapor do tetracloreto de carbono: $CCl_{4(líquido)} \rightleftarrows CCl_{4(gás)}$

$$4600\frac{J}{mol} = -8,314\frac{J}{mol\ x\ K}x\ (25 + 273)\ x\ lnK_p$$

$$lnK_p = -\frac{4600}{2477,572} = -1,86$$

$$K_p = e^{-1,86}$$

Exemplo Aplicativo XVII

(GRILLO) Considere a seguinte tabela da energia livre de Gibbs padrão a 25°C (298 K).

Espécies químicas	$\Delta G^0_{reação}$ $(kJ\ x\ mol^{-1})$
Benzeno, $C_6H_{6(líquido)}$	+ 124,3
Dióxido de carbono, $CO_{2(gás)}$	- 394,4
Monóxido de carbono, $CO_{(gás)}$	-137,2
Água, $H_2O_{(líquido)}$	-237,1
Oxigênio, $O_{2(gás)}$	0
Diamante, $C_{(sólido)}$	+2,9
Grafite, $C_{(sólido)}$	0

Determine:

Item a) Calcular a energia de Gibbs padrão da reação $CO_{(gás)} + ½O_{2(gás)} \rightleftharpoons CO_{2(gás)}$, a 25°C.

$$\Delta G^0_{reação} = G^0_f[CO_{2(gás)}] - \left[G^0_f(CO_{(gás)}) + \frac{1}{2}x\ G^0_f(O_{2(gás)})\right]$$

$$\Delta G^0_{reação} = -394,4 - \left[-137,2 + \frac{1}{2}x\ 0\right] = -257,2\frac{kJ}{mol}$$

Item b) Considere que as pressões parciais dos participantes são as seguintes: 2,30 bar de monóxido de carbono, 1,75 bar de oxigênio e 3,78 bar de dióxido de carbono, calcule a variação da energia livre de Gibbs a 27°C. $\Delta G_{reação} = \Delta G^0_{reação} + R\ x\ T\ x\ lnQ$

$$\Delta G_{reação} = \Delta G^0_{reação} + R\ x\ T\ x\ ln\left\{\frac{\frac{P_{CO_2}}{p^0}}{\frac{P_{CO}}{p^0}x\frac{P_{O_2}^{\frac{1}{2}}}{p^0}}\right\}$$, em que $p^0 = 1,0$ bar.

$$\Delta G_{reação} = -257200 + 8{,}314 \times 300 \times \ln\left\{\frac{3{,}78}{2{,}30 \times (1{,}75)^{\frac{1}{2}}}\right\}$$

$$\Delta G_{reação} = -258752{,}43 \frac{J}{mol} \left(-258{,}75 \frac{kJ}{mol}\right)$$

c) Preveja três maneiras para uma maior produção de dióxido de carbono, a partir da aplicação direta do princípio de Le Chatelier. Equação química: $CO_{(gás)} + ½O_{2(gás)} \rightleftharpoons CO_{2(gás)}$

I) Aumento da pressão parcial de monóxido de carbono;
II) Aumento da pressão parcial do oxigênio molecular;
III) Aumento da pressão do sistema reacional (pressão total).

Exemplo Aplicativo XVIII

(CONCURSO PARA DOCENTE FEDERAL - INSTITUTO FEDERAL DA PARAÍBA - MODIFICADA) O silano, SiH_4, é o composto de silício análogo ao principal constituinte do gás natural, o metano, CH_4. Como o metano, o silano sofre combustão ao ar, a uma temperatura de 298K. O produto desta queima é a sílica, um sólido bastante diferente do dióxido de carbono. $SiH_{4(g)} + 2O_{2(g)} \longrightarrow SiO_{2(s)} + 2H_2O_{(g)}$. Qual o ΔG^o (em KJ/mol) para esta reação? Calcule a constante de equilíbrio para o processo proposto. Sabendo-se que as energias livres padrões de formação, a 25°C e 1 atm. são: Para: $SiO_{2(s)}$ = - 805 kJ.mol^{-1}; $SiH_{4(g)}$ = - 39 kJ. mol^{-1}; $H_2O_{(g)}$ = - 228 kJ. mol^{-1}.

Resolução

Equação química para o processo apresentado: $SiH_{4(gás)} + 2O_{2(gás)} \longrightarrow SiO_{2(sólido)} + 2H_2O_{(gás)}$

Cálculo da variação da energia livre de Gibbs da reação:

$$\Delta G^0_{reação} = 1 \times G^0_{SiO_2} + 2 \times G^0_{H_2O} - 1 \times G^0_{SiH_4} - 2 \times G^0_{O_2}$$

$$\Delta G^0_{reação} = 1 \times (-805) + 2 \times (-228) - 1 \times (-39) - 2 \times 0 = -1222 \frac{kJ}{mol}$$

Cálculo da constante de equilíbrio para o processo descrito: $\Delta G^0_{reação} = -1222000 \frac{J}{mol}$

$$-R \times T \times \ln K_{eq} = -1222000 \frac{J}{mol}$$

$$\ln K_{eq} = \frac{-1222000}{-8{,}314 \times 298} = 0{,}493$$

$$K_{eq} = e^{+493}$$

EXERCÍCIO DE FIXAÇÃO - Estudo do Equilíbrio Químico

Questão 01

Considere uma amostra gasosa de pentacloreto de fósforo pesando 2,69 gramas sendo colocado em um recipiente de volume igual a um litro. A temperatura regulada deste recipiente foi igual a 250°C e a pressão regulada foi de uma atmosfera. A reação reversível está descrita a seguir: $PCl_{5(gás)} \rightleftharpoons PCl_{3(gás)} + Cl_{2(gás)}$. A partir de todas estas informações, determine as pressões parciais de todos os participantes gasosos na reação química.

Questão 02

A decomposição térmica do pentacloreto de fósforo gasoso ocorre segundo a seguinte equação química balanceada: $PCl_{5(gás)} \rightleftharpoons PCl_{3(gás)} + Cl_{2(gás)}$. Determine a expressão da densidade (d) em função do grau de dissociação (α) da mistura gasosa.

Questão 03

Na reação $N_{2(gás)} + O_{2(gás)} \rightleftarrows 2NO_{(gás)}$ - 43000 cal. Dizer o efeito sobre o seu equilíbrio, por:

a) aumento de temperatura à pressão constante;

b) diminuição de pressão à temperatura constante;

c) aumento de concentração de O_2;

d) diminuição de concentração de N_2;

e) aumento de concentração de NO;

f) presença de um catalisador.

Questão 04

Uma amostra de IBr de massa 8,28 gramas é aquecida a 227°C em um recipiente de 0,25 litros decompondo-se parcialmente em iodo e bromo. Sabendo-se que ao atingir o equilíbrio, em fase gasosa, a pressão parcial do bromo é de 3,08 atmosferas, calcule o valor da constante de equilíbrio.

Questão 05

A constante de equilíbrio do processo $A_{(sólido)} + 2B_{(gás)} \rightleftarrows 2C_{(gás)}$. Tem um valor numérico igual a 0,64. Que concentração de "C" estará em equilíbrio com 0,1 $mol.L^{-1}$ de "A" e 0,5 $mol.L^{-1}$ de "B"?

Questão 06

Descreva a equação química balanceada para o preparo de propionato de metila em um laboratório de química. Também mencione como a reação pode ser acelerada e como o seu rendimento pode ser aumentado.

Questão 07

A reação $N_2O_{4(gás)} \rightleftarrows 2NO_{2(gás)}$ é endotérmico, com $\Delta H° = + 56,9$ kJ.

a) Aponte o que acontece com a quantidade de NO_2 para as seguintes variações:

I) Adição de N_2O_4;

II) Abaixamento da pressão por aumento de volume do recipiente;

III) Aumento da temperatura;

IV) Adição de um catalisador ao sistema.

b) Indique, dentre as variações apresentadas no item anterior, o que altera o valor de K_c. Justifique sua resposta.

Questão 08

O processo de produção de amônia (NH_3), a partir dos gases hidrogênio (H_2) e nitrogênio (N_2), foi de difícil desenvolvimento e demandou vários anos de estudo. Este método recebeu o nome de processo Haber-Bosch, em homenagem aos seus idealizadores. A equação química abaixo descreve a síntese da amônia: $3/2H_{2(gás)} + ½N_{2(gás)} \rightleftarrows NH_{3(gás)}$. Supondo que os gases nitrogênio e hidrogênio sejam colocados em um reator fechado, onde não ocorra nenhuma troca de matéria com a vizinhança e na presença de um catalisador apropriado, responda as questões que se seguem:

a) Considerando o princípio de Le Chatelier, descreva qual será a nova situação do equilíbrio químico no interior do reator, se sua pressão interna for duplicada.

b) Calcule a pressão que 17 gramas do gás amônia exercem em um reator de volume igual a 5 L e operando a 427°C.

Questão 09

Em um recipiente fechado, mantido a temperatura constante de 700 K, foram introduzidos 0,450 mol de dióxido de carbono e 0,450 mol de hidrogênio. Após certo tempo, estabeleceu-se o equilíbrio, aparecendo como espécies novas monóxido de carbono e vapor d'água. Foram então adicionados 0,500 mol de uma mistura equimolecular dos reagentes. Calcule a nova composição de equilíbrio, sabendo-se que nessas condições $K_c = 0,160$.

Questão 10

Para a reação $H_{2(gás)} + I_{2(gás)} \rightleftarrows 2HI_{(gás)}$, tem-se $K_p^{448°C} = 50,0$ e $K_p^{350°C} = 66,9$. Calcule $\Delta H°$ para essa reação.

Questão 11

Em um balão fechado e sob temperatura de 27°C, $N_2O_{4(gás)}$ está em equilíbrio com $NO_{2(gás)}$. A pressão total exercida pelos gases dentro do balão é igual a 1,0 atm, nestas condições, $N_2O_{4(gás)}$ encontra-se 20% dissociado.

a) Determine o valor da constante de equilíbrio para a reação de dissociação do $N_2O_{4(gás)}$. Mostre os cálculos realizados.

b) Para a temperatura de 27°C e pressão total dos gases dentro do balão igual a 0,10 atm, determine o grau de dissociação do $N_2O_{4(gás)}$. Mostre os cálculos realizados.

Questão 12

O método de Haber para a produção de amônia é baseado no estabelecimento do seguinte equilíbrio $N_{2(gás)} + 3H_{2(gás)} \rightleftarrows 2NH_{3(gás)}$; a partir de misturas de nitrogênio e hidrogênio comprimido. Pensando em alguns aspectos do problema, poderia se chegar à conclusão de que é mais interessante trabalhar em temperaturas mais baixas. Pensando em outros aspectos, poderia se chegar à conclusão contrária. Discuta o problema envolvido em um e em outro caso.

Questão 13

Em 1914, trabalhando com ligas de ferro como catalisadores, Fritz Haber e colaboradores conseguiram sintetizar a amônia a partir de seus elementos, H_2 e N_2. Este processo, conhecido hoje como processo Haber-Bosch, tornou a Alemanha pré-Primeira Guerra independente na fabricação de explosivos a base de nitrato. Este catalisador mudou o caminho da história, fazendo da Alemanha uma grande potência militar no começo do século XX. Nos dias de hoje, decorridos quase 100 anos, o processo Haber-Bosch ainda é fundamental na fabricação de amônia, e o catalisador utilizado possui a mesma composição básica. Num reator com volume de 200 litros, foram colocados 75 mol de gás nitrogênio, 180 mol de gás hidrogênio e 10 mol de gás amônia. Após certo tempo, verificou-se que o sistema atingiu o equilíbrio. A temperatura registrada neste momento foi de 25°C e observou-se que 50 mol de gás nitrogênio foram consumidos na reação.
a) Calcule o valor da constante de equilíbrio K_c na referida temperatura.
b) Explique que efeito teria a adição de 2,5 kg de catalisador nas concentrações das espécies em equilíbrio.
c) Que efeito teria o aumento da pressão nas concentrações das espécies em equilíbrio?

Questão 14

(GRILLO) Considere a síntese de uma reação hipotética $A_{2(gás)} + B_{2(gás)} \rightleftarrows 2AB_{(gás)}$, em que as constantes de equilíbrio apresentam os seguintes valores em diferentes temperaturas, $K_p^{650°C} = 99{,}0$ e $K_p^{225°C} = 44{,}9$. A partir dessas informações, preveja se esta reação de síntese é endotérmica ou exotérmica.

Questão 15

As espécies químicas A e B reagem segundo a reação representada pela seguinte equação química: $2A + B \rightleftarrows 4C$. Numa temperatura fixa, as espécies são colocadas para reagir em um recipiente com volume constante. A figura abaixo mostra como a concentração das espécies químicas A, B e C varia com o tempo.

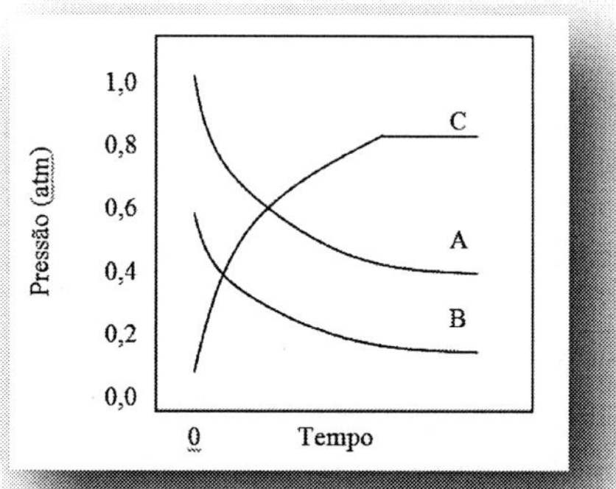

A partir da análise desta figura, determine a constante de equilíbrio, K_p, para esta reação.

Questão 16

Abaixo, tem-se a equação não balanceada da reação de dióxido de enxofre com cloro para a produção de óxido de dicloro: $SO_{2(gás)} + Cl_{2(gás)} \longrightarrow OSCl_{2(gás)} + Cl_2O_{(gás)}$.
a) Escreva a equação balanceada desta reação.
b) Considerando a equação balanceada, uma redução do volume do recipiente, mantendo as quantidades de reagentes, favorecia ou desfavorecia a produção de $Cl_2O_{(g)}$? Justifique.
c) Nesta reação, que elemento é oxidado e que elemento é reduzido?
d) Enumere todos os compostos envolvidos nesta reação, em ordem crescente de velocidade de efusão.

Questão 17

Considere a reação: $AB_{2(gás)} + A_{(sólido)} \rightleftarrows 2AB_{(gás)}$. Atingido o equilíbrio nas CNTP, a fase gasosa apresenta fração molar de AB_2 igual a 0,1. Em que pressão, à mesma temperatura, a fração molar de AB na fase gasosa, no equilíbrio, seria igual a 0,8?

Questão 18

O tetracloreto de carbono é um composto orgânico apolar, líquido à temperatura ambiente. Dentre outras aplicações, foi amplamente utilizado no século passado como solvente, como pesticida e na síntese de agentes refrigerantes. Seu emprego comercial, entretanto, foi progressivamente reduzido quando se tornaram evidentes os seus efeitos à saúde humana e ao meio ambiente. Estudos constataram que a inalação é a principal via de exposição ao tetracloreto de carbono para trabalhadores e para a população em geral, em razão de sua pressão de vapor relativamente elevada e de sua lenta degradação no ambiente. Supondo que as energias livres padrão de formação ($\Delta G°_f$) do tetracloreto de carbono, nos estados líquido e vapor a 25°C, sejam – 68,6 $kJ.mol^{-1}$ e – 64,0 $kJ.mol^{-1}$ respectivamente, determine a sua pressão de vapor, à mesma temperatura, em função da constante e (número de neper).

Questão 19

A reação de desidrogenação do etano a eteno, conduzida a 1060 K, tem constante de equilíbrio K_p igual a 1,0. Sabendo-se que a pressão da mistura racional no equilíbrio é igual a 1,0 atm, determine:

a) a pressão parcial, em atmosferas, do eteno no equilíbrio.

b) a fração de etano convertido a eteno.

Questão 20

A reação dada pela equação abaixo: $CH_3COOH + C_2H_5OH \rightleftarrows CH_3COOC_2H_5 + H_2O$ tem constante de equilíbrio (K_c) igual a 4,00 a temperatura de 100°C. Calcule as concentrações de equilíbrio em mol por litro de cada componente, partindo da condição inicial de 120,0 gramas de ácido acético e de 92,0 gramas de etanol, a um volume V do sistema.

Questão 21

Tomou-se uma amostra de 130 gramas de zinco metálico para reagir com uma solução aquosa diluída de ácido clorídrico em quantidade estequiométrica. Dessa reação, observou-se a formação de gás, que foi aquecido a 227°C e transportado para um balão fechado de cinquenta litros. Esse balão continha, inicialmente, iodo em fase gasosa a 227°C e 3,28 atm. Após o equilíbrio, verificou-se que a constante de equilíbrio K_c a 227°C é igual a 160. Considerando que a temperatura permaneceu constante durante o processo, determine a pressão final total no balão.

Questão 22

Um cilindro de volume V contém as espécies A e B em equilíbrio químico representado pela seguinte equação: $A_{(gás)} \rightleftarrows 2B_{(gás)}$. Inicialmente, os números de mols de A e de B são, respectivamente, iguais a n_{A1} e n_{B1}. Realiza-se, então, uma expansão isotérmica do sistema até que o seu volume duplique (2V) de forma que os números de mols de A e de B passem a ser, respectivamente, n_{A2} e n_{B2}. Demonstrando o seu raciocínio, apresente a expressão algébrica que relaciona o número final de mols de B (n_{B2}) unicamente com n_{A1}, n_{A2} e n_{B1}.

Questão 23

O pentacloreto de fósforo é obtido pela reação de tricloreto de fósforo e cloro segundo a seguinte equação química, $PCl_{3(gás)} + Cl_{2(gás)} \rightleftarrows PCl_{5(gás)}$. Sabe-se, por outro lado, que o pentacloreto de fósforo tende a dissociar-se nas respectivas matérias-primas, sendo a extensão dessa reação medida pelo grau de dissociação (α), definido como:

$$\alpha = \frac{\text{Quantidade de mol dissociada}}{\text{Quantidade inicial de mol}}$$

Pede-se:

a) O grau de dissociação do PCl_5 a temperatura de 250°C e sob pressão de 1,0 atm, se a densidade da mistura gasosa no equilíbrio é de 2,695 $g.L^{-1}$.

b) A constante de equilíbrio (K_p) da reação de dissociação nessa temperatura.

c) A pressão total do sistema gasoso a 250°C para um grau de dissociação de 30%.

Questão 24

Um recipiente fechado contém o sistema gasoso, representado pela equação: $2SO_{2(gás)} + O_{2(gás)} \rightleftarrows 2SO_{3(gás)}$.

a) Calcular o valor da constante de equilíbrio, em termos de concentrações (K_c), considerando que 4 mol.L^{-1} de SO_2 reagem com 2 mol.L^{-1} de O_2, obtendo-se, no equilíbrio, 2 mol.L^{-1} de SO_3.

b) Calcular o valor da constante de equilíbrio, em termos de pressões parciais (K_p), considerando o recipiente sob pressão de 3 atm, cuja composição no equilíbrio é de 0,8 mol de SO_2, 0,4 mol de O_2 e 0,8 mol de SO_3.

Questão 25

Uma mistura de 11,02 mmol de H_2S e 5,48 mmol de CH_4 foi colocada em um reator com um catalisador de platina e, o equilíbrio, $H_2S_{(gás)} + CH_{4(gás)} \rightleftarrows H_{2(gás)} + CS_{2(gás)}$, foi estabelecido em 700°C e 762 torr. Retirou-se o catalisador da mistura reacional e em seguida a mistura foi resfriada. Através de análises no equilíbrio encontrou-se 0,711 mmol de CS_2. Determine:

a) as frações molares de cada substância envolvida;
b) as porcentagens molares;
c) as pressões parciais;
d) K_p e o $\Delta G°$ para a reação em 700°C.

Questão 26

Mostre que para o seguinte equilíbrio químico, representado pela equação química $N_2O_{4(gás)} \rightleftarrows 2NO_{2(gás)}$, que a constante K_p é dada pela seguinte relação $K_p = \frac{4\alpha^2}{(1-\alpha^2)} \text{ x } p_{TOTAL}$.

Questão 27

Uma amostra de $XCl_{3(g)}$ de 0,0343 mol é adicionada em um recipiente com capacidade de 1,50 litros. O recipiente é selado e aquecido a 100°C, e com isso, o equilíbrio foi estabelecido através da seguinte equação química: $2XCl_{3(gás)} \rightleftarrows 2X_{(gás)} + 3Cl_{2(gás)}$. No equilíbrio, a pressão no recipiente é igual a 0,800 atm.

a) Calcule a pressão de $XCl_{3(g)}$ no recipiente a 100°C se não ocorre reação.
b) Calcule a pressão parcial no equilíbrio de P_{XCl3}, P_X e P_{Cl2}.
c) Determine o valor a 100°C do K_p e $\Delta G°$ em kJ.mol^{-1}.
d) Calcule o valor de K_c a 100°C.

Questão 28

Em um recipiente de dois litros, que se encontrava completamente vazio, sob vácuo, foi colocada uma amostra de 10,0 gramas de PCl_5. Em seguida, a amostra foi aquecida a 500 K, ocorrendo a decomposição do PCl_5, conforme a equação química: $PCl_{5(gás)} \rightleftarrows PCl_{3(gás)} + Cl_{2(gás)}$. Sabendo que, no equilíbrio, a pressão medida no recipiente foi de 1,551 atm e que todos os gases envolvidos são de comportamento ideal, calcule a constante de equilíbrio na reação de decomposição do PCl_5.

Questão 29

Dentro de um forno, mantido numa temperatura constante, temos um recipiente contendo 0,50 mol de $Ag_{(sólido)}$, 0,20 mol de $Ag_2O_{(sólido)}$ e oxigênio gasoso exercendo uma pressão de 0,20 atm. As três substâncias estão em equilíbrio químico. Caso a quantidade de $Ag_2O_{(s)}$ dentro do recipiente, na mesma temperatura, fosse 0,40 moles, a pressão, em atmosferas, do oxigênio no equilíbrio seria:

a) 0,10
b) 0,20
c) 0,40
d) $(0,20)^{1/2}$
e) 0,80

Questão 30

Dada a reação química abaixo que ocorre na ausência de catalisadores, $H_2O_{(gás)} + C_{(sólido)} + 31,40kcal \rightleftarrows CO_{(gás)} + H_{2(gás)}$ pode-se afirmar:

a) O denominador da expressão da constante de equilíbrio é $[H_2O] \times [C]$;
b) Se for adicionado mais monóxido de carbono ao meio reacional, o equilíbrio se desloca para a direita;
c) O aumento da temperatura da reação favorece a formação dos produtos;
d) Se fossem adicionados catalisadores, o equilíbrio iria se deslocar tendo em vista uma maior formação de produtos;
e) O valor da constante de equilíbrio é independente da temperatura.

Questão 31

Entre as reações abaixo, seguidas das respectivas constantes de equilíbrio, assinale aquela que uma vez atingido o equilíbrio, a partir das quantidades estequiométricas dos reagentes, pode ser considerada a mais completa no sentido da esquerda para a direita:

a) $CH_3COOH_{(aq)} \rightleftarrows H^+_{(aq)} + CH_3COOH^-_{(aq)}$ $K_c = 1{,}8 \times 10^{-5}$
b) $CdS_{(s)} \rightleftarrows Cd^{+2}_{(aq)} + S^{-2}_{(aq)}$ $K_c = 7{,}1 \times 10^{-28}$
c) $H^+_{(aq)} + HS^-_{(aq)} \rightleftarrows H_2S_{(aq)}$ $K_c = 1{,}0 \times 10^7$
d) $2\ HI_{(g)} \rightleftarrows H_{2(g)} + I_{2(g)}$ $K_c = 9{,}0$
e) $CO_{2(g)} + H_{2(g)} \rightleftarrows CO_{(g)} + H_2O_{(g)}$ $K_c = 67$

Questão 32

Considere a reação, em equilíbrio, que consiste na produção de dióxido de cloro, conforme apresentado no seguinte sistema reacional: $Cl_{2(gás)} + 2NaClO_{4(sólido)} \rightleftarrows 2ClO_{2(gás)} + 2NaCl_{(sólido)}$. Nessa situação, assinale a alternativa correta:

a) A adição de mais clorito de sódio ao sistema desloca o equilíbrio da reação, de forma a produzir mais alvejante gasoso.
b) A razão entre as constantes de equilíbrio $\frac{K_p}{K_c}$ é igual a 0,0820568 x T, em que T é a temperatura do sistema reacional, medida em Kelvin.
c) A retirada parcial de cloreto de sódio do sistema desloca o equilíbrio da reação, de forma a produzir menos alvejante.
d) A constante de equilíbrio K_p é igual a constante de equilíbrio K_c.
e) Para duas diferentes temperaturas do sistema reacional, desde que elevadas e compatíveis com a manutenção do equilíbrio, o valor numérico da constante de equilíbrio K_p é o mesmo, mantendo inalterada a produção de alvejante gasoso.

Questão 33

As opções a seguir se referem a equilíbrios químicos que foram estabelecidos dentro de cilindros providos de êmbolo. Se o volume interno em cada cilindro for reduzido à metade, a temperatura permanecendo constante, em qual das opções a seguir o ponto de equilíbrio será alterado?

a) $H_{2(g)} + I_{2(g)} \rightleftarrows 2HI_{(g)}$
b) $CaCO_{3(s)} \rightleftarrows CaO_{(s)} + CO_{2(g)}$
c) $PbS_{(s)} + O_{2(g)} \rightleftarrows Pb_{(s)} + SO_{2(g)}$
d) $CH_{4(g)} + 2O_{2(g)} \rightleftarrows CO_{2(g)} + 2H_2O_{(g)}$
e) $Fe_2O_{3(s)} + 3CO_{(g)} \rightleftarrows 2Fe_{(s)} + 3CO_{2(g)}$

Questão 34

Dentro de um recipiente fechado, de volume V, se estabelece o seguinte equilíbrio: $N_{2(gás)} + 3H_{2(gás)} \rightleftarrows 2NH_{3(gás)}$; K_C. As quantidades (mol) de N_2, H_2 e NH_3 no equilíbrio são, respectivamente, n_{N2}, n_{H2} e n_{NH3}. Assinale a opção que contém a expressão que representa corretamente a constante K_C para o equilíbrio equacionado acima:

a) $\frac{n_{NH_3}^2}{n_{H_2}^3 \times n_{N_2}}$

b) $\frac{n_{NH_3} \times V}{n_{H_2} \times n_{N_2}}$

c) $\frac{n_{NH_3}^2 \times V^2}{n_{H_2}^3 \times n_{N_2}}$

d) $\frac{n_{H_2}^3 \times n_{N_2}}{n_{NH_3}^2 \times V^2}$

e) $\frac{4 \times n_{NH_3}^2 \times V^2}{27 \times n_{H_2}^3 \times n_{N_2}}$

Questão 35

(GRILLO) Em uma temperatura de aproximadamente igual a 27°C, o tetróxido de dinitrogênio se dissocia em dióxido de nitrogênio com um grau de dissociação igual a 40%, quando a pressão do sistema reacional for igual a 1,0 atm. A partir das informações apresentadas, determine a constante de equilíbrio em função das pressões parciais e o grau de dissociação quando a pressão do sistema reacional for desta vez igual a 0,10 atm à mesma temperatura.

Questão 36

(GRILLO) Calcule o volume em bases percentuais de cloro gasoso quando esta espécie se encontra em equilíbrio com o pentacloreto de fósforo sob uma pressão total igual a 1,50 atm e constante de equilíbrio em função das pressões parciais igual a 0,202.

Questão 37

(MESTRE JOÃO ROBERTO DA PACIÊNCIA NABUCO) Considere as seguintes reações químicas reversíveis apresentadas a seguir:

a) $2SO_{3(g)} + Q_1 \rightleftarrows 2SO_{2(g)} + O_{2(g)}$

b) $2NO_{2(g)} \rightleftarrows N_2O_{4(g)} + Q_2$

c) $2HI_{(g)} \rightleftarrows H_{2(g)} + I_{2(g)} + Q_3$

d) $CO_{(g)} + H_2O_{(g)} \rightleftarrows CO_{2(g)} + H_{2(g)} + Q_4$. Onde Q_1, Q_2, Q_3 e Q_4 são as quantidades de calor em $kcal.mol^{-1}$. Através do princípio de Le Chatelier, em que sentido é deslocado o equilíbrio:

I) Quando aumenta a pressão do sistema, mantendo a temperatura constante.

II) Quando diminui a temperatura do sistema, mantendo a pressão constante.

Questão 38

Carbamato de amônio sólido (NH_2COONH_4) decompõe-se em amônia e dióxido de carbono, ambos gasosos. Considere que uma amostra de carbamato de amônio sólido esteja em equilíbrio químico com $CO_{2(g)}$ e $NH_{3(g)}$ na temperatura de 50°C, em recipiente fechado e volume constante. Assinale a opção correta que apresenta a constante de equilíbrio em função da pressão total P, no interior do sistema.

a) 3P

b) $2P^2$

c) P^3

d) $\frac{2}{9} \text{x}\, P^2$

e) $\frac{4}{27} \text{x}\, P^3$

Questão 39

Calcular a constante de equilíbrio K_p, à temperatura T, do sistema $H_2O_{(vapor)} \rightleftharpoons 2H_{2(gás)} + O_{2(gás)}$, sabendo que nessa temperatura existem, em equilíbrio, 7 mols de vapor d'água, 1 mol de oxigênio e 2 mols de hidrogênio. Qual é a unidade de medida de K_p, neste caso?

Questão 40

Um recipiente fechado, mantido a volume e temperatura constantes, contém a espécie química X no estado gasoso a pressão inicial P_0. Esta espécie decompõe-se em Y e Z de acordo com a seguinte equação química: $X_{(g)} \rightarrow 2Y_{(g)} + \frac{1}{2}Z_{(g)}$. Admita que X, Y e Z tenham comportamento de gases ideais. Assinale a opção que apresenta a expressão correta da pressão (P) no interior do recipiente em função do andamento da reação, em termos da fração α de moléculas de X que reagiram.

a) $P = \left[1 + \left(\frac{1}{2}\right).\alpha\right].P_0$

b) $P = \left[1 + \left(\frac{2}{2}\right).\alpha\right].P_0$

c) $P = \left[1 + \left(\frac{3}{2}\right).\alpha\right].P_0$

d) $P = \left[1 + \left(\frac{4}{2}\right).\alpha\right].P_0$

e) $P = \left[1 + \left(\frac{5}{2}\right).\alpha\right].P_0$

Questão 41

(GRILLO) Prove que a pressão total do sistema reacional com grau de dissociação igual a 50% do pentacloreto de fósforo a 350°C é igual a três vezes maior que a constante de equilíbrio em função da pressão total.

Questão 42

Num recipiente de volume constante igual a 1,00 litro, inicialmente evacuado, foi introduzido 1,00 mol de pentacloreto de fósforo gasoso e puro. O recipiente foi mantido a 250°C e no equilíbrio final foi verificada a existência de 0,47 mol de gás cloro. Qual das opções a seguir contém o valor aproximado da constante (K_c) do equilíbrio estabelecido dentro do cilindro e representado pela seguinte equação química: $PCl_{5(gás)} \rightleftarrows PCl_{3(gás)} + Cl_{2(gás)}$.

a) 0,179
b) 0,22
c) 0,42
d) 2,38
e) 4,52

Questão 43

A reação de síntese do metanol a partir do gás d'água é representada por: $CO_{(gás)} + 2H_{2(gás)} \rightleftarrows CH_3OH_{(gás)}$ + calor. Com base no princípio de Le Chatelier é possível prever como, partindo de uma certa quantidade de CO, pode-se aumentar a quantidade de metanol gasoso resultante do equilíbrio. Abaixo são dadas algumas alterações que poderiam contribuir para esse aumento. Uma delas não está relacionada com o princípio de Le Chatelier. Qual é?

a) Aumento da quantidade de hidrogênio a volume constante
b) Acréscimo de catalisador para a reação
c) Diminuição da temperatura do sistema
d) Aumento da pressão sobre o sistema
e) Condensação do metanol à medida que ele se forma

Questão 44

Considere a reação de dissociação do $N_2O_{4(gás)}$ representada pela segunda equação: $N_2O_{4(gás)} \rightleftarrows 2NO_{2(gás)}$. Assinale a opção correta que relaciona a fração percentual (α) de $N_2O_{4(g)}$ dissociado com a pressão total (P) e com a constante de equilíbrio em termos de pressão (K_p).

a) $\alpha = \sqrt{\frac{K_p}{4p + K_p}}$

b) $\alpha = \sqrt{\frac{4p + K_p}{K_p}}$

c) $\alpha = \frac{K_p}{2p + K_p}$

d) $\alpha = \frac{2p + K_p}{K_p}$

e) $\alpha = \frac{K_p}{2 + p}$

Questão 45

Quantidades iguais de $H_{2(gás)}$ e $I_{2(gás)}$ foram colocadas em um frasco, com todo o sistema à temperatura T, resultando na pressão total de 1 bar. Verificou-se que houve a produção de $HI_{(g)}$, cuja pressão parcial foi de 22,8 kPa. Assinale a alternativa que apresenta o valor que mais se aproxima do valor correto da constante de equilíbrio desta reação.

a) 0,295
b) 0,350
c) 0,490
d) 0,590
e) 0,700

Questão 46

O princípio de Le Chatelier pode ser enunciado assim: "se um sistema em equilíbrio é sujeito a uma perturbação, ocorre um deslocamento do equilíbrio, que tende a minimizar a perturbação imposta". Assim, podemos esperar um deslocamento para a direita, na(s) seguinte(s) reação(ões), se a mistura de gases é comprimida:

I) $H_2 + I_2 \rightleftarrows 2HI$
II) $N_2 + 3H_2 \rightleftarrows 2NH_3$
III) $CO + NO_2 \rightleftarrows CO_2 + NO$
IV) $N_2O_4 \rightleftarrows 2NO_2$
a) II
b) II e IV
c) I e III
d) IV
e) todas

Questão 47

Num recipiente, mantido a pressão e temperatura ambiente, foram introduzidas 1,00 mol de etanol, x mol de ácido acético, um pouco de um catalisador adequado e um solvente inerte para que o volume final da mistura homogênea líquida fosse 5,0 litros. Nestas condições se estabelece o equilíbrio correspondente à equação química: $C_2H_5OH_{(SOLV)} + CH_3COOH_{(SOLV)} \rightleftarrows CH_3COOC_2H_{5(SOLV)} + H_2O_{(SOLV)}$. A constante de equilíbrio é 4,0 na temperatura ambiente. Uma vez atingido o equilíbrio, verifica-se que o sistema contém 0,50 mol de acetato de etila. Destas informações podemos concluir que a quantidade **x** inicial posta de ácido acético é:

a) 0,25
b) 0,38
c) 0,50
d) 0,63
e) 0,75

Questão 48

Num cilindro com pistão móvel provido de torneira conforme figura ao lado, se estabeleceu o equilíbrio:

$N_2O_{4(gás)} \rightleftarrows 2NO_{2(gás)}$; K_c

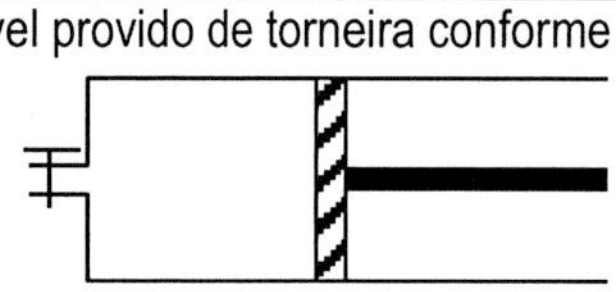

Mantendo a temperatura constante, pode-se realizar as seguintes modificações:
I) Reduzir o volume, por deslocamento do pistão.
II) Introduzir mais $NO_{2(g)}$ pela torneira, o pistão permanecendo fixo.
III) Introduzir mais $N_2O_{4(g)}$ pela torneira, o pistão permanecendo fixo.
IV) Introduzir Argônio pela torneira, o pistão permanecendo fixo. Qual ou quais das alternativas acima irá ou irão provocar deslocamento do equilíbrio para a esquerda, isto é, irá acarretar a produção de mais $N_2O_{4(g)}$ dentro do cilindro?
a) Apenas (I)
b) Apenas (III)
c) Apenas (I) e (II)
d) Apenas (II) e (IV)

e) Apenas (I), (II) e (III)

Questão 49

Considere o equilíbrio $2HI_{(gás)} \rightleftarrows H_{2(gás)} + I_{2(gás)}$, K_c sabe-se que a reação no sentido da esquerda para a direita é endotérmica na faixa de temperatura considerada. Assinale a afirmação incorreta:

a) o valor da constante de equilíbrio a 500°C será maior que o valor a 250°C

b) se $[H_2]$ for aumentada por acréscimo de iodo, [HI] também aumentará

c) o equilíbrio será deslocado para a direita se a pressão for aumentada

d) o equilíbrio não será afetado pela adição de um catalisador

e) das afirmações no enunciado também segue que: $½H_{2(g)} + ½I_{2(g)} \rightleftarrows HI_{(g)}$, $K'_c = (1/K_c)^{1/2}$

Questão 50

Recomenda-se aos fumantes que abandonem o vício, já que, dentre os vários produtos formados pela queima do fumo está o monóxido de carbono. Esse composto não reage com a água, pois se trata de um óxido neutro; porém, reage com a hemoglobina que existe no sangue, impedindo-a de transportar o oxigênio para as várias partes do organismo. De acordo com a OMS, em ambientes fechados, o monóxido de carbono à concentração de 10% é fatal em dois minutos. (Adaptado de "Época", 09/06/2003). O equilíbrio se estabelece com base na reação $HmO_{2(aquoso)} + CO_{(gás)} \rightleftarrows HmCO_{(aquoso)} + O_{2(gás)}$, sendo o valor de K = 210. Estima-se que os pulmões de um fumante estejam expostos a uma concentração de monóxido de carbono igual a $2,2 \times 10^{-6}$ $mol.L^{-1}$ e de gás oxigênio igual a $8,8 \times 10^{-3}$ $mol.L^{-1}$. Nesse caso, a razão entre a concentração de hemoglobina ligada ao monóxido de carbono [HmCO] e a concentração de hemoglobina ligada ao oxigênio $[HmO_2]$ é de:

a) $5,75 \times 10^{-2}$

b) $5,25 \times 10^{-2}$

c) $2,50 \times 10^{-2}$

d) $4,50 \times 10^{-3}$

e) $4,00 \times 10^{-3}$

Questão 51

Em um recipiente fechado tem-se o seguinte equilíbrio: $N_2O_{4(gás)} \rightleftarrows 2NO_{2(gás)}$, com um $\Delta H = + 58,2$ kJ. A concentração de $NO_{2(g)}$, no equilíbrio, aumentará se:

a) A temperatura do recipiente for aumentada

b) O volume do recipiente for diminuído

c) Se a pressão do sistema for aumentada

d) Se um gás inerte for adicionado

e) A temperatura do recipiente for diminuído

Questão 52

Considere a equação termoquímica que representa o equilíbrio químico em um sistema fechado: $4HCl_{(gás)} + O_{2(gás)} \rightleftarrows 2H_2O_{(vapor)} + 2Cl_{2(gás)}$; $\Delta H = -114$ kJ. É correto afirmar que:

a) A quantidade de Cl_2 aumenta com o aumento da temperatura do sistema

b) A quantidade de Cl_2 aumenta com a diminuição da pressão total do sistema

c) A quantidade de Cl_2 aumenta com a adição de um agente higroscópico do sistema

d) A quantidade de Cl_2 aumenta com a adição de NaOH ao sistema

Questão 53

Dada a expressão da Lei de Equilíbrio, retirada de dados experimentais, $K = [O_2]^{-3}$, assinale a opção de qual reação ela pertence:

a) $4Al_{(s)} + 3O_{2(g)} \rightleftarrows 2Al_2O_{3(s)}$

b) $3N_{2(g)} + 3O_{2(g)} \rightleftarrows 6NO_{(g)}$

c) $C_3H_6O_{3(l)} + 3O_{2(g)} \rightleftarrows 3CO_{2(g)} + 3H_2O_{(l)}$

d) $6NO_{(g)} + 3O_{2(g)} \rightleftarrows 6NO_{2(g)}$

e) $2Al_2O_{3(s)} \rightleftarrows 4Al_{(s)} + 3O_{2(g)}$

Questão 54

A constante de equilíbrio em termos das concentrações (K_C) de $NO_{2(gás)}$ e $N_2O_{4(gás)}$ a 298 K é 1,70, enquanto a constante de equilíbrio em termos de pressões parciais (K_p) é $6,7 \times 10^{-5}$ para unidade em Pascal (Pa) ou 6,8 em atmosfera (atm). Escreva as expressões para as constantes de equilíbrio K_C e K_p para esta reação e, considerando a equação de Clapeyron, deduza a relação entre K_C e K_p.

Questão 55

Dadas as seguintes reações e suas constantes de equilíbrio, a 25°C:

$N_{2(gás)} + O_{2(gás)} \rightleftarrows 2NO_{(gás)}$ $K_{C1} = 4{,}1 \times 10^{-31}$

$N_2O_{(gás)} + ½O_{2(g)} \rightleftarrows 2NO_{(gás)}$ $K_{C1} = 1{,}7 \times 10^{-13}$

Calcule K_c, para a reação abaixo: $N_{2(gás)} + ½O_{2(gás)} \rightleftarrows N_2O_{(gás)}$ (T = 25°C)

a) $K_c = 5{,}8 \times 10^{-18}$
b) $K_c = 2{,}4 \times 10^{-18}$
c) $K_c = 5{,}9 \times 10^{12}$
d) $K_c = 2{,}4 \times 10^{-12}$
e) $K_c = 3{,}4 \times 10^{18}$

Questão 56

A redução de magnetita por hidrogênio, em alto-forno, é um dos principais processos de obtenção de ferro. Esta reação ocorre segundo a equação (não balanceada) abaixo: $Fe_3O_{4(sólido)} + H_{2(gás)} \rightleftarrows Fe_{(sólido)} + H_2O_{(gás)}$. Se esta reação é efetivada a 200°C, sob pressão total de 1,50 atmosferas e com $K_p = 5{,}30 \times 10^{-6}$, a pressão parcial de hidrogênio é de:

a) 0,80 atm
b) 1,00 atm
c) 1,26 atm
d) 1,43 atm
e) 1,62 atm

Questão 57

Uma mistura reacional que consiste de 0,4 mol de H_2 e 1,6 mol de I_2 foi colocado num frasco de 3,0 L e aquecidos a 300°C. No equilíbrio, 60% do gás hidrogênio tinha reagido. Qual é a constante de equilíbrio K para a reação nessa temperatura?

a) 1,1
b) 0,20
c) 13,0
d) 0,51
e) 11,0

Questão 58

Na reação de esterificação, um mol de ácido acético reage com um mol de álcool etílico, a temperatura igual a 25°C, e depois de um determinado tempo t, o equilíbrio é estabelecido quando estão presentes 2/3 mol de éster e 2/3 mol de água, ambos no equilíbrio. A partir destes dados, determine a constante de equilíbrio, Kc.

Questão 59

(EXAME NACIONAL DOS ESTUDANTES - ENADE) A 700°C e 1 atm, a constante de equilíbrio para a reação $C_{(s,\ grafite)} + H_2O_{(gás)} \rightleftarrows CO_{(gás)} + H_{2(gás)}$ é igual a 1,6. Nessas condições, ao atingir o equilíbrio, qual a fração molar aproximada de hidrogênio na fase gasosa?

a) 0,12
b) 0,26
c) 0,33
d) 0,44
e) 0,55

Questão 60

A constante cinética para a decomposição do $(CH_3)_2O$ é igual a $2{,}30 \times 10^{-3}\ s^{-1}$ a uma temperatura de aproximadamente igual a 500°C. A reação é realizada em um reator a volume constante. Inicialmente a pressão parcial do $(CH_3)_2O$ é igual a 0,365 atm. Determine a pressão do sistema após 6,50 minutos. Considere o sistema reacional com comportamento ideal. $(CH_3)_2O_{(gás)} \rightleftarrows CH_{4(gás)} + H_{2(gás)} + CO_{(gás)}$

Questão 61

Em um recipiente de 1 litro, foram colocados 4 mols de H_2 e 4 mols de Cl_2, ambos gasosos. Em seguida, o recipiente foi aquecido a uma temperatura T, e logo em seguida se estabeleceu o seguinte equilíbrio químico: $H_{2(gás)} + Cl_{2(gás)} \rightleftarrows 2HCl_{(gás)}$, com uma constante de equilíbrio de 0,25. A partir destas informações, determine:

a) Determine as concentrações de todas as espécies químicas no equilíbrio;

b) Calcule o valor de K_c da equação inversa;

c) Calcule o valor de K_p da equação direta;

d) Mantendo a temperatura constante, descreva o que se observa no valor de K_c, com o aumento da concentração de $Cl_{2(gás)}$.

Questão 62

(GRILLO) Considere a reação de síntese da amônia, representada pela seguinte equação química balanceada: $½N_{2(gás)} + 3/2H_{2(gás)} \rightleftarrows NH_{3(gás)}$, apresentando constante de equilíbrio igual a $1{,}45 \times 10^{-2}$ a 350°C e $3{,}95 \times 10^{-1}$ a 450°C. A partir desta informação, determine o valor da variação da entalpia padrão ($\Delta H°$) e faça uma análise a partir do princípio de Le Chatelier, o que ocorre com o sistema caso haja uma diminuição da temperatura deste sistema reacional.

Questão 63

Apesar do nitrogênio (N_2) ser o gás mais abundante na composição da atmosfera da Terra, esse elemento na sua forma diatômica é muito pouco reativo. Para reagir com o oxigênio gasoso ele precisa de grande quantidade de energia sob forma de altas temperaturas e pressões ou uma via catalítica adequada. Para além da conversão bioquímica que ocorre em organismos especialmente adaptados à fixação do nitrogênio, na natureza a oxidação do nitrogênio ocorre apenas nas descargas elétricas das trovoadas. Fazendo os óxidos de nitrogênio compostos em geral pouco comuns. Esta situação alterou-se profundamente em regiões industrializadas com a presença de motores a explosão. Nesses motores, as pressões e temperaturas criadas no interior dos cilindros levam à oxidação do nitrogênio do ar injetado, formando uma complexa mistura de óxidos de nitrogênio, em geral designados por N_xO_y, que é libertada para a atmosfera com os gases de escape. São estes gases que, reagindo com os componentes da atmosfera, em particular com a água, formam ácido nitroso (HNO_2) e ácido nítrico (HNO_3), ácidos fortes que contribuem poderosamente para a acidificação da chuva. Pela queima de combustíveis fósseis a altas pressões e temperaturas na presença de nitrogênio do ar, temos que na câmara de combustão dos motores, ocorre a reação: $N_{2(gás)} + O_{2(gás)} \longrightarrow 2NO_{(gás)}$ $K_{c1} = 2{,}3 \times 10^{-19}$

O óxido de nitrogênio formado é instável nas condições atmosféricas normais, e na presença de oxigênio do ar, produz o dióxido de nitrogênio: $NO_{(gás)} + ½O_{2(gás)} \longrightarrow NO_{2(gás)}$ $K_{c2} = 3{,}0 \times 10^6$.

A baixas temperaturas, o dióxido de nitrogênio dimeriza e se converte em tetróxido de dinitrogênio. Ambos, em contato com a umidade ou água de chuva se transforma em ácido nítrico e nitroso, responsáveis pela chuva ácida. $2NO_{2(gás)} \longrightarrow N_2O_{4(gás)}$ $K_{c3} = 2{,}2 \times 10^2$

O valor da constante de equilíbrio para a reação de formação do tetróxido de dinitrogênio, $N_{2(gás)} + 2O_{2(gás)} \longrightarrow N_2O_{4(gás)}$ é:

a) $7{,}5 \times 10^{-11}$

b) $1{,}5 \times 10^{-10}$

c) $3{,}0 \times 10^{-4}$

d) $4{,}5 \times 10^{-4}$

e) $2{,}2 \times 10^2$

Questão 64

Um método de produção de cianeto de hidrogênio é a nitrogenação do acetileno em fase gasosa, de acordo com a equação não balanceada: $N_2 + C_2H_2 \rightleftarrows HCN$. À temperatura de 300 K, nas concentrações de 1 mol.L^{-1}, 2 mol.L^{-1} e 0,1 mol.L^{-1}, para N_2, C_2H_2 e HCN, respectivamente, o sistema está em equilíbrio. Calcule o valor da constante de equilíbrio para esse processo a 300 K.

a) 0,005

b) 0,05

c) 0,2

d) 20

e) 200

Questão 65

Em um processo pirometalúrgico, foram aquecidos quatro mols de XCl_3, num recipiente fechado, com capacidade de um litro. Atingido o equilíbrio, o PCl_5 estava 90% dissociado em XCl e Cl_2. Calcular a constante de equilíbrio em função da concentração da quantidade de matéria (K_c) e também em função das pressões parciais (K_p) a 727°C.

Questão 66

N_2O_4 e NO_2, gases poluentes do ar, encontram-se em equilíbrio, como indicado: $N_2O_{4(gás)} \rightleftarrows 2NO_{2(gás)}$. Em uma experiência, nas condições ambientes, introduziu-se 1,5 mol de $N_2O_{4(g)}$ em um reator de 2,0 litros. Estabelecido o equilíbrio, a concentração de $NO_{2(gás)}$ foi de 0,06 mol.L^{-1}. Qual o valor da constante, em termos da concentração, desse equilíbrio?

a) $2{,}4 \times 10^{-3}$
b) $4{,}8 \times 10^{-3}$
c) $5{,}2 \times 10^{-3}$
d) $8{,}3 \times 10^{-3}$
e) $5{,}0 \times 10^{-3}$

Questão 67

Considere que um mol de H_2 e um mol de I_2 estejam confinados em um reator de um litro a 457°C. Diante desta informação, determine a concentração de cada substância no equilíbrio, sabendo que a sua constante de equilíbrio é igual a 49.

Questão 68

A equação a seguir representa um processo de obtenção do antranilato de metila, largamente utilizado como flavorizante de uva em balas e chicletes.

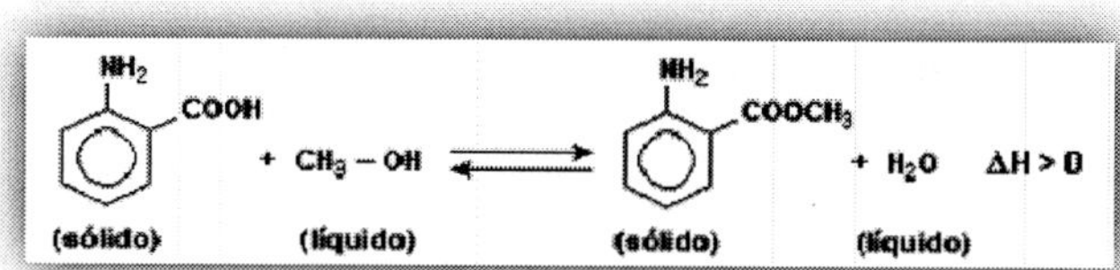

Quando realizado em condições adequadas, o processo atinge o equilíbrio após um determinado período de tempo. Com o objetivo de aumentar o rendimento na produção, foram propostas as seguintes ações:

I) aumento da temperatura
II) aumento da pressão
III) adição de água
IV) retirada de água

A opção mais adequada para este objetivo seria a conjunção das ações:

a) I e II
b) I e IV
c) II e III
d) III e IV
e) I, II e IV

Questão 69

Para a reação $SO_{2(gás)} + Cl_{2(gás)} \rightleftarrows SO_2Cl_{2(gás)}$ a uma temperatura particular, K_c = 55,5. Se 1 mol de $SO_{2(gás)}$ e 1 mol de $Cl_{2(g)}$ são colocados em um recipiente de 10,0 L, qual será a concentração de $SO_2Cl_{2(gás)}$ ao se atingir o equilíbrio?

a) 0,055 mol.L^{-1}
b) 0,034 mol.L^{-1}
c) 0,13 mol.L^{-1}
d) 0,84 mol.L^{-1}
e) 0,066 mol.L^{-1}

Questão 70

Para a seguinte reação $NO_{(gás)} + CO_{(gás)} \rightleftarrows \frac{1}{2}N_{2(gás)} + CO_{2(gás)}$, com ΔH = - 374 kJ. As condições que favorecem a máxima conversão de reagentes em produtos são:

a) Baixa temperatura e alta pressão

b) Baixa temperatura e baixa pressão
c) Alta temperatura e baixa pressão
d) Alta temperatura e alta pressão
e) Apenas alta temperatura

Questão 71

Em um recipiente fechado de 5,00 litros foram introduzidos 1,00 mol de gás nitrogênio e mesma quantidade de gás hidrogênio. A reação para formação de amônia, de acordo com o processo Haber, entra em equilíbrio na temperatura de 17°C. No equilíbrio é encontrado 0,400 mol de gás hidrogênio. Qual o valor de K_p para esse processo?
a) $1,28 \times 10^{-2}$
b) $1,38 \times 10^{-1}$
c) 3,91
d) 7,24
e) 78,1

Questão 72

Dois experimentos foram realizados a volume constante e à temperatura T. No primeiro, destinado a estudar a formação do gás fosgênio, as pressões parciais encontradas no equilíbrio foram 0,130 atm para o cloro, 0,120 atm para o monóxido de carbono e 0,312 atm para o fosgênio. No segundo, estudou-se a dissociação de n mols de fosgênio de acordo com a reação: $COCl_{2(gás)} \rightleftarrows CO_{(gás)} + Cl_{2(gás)}$, sendo a pressão total P, no equilíbrio a 1 atm. Calcule o grau de dissociação α do fosgênio após o equilíbrio ser alcançado.

Questão 73

A respeito da reação reversível $N_{2(gás)} + 3H_{2(gás)} \rightleftarrows 2NH_{3(gás)}$ e levando em conta os princípios que regem a síntese de amoníaco, são feitas as seguintes afirmações:

I) O princípio de Le Chatelier prevê que um aumento na pressão total da mistura gasosa deve deslocar o equilíbrio acima para o lado direito;
II) É constante, para cada valor de temperatura, a relação $K = \frac{[NH_3]}{[N_2]^{1/2}.[H_2]^{3/2}}$, onde [ ] representa a concentração de equilíbrio da espécie considerada.
III) No processo industrial de preparação do amoníaco, empregam-se catalisadores cuja função é reduzir o tempo para o estabelecimento do equilíbrio.
IV) Os gases que entram em contato com o catalisador não devem conter certas impurezas como H_2S que poderiam desativar o catalisador.
V) A síntese industrial do amoníaco constitui um processo contínuo em que a mistura dos gases reagentes, em proporção estequiométrica, entra no reator, que já contém o catalisador, e sai dele parcialmente convertida em amoníaco. Das afirmações feitas são verdadeiras:
a) Apenas I, II e III
b) Apenas I, III e V
c) Apenas II e IV
d) Apenas IV e V
e) Todas

Questão 74

Considere as seguintes reações químicas e respectivas constantes de equilíbrio:
$N_{2(gás)} + O_{2(gás)} \rightleftarrows 2NO_{(gás)}$ K_1
$2NO_{(gás)} + O_{2(gás)} \rightleftarrows 2NO_{2(gás)}$ K_2
$NO_{2(gás)} \rightleftarrows \frac{1}{2}N_{2(gás)} + O_{2(gás)}$ K_3

Então, K_3 é igual a:
a) $\frac{1}{K_1 \times K_2}$
b) $\frac{1}{2 \times K_1 \times K_2}$

c) $\frac{1}{4 \times K_1 \times K_2}$

d) $\left[\frac{1}{(K_1 \times K_2)}\right]^{1/2}$

e) $\left[\frac{1}{(K_1 \times K_2)}\right]^{2}$

Questão 75

Num recipiente de 10 litros, estão confinados e em equilíbrio a 1000 K e pressão do sistema reacional igual a 224 atm, 3,74 litros de N_2, 5,89 litros de H_2 e 0,37 litros de NH_3. Calcule o valor da constante de equilíbrio (K_c) para a reação de síntese de amônia, nas condições experimentais.

Questão 76

Amoníaco gasoso pode ser obtido por síntese a partir de reagentes gasosos. Qual das afirmações relativas à síntese é incorreta, considerando que é uma reação exotérmica e irreversível?

a) A equação química representativa da síntese é: $NH_{3(gás)} + H_2O_{(vapor)} \rightleftarrows NH_4OH_{(gás)}$

b) Quanto maior a pressão da mistura gasosa, maior a quantidade de amoníaco obtida a partir de determinada massa da mistura reagente, se o equilíbrio for atingido.

c) Quanto menor a temperatura da mistura gasosa, maior a quantidade de amoníaco obtida a partir de determinada massa da mistura reagente, se o equilíbrio for atingido.

d) Quanto maior a concentração de um reagente, maior a quantidade de amoníaco obtida a partir de determinada massa do outro reagente, se o equilíbrio for atingido.

e) É possível converter integralmente em amoníaco uma mistura estequiométrica dos reagentes, se o produto for eliminado do sistema à medida que ele se forma.

Questão 77

Dada a reação: $2SO_{2(gás)} + O_{2(gás)} \rightleftarrows 2SO_{3(gás)}$. A constante de equilíbrio desta reação pode ser expressa em K_c e K_p. Qual a relação entre K_p e K_c para esta reação?

a) $K_p = K_c$

b) $K_p = K_c \times (RT)^{-1}$

c) $K_p = K_c \times (RT)^{1/2}$

d) $K_p = K_c \times (RT)^2$

e) $K_p = K_c \times (RT)$

Questão 78

Foram colocados n_1 mol de N_2O_4 num recipiente de volume constante a uma dada temperatura T. Ao se estabelecer o equilíbrio, segundo a equação: $N_2O_{4(gás)} \rightleftharpoons 2NO_{2(gás)}$, 20% do N_2O_4 estavam dissociados. A adição de mais n_2 mol de N_2O_4, a mesma temperatura, provocou uma variação na pressão total de equilíbrio de 2,14 atm, ficando o N_2O_4 apenas 10% dissociado. Determine o valor da constante de equilíbrio para esta reação, na temperatura T.

Questão 79

Supondo que a seguinte reação ocorra por meio de um mecanismo de uma única etapa elementar nas duas direções: $A + 2B \rightleftarrows AB_2$. Sendo k_1 e k_2 as constantes, a uma determinada temperatura, para as reações direta e inversa, respectivamente, assinale a alternativa correta:

a) $\frac{k_1}{k_2} = K = \frac{[AB_2]}{[A] \times [B]^2}$

b) $\frac{k_1}{k_2} = K = \frac{[A] \times [B]^2}{[AB_2]}$

c) $\frac{k_2}{k_1} = K = \frac{[AB_2]^2}{[A] \times [B]}$

d) $\frac{k_2}{k_1} = K = \frac{[A] \times [B]^2}{[AB_2]^2}$

e) $k_2 + k_1 = K^{-1} = \frac{[AB_2]}{[A] \times [B]^2}$

Questão 80

O grau de dissociação do cloro a 1600 K e 1,01325 x 10^5 Pa é 0,071. Quais os valores de K_p e K_c para a reação $Cl_{2(gás)} \rightleftarrows 2Cl_{(gás)}$, supondo comportamento ideal.

Questão 81

Analise os sistemas em equilíbrio a seguir:
Sistema I: $N_{2(gás)} + O_{2(gás)} \rightleftarrows 2NO_{(gás)}$ $K_c = 1,0 \times 10^{-30}$, a 25°C.
Sistema II: $N_{2(gás)} + 3H_{2(gás)} \rightleftarrows 2NH_{3(gás)}$ $K_c = 5,0 \times 10^8$, a 25°C.
A alternativa correta em função das constantes de equilíbrio e dos fatores que podem provocar deslocamentos dos equilíbrios é:
a) Em I, aumentando-se a pressão externa sobre o sistema, desloca-se o equilíbrio no sentido da produção de NO
b) Em I, as $[N_2]$ e $[O_2]$ no equilíbrio são muito pequenas se comparadas com a [NO]
c) Em II, aumentando-se a pressão parcial do N_2, desloca-se o equilíbrio no sentido da produção de NH_3
d) Em II, a adição de um catalisador metálico, desloca o equilíbrio no sentido do consumo de H_2
e) Em II, a concentração de NH_3 no equilíbrio, é muito pequena se comparada às concentrações de N_2 e H_2

Questão 82

Considerando a reação abaixo, em equilíbrio, num recipiente de 2,0 litros: $2H_2S_{(gás)} \rightleftarrows 2H_{2(gás)} + S_{2(gás)}$. Observa-se o equilíbrio e verificam-se que estão presentes 1,0 mol de gás sulfídrico, 0,20 mol de gás hidrogênio e 0,80 mol de enxofre gasoso. Com base nos dados acima, qual o valor da constante de equilíbrio, K_c, da reação?
a) 1,60 x 10^{-2}
b) 1,25 x 10^{1}
c) 3,20 x 10^{-2}
d) 6,25 x 10^{1}
e) 8,00 x 10^{-2}

Questão 83

Quando o cloreto de amônio é aquecido em um recipiente fechado, ele atinge o equilíbrio em amônia e gás clorídrico, conforme a equação: $NH_4Cl_{(sólido)} \rightleftarrows NH_{3(gás)} + HCl_{(gás)}$. Determinou-se que, no equilíbrio, em um recipiente de 5,0 litros, há 2 mol de amônia, X mol de HCl e 1 mol de NH_4Cl, a 500°C. Sabendo-se que $K_c = 0,16$, o valor de X vale:
a) 0,08
b) 0,4
c) 1,0
d) 2,0
e) 2,5

Questão 84

A reação 2A + 3B $\rightleftarrows$ C + 2D, onde todas as substâncias se encontram no estado gasoso, ocorre com perda de calor. Após certo tempo, o sistema entra em equilíbrio. Indique a alternativa que apresenta três maneiras de aumentar a produção de C e D.
a) Utilizar um catalisador, aumentar a pressão e aumentar a concentração de A
b) Reduzir a concentração de B, aumentar a temperatura e reduzir a pressão
c) Utilizar um catalisador, aumentar o volume e aumentar a temperatura
d) Aumentar a concentração de C, reduzir o volume e aumentar a temperatura
e) Aumentar a concentração de A, aumentar a pressão e reduzir a temperatura

Questão 85

Em um copo se estabelece o seguinte equilíbrio heterogêneo: $Ag^+_{(aq)} + Cl^-_{(aq)} \longrightarrow AgCl_{(c)}$. Com relação à possibilidade de se deslocar este equilíbrio para a direita, mantendo a temperatura constante, são feitas as seguintes sugestões:
I) Acrescentar $AgCl_{(c)}$;
II) Retirar uma parte do $AgCl_{(c)}$;

III) Acrescentar um pouco de $NaCl_{(c)}$;
IV) Acrescentar água;
V) Evaporar água.
Das sugestões acima irá(ão) deslocar, efetivamente, o equilíbrio no sentido desejado apenas:
a) III
b) I e IV
c) II e III
d) III e V
e) II, III e V

Questão 86

Considere Y a quantidade (em mol) de iodo dissolvido em 100 mL de água, X um solvente praticamente imiscível em água e K (120) a constante de partição do iodo entre o solvente e a água a 25ºC. Assinale a alternativa correta para o volume do solvente X necessário para extrair 90% do iodo contido inicialmente em 100 mL de água.
a) 7,5 mL
b) 9,0 mL
c) 12 mL
d) 100 mL
e) 120 mL

Questão 87

(GRILLO) Considere a reação reversível que representa o equilíbrio do carbonato de cálcio, segundo a equação química representada a seguir: $Sn_{(sólido)} + H_{2(gás)} + calor \rightleftarrows H_2O_{(vapor)} + \frac{1}{2}Sn_{(fundido)}$. Analise a quantidade de estanho na fase sólida quando acontece os seguintes casos:
a) For adicionado estanho fundido, $Sn_{(fundido)}$.
b) Adição de um catalisador específico para este processo.
c) Aumentando a quantidade de vapor d´água.
d) Aumentando a temperatura do sistema.

Questão 88

(GRILLO) Considere a reação reversível para a seguinte equação química apresentada a seguir: $NO_{2(gás)} + \frac{1}{2}O_{2(gás)} \rightleftarrows NO_{3(gás)}$ + calor. Analise através do princípio de Le Chatelier, os seguintes itens apresentados a seguir:
a) Diminuir a pressão parcial do dióxido de nitrogênio
b) Aumentar a temperatura do sistema
c) Aumentar a pressão total do sistema
d) Aumentar a pressão parcial do trióxido de nitrogênio

Questão 89

(GRILLO) Considere a reação reversível que representa o equilíbrio do carbonato de cálcio, segundo a equação química representada a seguir: $CaCO_{3(sólido)} + calor \rightleftarrows CaO_{(sólido)} + CO_{2(gás)}$. Analise a quantidade de carbonato de cálcio caso:
a) For adicionado monóxido de cálcio
b) Adição de um catalisador específico para este processo
c) Aumentando a quantidade de dióxido de carbono
d) Aumentando o volume do recipiente
e) Aumentando a temperatura do sistema

Questão 90

Considerando o sistema em equilíbrio de água líquida, gelo e vapor d'água, pede-se o número de componentes e o número de graus de liberdade do sistema. Justifique as respostas.

Questão 91

A um recipiente fechado contendo CO_2 a 0,40 atm e 1000 K, foi adicionado grafite. Calcular o valor da constante de equilíbrio, para a pressão total no sistema de 0,75 atm, sabendo que ocorreu formação de monóxido de carbono.

Questão 92

Aqueceram-se dois mols de PCl_5, num recipiente fechado, com capacidade de dois litros. Atingido o equilíbrio, o PCl_5 estava 40% dissociado em PCl_3 e Cl_2. Calcular a constante de equilíbrio.

Questão 93

A um recipiente fechado, mantido a temperatura constante, foi introduzido CO e água em quantidades tais que suas pressões parciais eram iguais e valiam 0,856 atm cada uma. Após certo tempo, há formação de dióxido de carbono e hidrogênio gasoso, estabelecendo o equilíbrio com pressão parcial de monóxido de carbono igual a 0,580 atm. Determine a constante de equilíbrio em função das pressões parciais.

Questão 94

Em um processo de esterificação a partir de um mol de ácido acético reagindo com um mol de álcool etílico, a 25°C, o equilíbrio é estabelecido com a constante de equilíbrio (K_c) igual a 4,0. A partir desta informação, determine o número de mol da cada espécie química no equilíbrio químico.

Questão 95

(MESTRE JOÃO ROBERTO DA PACIÊNCIA NABUCO) A pressão parcial do CO_2 na reação $CaCO_{3(sólido)} \rightleftharpoons CaO_{(sólido)} + CO_{2(gás)}$ é 0,773 mm à 500°C. Calcule K_p para uma temperatura igual a 600°C para esta mesma reação, sabendo que $\Delta H°$ é igual a 43,20 kcal x mol^{-1}.

Questão 96

A densidade de uma mistura em equilíbrio de tetróxido de dinitrogênio em dióxido de nitrogênio, a uma atmosfera (1 atm) e temperatura de aproximadamente igual a 348 K é igual a 1,84 g x L^{-1}. A partir da informação apresentada, calcule K_c e K_p.

Questão 97

A combustão de etano produz dióxido de carbono e água líquida a 25°C.

a) Escreva a equação para esta reação.

b) Sabendo que $\Delta H°_{combustão}$ para o etano sob estas condições é -1560 $kJ.mol^{-1}$ de etano, calcule:

i) $\Delta H°_f$ para o etano; Dado:

	$\Delta H°$ ($kJ.mol^{-1}$)
$CO_{2(g)}$	- 393,5
$H_2O_{(l)}$	- 285,8

ii) A energia de ligação para a ligação C = O.

	Energia de ligação ($kJ.mol^{-1}$)
C - C	347
H - C	413
H - O	164
O = O	195

c) Sabendo que $\Delta G°$ = - 1467,5 $kJ.mol^{-1}$. Calcule $\Delta S°$ para esta reação em $J.mol^{-1}.K^{-1}$.

Questão 98

(CONCURSO PÚBLICO PARA DOCENTE FEDERAL) A ureia, utilizada como fertilizante, pode ser produzida através da reação de amônia líquida com o CO_2 gasoso, em um reator de síntese, ocorrendo inicialmente a formação do carbamato de amônio que posteriormente se decompõe parcialmente em ureia e água. O carbamato de amônio não reagido é decomposto em amônia e CO_2 num processo endotérmico segundo a equação: $N_2H_6CO_{2(s)} \longrightarrow 2NH_{3(g)} + CO_{2(g)}$ Em relação ao equilíbrio apresentado, a reação de decomposição do carbamato é favorecida pela:

a) diminuição da temperatura.

b) diminuição de pressão

c) adição de um catalisador

d) diminuição do volume do reator

e) adição de gás amônia

Questão 99

Dado: $C_{(grafite)} + CO_{2(gás)} \longrightarrow 2CO_{(gás)}$. ΔH° = + 172,5 kJ (25°C, 1 atm); ΔS° = + 176,3 J (25°C, 1 atm)
a) Determine ΔG° (25°C, 1 atm) dessa reação.
b) A que temperatura essa reação é espontânea?

Questão 100

Abaixo são apresentadas três equações químicas com as respectivas entalpia e entropia de reação a 27°C e 1 atm. Analise-as, separadamente e indique, em cada caso, se a 27°C e 1 atm a transformação é espontânea ou não.
I) $TiO_2 + 2\ Cl_2 \longrightarrow TiCl_4 + O_2$; ΔH = + 38,7 kcal; ΔS = - 9,18 $cal.K^{-1}$
II) $Fe_2O_3 + 2\ Al \longrightarrow 2\ Fe + Al_2O_3$; ΔH = -202,6 kcal; ΔS = - 11,86 $cal.K^{-1}$
III) $2\ HNO_3 \longrightarrow H_2 + N_2 + 3\ O_2$; ΔH = + 82,8 kcal; ΔS = + 149,6 $cal.K^{-1}$

Questão 101

A entalpia de fusão do alumínio é igual a 10,7 $kJ.mol^{-1}$, e a entropia de fusão é igual a 11,4 $J.mol^{-1}.K^{-1}$. Calcule a temperatura de fusão do alumínio.

Questão 102

Calcule a temperatura mínima para que ocorra a redução do óxido de manganês por carbono sólido em um vácuo a 10^{-3} mmHg.
$MnO_{(sólido)} \longrightarrow Mn_{(sólido)} + \frac{1}{2}O_{2(gás)}$ ΔG° (cal x mol^{-1}) = 91950 - 17,40 x T
$C_{(sólido)} + \frac{1}{2}O_{2(gás)} \longrightarrow CO_{(gás)}$ ΔG° (cal x mol^{-1}) = - 26700 – 20,95 x T

Questão 103

Hidrogênio gasoso pode ser produzido a partir da reação entre carvão e vapor d´água, como mostra a reação: $C_{(s)} + H_2O_{(g)} \longrightarrow CO_{(g)} + H_{2(g)}$.
a) Calcule a ΔG° para esta reação a 25°C, considerando que $C_{(s)}$ é grafite.
b) Calcule K_p para esta reação a 25°C.
c) Esta reação ocorre espontaneamente sob estas mudanças? Se não, a que temperatura ela se tornará espontânea? Dado: R = 8,314 $J.mol^{-1}.K^{-1}$.

Espécie	ΔH^o_{298} [$kJ.mol^{-1}$]	ΔS^o_{298} [$J.mol^{-1}.K^{-1}$]	ΔG^o_{298} [$kJ.mol^{-1}$]
$H_2O_{(g)}$	- 241,8	+ 188,8	- 228,6
$CO_{(g)}$	- 110,5	+ 197,7	- 137,2
$C_{(s)}$	0	+ 5,740	0
$H_{2(g)}$	0	+ 130,68	0

Questão 104

$2NO_{2(gás)} + O_{3(gás)} \longrightarrow N_2O_{5(gás)} + O_{2(gás)}$, ΔH° = - 198 kJ e ΔS° = - 168 $J.K^{-1}$. Ozônio reage com dióxido de nitrogênio de acordo com a equação química acima.
a) Calcule a entalpia padrão de formação do dióxido de nitrogênio em $kJ.mol^{-1}$. Dado: [ΔH°($kJ.mol^{-1}$): $O_{3(gás)}$ = 143 e $N_2O_{5(gás)}$ = 11].
b) Explique o significado do sinal de ΔS°.
c) Calcule o valor de ΔG° para 25°C.
d) Calcule o valor da constante de equilíbrio.
e) Utilize a tabela a seguir, determine a lei de taxa para a reação entre $NO_{2(g)}$ e $O_{3(g)}$.

NO_2 ($mol.L^{-1}$)	O_3 ($mol.L^{-1}$)	Taxa ($mol.L^{-1}.s^{-1}$)
0,0015	0,0025	1,8 x 10^{-8}
0,0022	0,0025	7,2 x 10^{-8}
0,0022	0,0050	1,4 x 10^{-8}

f) Calcule a velocidade específica para a seguinte reação.

Questão 105

Óxidos metálicos podem ser reduzidos pelo hidrogênio gasoso, produzindo os respectivos metais: $ZnO_{(sólido)} + H_{2(gás)} \longrightarrow Zn_{(sólido)} + H_2O_{(gás)}$. Prediga os efeitos de cada um dos seguintes procedimentos sobre a posição do equilíbrio, ou seja, para que lado o equilíbrio será deslocado em cada caso:

a) Adição de $ZnO_{(s)}$
b) Adição de $H_{2(g)}$
c) Retirada do $Zn_{(s)}$
d) Retirada de vapor d´água

Usando os dados termodinâmicos fornecidos abaixo, responda os quesitos que se seguem:

e) Em que direção o equilíbrio será deslocado por um aumento de temperatura?
f) Calcule o valor de ΔG° para esta reação?
g) Esta reação deverá ocorrer espontaneamente ou não?
h) A constante de equilíbrio para esta reação é maior ou menor que 1?

Espécie	$\Delta H°_f$ (298,15 K) $kJ.mol^{-1}$	$S°_f$ (298,15 K) $J.mol^{-1}.K^{-1}$	$\Delta G°_f$ (298,15 K) $J.mol^{-1}.K^{-1}$
$H_2O_{(g)}$	- 241,818	188,825	- 228,572
$ZnO_{(s)}$	- 348,28	43,64	- 318,30

Fonte: The NBS Tables Chemical Thermodynamics Properties, 1982.

Questão 106

Ureia, $CO(NH_2)_2$, reage com água produzindo dióxido de carbono e amônia. Os dados termodinâmicos para os possíveis reagentes e produtos são dados abaixo (negligencie a solubilidade do dióxido de carbono e da amônia em água líquida).

Composto	$\Delta H°_f (kJ.mol^{-1})$	$S°_f (J.mol^{-1}.K^{-1})$
$CO(NH_2)_{2(s)}$	- 333,51	104,60
$H_2O_{(l)}$	- 285,83	69,91
$H_2O_{(g)}$	- 241,82	188,83
$CO_{2(g)}$	- 393,51	213,74
$NH_{3(g)}$	- 46,11	192,45

a) Considere a hidrólise de ureia com $H_2O_{(l)}$ (reação A) e com $H_2O_{(g)}$ (reação B), respectivamente. Calcule ΔH^0, ΔS^0 e ΔG^0 a 25°C, para cada reação e especifique se a reação é espontânea ou não.
b) Considerando que ambos, ΔH^0e ΔS^0, são independentes da temperatura, encontre a temperatura na qual a reação A ocorrerá espontaneamente.
c) Calcule K_p a 25°C para cada reação, expressando esse valor em unidades apropriadas.

Questão 107

O primeiro passo para a produção de silício com alta pureza para semicondutores está representado pela seguinte equação química: $SiO_{2(s)} + 2C_{(s)} \longrightarrow Si_{(s)} + 2CO_{(g)}$, ΔH° = + 689,9 kJ.

a) Calcule $\Delta H^0_{formação}$ para $SiO_{2(s)}$. Dado: $\Delta H^0_{formação}$ para $CO_{(g)}$ = - 110,5 $kJ.mol^{-1}$.
b) Calcule $\Delta S^0_{reação}$ para a produção de silício puro. Dado:
$S^0_C = 5{,}7\frac{J}{mol\,x\,K}$; $S^0_{CO} = +197{,}6\frac{J}{mol\,x\,K}$; $S^0_{Si} = 18{,}8\ \frac{J}{mol\,x\,K}$ e $S^0_{SiO} = 41{,}8\frac{J}{mol\,x\,K}$.
c) Determine $\Delta G^0_{reação}$ para uma temperatura igual a 25°C.
d) Determine a constante de equilíbrio.
e) Calcule a temperatura em graus de Celsius, para que o processo seja espontâneo. Assume que $\Delta H^0_{reação}$ e $\Delta S^0_{reação}$ e não variam com a temperatura.

Questão 108

Consider the thermodynamic data given below:

Espécies	ΔH^o_f (kJ x mol^{-1})	S^o_f (J x mol^{-1} x K^{-1})
$H^+_{(aq)}$	0	0
$OH^-_{(aq)}$	- 229,9	-
$H_2O_{(l)}$	- 285,83	69,95

The autoionization of water can be described according to the equation below. Its equilibrium constant, K_w, is $1,0 \times 10^{-14}$ at 25°C.

$H_2O_{(líquido)} \rightleftharpoons H^+_{(aquoso)} + OH^-_{(aquoso)}$

a) Calculate ΔH^o for the autoionization of water.
b) Calculate ΔG^o (at 298 K) for the autoionization of water.
c) Calculate ΔS^o for the autoionization of water and rationalize its sign.
d) Calculate S^o for $OH^-_{(aq)}$.
e) Calculate K_w at 50°C.

Questão 109

Um reator foi projetado para promover a hidrogenação do benzeno a cicloexano. $C_6H_{6(l)} + 3H_{2(g)} \longrightarrow C_6H_{12(l)}$ Reação I

Para a execução do projeto fez-se necessário o levantamento dos dados termodinâmicos da reação.

Entalpias-padrão de combustão (considerando combustão completa das espécies)	
Compostos	ΔH°_c (kJ.mol^{-1})
$C_6H_{6(l)}$	- 3267
$H_{2(g)}$	- 285,8
$C_6H_{12(l)}$	- 3930
Entropias-padrão	
Compostos	S° (J.K^{-1}.mol^{-1})
$C_6H_{6(l)}$	174
$H_{2(g)}$	130,7
$C_6H_{12(l)}$	204

a) Determine a variação de entalpia para a reação 1.
b) Determine a variação de entropia para a reação 1.
c) Na temperatura ambiente, 25°C, a reação 1 é espontânea? Justifique.
d) Calcule a constante de equilíbrio.

Questão 110

Uma fábrica de cal (CaO) necessita reduzir o custo da produção para se manter no mercado com preço competitivo para seu produto. A direção da fábrica solicitou ao departamento técnico o estudo da viabilidade de reduzir a temperatura do forno de calcinação de carbonato de cálcio, dos atuais 1500 K para 800 K. Considerando apenas o aspecto termodinâmico, pergunta-se: o departamento técnico pode aceitar a nova temperatura de calcinação? Em caso afirmativo, o departamento técnico pode oferecer uma outra temperatura de operação que proporcione maior economia? Em caso negativo, qual é a temperatura mais econômica para se operar o forno de calcinação? Dados:

	S^o (J/mol.K)	H^o (kJ/mol)
$CaCO_{3(s)}$	92,9	-1206,9
$CaO_{(s)}$	39,8	-635,1
$CO_{2(g)}$	213,6	-393,5

Observação: Desconsidere a variação das propriedades como a temperatura.

Questão 111

Calcule o valor da variação da energia livre, a 25°C, para a reação a seguir: $2Na_2O_{2(sólido)} + 2H_2O_{(líquido)} \longrightarrow 4NaOH_{(sólido)} + O_{2(gás)}$.
Dados:

Substância	Entalpia de formação a 25°C ($kJ.mol^{-1}$)	S° a 25°C ($J.mol^{-1}.K^{-1}$)
$H_2O_{(líquido)}$	-286,0	69,69
$Na_2O_{2(sólido)}$	-510,9	94,60
$NaOH_{(sólido)}$	-426,8	64,18
$O_{2(gás)}$	0	205,00

Questão 112

Calcule a que temperatura a reação abaixo é espontânea: $CO_{(gás)} + \frac{1}{2}O_{2(gás)} \longrightarrow CO_{2(gás)}$.

Substância	Entalpia de formação a 25°C ($kJ.mol^{-1}$)	S° a 25°C ($J.mol^{-1}.K^{-1}$)
$CO_{(gás)}$	-110,5	198
$CO_{2(sólido)}$	-393,5	214
$O_{2(gás)}$	0	205

Questão 113

Considere a proposta de um processo para a obtenção da cementita, esquematizada abaixo.

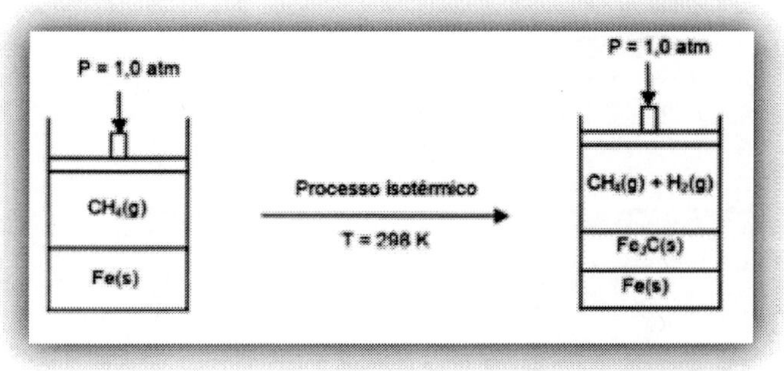

Sabe-se que à energia livre de Gibbs molar está relacionada diretamente com a constante de equilíbrio de uma reação química, conforme a seguinte equação termodinâmica: $\Delta G_{reação} = - R \times T \times lnK_p$. Determine as frações molares na fase gasosa, na situação de equilíbrio, e avalie se o processo é viável.

	$Fe_{(sólido)}$	$Fe_3C_{(sólido)}$	$CH_{4(gás)}$	$H_{2(gás)}$
ΔH^o_f ($kJ.mol^{-1}$)	0	25,10	- 74,80	0
ΔS^o_f ($J.mol^{-1}.K^{-1}$)	27,30	104,6	186,2	130,6

Questão 114

O oxigênio e o hidrogênio combinam-se, em células de combustível, produzindo água líquida e gerando corrente elétrica. O máximo trabalho elétrico útil que essas células produzem é dado por $\Delta G° = - 237 \times 10^3\ J.mol^{-1}$. Com base nos dados fornecidos, calcule o ponto de ebulição da água. Aproxime ΔH por ΔH° e ΔS por ΔS°. Dados termodinâmicos:

$O_{2(gás)}$	$H_{2(gás)}$	$H_2O_{(líquido)}$	$H_2O_{(gás)}$
S° = 206 $J.mol^{-1}.K^{-1}$	S° = 131 $J.mol^{-1}.K^{-1}$	S° = 70,0 $J.mol^{-1}.K^{-1}$	S° = 189,0 $J.mol^{-1}.K^{-1}$
			H° = $-242 \times 10^3\ J.mol^{-1}$

Questão 115

Uma mistura de 11,02 mmol de H_2S e 5,48 mmol de CH_4 foi colocada em um reator com um catalisador de platina e, o equilíbrio $H_2S_{(g)} + CH_{4(g)} \rightleftarrows H_{2(g)} + CS_{2(g)}$, foi estabelecido em 700°C e 762 torr. Retirou-se o catalisador da mistura reacional e em seguida a mistura foi resfriada. Através de análises no equilíbrio encontrou-se 0,711 mmol de CS_2. Determine:

a) As frações molares de cada substância envolvida;
b) As porcentagens molares;
c) As pressões parciais;
d) K_p e o $\Delta G°$ para a reação em 700°C.

Questão 116

Calcule a constante de equilíbrio a 298 K, da reação: $2NO_{(gás)} + O_{2(gás)} \rightleftarrows 2NO_{2(gás)}$, a partir dos seguintes dados:

Espécies	$\Delta H°_f$ (kJ x mol^{-1})	$S°_f$ (298 K) (J x mol^{-1} x K^{-1})
$NO_{(gás)}$	+ 90,37	210,0
$NO_{2(gás)}$	+ 33,85	240,5
$O_{2(gás)}$	0	205,0

Calcule também o valor aproximado da constante de equilíbrio a 373 K, especificando suas hipóteses.

Questão 117

(MESTRE JOÃO ROBERTO DA PACIÊNCIA NABUCO) Considere o seguinte sistema em equilíbrio apresentado a seguir: $SO_{2(gás)} + NO_{2(gás)} \longrightarrow NO_{(gás)} + SO_{3(gás)}$, K_C (T) = 4. No equilíbrio à uma dada temperatura T, foi encontrado 0,40 mol/L de $SO_{3(gás)}$, 0,20 mol/L de $NO_{2(gás)}$, 0,80 mol/L de $NO_{(gás)}$ e 0,40 mol/L de $SO_{2(gás)}$. Após um determinado tempo t, foi introduzido 0,60 mol/L de $NO_{2(g)}$ à mesma temperatura T. A partir das informações apresentadas, calcule a nova constante de equilíbrio e também as novas concentrações das quantidades de matéria das espécies gasosas.

Questão 118

(MESTRE JOÃO ROBERTO DA PACIÊNCIA NABUCO) Com relação à questão 117, leve em consideração que a concentração da quantidade de matéria do dióxido de nitrogênio diminua 0,15 mol/L. Levando em consideração a concentração da quantidade de matéria dos participantes gasosos iguais ao exercício anterior, calcule as novas concentrações.

Questão 119

Os potenciais padrões das seguintes reações abaixo são:

$[Zn(OH)_4]^{2-} + 2e^- \rightleftarrows Zn_{(s)} + 4\,OH^-$ E° = -1,285 V
$Zn^{2+} + 2e^- \rightleftarrows Zn_{(s)}$ E° = -0,762 V

Calcule a variação da energia livre de Gibbs padrão e a constante de formação global do complexo (β_4) $[Zn(OH)_4]^{2-}$.

Questão 120

O tálio existe em dois diferentes estados de oxidação: Tl^+ and Tl^{3+}. Íons iodeto podem combinar-se com iodo para formar íons tri-iodeto (I_3^-) em solução aquosa. Os potenciais padrões redox para algumas reações relevantes são:

$Tl^+_{(aq)} + e^- \longrightarrow Tl_{(s)}$ $E°_1 = -\,0{,}336$ V
$Tl^{3+}_{(aq)} + 3e^- \longrightarrow Tl_{(s)}$ $E°_2 = +\,0{,}728$ V
$I_{2(s)} + 2e^- \longrightarrow 2I^-_{(aq)}$ $E°_3 = +\,0{,}540$ V

A constante de equilíbrio para a reação $I_{2(s)} + I^-_{(aq)} \longrightarrow I_3^-{}_{(aq)}$ é K_1 = 0,459. Use T=25 °C neste problema. Calcule o potencial redox para as seguintes reações:

$Tl^{3+}_{(aq)} + 2\,e^- \longrightarrow Tl^+_{(aq)}$ $E°_4$
$I_3^-{}_{(aq)} + 2\,e^- \longrightarrow 3\,I^-_{(aq)}$ $E°_5$

Questão 121

(GRILLO) Relacione (a) o grau de dissociação, pressão total do sistema reacional com a densidade e (b) o grau de dissociação, pressão total do sistema reacional com a constante de equilíbrio em função das pressões parciais, levando em consideração a decomposição do pentacloreto de fósforo.

Questão 122

A 500ºC, NO reage com Cl_2, para formar NOCl, segundo a reação: $2NO + Cl_2 \longrightarrow 2NOCl$, $K_c = 2,1 \times 10^3$. Em qualquer mistura destas três espécies, em equilíbrio, podemos afirmar que:

a) A concentração de pelo menos uma das espécies, NO ou Cl_2, será muito maior que a concentração de NOCl
b) A concentração de pelo menos uma das espécies, NO ou Cl_2, será muito menor que a concentração de NOCl
c) A concentração de NOCl será exatamente 2100 vezes o produto das concentrações de NO e Cl_2
d) A concentração de ambos, NO e Cl_2, será muito maior que a concentração de NOCl
e) A concentração de ambos, NO e Cl_2, será muito menor que a concentração de NOCl

Questão 123

O equilíbrio, à temperatura constante, representado pela equação química: $2NO_{2(gás)} \rightleftarrows N_2O_{4(gás)}$
a) Não varia se adicionarmos argônio à pressão constante
b) Não varia se adicionarmos argônio ao volume constante
c) Não varia se reduzirmos o volume do recipiente
d) Somente será alterado se modificarmos a pressão
e) Se aumentarmos o volume do recipiente o equilíbrio será deslocado para esquerda

Questão 124

Os halogênios formam uma série de inter-halogênios que são mais ou menos estáveis. Um destes é cloreto de bromo (BrCl) que, a 500°C, decompõe em seus elementos. A constante de equilíbrio, referente à decomposição de 2 mols de BrCl, a esta temperatura, é $K_c = 32$. Analise o sistema 1: c(BrCl) = c(Br_2) = c(Cl_2) = 0,25 mol/L. c = concentração
a) Escreva a equação química para a decomposição do BrCl
b) Mostre, por cálculo, que o sistema 1 não está em equilíbrio.
c) Em que direção procederá a reação no sistema 1.
d) Calcule o K_p para esta reação.
e) Calcule as concentrações de BrCl, Br_2 e Cl_2, no sistema 1 em equilíbrio. Fonte: German Chemistry Olympiad 2005.

Questão 125

Os gases A, B e C reagem segundo a equação química $A + B \longrightarrow 2C$. Observou-se em determinado experimento, a uma determinada temperatura, que a reação se encontrava em equilíbrio, com as pressões parciais desses gases (A, B e C) sendo, respectivamente: x, 2x e y. Se o valor de K_p a essa temperatura é igual a 2, então, a concentração de C é igual a:
a) Concentração de A
b) Concentração de B
c) Oquadrado da concentração de A
d) 2 vezes a concentração de B
e) Concentração de A x B

Questão 126

O processo de Haber (cujo desenvolvimento valeu a Fritz Haber o Prémio Nobel de Química de 1918) é o mais importante método de obtenção da amônia. Nestes processos os gases nitrogênio e hidrogênio são combinados diretamente a uma pressão de 20 MPa e temperatura de 500ºC, utilizando o ferro como catalisador, conforme a equação química abaixo: $N_{2(gás)} + H_{2(gás)} \rightleftarrows NH_{3(gás)}$. Para esta reação, a relação entre as constantes de equilíbrio K_p e K_c é:
a) $K_p = K_c$
b) $K_p = K_c.RT$
c) $K_p = K_c.(RT)^{-1}$
d) $K_p = K_c.(RT)^2$
e) $K_p = K_c.(RT)^{-2}$

Questão 127

A reação de metanol a partir de hidrogênio e monóxido de carbono (equação abaixo) é exotérmica: $CO_{(gás)} + 2H_{2(gás)} \rightleftharpoons CH_3OH_{(gás)}$. Essa reação está em equilíbrio a 500K e 10 bar. Assumindo que todos os gases são ideais, prediga as mudanças observadas nos valores de:

a) K_p

b) pressão parcial de $CH_3OH_{(g)}$

c) número de mols de $CH_3OH_{(g)}$

d) fração molar de $CH_3OH_{(g)}$

Quando acontece cada um dos seguintes eventos:

1) a temperatura é aumentada

2) a pressão é aumentada

3) um gás inerte é adicionado a volume constante

4) $CO_{(g)}$ é adicionado a pressão constante

Questão 128

Em um recipiente fechado, tem-se o seguinte equilíbrio: $N_2O_{4(gás)} \rightleftharpoons 2NO_{2(gás)}$, com um $\Delta H = + 58,2$ kJ. A concentração de $NO_{2(g)}$, no equilíbrio, aumentará se:

a) A temperatura do recipiente for aumentada

b) O volume do recipiente for diminuído

c) Se a pressão do sistema for aumentada

d) Se um gás inerte for adicionado

e) a temperatura do recipiente for diminuída

Questão 129

A decomposição do N_2O_4 em NO_2 é dada pela seguinte reação: $N_2O_4 \rightleftharpoons 2NO_2$. Coloca-se n mols de N_2O_4 em um recipiente de pressão p e temperatura T e espera-se o equilíbrio ser atingido. Sabendo que o grau de decomposição é α, a constante de equilíbrio K_c pode ser expressa como:

a) $K_c = \frac{2\alpha}{pRT(n-\alpha)^2}$

b) $K_c = \frac{4p\alpha^2}{RT(n^2-\alpha^2)}$

c) $K_c = \frac{\alpha}{4pRT(n^2+\alpha^2)}$

d) $K_c = \frac{4p\alpha}{[RT(n+\alpha)]^2}$

e) $K_c = \frac{4p\alpha RT}{(n^2-\alpha^2)}$

Questão 130

A 1800 K, oxigênio dissocia "levemente" em seus átomos $O_{2(gás)} \rightleftharpoons 2O_{(gás)}$, $K_p = 1,7 \times 10^{-8}$. Se você toma 1,0 mol de O_2 em um recipiente de 10 L e aquece a 1800 K, o número de átomos de oxigênio $[O_{(g)}]$ que estarão presentes no frasco, será da ordem de:

a) 10^{17}

b) 10^{19}

c) 10^{21}

d) 10^{23}

e) 10^{25}

Questão 131

A análise das proposições para previsão da ocorrência de uma transformação química, sob pressão e temperatura constantes:

I) $\Delta H > 0$ e $\Delta S > 0$ reação não espontânea e $\Delta G < 0$

II) $\Delta H < 0$ e $\Delta S > 0$ reação espontânea e $\Delta G < 0$

III) $\Delta H > 0$ e $\Delta S < 0$ reação não espontânea e $\Delta G > 0$

IV) $\Delta H < 0$ e $\Delta S < 0$ reação espontânea e $\Delta G = 0$

a) apenas I e II são corretas
b) apenas I e III são corretas
c) apenas I e IV são corretas
d) apenas II e III são corretas
e) apenas II e IV são corretas

Questão 132

Quantos gramas de HI estarão em equilíbrio com 20 g de $H_{2(gás)}$ e 2,54 g de $I_{2(gás)}$, segundo a equação $2HI_{(gás)} \rightarrow H_{2(gás)} + I_{2(gás)}$, sabendo-se que, nas condições da experiência, a constante deste equilíbrio vale 10^{-3}.

Questão 133

(GRILLO) Equação química: $N_2O_{4(gás)} \rightleftarrows 2NO_{2(gás)}$. Para esta reação a 55°C, o valor de K_p é igual a 0,66. Calcule esta mesma temperatura e pressão total do sistema reacional, o grau de dissociação do tetróxido de dinitrogênio, além da energia livre de Gibbs e as pressões parciais dos participantes gasosos no equilíbrio.

Questão 134

(GRILLO) Considere a seguinte equação química homogênea: $CO_{(gás)} + H_2O_{(gás)} \rightleftarrows CO_{2(gás)} + H_{2(gás)}$. Para este processo químico a uma temperatura de aproximadamente igual a 986°C, sua constante de equilíbrio é igual a 0,630. Uma mistura contendo um mol de vapor de água e 3 mol de monóxido de carbono é levado ao equilíbrio sob uma pressão total de 2 bar. A partir das informações apresentadas, calcule os seguintes itens:

a) No equilíbrio, quantos mols de gás hidrogênio estarão presentes?
b) Na mistura reacional apresentada, em equilíbrio, determine qual deve ser a pressão parcial de cada gás?
c) Determine a variação da energia livre de Gibbs na temperatura mencionada.

Questão 135

(GRILLO) Para este exercício, leve em consideração a decomposição do brometo de nitrosila, sabendo que a 25°C a pressão total do sistema reacional é igual a 0,25 atmosfera e seu grau de dissociação é igual a 34%. A partir das informações apresentadas, determine o valor da constante de equilíbrio em função das pressões parciais e à variação da energia livre de Gibbs na temperatura mencionada.

Questão 136

(GRILLO) Considere a reação de síntese do iodeto de hidrogênio, apresentado pela seguinte equação química balanceada: $H_{2(gás)} + I_{2(gás)} \rightleftharpoons 2HI_{(gás)}$. Em um certo reator com capacidade igual a 10 dm³, no vácuo, são introduzidos 0,50 mol de gás hidrogênio e 0,50 mol de gás iodo à 448°C. Nessa mesma temperatura, para esta mesma equação química, a constante de equilíbrio em função das concentrações das quantidades de matéria é igual a 50,0; uma vez que as concentrações estão expressas em mol/L. A partir das informações apresentadas, determine:

a) o valor da constante de equilíbrio em função das pressões parciais
b) a pressão total do Sistema reacional
c) o número de mols do gás iodo no estado de equilíbrio que permaneceu sem reagir
d) a pressão parcial de cada componente gasoso
e) a variação da energia livre de Gibbs na temperatura mencionada

Questão 137

Considere que o sistema representado pela equação abaixo esteja em equilíbrio e num recipiente fechado: $2SO_{2(gás)} + O_{2(gás)} \rightleftarrows 2SO_{3(gás)}$ com uma variação da entalpia padrão de - 198,0 $kJ.mol^{-1}$. Complete o quadro abaixo na folha de respostas. Indique as alterações na parte referente à quantidade de matéria por meio dos símbolos A, D, N ou I. Os símbolos significam: A = aumento, D = diminuição, N = nenhuma alteração e I = insuficiência de informações.

Perturbação imposta ao sistema em equilíbrio	Direção da reação: o equilíbrio se desloca para a direita ou para a esquerda?	Mudança na quantidade de matéria		
		$SO_{2(g)}$	$O_{2(g)}$	$SO_{3(g)}$
Aumento de pressão				
Adição de $O_{2(g)}$			X	
Aumento da temperatura				
Aumento do volume do recipiente				

Questão 138

(PROVA DE TRANSFERÊNCIA INTERNA – UFF - ENGENHARIA METALÚRGICA) Utilize o princípio de Le Chatelier para prever como o aumento da temperatura afeta a pressão de vapor de um sólido.

Questão 139

(PROVA DE TRANSFERÊNCIA INTERNA – UFF - ENGENHARIA METALÚRGICA) Qual é o efeito produzido sobre o seguinte equilíbrio apresentado pela seguinte reação reversível a seguir: $2NO_{(gás)} + O_{2(gás)} \rightleftarrows 2NO_{2(gás)}$, $\Delta H < 0$, quando:

a) há um aumento da pressão parcial de monóxido de nitrogênio?
b) há uma diminuição da pressão parcial de dióxido de nitrogênio?
c) há uma diminuição da pressão parcial de oxigênio molecular?
d) há uma diminuição da pressão total do sistema reacional?
e) há um aumento da temperatura do sistema reacional?

Questão 140

(GRILLO) O monóxido de carbono e o gás hidrogênio reagem de acordo com a seguinte equação química: $CO_{(gás)} + 3H_{2(gás)} \longrightarrow CH_{4(gás)} + H_2O_{(gás)}$. Considere que 1,0 mol de CO e 3,00 mol de H_2 reagem num reator com capacidade de 10,0 litros, a 727°C e quando atingido o equilíbrio contém 0,387 mol de H_2O. Calcule a constante de equilíbrio e a pressão total da mistura reacional?

Questão 141

(PROVA DE TRANSFERÊNCIA INTERNA – UFF - ENGENHARIA METALÚRGICA) Em um recipiente de aço inox, com capacidade de 1 L foram colocados 0,5 mol de H_2 e 0,5 mol de I_2. A mistura alcança o equilíbrio à temperatura de 430°C. Calcule as concentrações de H_2, I_2 e HI em equilíbrio, sabendo que K_c para a reação $H_{2(g)} + I_{2(g)} \longrightarrow 2HI_{(g)}$ é igual a 49 na temperatura em questão.

Questão 142

O gás hidrogênio pode ser um combustível alternativo em relação a combustíveis fósseis. Uma alternativa é produzir gás hidrogênio por eletrólise da água, para depois utilizá-lo na síntese do ácido fórmico, a partir da hidrogenação catalítica do gás carbônico. A figura a seguir ilustra como seria o ciclo de produção e consumo do ácido fórmico, conforme indica o texto.

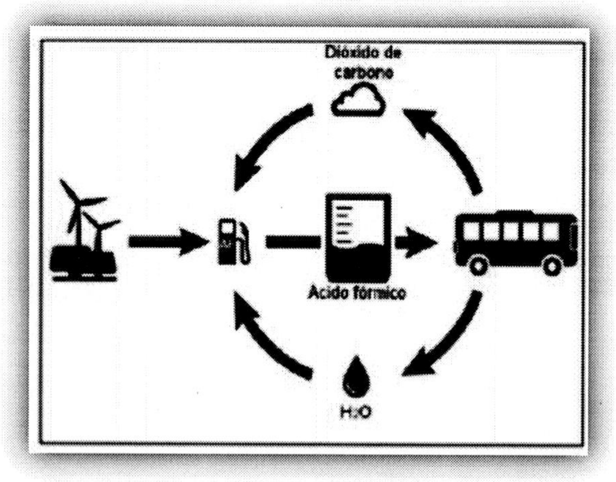

A reação de síntese do ácido fórmico, por hidrogenação catalítica, pode ser representada pelo equilíbrio em fase gasosa: $H_{2(g)}$ + $CO_{2(g)}$ + calor $\rightleftharpoons$ $HCOOH_{(g)}$. Visando melhorar o rendimento do processo de produção do ácido fórmico, assinale a alternativa que sugere as melhores modificações que deveriam ser adotadas.

a) Aumento de temperatura e diminuição de pressão
b) Diminuição de temperatura e aumento de pressão
c) Aumento de temperatura e aumento de pressão
d) Diminuição de temperatura e diminuição de pressão
e) Colocação de um catalisador mantendo-se as demais condições de temperatura e pressão

Questão 143

Considere a equação de dissociação do composto A, que ocorre a uma determinada temperatura: $2A_{(gás)} \rightleftharpoons 2B_{(gás)} + C_{(gás)}$. Desenvolva a expressão para o cálculo da pressão total dos gases, que se comportam idealmente, em função do grau de dissociação (α) nas condições de equilíbrio.

Questão 144

Considere a reação de decomposição do óxido de mercúrio II, $HgO_{(sólido)}$, ocorrendo em um sistema fechado a 25°C. $HgO_{(sólido)} \longrightarrow Hg_{(líquido)} + \frac{1}{2}O_{2(gás)}$, para qual: $\Delta H° = + 90,83$ kJ.mol^{-1} e $\Delta G° = + 58,54$ kJ.mol^{-1}. Determine pressão parcial do $O_{2(g)}$ em equilíbrio com $HgO_{(s)}$ e $Hg_{(líquido)}$ a 25°C e explique, baseando-se no princípio de Le Chatelier, duas maneiras possíveis para aumentar a produção de oxigênio.

Questão 145

O metanol é largamente empregado como combustível dos carros de corrida da fórmula Indy e é obtido pela reação: $C_{(sólido)} + \frac{1}{2}O_{2(gás)} + 2H_{2(gás)} \longrightarrow CH_3OH_{(gás)}$.

a) Escreva a expressão da constante de equilíbrio para esta reação.
b) Calcule K_p (25°C) para a reação acima.
c) Comente a relação existente entre o sinal do $\Delta G°$ e a magnitude de K_p. Dado: $\Delta G_f°$ [$CH_3OH_{(gás)}$] = -166,27 kJ.mol^{-1}

Questão 146

A energia livre de formação do cloreto de hidrogênio a 25°C é igual a - 22,77 cal/mol. A partir desta informação, apresente a equação química balanceada e calcule K_p e K_c.

Questão 147

Considere a reação de formação do iodeto de hidrogênio, sabendo que a constante de equilíbrio Kc a 448°C é igual a 50,0 e a 350°C igual a 66,9. A partir das informações apresentadas, calcule $\Delta H°$ e ΔU.

Questão 148

Considerando o sistema em equilíbrio de água líquida, gelo e vapor d'água, pede-se o número de componentes e o número de graus de liberdade do sistema. Justifique as respostas.

Questão 149

(CONCURSO PÚBLICO PARA DOCENTE FEDERAL – INSTITUTO FEDERAL DO PARÁ) A ureia é um fertilizante sólido muito utilizado para adubação de plantas, pois contém em sua composição cerca de 40% de nitrogênio. Pode ser formada através da reação da amônia e dióxido de carbono. $2NH_{3(g)} + CO_{2(g)} \rightleftharpoons (NH_2)_2CO_{(s)} + H_2O_{(g)}$ Δ_rH = - 89,6 KJ. A esse respeito, assinale a opção correta:

a) A $K_c = [(NH_2)_2CO].[H_2O]/[NH_3].[CO_2]$
b) A alta pressão é mais favorável para a formação do produto.
c) Sob baixa temperatura o equilíbrio será mais favorável à formação do reagente.
d) Medidas realizadas num tanque de 10 litros a 500°C mostraram que no equilíbrio há 2 mols de vapor de H_2O, 1 mol de CO_2, 0,2 mol de NH_3. A constante de equilíbrio da reação é $K_c < 0$

Questão 150

1,0 mol de ácido acético é adicionado a uma solução de 1,0 mol de álcool etílico e 36 g de água. Aguarda-se que o meio formado atinja o equilíbrio à temperatura T_{eq}, quando se verifica que a sua composição contém 0,5 mol de éster e o restante de ácido acético, etanol e água. Calcule quantos mols de éster poderiam ser formados no equilíbrio, à mesma temperatura T_{eq}, se 2,0 mols de etanol puro misturados a 1,0 mol de ácido acético num recipiente seco.

Questão 151

Considere a seguinte reação de decomposição do óxido de alumínio, que ocorre em um sistema fechado, a 25°C. A seguir são mostrados os parâmetros termodinâmicos para a reação de decomposição do referido óxido: $Al_2O_{3(sólido)} \rightleftarrows 2Al_{(sólido)} + 3/2O_{2(gás)}$, para a qual $\Delta H° = + 90,83$ kJ.mol^{-1} e $\Delta G° = + 58,54$ kJ.mol^{-1}.

a) Determine pressão do $O_{2(g)}$ em equilíbrio com $Al_2O_{3(sólido)}$ a 25°C.

b) Explique, através do princípio de Le Chatelier, pelo menos duas formas possíveis para que aumente a produção de oxigênio.

Questão 152

(GRILLO) Considere a reação química para a produção de enxofre, em sua forma ortorrômbica, a partir do sulfeto de hidrogênio, conforme esquematizada na equação química apresentada a seguir: $SO_{2(gás)} + H_2S_{(gás)} \rightleftarrows 3S_{(ortorrômbico)} + 2H_2O_{(gás)}$. Considere a tabela termodinâmica apresentada a seguir:

a) Explique se o processo é endotérmico ou exotérmico.

b) Calcule a constante de equilíbrio químico a 25°C.

c) Aumentando a temperatura, o que irá acontecer com o estado do equilíbrio químico e com o seu valor.

d) Calcule a constante de equilíbrio a 150°C.

Questão 153

A 25°C e 1 atm, um recipiente aberto contém solução aquosa saturada em bicarbonato de sódio em equilíbrio com seu respectivo sólido. Este recipiente foi aquecido à temperatura de ebulição da solução por uma hora. Considere que o volume de água perdido por evaporação foi desprezível.

a) Explique utilizando equações químicas, o que ocorre durante o aquecimento, considerando que ainda se observa bicarbonato de sódio sólido durante todo esse processo.

b) Após o processo de aquecimento, o conteúdo do béquer foi resfriado até 25°C. Discuta qual foi a quantidade de sólido observada logo após o resfriamento, em relação à quantidade do mesmo (maior, menor ou igual) antes do aquecimento. Justifique a sua resposta.

Questão 154

Uma mistura gasosa é colocada a reagir dentro de um cilindro provido de um pistão móvel, sem atrito e sem massa, o qual é mantido à temperatura constante. As reações que ocorrem dentro do cilindro podem ser genericamente representadas pelas seguintes equações químicas:

I) $A_{(gás)} + 2B_{(gás)} \rightleftarrows 3C_{(gás)}$

II) $C_{(gás)} \rightleftarrows C_{(líquido)}$

O que ocorre com o valor das grandezas abaixo (aumenta? Diminui? Não altera?), quando o volume do cilindro é duplicado? Justifique suas respostas.

a) Quantidade, em mols, da espécie B.

b) Quantidade, em mols, da espécie C líquida.

c) Constante de equilíbrio da equação I.

d) Razão $[C^3/[B]^2$.

Questão 155

A reação de formação do fosgênio é $CO_{(gás)} + Cl_{2(gás)} \rightleftarrows COCl_{2(gás)}$. Numa experiência realizada a temperatura e volume constantes, onde as pressões de Cl_2 e CO anteriores à reação correspondiam a 0,462 atm e 0,450 atm, respectivamente, encontrou-se uma pressão total no equilíbrio de 0,578 atm. Depois que o equilíbrio foi alcançado, adicionou-se mais cloro ao sistema, de modo que a sua pressão parcial, no novo equilíbrio, atingiu 0,20 atm. As pressões parciais do CO e $COCl_2$, no novo equilíbrio, variaram de 0,044 atm em relação aos seus valores no equilíbrio inicial. Considerando o Sistema ideal, calcule:

a) a constante de equilíbrio em função das pressões parciais (K_p);

b) a pressão total do Sistema na nova situação de equilíbrio.

Questão 156

Nitrogênio e hidrogênio reagem para formar amônia, segundo a equação a seguir: $N_{2(gás)} + 3H_{2(gás)} \rightleftarrows 2NH_{3(gás)}$ + 22 kcal. Se a mistura dos três gases estiver em equilíbrio e provocamos:
I) compressão da mistura;
II) aumento da temperatura;
III) introdução de H_2 adicional. O efeito sobre a quantidade de amônia, em cada situação será:
a) I. aumenta; II. aumenta III. aumenta
b) I. diminui; II. aumenta; III. diminui
c) I. aumenta; II aumenta; III. diminui
d) I. diminui; II diminui; III aumenta
e) I. aumenta; II. diminui; III. Aumenta

Questão 157

A seguir é apresentada uma reação química em equilíbrio representada pela equação química: $2NO_{(gás)} + O_{2(gás)} \rightleftarrows 2NO_{2(g)}$, $\Delta H < 0$.
Com o objetivo de deslocar esse equilíbrio no sentido da formação de dióxido de nitrogênio, deve-se:
a) Diminui a pressão do sistema reacional e a temperatura
b) Aumenta pressão do sistema reacional e a temperatura
c) Aumentar a pressão do sistema reacional e diminuir Temperatura
d) Aumentar a pressão do sistema reacional e diminui a [NO] e [O_2]
e) Diminuir pressão do sistema reacional e aumenta [NO] e [O_2]

Questão 158

Item A) Uma mistura de dióxido de enxofre (7,0 mol) e oxigênio (3,0 mol) é colocada em um aquecedor de 50,0 L e o recipiente resiste à pressão junto com um catalisador. Quando o recipiente é aquecido a 350ºC, a pressão aumenta para 8,60 bar. Calcule quantos mols de trióxido de enxofre são geradas nesta reação.
Item B) O dióxido de enxofre é oxidado a trióxido de enxofre pelo ar usando um catalisador como o óxido de vanádio (V). Esta oxidação prossegue exotermicamente, e a reação atinge um estado de equilíbrio, pois é uma reação reversível. Qual das seguintes condições é a mais apropriada para aumentar a relação de produção de trióxido de enxofre?
a) Baixa temperatura / baixa pressão
b) Baixa temperatura / alta pressão
c) Alta temperatura / baixa pressão
d) Alta temperatura / alta pressão

Questão 159

(PROGRAMA DE PÓS-GRADUAÇÃO EM QUÍMICA E BIOTECNOLOGIA / UNIVERSIDADE FEDERAL DE ALAGOAS) Para a reação $2Na_{(g)} \rightleftarrows Na_{2(g)}$. Foram determinados os seguintes valores da constante de equilíbrio K_{eq}, mostrados na tabela abaixo (C. T. Ewing et al, J. Chem. Phys., 1967, 71, 473): Tabela: Valores da constante de equilíbrio medidos em diferentes temperaturas.

T (K)	K_{eq}
900	1,32
1000	0,47
1100	0,21
1200	0,10

A partir desses dados, calcule a variação de entalpia padrão da reação ($\Delta H^0_{reação}$).

Questão 160

(GRILLO) A pressão de dissociação do hidróxido de cálcio sólido, $Ca(OH)_{2(sólido)} \rightleftarrows CaO_{(sólido)} + H_2O_{(vapor)}$ é 10,50 mmHg a 340,6˚C e 101,2 mmHg a 421,3ºC. Calcule a entalpia de hidratação média do óxido de cálcio, no intervalo de temperatura indicado.

Questão 161

Para a reação gasosa: $C_2H_4 + H_2 \rightleftarrows C_2H_6$ (ΔH = - 32,7 kcal), ocorre em um vaso, a concentração de C_2H_4 pode ser aumentada por:
a) aumento da temperatura

b) diminuição da pressão
c) removendo H_2
d) adicionando C_2H_6

Questão 162

N_2O_4 é 25% dissociado a 37ºC com uma pressão atmosférica igual a 1,0 atm. Calcule (i) K_p e (ii) o grau de dissociação para 0,10 atmosferas a 37ºC.

Questão 163

(GRILLO) Sulfeto de amônio se dissocia segundo a seguinte equação química apresentada a seguir: $NH_4HS_{(sólido)} \rightleftarrows NH_{3(gás)} + H_2S_{(gás)}$. Sabendo que a temperatura ambiente de 25ºC a pressão de equilíbrio é igual a 500 torr, calcule a constante de equilíbrio K_p, K_x e K_c.

Questão 164

(GRILLO) Para a equação de decomposição do sulfato de cálcio: $CaSO_{4(sólido)} \rightleftarrows 2CaO_{(sólido)} + 2SO_{2(gás)} + O_{2(gás)}$, apresenta uma constante de equilíbrio em função da pressão parcial igual a $1,45 \times 10^{-5}$ a 1352°C. A partir das informações apresentadas, calcule a pressão de dissociação do sulfato de cálcio, em torr à mesma temperatura.

Questão 165

(GRILLO) Para o equilíbrio representado pela equação a seguir, $C_{(grafite,sólido)} + CO_{2(gás)} \rightleftarrows 2CO_{(gás)}$, sendo operado a uma temperatura de 850ºC. Sabendo que o percentual de monóxido de carbono é igual a 93,77% a uma pressão de 1 atm, determine os seguintes itens apresentados a seguir:
a) K_p; K_x e K_c.
b) o percentual molar de monóxido de carbono presente no equilíbrio químico, quando a pressão total é igual a 10 atm.

Questão 166

(GRILLO) Sob que pressão deve ser posto o pentacloreto de fósforo a uma temperatura de 250ºC, para que se obtenha uma conversão de 30% em tricloreto de fósforo e cloro, ambos na fase gasosa. Este processo é regido por uma constante de equilíbrio em função da pressão parcial igual a 1,78, diante dessas informações calcule a constante de equilíbrio em função da fração molar.

Questão 167

(PROGRAMA DE PÓS-GRADUAÇÃO PARA MESTRADO EM QUÍMICA – UNIVERSIDADE FEDERAL DE PELOTAS) A constante de equilíbrio para a reação $CO_{(g)} + H_2O_{(g)} \rightleftarrows H_{2(g)} + CO_{2(g)}$ é 4,0 a uma determinada temperatura. Calcule a concentração dos produtos H_2 e CO_2 nesta temperatura, sabendo-se que a concentração inicial dos reagentes é 5 mol/L de CO e 5 mol/L de H_2O.

Questão 168

(PROVA CONJUNTA DOS PROGRAMAS DE PÓS-GRADUAÇÃO – SOCIEDADE BRASILEIRA DE QUÍMICA) Na reação reversível, em uma etapa: As constantes de velocidade k e k' são, respectivamente, $1,40 \times 10^{-3}$ $L.mol^{-1}.s^{-1}$ e $1,22 \times 10^{-3}$ $L.mol^{-1}.s^{-1}$. As energias de ativação da reação direta (E_a) e inversa (E_a') são, respectivamente, 120 $kJ.mol^{-1}$ e 90 $kJ.mol^{-1}$. Qual é a constante de equilíbrio da reação? A reação é endotérmica ou exotérmica?
a) K = 1,15; exotérmica
b) K = 1,33; exotérmica
c) K = 0,87; endotérmica
d) K = 1,15; endotérmica
e) K = 0,87; exotérmica

Questão 169

(CONCURSO PARA DOCENTE FEDERAL – ENGENHARIA QUÍMICA - MODIFICADA) Em um experimento colocou-se $SO_2Cl_{2(g)}$ em um recipiente lacrado, mantido a 400 K. Nesta temperatura, a constante de equilíbrio K_p para a reação de decomposição deste gás: $SO_2Cl_{2(g)} \rightleftarrows SO_{2(g)} + Cl_{2(g)}$ é 2,4 quando as pressões são medidas em atmosferas (atm). Determine a pressão parcial do gás cloro formado no equilíbrio a 400 K, se, neste experimento, a pressão do equilíbrio medida foi 3 atm.

Questão 170

(CONCURSO PÚBLICO PARA INGRESSO NO CORPO DE ENGENHEIROS DA MARINHA - ENGENHARIA QUÍMICA) Nitrogênio gasoso e oxigênio gasoso foram postos em um recipiente até que se atingisse o equilíbrio para a reação de formação do óxido

nítrico (NO): $N_{2(g)} + O_{2(g)} \rightleftarrows 2NO_{(g)}$. A constante de equilíbrio para essa reação foi medida em duas temperaturas e foram obtidos os seguintes resultados:
- a 1700ºC: $K_c = 4,1 \times 10^{-4}$
- a 2200ºC: $K_c = 36,0 \times 10^{-4}$

Responda e justifique se a formação do óxido nítrico (NO) é exotérmica ou endotérmica.

Questão 171

(CONCURSO PÚBLICO PARA INGRESSO NO CORPO DE ENGENHEIROS DA MARINHA - ENGENHARIA QUÍMICA) Em um recipiente fechado, foram colocados inicialmente 1 mol de hidrogênio gasoso e 1 mol de iodo gasoso. O volume do recipiente é de 10 L e está a 520ºC. Depois de decorrido certo tempo, o sistema entra em equilíbrio. Sabe-se que a constante de equilíbrio, a 520ºC, para a reação: $H_{2(g)} + I_{2(g)} \rightleftarrows 2HI_{(g)}$ é 0,016. Determine as concentrações (em molaridade) de todos os componentes do sistema na condição de equilíbrio.

Questão 172

(CONCURSO PÚBLICO PARA DOCENTE FEDERAL – UNIVERSIDADE FEDERAL DE MINAS GERAIS) Em um recipiente fechado foi adicionado uma mistura de 4 gases A, B, C e D. Após um certo tempo, o sistema atingiu o equilíbrio representado pela equação a seguir: $A_{(g)} + B_{(g)} \rightleftarrows C_{(g)} + D_{(g)}$. À temperatura constante, adiciona-se mais do gás A. Em relação ao equilíbrio anterior a concentração final dos gases B, C e D no novo equilíbrio serão, respectivamente:

a) inferior, inferior e inferior
b) superior, inferior e inferior
c) superior, superior e superior
d) inferior, superior e superior

Questão 173

(PROCESSO DE SELEÇÃO E ADMISSÃO AOS CURSOS DE MESTRADO E DE DOUTORADO – UNIVERSIDADE FEDERAL DE SANTA CATARINA) Considere um recipiente indeformável com volume interno de 1,00 L preenchido com uma quantidade inicial de 1,00 mol de $PC\ell_5$ e mantido a 500 K. A constante de equilíbrio (K_p) para a reação $PCl_{5(g)} \rightleftharpoons PCl_{3(g)} + Cl_{2(g)}$, nestas condições, equivale a 0,497. Considere comportamento ideal dos gases.

a) Calcule a pressão parcial de Cl_2 formado após o sistema atingir o equilíbrio.
b) Descreva o sentido do deslocamento que seria observado para a reação se a pressão no sistema fosse aumentada. Justifique sua resposta.
c) Calcule a constante de equilíbrio para a reação $PCl_{3(g)} + Cl_{2(g)} \rightleftharpoons PCl_{5(g)}$, a 500 K.

Questão 174

(PROCESSO DE SELEÇÃO E ADMISSÃO AOS CURSOS DE MESTRADO E DE DOUTORADO – UNIVERSIDADE FEDERAL DE SANTA CATARINA) Considere a seguinte reação: $2SO_{2(g)} + O_{2(g)} \rightleftharpoons 2SO_{3(g)}$. O valor da constante de equilíbrio (K_p) para esta reação é $2,80 \times 10^2$, a 1000 K.

(a) Calcule a constante de equilíbrio K_c nesta temperatura.
(b) Considere um sistema no qual são inseridos SO_2, O_2 e SO_3, de modo a conter as seguintes concentrações iniciais: $[SO_3] = 0,600$ mol.L^{-1}; $[SO_2] = 0,150$ mol.L^{-1} e $[O_2] = 0,025$ mol.L^{-1}. Descreva de que maneira as concentrações mudarão à medida que o sistema se aproxima do equilíbrio, mantendo a temperatura a 1000 K.
(c) Discuta o efeito da redução do volume do recipiente da reação no equilíbrio reacional e concentração dos reagentes e produtos.

Questão 175

(PROCESSO SELETIVO PARA O CURSO DE MESTRADO EM QUÍMICA – UNIVERSIDADE ESTADUAL DA PARAÍBA) Durante um experimento, 1,00 mol de HI é colocado num recipiente de 5,00 litros a 458°C. Quais são as concentrações de HI, I_2 e H_2 depois de estabelecido o equilíbrio a esta temperatura? Adote $K_c = 2,06 \times 10^{-2}$ a 458°C para a reação: $2HI_{(g)} \rightleftarrows H_{2(g)} + I_{2(g)}$.

Questão 176

(GRILLO) A 2155ºC e 1 atm, 1,18% da água se decompõe em hidrogênio gasoso e oxigênio gasoso, segundo a equação química balanceada a seguir: $2H_2O_{(vapor)} \rightleftarrows 2H_{2(gás)} + O_{2(gás)}$. A partir das informações apresentadas, calcule o valor da constante de equilíbrio em função da fração molar.

Questão 177

(GRILLO) Sabendo que a reação de dissociação do pentacloreto de fósforo segundo a seguinte equação química: $PCl_{5(gás)} \rightleftarrows PCl_{3(gás)} + Cl_{2(gás)}$. A uma temperatura de 350°C e pressão igual a 1,0 atm, a densidade da mistura dos gases em equilíbrio termodinâmico é igual a 2,70 g/L. A partir das informações apresentadas, calcule:

(a) o grau de dissociação;

(b) a constante de equilíbrio em função da pressão parcial;

(c) a constante de equilíbrio em função da fração molar;

(d) a constante de equilíbrio em função da concentração da quantidade de matéria.

Questão 178

(GRILLO) Considere o seguinte processo para a produção de iodeto de hidrogênio a partir do consumo de sulfeto de hidrogênio, conforme a equação química a seguir: $H_2S_{(gás)} + I_{2(sólido)} \rightleftarrows 2HI_{(gás)} + S_{(rômbico)}$. Sabe-se que $K_p = 1{,}33 \times 10^{-5}$ a 333 K. A partir das informações apresentadas, calcule a fração molar do iodeto de hidrogênio a mesma temperatura, com uma pressão reacional igual a 1 atm.

Questão 179

(GRILLO) As temperaturas perto de 500 K, a constante de equilíbrio de uma determinada reação é dada pela seguinte expressão matemática fornecida em função do logaritmo neperiano da constante de equilíbrio: $\ln K = 1 - 1000 \text{ x } T^{-1} + 20000 \text{ x } T^{-2}$. A partir das informações apresentadas, determine a variação da entalpia padrão e a energia de entropia padrão para o mesmo processo a T = 500 K.

Questão 180

(GRILLO) Preveja qual a influência da pressão do equilíbrio químico das seguintes equações apresentadas a seguir:

a) $CO_{2(gás)} + H_{2(g)} \rightleftarrows CO_{(gás)} + H_2O_{(vapor)}$

b) $CO_{(gás)} + \frac{1}{2} O_{2(g)} \rightleftarrows CO_{2(gás)}$

c) $N_{2(gás)} \rightleftarrows 2N_{(gás)}$

Questão 181

(GRILLO) A 1 bar, a dependência da constante de equilíbrio da reação, $2C_3H_{6(gás)} \rightleftarrows C_2H_{4(gás)} + C_4H_{8(gás)}$ é representado pela seguinte equação: $\ln K_p = -2{,}395 - \frac{2505}{T} + \frac{2{,}477 \text{ x } 10^6}{T^2}$ (300 K < T < 600 K), em que T é a temperatura absoluta. A partir das informações apresentadas e sabendo que o processo foi operado a 525K, calcule a variação da energia livre de Gibbs padrão, a entalpia padrão e a entropia padrão.

Questão 182

(GRILLO) Considere o processo de isomerização conforme apresentado a seguir: ciclohexano $\rightleftarrows$ metil ciclopentano (líquido). Sabendo que a constante de equilíbrio é diretamente dependente da temperatura conforme a expressão a seguir, $\ln K_p = 4{,}814 - \frac{2{,}059}{T}$, determine a variação da entropia padrão, $\Delta S^0_{reação}$.

Questão 183

(MESTRE LICÍNIO RIBEIRO VIANA) Calcular a constante de equilíbrio K_p (pressão medida em atm) para a dissociação $N_2O_{4(gás)} \rightleftarrows 2NO_{2(gás)}$, sabendo que a 50°C e a pressão de 94 mmHg, o N_2O_4 está 80% dissociado.

Questão 184

(GRILLO) Para a reação de dissociação apresentada a seguir, $N_2O_{4(gás)} \rightleftarrows 2NO_{2(gás)}$, calcule os seguintes itens apresentados a seguir.

a) K_p;

b) K_x;

c) K_c, a 25°C e 1 atm, com os seguintes dados:

Composto	$\Delta G^o_{formação}$ $(298\ K; \frac{kcal}{mol})$
$N_2O_{4(gás)}$	23,491
$NO_{2(gás)}$	12,390

d) Em que pressão o tetróxido de dinitrogênio estaria 50% dissociado?

Questão 185

(GRILLO) A energia livre de formação de HCl, a 25°C é de aproximadamente igual a -22770 cal x mol^{-1}. A partir das informações apresentadas, calcule a constante termodinâmica do equilíbrio químico para a dissociação do HCl em seus elementos constituintes na mesma temperatura.

Questão 186

A constante de equilíbrio para a reação $N_{2(gás)} + O_{2(gás)} \rightleftarrows 2NO_{(gás)}$ a temperatura T é 4,0 x 10^{-4}. O valor de K_c para a reação $NO_{2(gás)} \rightleftarrows ½N_{2(gás)} + 1/2O_{2(gás)}$ para a mesma temperatura é:
a) 4,0 x 10^{-4}
b) 50
c) 2,5 x 10^2
d) 0,02

Questão 187

(PROCESSO SELETIVO PARA O CURSO DE MESTRADO EM QUÍMICA – UNIVERSIDADE ESTADUAL DA PARAÍBA) Para o processo de Haber, $N_{2(g)} + 3H_{2(g)} \rightleftarrows 2NH_{3(g)}$, K_{eq} = 1,45 x 10^{-5} a 500°C. Em uma mistura em equilíbrio dos três gases a 500°C, a pressão parcial de H_2 é 0,928 atm e a pressão parcial de N_2 é 0,432 atm. Qual é a pressão parcial de NH_3 nessa mistura no equilíbrio?

Questão 188

(PROCESSO SELETIVO PARA O CURSO DE MESTRADO EM QUÍMICA – UNIVERSIDADE ESTADUAL DA PARAÍBA) A uma dada temperatura, K_c = 0,900 para a reação: $NO_{2(g)} + NO_{(g)} \rightleftharpoons N_2O_{(gás)} + O_{2(gás)}$. Foi preparada uma mistura contendo 0,200 mol de $NO_{2(g)}$ e 0,200 mol de $NO_{(g)}$ em um recipiente de 4,00 L. Responda:
a) Escreva a lei de equilíbrio em função das concentrações para a reação;
b) Quais serão as concentrações de equilíbrio de cada gás?
c) Como o equilíbrio responde à adição de $NO_{2(g)}$ no equilíbrio? Como o equilíbrio responde à diminuição do volume do recipiente de 4,00 L para 2,00 L? Justifique suas respostas.
d) Qual a constante de equilíbrio para a reação: $3N_2O_{(g)} + 3O_{2(g)} \rightleftharpoons 3NO_{2(g)} + 3NO_{(g)}$.

Questão 189

(CONCURSO PÚBLICO FEDERAL – DOCENTE – INSTITUTO FEDERAL DE ALAGOAS) A 440°C, a constante de equilíbrio para a reação $H_{2(g)} + I_{2(g)} \longrightarrow 2HI_{(g)}$ é 49,5. Se 0,400 mol de H_2 e 0,400 mol de I_2 são colocados em um reator de 20 dm^3 e postos para reagir a esta temperatura, as concentrações para H_2, I_2 e HI, no equilíbrio, serão, respectivamente:
a) 0,0320 M, 0,0320 M e 0,380 M
b) 0,0044 M, 0,0044 M e 0,0312 M
c) 0,0220 M, 0,0220 M e 0,156 M
d) 0,0025 M, 0,0025 M e 0,0254 M
e) 0,0042 M, 0,0042 M e 0,0187 M

Questão 190

(PROCESSO SELETIVO PARA O CURSO DE MESTRADO EM QUÍMICA – UNIVERSIDADE FEDERAL DO ESPÍRITO SANTO) Suponha reagir 2,00 mols de $H_{2(g)}$ e 1,00 de mol $I_{2(g)}$, sendo produzidos 2,00 mols de $HI_{(g)}$, a 460°C, acondicionados hermeticamente num recipiente de 10,0 L. Após determinado tempo, em tais condições, verificou-se que, alcançado o equilíbrio da reação, as quantidades das substâncias envolvidas são: 1,065 mols de $H_{2(g)}$, 0,065 mols de $I_{2(g)}$ e 1,870 mols de $HI_{(g)}$. R = 0,082 $L.atm.K^{-1}.mol^{-1}$. Pergunta-se:
a) O valor da constante de equilíbrio em termos de concentração (K_c)?
b) O valor da constante de equilíbrio em termos de pressões parciais (K_p)?

Questão 191

(PROCESSO SELETIVO PARA O CURSO DE DOUTORADO EM QUÍMICA – UNIVERSIDADE FEDERAL DO ESPÍRITO SANTO) O estabelecimento de uma condição de equilíbrio envolvendo $SO_{2(g)}$, $O_{2(g)}$ e $SO_{3(g)}$ é importante na produção de ácido sulfúrico. Quando uma quantidade de 0,0200 mol de SO_3 é introduzida em um frasco de 1,52 L evacuado a 900 K, 0,0142 mol de SO_2 é produzido no sistema em equilíbrio. Qual o valor de K_p para dissociação de $SO_{3(g)}$ a 900 K? Qual seria o efeito do volume do frasco sobre as espécies envolvidas? $2SO_{3(g)} \rightleftharpoons 2SO_{2(g)} + O_{2(g)}$. Dado: R = 0,08206 L atm.mol^{-1}.K^{-1}.

Questão 192

(CONCURSO FEDERAL PARA DOCENTE - INSTITUTO FEDERAL DO PARÁ) O fosgênio é um severo irritante das vias respiratórias e que provoca, no momento imediato à exposição, mínima irritação, podendo levar a danos severos tardiamente (em até 72 horas), por isso o seu possível uso como arma química. Na indústria é utilizado como substância intermediária na manufatura de Isocianatos, poliuretanos, policarbonatos, pesticidas e medicamentos. Ele pode ser preparado pela ação da luz do sol em uma mistura de gases monóxido de carbono e cloro, segundo a reação: $CO_{(g)} + Cl_{2(g)} \rightleftharpoons COCl_{2(g)}$. A K_c para a formação do fosgênio é 6,5 x 10^{11} a 25ºC.

a) Se for adicionado um catalisador na reação, ele vai aumentar o valor da constante de equilíbrio porque aumenta a velocidade da reação direta.
b) Se for adicionado mais $CO_{(g)}$ na reação a concentração de Cl_2 aumenta
c) Se for adicionado mais $CO_{(g)}$ na reação a concentração de Cl_2 diminui
d) Se for adicionado $COCl_2$ na reação a concentração de Cl_2 diminui
e) Se for adicionado $COCl_2$ na reação a concentração de CO diminui

Questão 193

(CONCURSO FEDERAL PARA DOCENTE – UNIVERSIDADE FEDERAL DE PERNAMBUCO) Com relação ao equilíbrio $H_{2(gás)} + Cl_{2(gás)} \rightleftarrows 2HCl_{(gás)}$, para que ocorra deslocamento para a direita, deve-se:
a) adicionar $H_{2(g)}$
b) retirar $Cl_{2(g)}$
c) adicionar $HCl_{(g)}$
d) retirar $H_{2(g)}$
e) adicionar $Cl_{2(g)}$

Questão 194

(CONCURSO FEDERAL PARA DOCENTE - UNIVERSIDADE FEDERAL DE MINAS GERAIS) O monóxido de nitrogênio, quando em contato com oxigênio, forma dióxido de nitrogênio, segundo a equação abaixo: $2NO_{(g)} + O_{2(g)} \rightleftharpoons 2NO_{2(g)}$ Sob certas condições, os três gases entram em equilíbrio e suas concentrações são, respectivamente, 0,050 mol.L^{-1}, 0,75 mol.L^{-1} e 0,25 mol.L^{-1}. De acordo com essas informações, a constante de equilíbrio para a reação, indicada por essa equação é igual a:
a) 0,030
b) 0,083
c) 33,3
d) 8,30

Questão 195

(CONCURSO FEDERAL PARA DOCENTE - UNIVERSIDADE FEDERAL DE PERNAMBUCO) Os dados da literatura científica mostram que K = 54, em 700 K, para a reação: $H_{2(g)} + I_{2(g)} \rightleftarrows 2HI_{(g)}$. Considere uma mistura de hidrogênio, iodo e gás iodídrico em 700 K, cujas pressões parciais dos gases sejam 10 bar, 8 bar e 1 bar, respectivamente. Sobre essa mistura reacional e os valores do quociente de reação (Q) e da constante de equilíbrio (K), é correto afirmar que:
a) $Q < K$ e, portanto, a reação direta é espontânea
b) $Q > K$ e, portanto, a reação direta é espontânea
c) $Q < K$ e, portanto, a reação inversa é espontânea
d) $Q > K$ e, portanto, a reação inversa é espontânea
e) $Q = K$ e, portanto, a reação está em equilíbrio

Questão 196

(CONCURSO PÚBLICO FEDERAL – CONHECIMENTOS ESPECÍFICOS) Sob temperatura T constante, foram introduzidos em um recipiente totalmente fechado, monóxido de carbono gasoso e o gás oxigênio, de forma que as pressões parciais determinadas foram, respectivamente, de 2,0 atmosferas e 1,5 atmosferas. No transcorrer do tempo, havia a formação do gás carbônico e, após o equilíbrio químico atingido, avaliou-se que o gás oxigênio apresentava pressão parcial de 0,6 atmosferas. Contudo, pode-se concluir que a Constante de equilíbrio (K_p) dessa reação em atm^{-1}, nessa temperatura T, é de:

a) 2,65
b) 2,50
c) 1,0
d) 2,0
e) 4,0

Questão 197

Recentemente a fosfina (PH_3), um gás tóxico e inflamável, virou assunto na mídia após a veiculação de que cientistas haviam encontrado a substância na superfície do planeta Vênus, indicando a possível existência de vida anaeróbia no planeta, conforme pesquisa publicada na revista Nature Astronomy. Aqui na Terra, ela já foi utilizada como arma química na Primeira Guerra e hoje tem sido utilizada como pesticida e na fabricação de semicondutores. A fosfina decompõe-se segundo a reação: $2PH_{3(g)} \rightleftharpoons 2P_{(s)} + 3H_{2(g)}$. Adicionou-se fosfina pura em um recipiente de 1,00 L, rígido e selado, a uma pressão de 0,64 bar e 298 K. Sabendo que 0,725 g de fósforo (P) foram produzidos quando o equilíbrio foi atingido, responda (Dados: u.m.a H = 1,008, P = 30,97; R = 0,08314 $bar.L.mol^{-1}.K^{-1}$):

A) Quais as pressões parciais de H_2 e PH_3 no balão, no equilíbrio?
B) Qual a constante de equilíbrio para esta reação?
C) O que acontece com o equilíbrio e em que direção ele se desloca (caso ocorra) se:
 (i) o fósforo é retirado do recipiente?
 (ii) adiciona-se gás hidrogênio ao recipiente?
 (iii) dobra-se o volume do recipiente?

Questão 198

O hidrogênio como combustível é visto como peça importante para o futuro neutro em carbono. Mas sua transformação de gás em combustível demanda uma grande quantidade de energia. Portanto, é importante prestar atenção na fonte dessa energia para que o produto final seja o chamado hidrogênio verde. Considere a equação que representa a produção de hidrogênio a partir do gás metano. $CH_{4(gás)} + H_2O_{(líquido)} + 206,0\ kJ \rightleftharpoons CO_{(gás)} + H_{2(gás)}$. Assinale a alternativa que apresenta as melhores condições para a produção de gás hidrogênio. https://palotina.ufpr.br/bioenergia/wp-content/uploads/sites/5/2017/05/Aula-H2-Bioenergia-1.pdf

a) aumento da pressão do sistema e diminuição da temperatura
b) diminuição da pressão parcial de gás metano e aumento da temperatura
c) aumento da concentração de água e aumento da pressão do sistema reacional
d) diminuição da pressão parcial de gás metano e diminuição da temperatura
e) diminuição da pressão do sistema e aumento da temperatura

Questão 199

Considere a reação de processo para a produção de monóxido de carbono e água, ambos no estado gasoso, a partir de uma mistura gasosa entre dióxido de carbono e gás hidrogênio. Sabendo que a constante de equilíbrio em função da pressão parcial dos gases é igual a 3,70; assinale a alternativa correta que corresponde a constante de equilíbrio em função da concentração da matéria e o valor da variação da energia livre de Gibbs padrão, respectivamente, sendo a temperatura operacional igual a 1727°C. Informação para a resolução do problema: $\Delta G^0_{reação} = -R \times T \times \ln K_p$ e R = 8,314 Pa x m³ x mol^{-1} x K^{-1}.

a) K_c = 3,70; $\Delta G^0_{reação} = +2{,}175 \times 10^{+4} \frac{J}{mol}$
b) K_c = 0,370; $\Delta G^0_{reação} = +2{,}175 \frac{kJ}{mol}$
c) K_c = 0,0225; $\Delta G^0_{reação} = -2{,}175 \frac{kJ}{mol}$
d) K_c = 0,0225; $\Delta G^0_{reação} = +2175 \frac{kJ}{mol}$
e) K_c = 3,70; $\Delta G^0_{reação} = -2{,}175 \times 10^{+4} \frac{J}{mol}$

Questão 200

Considere que a energia livre de Gibbs padrão para a reação de síntese da amônia seja igual a -35,9 kJ, sabendo que a equação química correspondente é a seguinte: $N_{2(gás)} + 3H_{2(gás)} \rightleftarrows 2NH_{3(gás)}$. Para a temperatura ambiente (25°C), a constante de equilíbrio em função da pressão parcial é igual a $1,96 \times 10^6$. Para um determinado procedimento experimental, as pressões parciais dos compostos gasosos são as seguintes: p_{H2} = 0,225 atm, p_{N2} = 2,750 atm e p_{NH3} = 10,5 atm. Assinale a alternativa que apresenta de forma aproximada o valor da energia livre de gibbs para este processo industrial, abordando se o processo é espontâneo ou não espontâneo.

a) –28,04 kJ; espontâneo
b) +28,04 kJ; espontâneo
c) + 32,3 kJ; não espontânea
d) –15,67 kJ; espontânea
e) +15,67 kJ; não espontânea

Questão 201

O composto $A_2B_{4(gás)}$ dissocia-se a 200°C em $AB_{2(gás)}$ exclusivamente com uma constante de equilíbrio igual a 14. Colocando-se 1,0 mol de $A_2B_{4(gás)}$ em um recipiente de volume igual a 1,0 litro e posteriormente aquecendo até esta temperatura, após atingir o equilíbrio químico, determine o valor aproximado do percentual de dissociação do composto $A_2B_{4(gás)}$.

Questão 202

Em uma determinada temperatura, uma mistura gasosa contendo as substâncias X_2, Y_2 e XY é adicionada a um recipiente de 1 L, nas concentrações, em mol.L^{-1}, de 0,4, 0,4 e 0,8, respectivamente. A equação química que representa a reação, cuja constante de equilíbrio é igual a 16, é dada por $X_2 + Y_2 \rightleftharpoons 2XY$. Assinale a opção que contém a concentração aproximada, em mol.L^{-1}, do produto XY, após a reação atingir o equilíbrio.

a) 0,5
b) 0,8
c) 1,1
d) 2,2
e) 2,7

Questão 203

Visto que o petróleo é um combustível não renovável e que contribui para a poluição do meio ambiente, várias indústrias e centros de pesquisas têm se mobilizado na busca por novas fontes de energia combustível. É nesse contexto que surge o hidrogênio combustível, considerado como o combustível do futuro, por ser renovável, inesgotável e principalmente por não liberar gases tóxicos para a atmosfera. Abaixo têm-se algumas vantagens do combustível hidrogênio:

- Utilização de motores elétricos no lugar de motores a combustão, minimizando a poluição do meio ambiente;
- Seu processo de geração de energia é descentralizado, não sendo necessária a construção de hidrelétricas;
- A geração de energia por meio de pilhas à combustível é mais eficiente do que a obtida pelos processos tradicionais.

A reação abaixo mostra a possibilidade de obtenção de hidrogênio a partir do monóxido de carbono: $CO_{(gás)} + H_2O_{(gás)} \rightleftharpoons CO_{2(gás)} + H_{2(gás)}$, ΔH^0 = - 41,5 kmol^{-1} ; K_c = 0,625 a 1240 K. Analisando os dados da reação acima, afirma-se:

I - Um aumento da pressão total sobre o sistema não altera o estado de equilíbrio;
II- Uma diminuição da temperatura favorece o aumento na produção de gás hidrogênio;
III- O valor de $K_p > K_c$ nas condições dadas;
IV- A concentração final de cada componente do sistema, em equilíbrio, quando se misturam um mol de cada um dos reagentes com dois mols de cada um dos produtos, na temperatura da experiência, considerando um balão volumétrico de 1 L é: [CO] = [H_2O] = 0,46 mol.L^{-1} e [CO_2] = [H_2] = 2,54 mol.L^{-1}. Estão corretas as seguintes afirmações:

a) I, II e IV apenas
b) I e II apenas
c) II e IV apenas
d) III e IV apenas
e) I e III apenas

Questão 204

A quarta porta abre para um corredor mal iluminado, ao fundo do qual há uma porta entreaberta. Os nossos amigos percorrem o corredor e entram de rompante numa sala que, afinal, é uma sala de aula da sua escola, onde está a decorrer a prova Global de Química do 10º ano! O tempo está acabando e ainda têm de resolver este problema: "Considere o equilíbrio em fase gasosa: $2SO_{2(gás)} + O_{2(gás)} \longrightarrow 2SO_{3(gás)}$, caracterizando um processo exotérmico. Num recipiente fechado, com a capacidade de 10,0 dm^3, introduziram-se a uma dada temperatura 6,0 mol de dióxido de enxofre e 3,0 mol de oxigênio molecular. Atingido o equilíbrio, verificou-se que havia no reator 4,5 mol de trióxido de enxofre.

1) Calcule a concentração das diferentes espécies químicas presentes no equilíbrio.
2) Indique, justificando, qual o sentido em que evoluirá o sistema por:
a) aumento da temperatura do reator;
b) aumento da pressão total do sistema por diminuição do volume do reator;
c) aumento da pressão por adição de um gás inerte;
d) adição de um catalisador.

Questão 205

As seguintes equações químicas apresentadas abaixo são reações definidas como exotérmicas.
a) $2SO_{2(gás)} + O_{2(gás)} \rightleftarrows 2SO_{3(gás)}$
b) $N_{2(gás)} + 3H_{2(gás)} \rightleftarrows 2NH_{3(gás)}$
Explique o efeito de aumentar a temperatura e a pressão sobre a mistura em equilíbrio para cada um dos dois sistemas reacionais.

Questão 206

Discuta o aumento da temperatura sobre a reação de formação de sulfeto de hidrogênio, a partir dos seus elementos constituintes mais estáveis, sabendo que a equação da variação da energia de Gibbs é representada a partir da seguinte equação termodinâmica, $\Delta G° = - 180688 + 98,83.T$ ($J.mol^{-1}$). Além disso, explique porque a reação é endotérmica ou exotérmica?

Questão 207

A constante de equilíbrio termodinâmico apresenta unidade?

Questão 208

Explique a importância da equação de Van´t Hoff, para a dependência de K em função da temperatura.

Questão 209

Sabendo que a dissociação de $N_2O_{4(gás)}$ em $NO_{2(gás)}$ é endotérmica, preveja como a constante de equilíbrio (K_c) deve variar com a temperatura, explicando o tipo de raciocínio utilizado para esta previsão.

Questão 210

Explique sucintamente de que maneira se estabelece o equilíbrio nas reações químicas.

Questão 211

Defina a variação da energia livre de Gibbs (dG), apresentando o desenvolvimento a partir da matemática e do potencial químico.

EXERCÍCIO DE FIXAÇÃO – GABARITO

Questão 01

Para este problema será necessário o uso da tabela de equilíbrio químico, para a realização do cálculo do número de mol total. Base de cálculo: n (mol) inicial de PCl_5. Para este processo será necessário utilizar a tabela de equilíbrio químico.

Tabela de equilíbrio químico:

	$PCl_{5(gás)}$	$\rightleftarrows$	$PCl_{3(gás)}$	$Cl_{2(gás)}$
Início	n		0	0
Reage	$n\alpha$		$n\alpha$	$n\alpha$
Equilíbrio	$n - n\alpha$		$n\alpha$	$n\alpha$

Cálculo do número de mol total das espécies químicas no estado de equilíbrio (n_{TOTAL}): $n_{TOTAL} = n - \cancel{n\alpha} + \cancel{n\alpha} + n\alpha = n + n\alpha$

Cálculo do grau de dissociação (α), utilizando a equação dos gases ideais:

$$p_T^{ideal} \times V_T = \frac{m}{<MM>} \times (1 + \alpha) \times R \times T \; (*)$$

Substituindo os valores na equação (*) acima, temos:

$$1 \times 1 = \frac{2,69}{208,5} \times (1 + \alpha) \times 0,08206 \times (250 + 273)$$

$$\alpha = 0,80 \; (80\%)$$

Cálculo das pressões parciais dos participantes gasosos:

$$P_{PCl_5} = \frac{n \times (1 - \alpha)}{n \times (1 + \alpha)} \times p_T = \frac{(1 - 0,80)}{(1 + 0,80)} \times 1,0 = 0,11 \text{ atm}$$

$$P_{PCl_3} = P_{Cl_2} = \frac{n\alpha}{n(1 + \alpha)} \times p_T = \frac{0,80}{(1 + 0,80)} \times 1,0 = 0,44 \text{ atm}$$

Questão 02

Base de cálculo: n (mol) inicial de pentacloreto de fósforo. Equação química: $PCl_{5(gás)} \rightleftarrows PCl_{3(gás)} + Cl_{2(gás)}$. Tabela de equilíbrio químico:

	$PCl_{5(gás)}$	$\rightleftarrows$	$PCl_{3(gás)}$	$Cl_{2(gás)}$
Início	n		0	0
Reage	nα		nα	nα
Equilíbrio	n - nα		nα	nα

Cálculo do número de mol total (n_T) da mistura gasosa, no equilíbrio: $n_{Total} = n_{PCl5} + n_{PCl3} + n_{Cl2}$

$n_{Total} = n - \cancel{n\alpha} + \cancel{n\alpha} + n\alpha$

$n_{Total} = n + n\alpha = n \times (1 + \alpha)$

Relação da densidade (d) com o grau de dissociação (α) a partir da equação dos gases ideais:

$$p. < MM >= d \times (1 + \alpha) \times R \times T$$

$$\boxed{d = \frac{p \times < MM >}{(1 + \alpha) \times R \times T}}$$

Questão 03

Analisando a questão a partir do princípio de Le Chatelier.

Item a) Como a reação é endotérmica [$N_{2(gás)} + O_{2(gás)} + 43000 \text{ cal} \rightleftarrows 2NO_{(gás)}$], com o aumento da temperatura o equilíbrio será deslocado para a direita.

Item b) Com a diminuição da pressão do sistema, não haverá nenhuma influência sobre o deslocamento de equilíbrio.

Item c) Aumentando a concentração da quantidade de matéria de oxigênio molecular, [O_2], o equilíbrio será deslocado para a direita.

Item d) Diminuindo a concentração da quantidade de matéria de nitrogênio gasoso, [N_2], o equilíbrio será deslocado para a esquerda.

Item e) Aumentando a concentração da quantidade de matéria de monóxido de nitrogênio, [NO], o equilíbrio será deslocado para a esquerda.

Item f) O catalisador não influencia em nada no deslocamento do equilíbrio, apenas faz com que o processo ocorra com maior velocidade.

Questão 04

Equação da decomposição do brometo de iodo: $2IBr_{(gás)} \rightleftarrows I_{2(gás)} + Br_{2(gás)}$.
Informação do problema: Massa de brometo de iodo igual a 8,28 g.

Cálculo da pressão inicial do brometo de iodo, a partir da equação dos gases ideais:

$$p_{IBr} = \frac{\left(\frac{8,28}{128}\right) \times 0,08206 \times 500}{0,25} = 6,56 \text{ atm}$$

Tabela de equilíbrio químico:

	$2IBr_{(gás)}$ (atm)	$I_{2(gás)}$ (atm)	$Br_{2(gás)}$ (atm)
Início	6,56	0	0
Reage	2 x α	1 x α	1 x α
Equilíbrio	6,56 - 2α	α	α

O enunciado do problema coloca a seguinte situação: "a pressão parcial do bromo é de 3,08 atm" (equilíbrio final), logo a tabela de equilíbrio acima ficará da seguinte maneira:

	$2IBr_{(gás)}$ (atm)	$\rightleftarrows$	$I_{2(gás)}$ (atm)	$Br_{2(gás)}$ (atm)
Início	6,56		0	0
Reage	2α = 2 x (3,08) = 6,16		α = 3,08	α = 3,08
Equilíbrio	6,56 – 6,16 = 0,40 atm		3,08 atm	3,08 atm

Expressão e cálculo da constante de equilíbrio em função das pressões parciais:

$$K_p = \frac{P_{PCl_3} \times P_{Cl_2}}{P_{PCl_5}} = \frac{(3,08)^2}{0,40} = 59,29$$

Questão 05

Expressão da constante de equilíbrio em função da concentração da quantidade de matéria: $K_c = \frac{[C]^2}{[B]^2} = 0,64$

Tirando a raiz quadrada da expressão matemática acima, temos: $\sqrt{\frac{[C]^2}{[B]^2}} = \sqrt{0,64}$

$$\frac{[C]}{[B]} = 0,8$$

Cálculo da concentração da quantidade de matéria de C, sabendo que a concentração de B é igual a 0,50 mol.L^{-1}, temos: $\frac{[C]}{0,50} = 0,8$

$[C] = 0,40 \frac{mol}{L}$. A partir da análise, a concentração da quantidade de matéria do composto C é igual a $0,40 \frac{mol}{L}$.

Questão 06

Equação química a ser analisada pelo princípio de Le Chatelier:
$CH_3OH_{(aquoso)} + C_2H_5COOH_{(aquoso)} \rightleftarrows C_2H_5COOCH_{3(aquoso)} + H_2O_{(líquido)}$.

O estabelecimento do equilíbrio pode ser acelerado pela adição de ácidos minerais. Os íons $H_3O^+_{(aquoso)}$ atuam como catalisador da reação. O catalisador acelera o estabelecimento do equilíbrio, mas não aumenta o rendimento da reação, uma vez que estes não deslocam o equilíbrio químico. Para aumentar o rendimento do éster (propionato de metila), será necessário deslocar o equilíbrio para a direita, o que pode ser feito adicionando um desidratante. A retirada de água também faz com que o equilíbrio seja deslocado para a direita.

Questão 07

Equação química: $N_2O_{4(gás)} \rightleftarrows 2NO_{2(gás)}$, $\Delta H° = + 56,9$ kJ.

Item a) Equação química de decomposição do tetróxido de dinitrogênio: $N_2O_{4(gás)} \rightleftarrows 2NO_{2(gás)}$
I) Adicionando $N_2O_{4(g)}$, o equilíbrio será deslocado para a direita, aumentando $NO_{2(g)}$.
II) Diminuindo a pressão do sistema reacional, o equilíbrio será deslocado para a direita, aumentando $NO_{2(g)}$.
III) Sendo o processo endotérmico e aumentando a temperatura, o equilíbrio será deslocado para a direita, aumentando $NO_{2(g)}$.
IV) A adição do catalisador específico não influencia no equilíbrio químico.

Item b) O fator que altera a constante de equilíbrio é a temperatura. Este fator é explicado pela equação de Van´t Hoff. Somente uma alteração de temperatura pode provocar modificação no valor da constante de equilíbrio (K_c ou K_p). Já, alterações de concentração ou de pressão, não modificam os valores de K_c ou K_p. No quadro a seguir, encontra-se a equação de Van´t Hoff, que estuda a relação da constante de equilíbrio com a temperatura.

$$\ln K_1 - \ln K_2 = \frac{\Delta H^0}{R} x \left(\frac{1}{T_2} - \frac{1}{T_1}\right)$$

Questão 08

Item a) Avaliação do número de mol dos reagentes e produtos pela reação direta. Equação química: 3/2 $H_{2(gás)}$ + ½$N_{2(gás)} \rightleftarrows NH_{3(gás)}$

$$\left(\frac{3}{2} + \frac{1}{2}\right) V \rightleftarrows 1\ V$$

$$2V \rightleftarrows 1V$$

Aumentando a pressão interna do reator, consequentemente vai haver uma diminuição do volume do sistema, com isso o equilíbrio químico será deslocado para a direita, ou seja, favorecendo a formação de amônia.

Item b) Cálculo da pressão do gás amoníaco (NH_3), aplicando a equação dos gases ideais:

$$p_{NH_3} = \frac{\left(\frac{17}{17}\right) x\ 0{,}08206\ x\ (427 + 273)}{5} = 11{,}49\ atm$$

Questão 09

Primeira maneira de resolução: Base de cálculo: 0,450 mol inicial de $CO_{2(gás)}$ e 0,450 mol inicial de $H_{2(gás)}$. Tabela de equilíbrio químico:

	$CO_{2(gás)}$ (mol)	$H_{2(gás)}$ (mol)		$CO_{(gás)}$ (mol)	$H_2O_{(vapor)}$ (mol)
Início	0,450 + 0,250	0,450 + 0,250	$\rightleftarrows$	0	0
Reage	α	α		α	α
Equilíbrio	0,700 - α	0,700 - α		α	α

Expressão das concentrações das quantidades de matéria (mol.L^{-1}) considerando que o volume da solução seja igual a V:

$$[CO_2] = \frac{0{,}700 - \alpha}{V}$$

$$[H_2] = \frac{0{,}700 - \alpha}{V}$$

$$[CO] = \frac{\alpha}{V}$$

$$[H_2O] = \frac{\alpha}{V}$$

Cálculo da constante α, a partir da constante de equilíbrio (K_c): $CO_{2(gás)} + H_{2(gás)} \rightleftarrows CO_{(gás)} + H_2O_{(vapor)}$

$$K_c = \frac{[CO] \times [H_2O]}{[CO_2] \times [H_2]} = \frac{\left(\frac{\alpha}{V}\right) \times \left(\frac{\alpha}{V}\right)}{\left(\frac{0{,}700 - \alpha}{V}\right) \times \left(\frac{0{,}700 - \alpha}{V}\right)} = \frac{(\alpha)^2}{(0{,}700 - \alpha)^2}$$

$$0{,}160 = \frac{(\alpha)^2}{(0{,}700 - \alpha)^2}$$

Tirando a raiz quadrada da equação matemática acima, temos: $\sqrt{\frac{(\alpha)^2}{(0{,}700 - \alpha)^2}} = \sqrt{0{,}160}$

$$\frac{\alpha}{0{,}700 - \alpha} = 0{,}40$$

$$\alpha = \frac{0{,}280}{1{,}40} = 0{,}20$$

Concentração das espécies químicas, levando em consideração que o volume seja de um litro (1 L):

$$[CO_2] = \frac{0{,}700 - \alpha}{V} = \frac{0{,}700 - 0{,}200}{V} = \frac{0{,}500}{V}$$

$$[H_2] = \frac{0{,}700 - \alpha}{V} = \frac{0{,}700 - 0{,}200}{V} = \frac{0{,}500}{V}$$

$$[CO] = \frac{\alpha}{V} = \frac{0{,}200}{V}$$

$$[H_2O] = \frac{\alpha}{V} = \frac{0{,}200}{V}$$

Segunda maneira de resolução: Base de cálculo: 0,450 mol de $CO_{2(gás)}$ e 0,450 mol de $H_{2(gás)}$ inicial. Tabela de equilíbrio químico:

	$CO_{2(gás)}$ (mol)	$H_{2(gás)}$ (mol)		$CO_{(gás)}$ (mol)	$H_2O_{(vapor)}$ (mol)
Início	0,450	0,450	⇄	0	0
Reage	α	α		α	α
Equilíbrio	0,450 - α	0,450 - α		α	α

O problema afirma que foram adicionados 0,500 equimolecular para os reagentes, logo a tabela de equilíbrio químico fica da seguinte maneira:

	$CO_{2(gás)}$ (mol)	$H_{2(gás)}$ (mol)		$CO_{(gás)}$ (mol)	$H_2O_{(vapor)}$ (mol)
Início	0,450 – α + 0,250	0,450 – α + 0,250	⇄	α	α
Reage	β	β		β	β
Equilíbrio	0,700 – α - β	0,700 – α - β		α + β	α + β

Expressão da concentração das quantidades de matéria ($mol.L^{-1}$) considerando que o volume da solução seja igual a V.

Chamando z = α + β, temos:

$$[CO_2] = \frac{0{,}700 - \alpha - \beta}{V}$$

$$[H_2] = \frac{0{,}700 - \alpha - \beta}{V}$$

$$[CO] = \frac{\alpha + \beta}{V}$$

$$[H_2O] = \frac{\alpha + \beta}{V}$$

Chamando $\alpha + \beta = z$, temos:

$$[CO_2] = \frac{0{,}700 - z}{V}$$

$$[H_2] = \frac{0{,}700 - z}{V}$$

$$[CO] = \frac{z}{V}$$

$$[H_2O] = \frac{z}{V}$$

Cálculo da constante z, a partir da constante de equilíbrio (K_c): $CO_{2(gás)} + H_{2(gás)} \rightleftarrows CO_{(gás)} + H_2O_{(vapor)}$

$$K_c = \frac{[CO] \times [H_2O]}{[CO_2] \times [H_2]} = \frac{z^2}{(0{,}700 - z)^2}$$

$$0{,}160 = \frac{z^2}{(0{,}700 - z)^2}$$

Tirando a raiz quadrada da equação matemática acima, temos: $\sqrt{\frac{z^2}{(0{,}700-z)^2}} = \sqrt{0{,}160}$

$$\frac{z}{0{,}700 - z} = 0{,}40$$

$$z = \frac{0{,}280}{1{,}40} = 0{,}200$$

Logo, a concentração das espécies químicas são as seguintes, considerando o volume igual a 1 litro:

$$[CO_2] = \frac{0{,}700 - z}{V} = \frac{0{,}700 - 0{,}200}{1} = 0{,}500 \frac{mol}{L}$$

$$[H_2] = \frac{0{,}700 - z}{V} = \frac{0{,}700 - 0{,}200}{1} = 0{,}500 \frac{mol}{L}$$

$$[CO] = \frac{z}{V} = \frac{0{,}200}{1} = 0{,}200 \frac{mol}{L}$$

$$[H_2O] = \frac{z}{V} = \frac{0{,}200}{1} = 0{,}200 \frac{mol}{L}$$

Terceira maneira de resolução. Base de cálculo: 0,450 mol de $CO_{2(gás)}$ e 0,450 mol de $H_{2(gás)}$ inicial. Primeira tabela de equilíbrio químico:

	$CO_{2(gás)}$ (mol)	$H_{2(gás)}$ (mol)		$CO_{(gás)}$ (mol)	$H_2O_{(vapor)}$ (mol)
Início	0,450	0,450	$\rightleftarrows$	0	0
Reage	α	α		α	α
Equilíbrio	0,450 - α	0,450 - α		α	α

Expressão das concentrações das quantidades de matéria ($mol.L^{-1}$) para um volume de solução V:

$$[CO_2] = \frac{0,450 - \alpha}{V}$$

$$[H_2] = \frac{0,450 - \alpha}{V}$$

$$[CO] = \frac{\alpha}{V}$$

$$[H_2O] = \frac{\alpha}{V}$$

Cálculo de α, a partir da constante de equilíbrio: $K_c = \frac{[CO] \times [H_2O]}{[CO_2] \times [H_2]}$

$$K_c = \frac{\alpha \times \alpha}{(0,450 - \alpha) \times (0,700 - \alpha)}$$

$$0,160 = \frac{\alpha^2}{(0,450 - \alpha)^2}$$

Tirando a raiz quadrada da equação matemática acima, temos: $\sqrt{\frac{\alpha^2}{(0,450 - \alpha)^2}} = \sqrt{0,160}$

$$\frac{\alpha}{0,450 - \alpha} = 0,40$$

$$\alpha = 0,40 \times (0,450 - \alpha)$$

$$\alpha = \frac{0,18}{1,40} = 0,130$$

Foram adicionados 0,500 equimolecular para os reagentes, ou seja, 0,250 mol para cada reagente. Logo:

Segunda tabela de equilíbrio químico:

	$CO_{2(gás)}$ (mol)	$H_{2(gás)}$ (mol)		$CO_{(gás)}$ (mol)	$H_2O_{(vapor)}$ (mol)
Início	0,450 + 0,250 – 0,130	0,450 + 0,250 – 0,130	⇄	0,130	0,130
Reage	β	β		β	β
Equilíbrio	0,570 - β	0,570 – β		0,130 + β	0,130 + β

Expressão das concentrações das quantidades de matéria ($mol.L^{-1}$) para um volume de solução V:

$$[CO_2] = \frac{0,570 - \beta}{V}$$

$$[H_2] = \frac{0,570 - \beta}{V}$$

$$[CO] = \frac{0,130 + \beta}{V}$$

$$[H_2O] = \frac{0,130 + \beta}{V}$$

Cálculo de β, a partir da constante de equilíbrio:

$$K_c = \frac{[CO]\,x\,[H_2O]}{[CO_2]\,x\,[H_2]} = \frac{\left(\frac{0{,}130+\beta}{V}\right)x\left(\frac{0{,}130+\beta}{V}\right)}{\left(\frac{0{,}570-\beta}{V}\right)x\left(\frac{0{,}570-\beta}{V}\right)} = \frac{\left(\frac{0{,}130+\beta}{V}\right)^2}{\left(\frac{0{,}570-\beta}{V}\right)^2}$$

$$K_c = \frac{(0{,}130+\beta)^2}{(0{,}570-\beta)^2}$$

$$0{,}160 = \frac{(0{,}130+\beta)^2}{(0{,}570-\beta)^2}$$

Tirando a raiz quadrada da equação matemática acima, temos: $\sqrt{\frac{(0{,}130+\beta)^2}{(0{,}570-\beta)^2}} = \sqrt{0{,}160}$

$$\frac{0{,}130+\beta}{0{,}570-\beta} = 0{,}40$$

$$\beta = \frac{0{,}098}{1{,}40} = 0{,}07$$

Logo, a concentração das espécies químicas são as seguintes, considerando o volume igual a 1 litro:

$$[CO_2] = \frac{0{,}570-\beta}{V} = \frac{0{,}570-0{,}07}{1} = 0{,}500\frac{mol}{L}$$

$$[H_2] = \frac{0{,}570-\beta}{V} = \frac{0{,}570-0{,}07}{1} = 0{,}500\frac{mol}{L}$$

$$[CO] = \frac{0{,}130+\beta}{V} = \frac{0{,}130+0{,}07}{1} = 0{,}200\frac{mol}{L}$$

$$[H_2O] = \frac{0{,}130+\beta}{V} = \frac{0{,}130+0{,}07}{1} = 0{,}200\frac{mol}{L}$$

Questão 10

Equação química: $H_{2(gás)} + I_{2(gás)} \rightleftarrows 2HI_{(gás)}$,

$K_p^{448°C} = 50{,}0$ e $K_p^{350°C} = 66{,}9$

Equação de Van´t Hoff: $\frac{\partial \ln K}{\partial T} = -\frac{\Delta H°}{RT^2}$

$$\frac{\partial \ln K}{\partial T} = -\frac{\Delta H°}{RT^2} d\left(\frac{1}{T}\right)$$

$$\frac{\partial \ln K}{\partial T} = -\frac{\Delta H°}{RT^2} d\left(\frac{1}{T}\right)$$

$$\frac{\partial \ln K}{\partial T\left(^1/_T\right)} = -\frac{\Delta H°}{RT^2}$$

A equação mostra que $\Delta H°$ é aproximadamente constante (pelo menos em intervalos de temperatura não muito grandes). Um gráfico de ln K versus 1/T é linear, tendo um coeficiente angular igual a ($-\Delta H°/R$). Ela mostra ainda como o efeito da temperatura sobre a constante é influenciado pelo sinal e pela magnitude de $\Delta H°$ para a reação. Se $\Delta H° > 0$ (reação endotérmica), K cresce com o aumento da temperatura; se $\Delta H° < 0$ (reação exotérmica), K decresce com o aumento da temperatura. E quanto maior é o módulo de ΔH, maior a influência de uma variação de temperatura sobre a constante de equilíbrio.

A equação também pode ser escrita da seguinte maneira: $\ln K_{p_1} - \ln K_{p_2} = \frac{\Delta H°}{R} x \left\{\frac{1}{T_2} - \frac{1}{T_1}\right\}$

Resolvendo o problema: $\ln(50) - \ln(66{,}9) = \frac{\Delta H^\circ}{8{,}314} x \left\{\frac{1}{623} - \frac{1}{721}\right\}$

$$\ln(0{,}747) = \frac{\Delta H^\circ}{8{,}314} x \left\{\frac{1}{623} - \frac{1}{721}\right\}$$

$$-\ 0{,}292 \text{ x } 8{,}314 = \Delta H^\circ \text{ x } \{1{,}60 \text{ x } 10^{-3} - 1{,}39 \text{ x } 10^{-3}\}$$

$$\Delta H^\circ = -\ 11151{,}50 \frac{J}{mol}$$

Questão 11

Equação química: $N_2O_{4(gás)} \rightleftarrows 2NO_{2(gás)}$.

Base de cálculo: n (mol) inicial de $N_2O_{4(gás)}$. Tabela de equilíbrio químico:

	$N_2O_{4(gás)}$	$\rightleftarrows$	$2NO_{2(gás)}$
Início	n		0
Reage	nα		2nα
Equilíbrio	n - nα		2nα

Cálculo do número de mol total (n_T) das espécies gasosas: $n_T = n - n\alpha + 2n\alpha = n + n\alpha = n(1 + \alpha)$

Cálculo das pressões parciais dos componentes gasosos:

Pressão parcial do N_2O_4: $P_{N_2O_4} = X_{N_2O_4} x\ p_t = \left[\frac{n(1-\alpha)}{n(1+\alpha)}\right] x\ p_t = \left[\frac{(1-\alpha)}{(1+\alpha)}\right] x\ p_t$

Pressão parcial do NO_2: $P_{NO_2} = X_{NO_2} x\ p_t = \left[\frac{2n\alpha}{n(1+\alpha)}\right] x\ p_t = \left[\frac{2\alpha}{1+\alpha}\right] x\ p_t$

Expressão da constante de equilíbrio: $K_p = \frac{p^2_{NO_2}}{p_{N_2O_4}} = \frac{\left\{\left[\frac{2\alpha}{1+\alpha}\right] x\ p_t\right\}^2}{\left[\frac{2\alpha}{1+\alpha}\right] x\ p_t} = \frac{4\alpha^2 p_t}{1-\alpha^2}$

Item a) Cálculo da constante de equilíbrio a pressão constante, considerando como grau de dissociação igual a 0,20 (α = 0,20):

$$K_p = \frac{4\alpha^2 p_t}{1-\alpha^2} = \frac{4 \text{ x } (0{,}20)^2 \text{x } 1}{1 - (0{,}20)^2} = 0{,}167$$

Item b) Como a temperatura (27°C) é a mesma para o item (a), logo $K_p = 0{,}167$. Cálculo do grau de dissociação (α): $K_p = \frac{4\alpha^2 p_t}{1-\alpha^2}$

$$0{,}167 = \frac{4\alpha^2 \text{ x } 0{,}10}{1 - \alpha^2}$$

$$0{,}567\alpha^2 = 0{,}167$$

$$\alpha = \sqrt{\frac{0{,}167}{0{,}567}} = 0{,}5427\ (54{,}27\%)$$

Questão 12

Sabendo que a reação de síntese da amônia [NH_3] sendo um processo exotérmico, conforme pode ser observado a partir da seguinte equação química apresentada a seguir: $N_{2(gás)} + 3H_{2(gás)} \rightleftarrows 2NH_{3(gás)}$, $\Delta H < 0$. Pelo princípio de Le Chatelier, ao acrescentar calor ao sistema, ele será deslocado para esquerda, com isso, irá ocorrer a diminuição do rendimento da reação (Kc diminui). Com a diminuição da temperatura, o equilíbrio será deslocado para a direita, (K_c aumenta), com isso, o rendimento aumenta. Porém, em baixas temperaturas, sendo o rendimento maior, a velocidade do processo é muito pequena tanto para o processo direto quanto para o processo inverso, com isso o equilíbrio vai demorar a se estabilizar. Então, o que deve ser feito é a obtenção de valores intermediários para a temperatura, isto é, nem muito baixa para comprometer o rendimento do processo. Esta temperatura ocorre em torno de 400°C.

Questão 13

Equação química: $N_{2(gás)} + 3H_{2(gás)} \rightleftarrows 2NH_{3(gás)}$

Equação da constante de equilíbrio: $K_c = \frac{[NH_3]^2}{[N_2] \times [H_2]^3}$

Base de cálculo: 75 mol de $N_{2(gás)}$, 180 mol de $H_{2(gás)}$ e 10 mol de $NH_{3(gás)}$ no estado inicial.

Tabela de equilíbrio químico:

	$N_{2(gás)}$ (mol)	$3H_{2(gás)}$ (mol)	$\rightleftarrows$	$2NH_{3(gás)}$ (mol)
Início	75	180		10
Reage	50	150		100
Equilíbrio	75 – 50	180 – 150		10 + 100

Cálculo das concentrações das quantidades de matérias (mol.L^{-1}) molares das espécies químicas, no estado de equilíbrio químico:

$$[N_2] = \frac{25 \text{ mol}}{200 \text{ L}} = 0{,}125 \frac{\text{mol}}{\text{L}}$$

$$[H_2] = \frac{30 \text{ mol}}{200 \text{ L}} = 0{,}150 \frac{\text{mol}}{\text{L}}$$

$$[NH_3] = \frac{110 \text{ mol}}{200 \text{ L}} = 0{,}550 \frac{\text{mol}}{\text{L}}$$

Item a) Cálculo da constante de equilíbrio: $K_c = \frac{[NH_3]^2}{[N_2] \times [H_2]^3} = \frac{[0{,}550]^2}{[0{,}125] \times [0{,}150]^3} = 717{,}04$

Item b) A adição do catalisador não influencia em nada nas concentrações das espécies em equilíbrio. O objetivo da aplicação de um catalisador é o aumento da velocidade da reação química.

Item c) Pelo Princípio de Le Chatelier, o aumento da pressão total do sistema desloca o equilíbrio para a direita, aumentando a concentração da quantidade de matéria da amônia e diminuindo as concentrações do nitrogênio e do hidrogênio.

Questão 14

(GRILLO) Informações do problema: $K_p^{650°C} = 99{,}0$ e $K_p^{225°C} = 44{,}9$.

$$\ln K_{p_1} - \ln K_{p_2} = \frac{\Delta H°}{R} x \left\{\frac{1}{T_2} - \frac{1}{T_1}\right\}$$

Resolvendo o problema: $\ln(99) - \ln(44{,}9) = \frac{\Delta H°}{8{,}314} x \left\{\frac{1}{225 + 273} - \frac{1}{650 + 273}\right\}$

$$\ln\left(\frac{99}{44{,}9}\right) = \frac{\Delta H°}{8{,}314} x \left\{\frac{1}{498} - \frac{1}{923}\right\}$$

$$\ln(2{,}20) = \frac{\Delta H°}{8{,}314} x \{2{,}0 \times 10^{-3} - 1{,}08 \times 10^{-3}\}$$

$$0{,}788 \times 8{,}314 = \Delta H° \times \{0{,}00092\}$$

$$\Delta H^\circ = \frac{0{,}788 \times 8{,}314}{0{,}00092} = +\,7121{,}12\frac{J}{mol}\ \text{(processo endotérmico)}$$

Questão 15

Equação química: $2A_{(gás)} + B_{(gás)} \rightleftarrows 4C_{(gás)}$. Expressão da constante de equilíbrio em função das pressões parciais: $K_p = \frac{P_C^4}{P_A^2 x\, P_B}$.
Observando o gráfico, no estado de equilíbrio dinâmico suas concentrações em relação às pressões parciais de cada participante são as seguintes: p_A = 0,4 atm; p_B = 0,2 atm e p_C = 0,8 atm.

Cálculo da constante de equilíbrio em função da pressão parcial:

$$K_p = \frac{P_C^4}{P_A^2 x\, P_B} = \frac{(0{,}8)^4}{(0{,}4)^4 x\, 0{,}2} = 80$$

Questão 16

Item a) Realizando o balanceamento da reação pelo método das tentativas: $SO_{2(gás)} + 2Cl_{2(gás)} \longrightarrow OSCl_{2(gás)} + Cl_2O_{(gás)}$.

Item b) Diminuindo o volume do sistema, automaticamente a pressão aumenta. Pelo princípio de Le Chatelier, diminuindo o volume, o equilíbrio será deslocado para a direita, favorecendo o $Cl_2O_{(g)}$.

Item c) O cloro tanto se reduz como se oxida.

Item d) Como a velocidade de efusão é inversamente proporcional à massa molar, então, quanto maior a massa molar, menor será a velocidade de efusão. Logo: $SO_{2(g)}$ = 64 g.mol^{-1}; $Cl_{2(g)}$ = 71 g.mol^{-1}; $OSCl_{2(g)}$ = 119 g.mol^{-1} e $Cl_2O_{(g)}$ = 87 g.mol^{-1}. Resultado: $V_{OSCl2} < V_{Cl2O} < V_{Cl2} < V_{SO2}$.

Questão 17

Analisando a situação I: Equação química: $AB_{2(gás)} + A_{(sólido)} \longrightarrow 2AB_{(gás)}$

Informação do problema: X_{AB2} = 0,1

$X_{AB2} + X_{AB} = 1{,}0$
$X_{AB} = 1{,}0 – 0{,}1 = 0{,}9$

Logo, para a situação I, as frações molares são as seguintes: X_{AB2} = 0,1 e X_{AB} = 0,9
Equação da constante de equilíbrio em função das pressões parciais para a situação I:

$$K_I = \frac{P_{AB}^2}{P_{AB_2}} = \frac{[X_{AB}.\,p_T]^2}{[X_{AB_2}.\,p_T]} = \frac{X_{AB}^2.\,p_T}{[X_{AB_2}]} = \frac{(0{,}90)^2.\,p_T}{0{,}10} = 8{,}1\ x\ p_T$$

Nas condições normais de temperatura e pressão (0°C e 1 atm), a constante de equilíbrio I será igual a K_I = 8,1
Analisando a situação II: Equação química: $AB_{2(gás)} + A_{(sólido)} \longrightarrow 2AB_{(gás)}$

Informação do problema: X_{AB} = 0,8
$X_{AB2} + X_{AB} = 1{,}0$
$X_{AB2} = 1{,}0 – 0{,}8 = 0{,}2$

Como o processo ocorre na mesma temperatura, ou seja, $K_I = K_{II}$.

Logo, para a situação II, as frações molares são as seguintes: X_{AB2} = 0,2 e X_{AB} = 0,8

Equação da constante de equilíbrio em função das pressões parciais para a situação II:

$$K_{II} = \frac{P_{AB}^2}{P_{AB_2}} = \frac{[X_{AB}.p_T]^2}{[X_{AB_2}.p_T]} = \frac{X_{AB}^2.p_T}{[X_{AB_2}]} = \frac{(0{,}80)^2 \text{ x } p_T}{(0{,}20)}$$

Cálculo da pressão total, sabendo que a constante K_I é igual a 8,1: $K_I = K_{II}$

$$8{,}1 = \frac{(0{,}80)^2 \text{ x } p_T}{0{,}20}$$

$$p_T = \frac{8{,}1 \text{ x } 0{,}20}{(0{,}80)^2} = 2{,}53 \text{ atm}$$

Questão 18

Formação de tetracloreto de carbono na fase líquida: $C_{(sólido)} + 2Cl_{2(gás)} \rightleftarrows CCl_{4(líquido)}$
Formação de tetracloreto de carbono na fase gasosa: $C_{(sólido)} + 2Cl_{2(gás)} \rightleftarrows CCl_{4(gás)}$

Cálculo da variação da energia livre de Gibbs para a vaporização do tetracloreto de carbono, invertendo a reação de formação de tetracloreto de carbono na fase líquida, temos:

$CCl_{4(líquido)} \rightleftarrows C_{(sólido)} + 2Cl_{2(gás)}$ $\Delta G^0_{reação} = +68{,}6\,\frac{kJ}{mol}$

$C_{(sólido)} + 2Cl_{2(gás)} \rightleftarrows CCl_{4(gás)}$ $\Delta G^0_{reação} = -64{,}0\,\frac{kJ}{mol}$ +

$CCl_{4(l)} \rightleftarrows CCl_{4(g)}$ $\Delta G^0_{reação} = +68{,}6\,\frac{kJ}{mol} + \left(-64{,}0\,\frac{kJ}{mol}\right) = +4{,}6\,\frac{kJ}{mol}$

Cálculo da pressão de vapor do tetracloreto de carbono na fase gasosa: $CCl_{4(líquido)} \rightleftarrows CCl_{4(gás)}$

$$\Delta G^0_{reação} = +\,4600\,\frac{J}{mol} = -R \text{ x } T \text{ x} \ln K$$

$$-\,8{,}314 \text{ x } (25 + 273) \text{ x} \ln P_{CCl_4}^{vapor} = +\,4600$$

$$8{,}314 \text{ x } 298 \text{ x} \ln P_{CCl_4}^{vapor} = -\,4600$$

$$\ln P_{CCl_4}^{vapor} = -\frac{4600}{2477{,}572}$$

$$P_{CCl_4}^{vapor} = e^{\left(-\frac{4600}{2477{,}572}\right)} = e^{(-1{,}86)}$$

Questão 19

Item a) Equação química: $C_2H_{6(gás)} \rightleftarrows C_2H_{4(gás)} + H_{2(gás)}$. Base de cálculo: n (mol) inicial de gás etano ($C_2H_{6(g)}$)

Tabela de equilíbrio químico:

	$C_2H_{6(gás)}$ (mol)		$C_2H_{4(gás)}$ (mol)	$H_{2(gás)}$ (mol)
Início	n	$\rightleftarrows$	0	0
Reage	nα		nα	nα
Equilíbrio	n - nα		nα	nα

Cálculo do número de mol total: n_{TOTAL} = n - nα + nα + nα = n + nα = n(1 + α)

Expressão das pressões parciais:

Pressão Parcial do C_2H_6: $P_{C2H6} = X_{C2H6} \text{ x } p_T = \left(\frac{n-n\alpha}{n+n\alpha}\right) \text{ x } p_T = \left(\frac{1-\alpha}{1+\alpha}\right) \text{ x } p_T$

Pressão Parcial do C_2H_4: $P_{C2H4} = X_{C2H4} \times p_T = \left(\frac{n\alpha}{n+n\alpha}\right) x\ p_T = \left(\frac{\alpha}{1+\alpha}\right) x\ p_T$

Pressão Parcial do C_2H_4: $P_{C2H4} = X_{H2} \times p_T = \left(\frac{n\alpha}{n+n\alpha}\right) x\ p_T = \left(\frac{\alpha}{1+\alpha}\right) x\ p_T$

Cálculo do grau de dissociação (α), a partir da equação do equilíbrio químico em função das pressões parciais: $K_p = \frac{p_{C_2H_4}\ x\ p_{H_2}}{p_{C_2H_6}}$

$$K_p = \frac{\left(\frac{\alpha}{1+\alpha}\right) x\ p_T\ x \left(\frac{\alpha}{1+\alpha}\right) x\ \cancel{p_T}}{\left(\frac{1-\alpha}{1+\alpha}\right) x\ \cancel{p_T}} = \frac{\alpha^2\ x\ p_T}{(1+\alpha)\ x\ (1-\alpha)} = \boxed{\frac{\alpha^2\ x\ p_T}{1-\alpha^2}}$$

Sabendo que a constante de equilíbrio é igual a 1 e a pressão total do sistema é também igual a 1 atm, temos: $K_p = \frac{\alpha^2\ x\ p_T}{1-\alpha^2}$

$$1 = \frac{\alpha^2\ x\ 1}{1-\alpha^2}$$

$$\alpha = \frac{\sqrt{2}}{2}$$

Cálculo da pressão parcial do gás eteno:

$$P_{C_2H_4} = \frac{\alpha}{1+\alpha} x\ p_T = \frac{\frac{\sqrt{2}}{2}}{(1+\frac{\sqrt{2}}{2})} x\ 1\ atm = \left(\sqrt{2}-1\right) atm$$

Item b) Cálculo do grau de dissociação (α): $\alpha = \frac{\sqrt{2}}{2} = \frac{1{,}41}{2} = 0{,}7071\ (70{,}71\%)$

Questão 20

Equação química: $CH_3COOH_{(aquoso)} + C_2H_5OH_{(aquoso)} \rightleftarrows CH_3COOC_2H_{5(aquoso)} + H_2O_{(líquido)}$
Base de cálculo: 120g de ácido e 92g de álcool

Cálculo do número de mol de ácido acético: $n_{ácido} = \frac{m_{ácido}}{<MM>_{ácido}} = \frac{120}{60} = 2{,}0\ mol$

Cálculo do número de mol de álcool: $n_{álcool} = \frac{m_{álcool}}{<MM>_{álcool}} = \frac{92}{46} = 2{,}0\ mol$

Tabela de equilíbrio:

	$CH_3COOH_{(aquoso)}$	$C_2H_5OH_{(aquoso)}$		$CH_3COOC_2H_{5(aquoso)}$	$H_2O_{(líquido)}$
Início	2	2	⇄	0	0
Reage	α	α		α	α
Equilíbrio	2 - α	2 - α		α	α

Cálculo do grau de dissociação (α), a partir da constante de equilíbrio (K_c):

$$K_c = \frac{[CH_3COOC_2H_5]\ x\ [H_2O]}{[CH_3COOH]\ x\ [C_2H_5OH]} = \frac{\alpha^2}{(2-\alpha)^2} = 4$$

Tirando a raiz quadrada da equação matemática acima, temos: $\sqrt{\frac{\alpha^2}{(2-\alpha)^2}} = \sqrt{4}$

$$\frac{\alpha}{2-\alpha} = 2$$

$$\alpha = \frac{4}{3}$$

Cálculo das concentrações das espécies químicas:

[ácido] = [álcool] = $2 - \frac{4}{3} = \frac{2}{3V}$

[éster] = [água] = α = $\frac{4}{3V}$

Questão 21

Equação química: $Zn_{(sólido)} + HCl_{(aquoso)} \longrightarrow ZnCl_{2(aquoso)} + H_{2(gás)}\uparrow$

Cálculo do número de mol de Zinco: $n_{Zn} = \frac{m_{Zn}}{<MM>_{Zn}} = \frac{130}{65} = 2{,}0 \text{ mol}$

Cálculo do número de mol de gás hidrogênio produzido:

1 mol de Zn -------------- 1 mol de H_2

2,0 mol de Zn ------------ n_{H2}

n_{H2} = 2 mol

O gás hidrogênio é transportado para um balão de 50 litros, que já continha gás iodo.

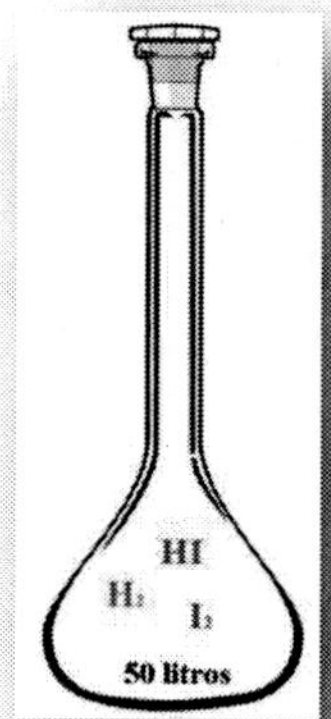

Cálculo do número de mol de iodo (I_2) no estado inicial, a partir da equação dos gases ideais:

$$n_{I_2} = \frac{3{,}28 \text{ x } 50}{0{,}08206 \text{ x } (227 + 273)} \cong 4{,}00 \text{ mol}$$

Equação química: $H_{2(gás)} + I_{2(gás)} \rightleftarrows 2HI_{(gás)}$

Base de cálculo: 2 mol de H_2 e 4 mol de I_2

Tabela de equilíbrio químico:

	$H_{2(gás)}$ (mol)	$I_{2(gás)}$ (mol)	2 $HI_{(gás)}$ (mol)
Início	2	4	0
Reage	α	α	2α
Equilíbrio	2 - α	4 - α	2α

Cálculo do número de mol total (n_T) dos gases: $n_T = n_{H2} + n_{I2} + n_{HI} = 2 - α + 4 - α + 2α = 6$ mol

Cálculo da pressão final (p_T) do balão: $p_T \text{ x } 50 = 6 \text{ x } 0{,}08206 \text{ x } 500$

$$p_T = \frac{246{,}18}{50} = 4{,}92 \text{ atm}$$

Questão 22

Analisando a situação I: Equação química: $A_{(gás)} \rightleftarrows 2B_{(gás)}$

Concentração das quantidades de matéria das espécies químicas presentes no sistema reacional: $[A] = \frac{n_{A1}}{V}$; $[B] = \frac{n_{B1}}{V}$

Expressão da constante de equilíbrio (K_1): $K_1 = \frac{[B]}{[A]}$

Relação entre a constante de equilíbrio com o número de mol de cada espécie química:

$$K_1 = \frac{[B]^2}{[A]} = \frac{\left(\frac{n_{B_1}}{V}\right)^2}{\frac{n_{A_1}}{V}} = \frac{n_{B_1}^2}{n_{A_1} \text{ x } V}$$

Analisando a situação II:

Concentrações das quantidades de matéria das espécies químicas: $[A] = \frac{n_{A2}}{2V}$; $[B] = \frac{n_{B2}}{2V}$

Expressão da constante de equilíbrio (K_2): $K_2 = \frac{[B]^2}{[A]}$

Relação entre a constante de equilíbrio com a concentração de cada espécie química:

$$K_2 = \frac{[B]^2}{[A]} = \frac{\left(\frac{n_{B_2}}{2V}\right)^2}{\frac{n_{A_1}}{2V}} = \frac{n_{B_2}^2}{n_{A_2} \text{ x } 2V}$$

Como a temperatura se mantém constante para as duas situações, logo as constantes de equilíbrio (K_1 e K_2) são iguais. Igualando as constantes, temos: $\frac{n_{B_2}^2}{n_{A_2} \text{ x } 2V} = \frac{n_{B_1}^2}{n_{A_1} \text{ x } V}$

$$\frac{n_{B_2}^2}{n_{A_2} \text{ x } 2} = \frac{n_{B_1}^2}{n_{A_1}}$$

$$n_{B_2}^2 = \frac{2 \text{ x } n_{A_2} \text{ x } n_{B_1}^2}{n_{A_1}}$$

$$n_{B_2} = \sqrt{\frac{2 \text{ x } n_{A_2} \text{ x } n_{B_1}^2}{n_{A_1}}} = n_{B_1} \text{ x } \sqrt{\frac{2 \text{ x } n_{A_2}}{n_{A_1}}}$$

Questão 23

Item a) Cálculo do grau de dissociação, $PCl_{5(gás)} \rightleftarrows PCl_{3(gás)} + Cl_{2(gás)}$. Para a utilização da tabela de equilíbrio químico será necessário utilizar uma base de cálculo. Base de cálculo: n (mol) inicial de $PCl_{5(gás)}$.

Tabela de equilíbrio:

	$PCl_{5(gás)}$	$\rightleftarrows$	$PCl_{3(gás)}$	$Cl_{2(gás)}$
Início	n		0	0
Reage	nα		nα	nα
Equilíbrio	n - nα		nα	nα

Cálculo do número de mol total: $n_T = n_{PCl5} + n_{PCl3} + n_{Cl2} = n - \cancel{n\alpha + n\alpha} + n\alpha = n + n\alpha = n(1+ \alpha)$

Relação entre a densidade do gás com a pressão, a partir da equação dos gases ideais:

$$p \times V = \frac{m}{< MM >} \times (1 + \alpha) \times R \times T$$

$$p \times < MM > = d \times (1 + \alpha) \times R \times T$$

$$d = \frac{p \times < MM >}{(1 + \alpha) \times R \times T}$$

Substituindo os valores na equação acima, temos: $2{,}696 = \frac{1 \times 208{,}5}{(1+ \alpha) \times 0{,}08206 \times (250+273)}$

$$1 + \alpha = \frac{208{,}5}{115{,}70}$$

$$\alpha = 0{,}80\ (80\%)$$

Item b) Expressão das pressões parciais dos participantes químicos:

Pressão Parcial do PCl_5: $P_{PCl5} = X_{PCl5} \times p_T = \left(\frac{n-n\alpha}{n+n\alpha}\right) \times p_T = \left(\frac{1-\alpha}{1+\alpha}\right) \times p_T$

Pressão Parcial do PCl_3: $P_{PCl3} = X_{PCl3} \times p_T = \left(\frac{n\alpha}{n+n\alpha}\right) \times p_T = \left(\frac{\alpha}{1+\alpha}\right) \times p_T$

Pressão Parcial do C_2H_4: $P_{Cl2} = X_{Cl2} \times p_T = \left(\frac{n\alpha}{n+n\alpha}\right) \times p_T = \left(\frac{\alpha}{1+\alpha}\right) \times p_T$

Expressão da constante de equilíbrio em função das pressões parciais (K_p): $K_p = \frac{p_{PCl_3} \times p_{Cl_2}}{p_{PCl_5}}$

$$K_p = \frac{\left[\frac{\alpha^2}{(1+\alpha)^2}\right] \times p_T^2}{\left[\frac{(1-\alpha)}{(1+\alpha)}\right] \times p_T} = \frac{\alpha^2 \times p_T}{(1-\alpha^2)} = \frac{(0{,}80)^2 \times 1}{1-(0{,}80)^2} = 1{,}78$$

Item c) Como a temperatura do processo é constante (250°C), o valor da constante de equilíbrio será também constante, ou seja, $K_p = 1{,}78$, mesmo apresentando um grau de dissociação distinto (0,30).

$$K_p = \frac{\alpha^2 \times p_T}{(1-\alpha^2)} = \frac{(0{,}30)^2 \times p_T}{1-(0{,}30)^2} = 1{,}78$$

$$\frac{(0{,}30)^2 \times p_T}{1-(0{,}30)^2} = 1{,}78$$

$$p_T = \frac{1{,}78 \times 0{,}91}{0{,}09} = 17{,}98\ \text{atm}$$

Questão 24

Base de cálculo: 4 $mol.L^{-1}$ de SO_2 e 2 $mol.L^{-1}$ de O_2 no estado inicial. Equação química: $2SO_{2(gás)} + O_{2(gás)} \rightleftarrows 2SO_{3(gás)}$. Primeira tabela de equilíbrio químico:

	$2SO_{2(gás)}$ ($mol.L^{-1}$)	$O_{2(g)}$ ($mol.L^{-1}$)	$\rightleftarrows$	$2SO_{3(gás)}$ ($mol.L^{-1}$)
Início	4	2		0
Reage	2α	α		2α
Equilíbrio	4 - 2α	2 - α		2α

Cálculo do α, sabendo que há 2 $mol.L^{-1}$ de $SO_{3(g)}$ no equilíbrio: 0 + 2α = 2
α = 1

Segunda tabela de equilíbrio químico:

	$2SO_{2(gás)}$ (mol.L^{-1})	$O_{2(gás)}$ (mol.L^{-1})	$\rightleftarrows$	$2SO_{3(gás)}$ (mol.L^{-1})
Início	4	2		0
Reage	2 x 1	1		2 x 1
Equilíbrio	2	1		2

Item a) Cálculo da constante de equilíbrio (K_c): $K_c = \frac{[SO_3]^2}{[SO_2]^2 x\, [O_2]} = \frac{(2)^2}{(2)^2\, x\, 1} = 1$

Item b) Cálculo do número de mol total (n_T): $n_T = n_{SO2} + n_{O2} + n_{SO3}$ = 0,8 mol + 0,4 mol + 0,8 mol = 2,0 mol

Cálculo das pressões parciais:

Pressão Parcial do dióxido de enxofre - SO_2: $P_{SO2} = X_{SO2}$ x p_T = $\frac{0,80}{2} x\ 3\ atm = 1,20\ atm$

Pressão Parcial do oxigênio molecular - O_2: $P_{O2} = X_{O2}$ x p_T = $\frac{0,40}{2} x\ 3\ atm = 0,60\ atm$

Pressão Parcial do trióxido de enxofre – SO_3: $P_{SO3} = X_{SO3}$ x p_T = $\frac{0,80}{2}\text{x } 3\text{ atm} = 1,20\text{ atm}$

Cálculo da constante de equilíbrio em função das pressões parciais (K_p):

$$K_p = \frac{P_{SO_3}^2}{P_{SO_2}^2 \text{x } P_{O_2}} = \frac{(1,20)^2}{(1,20)^2 \text{ x } 0,60} = 1,67$$

Questão 25

Equação química: $2H_2S_{(gás)} + CH_{4(gás)} \rightleftarrows 4H_{2(gás)} + CS_{2(gás)}$

Base de cálculo: 11,02 mmol de $H_2S_{(gás)}$ e 5,48 mmol de $CH_{4(gás)}$ no estado inicial. Tabela de equilíbrio químico:

	$2H_2S_{(gás)}$ (mmol)	$CH_{4(gás)}$ (mmol)	$\rightleftarrows$	$4H_{2(gás)}$ (mmol)	$CS_{2(gás)}$ (mmol)
Início	11,02	5,48		0	0
Reage	2α	α		4α	α
Equilíbrio	11,02 - 2α	5,48 - α		4α	α = 0,711

Cálculo do número de mol para cada espécie gasosa:

n_{H2S} = 11,02 - 2α = 11,02 – 2 x (0,711) = 9,60 mmol

n_{CH4} = 5,48 - α = 5,48 - 0,711 = 4,77 mmol

n_{H2} = 4α = 4 x (0,711) = 2,84 mmol

n_{CS2} = 0 + α = 0,711 mmol

Cálculo do número de mol total: $n_T = n_{H2S} + n_{CH4} + n_{H2} + n_{CS2}$

n_T = 9,60 mmol + 4,77 mmol + 2,84 mmol + 0,711 mmol = 17,92 mmol

Item a) Frações molares de cada espécie gasosa:

$$X_{H_2S} = \frac{n_{H_2S}}{n_T} = \frac{9,60 \text{ mmol}}{17,92 \text{ mmol}} = 0,536$$

$$X_{CH_4} = \frac{n_{CH_4}}{n_T} = \frac{4{,}77\ \text{mmol}}{17{,}92\ \text{mmol}} = 0{,}266$$

$$X_{H_2} = \frac{n_{H_2}}{n_T} = \frac{2{,}84\ \text{mmol}}{17{,}92\ \text{mmol}} = 0{,}158$$

$$X_{CS_2} = \frac{n_{CS_2}}{n_T} = \frac{0{,}711\ \text{mmol}}{17{,}92\ \text{mmol}} = 0{,}0397$$

Item b) Determinação das percentagens molares:

$X_{H_2S} = 0{,}536\ (53{,}6\%)$; $X_{CH_4} = 0{,}266\ (26{,}6\%)$; $X_{H_2} = 0{,}158\ (15{,}8\%)$ e $X_{CS_2} = 0{,}0397\ (3{,}97\%)$

Item c) Cálculo das pressões parciais:

$$P_{H_2S} = X_{H_2S}\ \text{x}\ p_{Total} = 0{,}536\ \text{x}\ 762\ \text{torr} = 408{,}4\ \text{torr}$$

$$P_{CH_4} = X_{CH_4}\ \text{x}\ p_{Total} = 0{,}266\ \text{x}\ 762\ \text{torr} = 202{,}7\ \text{torr}$$

$$P_{H_2} = X_{H_2}\ \text{x}\ p_{Total} = 0{,}158\ \text{x}\ 762\ \text{torr} = 120{,}4\ \text{torr}$$

$$P_{CS_2} = X_{CS_2}\text{x}\ p_{Total} = 0{,}0397\ \text{x}\ 762\ \text{torr} = 30{,}25\ \text{torr}$$

Item d) Cálculo da constante de equilíbrio em função das pressões parciais: $2H_2S_{(gás)} + CH_{4(gás)} \rightleftarrows 4H_{2(gás)} + CS_{2(gás)}$

Cálculo da constante de equilíbrio (K_p): $K_p = \frac{P_{H_2}^4\ \text{x}\ P_{CS_2}}{P_{H_2S}^2\text{x}\ P_{CH_4}} = \frac{(120{,}4)^4\ \text{x}\ 30{,}25}{(408{,}4)^2\ \text{x}\ 202{,}7} = 188{,}20$

Cálculo da variação da energia livre de Gibbs ($\Delta G°$): $\Delta G° = -R\ x\ T\ x\ lnK_p$

$$\Delta G° = -8{,}314\frac{\text{J}}{\text{mol x }\cancel{\text{K}}}\text{x}\ (700 + 273)\cancel{\text{K}}\ \text{x}\ \ln(188{,}20)$$

$$\Delta G° = -42389{,}09\ \frac{\text{J}}{\text{mol}}\ \left(-42{,}4\ \frac{\text{kJ}}{\text{mol}}\right)$$

Questão 26

Equação química: $N_2O_{4(gás)} \rightleftarrows 2NO_{2(gás)}$

Base de cálculo: n (mol) inicial de $N_2O_{4(gás)}$ no estado inicial.

Tabela de equilíbrio:

	$N_2O_{4(gás)}$	$\rightleftarrows$	$2NO_{2(gás)}$
Início	n		0
Reage	nα		2nα
Equilíbrio	n - nα		2nα

Cálculo do número de mol total (n_T) das espécies gasosas: $n_T = n - n\alpha + 2n\alpha = n.(1 + \alpha)$

Expressão das pressões parciais:

Pressão Parcial do N_2O_4: $P_{N2O4} = X_{N2O4}\ \text{x}\ p_T = \left(\frac{n-n\alpha}{n+n\alpha}\right)\text{x}\ p_T = \left(\frac{1-\alpha}{1+\alpha}\right)\text{x}\ p_T$

Pressão Parcial do NO_2: $P_{NO2} = X_{NO2} \text{ x } p_T = \left(\frac{2n\alpha}{n+n\alpha}\right) \text{ x } p_T = \left(\frac{2\alpha}{1+\alpha}\right) \text{ x } p_T$

Expressão da constante de equilíbrio em função do grau de dissociação (α): $K_p = \frac{P_{NO_2}^2}{P_{N_2O_4}}$

$$K_p = \frac{\left[\frac{4\alpha^2}{(1+\alpha)^{\cancel{2}}} \text{ x } p_{TOTAL}^{\cancel{2}}\right]}{\left[\frac{(1-\alpha)}{\cancel{(1+\alpha)}} \text{ x } \cancel{P_{TOTAL}}\right]} = \boxed{\frac{4\alpha^2}{1-\alpha^2} \text{ x } P_{TOTAL}}$$

Questão 27

Item a) Cálculo da pressão de $XCl_{3(g)}$, a partir da equação dos gases ideais:

$$p_{XCl_3} = \frac{0{,}0343 \text{ x } 0{,}08206 \text{ x } (100 + 273)}{1{,}50} = 0{,}700 \text{ atm}$$

Item b) Equação química: $2XCl_{3(gás)} \rightleftarrows 2X_{(gás)} + 3Cl_{2(gas)}$

Base de cálculo: 0,700 atm de $XCl_{3(g)}$ no estado inicial Tabela de equilíbrio químico:

	$2XCl_{3(gás)}$ (atm)	$2X_{(gás)}$ (atm)	$3Cl_{2(gás)}$ (atm)
Início	0,700	0	0
Reage	2X	2X	3X
Equilíbrio	0,700 – 2X	2X	3X

Cálculo do X, considerando que a pressão total é igual a 0,800 atm: 0,700 – 2X + 2X + 3X = 0,800

X = 0,033

Determinação das pressões parciais:

$$p_{XCl_3} = 0{,}700 - 2X = 0{,}700 - 2 \text{ x } 0{,}033 = 0{,}634 \text{ atm}$$

$$p_X = 2X = 2 \text{ x } (0{,}033) = 0{,}066 \text{ atm}$$

$$p_{Cl_2} = 3X = 3 \text{ x } (0{,}033) = 0{,}099 \text{ atm}$$

Cálculo da constante de equilíbrio (K_p): $K_p = \frac{P_X^2 \text{ x } P_{Cl_2}^3}{P_{XCl_3}^2} = \frac{(0{,}066)^2 \text{ x } (0{,}099)^3}{(0{,}634)^2} = 1{,}05 \text{ x } 10^{-5}$

Cálculo da variação da energia livre de Gibbs ($\Delta G°$): $\Delta G° = -R \text{ x } T \text{ x } \ln K_p$

$$\Delta G° = -8{,}314 \text{ x } (100 + 273) \text{ x } \ln(1{,}05 \text{ x } 10^{-5}) = +\ 35551{,}68 \frac{J}{mol}\left(+\ 35{,}55 \frac{kJ}{mol}\right)$$

Sendo $\Delta G° > 0$, o processo se caracteriza como não espontâneo. Para uma temperatura de 373 K e com uma constante dos gases igual a 0,08206 $atm.L.mol^{-1}.K^{-1}$, o valor de K_c será igual a: $K_p = K_c \text{ x } (RT)^{\Delta n}$

$$1{,}05 \text{ x } 10^{-5} = K_c \text{ x } (0{,}08206 \text{ x } 373)^3$$

$$K_c = \frac{1{,}05 \text{ x } 10^{-5}}{(0{,}08206 \text{ x } 373)^3} = 3{,}66 \text{ x } 10^{-10}$$

Questão 28

Equação química que corresponde a decomposição do pentacloreto de fósforo: $PCl_{5(gás)} \rightleftarrows PCl_{3(gás)} + Cl_{2(gás)}$

Base de cálculo: n (mol) inicial de pentacloreto de fósforo no estado inicial. Tabela de equilíbrio químico:

	$PCl_{5(gás)}$	$\rightleftarrows$	$PCl_{3(gás)}$	$Cl_{2(gás)}$
Início	n		0	0
Reage	nα		nα	nα
Equilíbrio	n - nα		nα	nα

Cálculo do número de mol total (n_T): $n_T = n - n\alpha + n\alpha + n\alpha = n + n\alpha = n(1 + \alpha)$

Cálculo do grau de dissociação (α) do pentacloreto de fósforo:

$$p \times V = \frac{m}{< MM >} \times (1 + \alpha) \times R \times T$$

$$1{,}551 \times 2 = \frac{10}{208{,}5} \times (1 + \alpha) \times 0{,}08206 \times 500$$

$$1 + \alpha = \frac{1{,}551 \times 2 \times 208{,}5}{10 \times 0{,}08206 \times 500}$$

$$\alpha = 0{,}58\ (58\%)$$

Expressão das pressões parciais dos compostos gasosos:

Pressão Parcial do PCl_5: $P_{PCl5} = X_{PCl5} \times p_T = \left(\frac{n-n\alpha}{n+n\alpha}\right) \times p_T = \left(\frac{1-\alpha}{1+\alpha}\right) \times p_T$

Pressão Parcial do PCl_3: $P_{PCl3} = X_{PCl3} \times p_T = \left(\frac{n\alpha}{n+n\alpha}\right) \times p_T = \left(\frac{\alpha}{1+\alpha}\right) \times p_T$

Pressão Parcial do C_2H_4: $P_{Cl2} = X_{Cl2} \times p_T = \left(\frac{n\alpha}{n+n\alpha}\right) \times p_T = \left(\frac{\alpha}{1+\alpha}\right) \times p_T$

Expressão da constante de equilíbrio em função das pressões parciais (K_p): $K_p = \frac{p_{PCl_3} \times p_{Cl_2}}{p_{PCl_5}}$

Cálculo da constante de equilíbrio (K_p): $K_p = \frac{p_{PCl_3} \times p_{Cl_2}}{p_{PCl_5}} = \frac{\left[\frac{\alpha^2}{(1+\alpha)^{\cancel{2}}}\right] \times p_T^{\cancel{2}}}{\left[\frac{(1-\alpha)}{\cancel{(1+\alpha)}}\right] \times \cancel{p_T}} = \frac{\alpha^2 \times p_T}{(1-\alpha^2)}$

$$K_p = \frac{(0{,}58)^2 \times 1{,}551}{1 - (0{,}58)^2} = \frac{0{,}522}{0{,}664} = 0{,}786$$

Questão 29

Alternativa B.

A quantidade de óxido de prata [$Ag_2O_{(s)}$] não influencia na pressão parcial em relação ao oxigênio, pois sendo o óxido de prata um sólido, sua atividade termodinâmica por convenção é igual a um ($a_{Ag_2O} = 1$), logo, não faz parte da equação da constante de equilíbrio em função da pressão parcial (K_p). Com isso, a pressão parcial de oxigênio ficará a mesma, ou seja, 0,20 mol.

Questão 30

Alternativa C.

Item a) Falsa. A expressão da constante de equilíbrio é a seguinte: $K_c = \frac{[CO] \times [H_2]}{[H_2O]}$, ou seja, no denominador da expressão da constante de equilíbrio há a concentração da quantidade de matéria da água.

Item b) Falsa. A adição de monóxido de carbono acarreta no deslocamento do equilíbrio químico para a esquerda.

Item c) Correta. Sendo a reação endotérmica e com o aumento da temperatura, o equilíbrio será deslocado para a direita, favorecendo os produtos da reação direta.

Item d) Falsa. A função do catalisador é aumentar a velocidade da reação e por consequência acarreta a diminuição da energia de ativação, não havendo influência na constante de equilíbrio.

Item e) Falsa. A constante de equilíbrio é dependente diretamente da temperatura, o que pode ser observado pela equação de Van´t Hoff, $\frac{dlnK}{dT} = \frac{\Delta H^0}{R \times T^2}$.

Questão 31

Alternativa C.

A constante de equilíbrio é definida como sendo a razão da concentração da quantidade de matéria dos produtos pela concentração da quantidade de matéria dos reagentes. Então pelas alternativas apresentadas, a que será mais completa em atingir o equilíbrio químico no sentido da esquerda para direita trata-se da alternativa C. Isto se deve pelo fato desta reação apresentar o maior valor de K_c.

$$K_c = \frac{[H_2S]}{[H^+] \times [HS^-]} = 1,0 \times 10^{+7}$$

$$[H_2S] = 1,0 \times 10^{+7} \times [H^+] \times [HS^-]$$

A relação anterior comprova que o equilíbrio será deslocado para a direita, pelo fato da concentração da quantidade de matéria do sulfeto de hidrogênio ser maior que a concentração dos reagentes.

Questão 32

Resolução: Alternativa B.

Item a) Incorreta. A adição de clorito de sódio ($NaClO_2$) não afeta o equilíbrio químico, uma vez que se trata de um composto sólido, ou seja, apresenta atividade unitária ($a_{NaClO2} = 1$).

Item b) Correta. Sabendo que a relação entre a constante de equilíbrio em função da pressão parcial com a constante de equilíbrio em função da concentração da quantidade de matéria é definida pela seguinte equação: $K_p = K_c \times (R \times T)^{\Delta n}$, onde $\Delta n = n_{produtos} - n_{reagentes} = 2 - 1 = 1$. Logo: $\frac{K_p}{K_c} = (R \times T)^{\Delta n} = (R \times T)^1 = 0,08206 \times T$

Item c) Incorreta. A diminuição de cloreto de sódio não influencia no equilíbrio químico, uma vez que, por convenção, a atividade de um sólido é unitário, ou seja, ($a_{NaCl} = 1$).

Item d) Incorreta. A relação entre a constante de equilíbrio em função da pressão parcial (K_p) com a constante de equilíbrio em função da concentração da quantidade de matéria é dada pela seguinte relação $\frac{K_p}{K_c} = R \, x \, T$, conforme já mencionado no item b.

Item e) Incorreta. Através da equação de Van't Hoff, $\frac{dlnK}{dT} = \frac{\Delta H^0}{R \times T^2}$ a constante de equilíbrio (K) apresenta variação com a mudança de temperatura.

Questão 33

Alternativa B.

Observa-se que a única reação química que não será alterada trata-se da alternativa b. Isto se deve ao fato de que esta reação é a única em que o número de mol de gás não se encontra equilibrada, o que nas demais isso já ocorre.

Item a) 2 mol de gás nos reagentes e 2 mol de gás nos produtos
Item b) 0 mol de gás nos reagentes e 1 mol de gás nos produtos
Item c) 1 mol de gás nos reagentes e no produto
Item d) 3 mol de gás nos reagentes e nos produtos
Item e) 3 mol de gás nos reagentes e nos produtos

Questão 34

Alternativa C.

Equação química para a síntese de gás amoníaco: $N_{2(gás)} + 3H_{2(gás)} \rightleftarrows 2NH_{3(gás)}$

Expressão da constante de equilíbrio: $K_c = \frac{[NH_3]^2}{[N_2] \times [H_2]^3}$

Relação do número de mol de cada substância com o volume: $K_c = \frac{[NH_3]^2}{[N_2] \times [H_2]^3}$

$$K_c = \frac{\left[\frac{n_{NH_3}}{V}\right]^2}{\left[\frac{n_{N_2}}{V}\right] \times \left[\frac{n_{H_2}}{V}\right]^3}$$

$$K_c = \frac{\left[n_{NH_3}\right]^2 \times V^2}{n_{N_2} \times \left[n_{H_2}\right]^3}$$

Questão 35

(GRILLO)

Equação química: $N_2O_{4(gás)} \rightleftarrows 2NO_{2(gás)}$

Base de cálculo: n (mol) inicial de tetróxido de dinitrogênio no início da reação. Tabela de equilíbrio químico:

	$N_2O_{4(gás)}$ (mol)	$\rightleftarrows$	$2NO_{2(gás)}$ (mol)
Início	n		0
Reage	nα		2nα
Equilíbrio	n - nα		2nα

Cálculo do número de mol total das espécies gasosas: $n_T = n_{N2O4} + n_{NO2}$

$n_T = n - n\alpha + 2n\alpha = n.(1 + \alpha)$

Expressões das pressões parciais:

$$P_{NO_2} = \frac{2n\alpha}{n.(1+\alpha)} \times p_T = \frac{2\alpha}{(1+\alpha)} \times p_T$$

$$P_{N_2O_4} = \frac{n.(1-\alpha)}{n.(1+\alpha)} \times p_T = \frac{(1-\alpha)}{(1+\alpha)} \times p_T$$

Determinação do grau de dissociação (α) em função da pressão total (P) e da constante de equilíbrio (K_p), nas condições em que o problema apresentou:

$$K_p = \frac{P_{NO_2}^2}{P_{N_2O_4}} = \frac{\left[\frac{2\alpha}{(1+\alpha)} \times p_T\right]^2}{\frac{(1-\alpha)}{(1+\alpha)} \times p_T}$$

$$K_p = \frac{\left[\frac{4\alpha^2}{(1+\alpha)^2}\right] . p_T^2}{\left[\frac{(1-\alpha)}{(1+\alpha)}\right] . p_T} = \frac{4\alpha^2 . p_T}{1-\alpha^2}$$

Isolando o grau de dissociação, temos: $K_p = \frac{4\alpha^2 . p_T}{1-\alpha^2}$

$K_p . (1 - \alpha^2) = 4\alpha^2 . p_T$

Substituindo os valores apresentados pelo problema, na equação acima:

$$K_p.[1-(0{,}40)^2] = 4.(0{,}40)^2.1{,}0$$

$$K_p = \frac{4.(0{,}40)^2.1{,}0}{1-(0{,}40)^2} = 0{,}762$$

Determinação do grau de dissociação, levando em consideração as novas premissas apresentadas pelo problema. O valor da constante de equilíbrio é o mesmo, pelo fato de a temperatura ser a mesma, ou seja, 27°C.

$$0{,}762 \text{ x } (1-\alpha^2) = 4\alpha^2.0{,}10$$

$$0{,}762 - 0{,}762\alpha^2 = 0{,}40\alpha^2$$

$$\alpha^2 = \frac{0{,}762}{1{,}162}$$

$$\alpha = 0{,}81\ (81\%)$$

Questão 36

(GRILLO) Para este problema será necessário o uso da tabela de equilíbrio químico para o cálculo do número de mol total. Base de cálculo: n (mol) inicial de PCl_5. Tabela de equilíbrio químico:

	$PCl_{5(gás)}$	⇄	$PCl_{3(gás)}$	$Cl_{2(gás)}$
Início	n		0	0
Reage	nα		nα	nα
Equilíbrio	n - nα		nα	nα

Cálculo do número de mol total (n_{TOTAL}): n_{TOTAL} = n - ~~nα~~ + ~~nα~~ + nα = n + nα

$$P_{PCl_5} = \frac{n \text{ x } (1-\alpha)}{n \text{ x } (1+\alpha)} \text{ x } p_T = \frac{(1-\alpha)}{(1+\alpha)} \text{ x } p_T$$

$$P_{PCl_3} = \frac{n\alpha}{n(1+\alpha)} \text{ x } p_T = \frac{\alpha}{(1+\alpha)} \text{ x } p_T$$

$$P_{Cl_2} = \frac{n\alpha}{n(1+\alpha)} \text{ x } p_T = \frac{\alpha}{(1+\alpha)} \text{ x } p_T$$

$$K_p = \frac{P_{PCl_3} \text{ x } P_{Cl_2}}{P_{PCl_5}} = \frac{\left[\frac{\alpha^2}{(1+\alpha)^2}\right] \text{ x } p_T^2}{\left[\frac{(1-\alpha)}{(1+\alpha)}\right] \text{ x } p_T} = \frac{\alpha^2 \text{x } p_T}{(1-\alpha^2)}$$

Substituindo os valores na equação acima, temos: $0{,}202 = \frac{1{,}50.\alpha^2}{1-\alpha^2}$

$$\alpha = 0{,}3645\ (36{,}45\ \%)$$

Cálculo do percentual em volume do gás cloro:

$$(\%)_{Cl_2} = \frac{\alpha}{(1+\alpha)} = \frac{0{,}3645}{1+0{,}3645} = 0{,}2671\ (26{,}71\%)$$

Questão 37

(MESTRE JOÃO ROBERTO DA PACIÊNCIA NABUCO)

Item I) Analisando a reação química (a): aumentando a pressão do sistema reacional, o equilíbrio é deslocado para a esquerda, favorecendo dióxido de enxofre e gás oxigênio.

Analisando a reação química (b): aumentando a pressão do sistema reacional, o equilíbrio é deslocado para a direita, favorecendo o tetróxido de dinitrogênio.

Analisando a reação química (c): aumentando ou até mesmo se fosse o caso de diminuição da pressão do sistema reacional, o equilíbrio não sofreria alteração.

Analisando a reação química (d): aumentando ou até mesmo se fosse o caso de diminuição da pressão do sistema reacional, o equilíbrio não sofreria alteração.

Item II) Analisando a reação química (a): diminuindo a temperatura do sistema reacional, o equilíbrio é deslocado para a esquerda, favorecendo trióxido de enxofre.

Analisando a reação química (b): diminuindo a temperatura do sistema reacional, o equilíbrio é deslocado para a direita, favorecendo o tetróxido de dinitrogênio.

Analisando a reação química (c): diminuindo a temperatura do sistema reacional, o equilíbrio é deslocado para a direita, favorecendo os gases H_2 e I_2.

Analisando a reação química (d): diminuindo a temperatura do sistema reacional, o equilíbrio é deslocado para a direita, favorecendo os gases CO_2 e H_2.

Questão 38

Alternativa E.

Equação química da decomposição do carbamato de amônio sólido: $NH_2COONH_{4(sólido)} \rightleftarrows 2NH_{3(gás)} + CO_{2(gás)}$

Base de cálculo: n (mol) inicial de carbamato de amônio sólido no início da reação.

Tabela de equilíbrio químico:

	$NH_2COONH_{4(sólido)}$	$\rightleftarrows$	$2NH_{3(gás)}$	$CO_{2(gás)}$
Início	n		0	0
Reage	nα		2nα	nα
Equilíbrio	n - nα		2nα	nα

Cálculo do número de mol total somente das espécies gasosas: $n_T = n_{NH3} + n_{CO2} = 2n\alpha + n\alpha = 3n\alpha$

Determinação das pressões parciais dos compostos gasosos.

Amônia: $p_{NH_3} = \frac{2n\alpha}{3n\alpha} \text{x } p_{total} = \frac{2}{3} \text{x } p_{total}$

Gás carbônico: $p_{CO_2} = \frac{\cancel{n\alpha}}{3\cancel{n\alpha}} \text{x } p_{total} = \frac{1}{3} \text{x } p_{total}$

Cálculo da constante de equilíbrio em função das pressões parciais (K_p): $K_p = p_{NH_3}^2 \text{ x } p_{CO_2}$

$$K_p = \left[\frac{2}{3} \text{x } p_{total}\right]^2 \text{x} \frac{1}{3} \text{x } p_{total} = \boxed{\frac{4}{27} \text{x } p_{total}^3}$$

Questão 39

Equação química: $2H_2O_{(gás)} \rightleftharpoons 2H_{2(gás)} + O_{2(gás)}$

Cálculo do número de mol total: $n_{total} = n_{H_2O} + n_{H_2} + n_{O_2} = 7\ mol + 2\ mol + 1\ mol = 10\ mol$

Cálculo das pressões parciais dos compostos gasosos:

$$P_{H_2O} = \frac{n_{H_2O}}{n_{total}} \text{ x } P_{total} = \frac{7\text{ mol}}{10\text{ mol}} \text{ x } 10\text{ atm} = 7\text{ atm}$$

$$P_{H_2} = \frac{n_{H_2}}{n_{total}} \text{ x } P_{total} = \frac{2\text{ mol}}{10\text{ mol}} \text{ x } 10\text{ atm} = 2\text{ atm}$$

$$P_{O_2} = \frac{n_{O_2}}{n_{total}} \text{ x } P_{total} = \frac{1\text{ mol}}{10\text{ mol}} \text{ x } 10\text{ atm} = 1\text{ atm}$$

Cálculo da constante de equilíbrio em função das pressões parciais:

$$K_p = \frac{(P_{H_2})^2 \text{ x } P_{O_2}}{(P_{H_2O})^2} = \frac{(2)^2 \text{ x } 1}{(7)^2} = \frac{4}{49}$$

Questão 40

Alternativa C.

Equação química: $X_{(gás)} \rightleftarrows 2Y_{(gás)} + ½Z_{(gás)}$. Base de cálculo: pressão inicial (P_o) para a espécie gasosa X. Tabela de equilíbrio químico:

	$X_{(gás)}$	$\rightleftarrows$	$2Y_{(gás)}$	$½\,Z_{(gás)}$
Início	P_0		0	0
Reage	$P_0\alpha$		$2P_0\alpha$	$½P_0\alpha$
Equilíbrio	$P_0 - P_0\alpha$		$2P_0\alpha$	$½P_0\alpha$

Determinação da pressão total (P): $P = P_x + P_Y + P_Z$

$$P = P_0 - P_0\alpha + 2P_0\alpha + \frac{1}{2}P_0\alpha$$

$$P = \frac{(2P_0 + 2P_0\alpha + P_0\alpha)}{2}$$

$$P = \frac{2 \text{ x } P_0}{2} + \frac{(3P_0\alpha)}{2} = P_0 + \frac{3}{2}P_0\alpha = \boxed{P_0 \text{ x} \left[1 + \frac{3}{2}\alpha\right]}$$

Questão 41

(GRILLO) Base de cálculo: n (mol) inicial de PCl_5. Tabela de equilíbrio químico:

	$PCl_{5(gás)}$	$\rightleftarrows$	$PCl_{3(gás)}$	$Cl_{2(gás)}$
Início	n		0	0
Reage	nα		nα	nα
Equilíbrio	n - nα		nα	nα

Cálculo do número de mol total (n_{TOTAL}): n_{TOTAL} = n - ~~nα~~ + ~~nα~~ + nα = n + nα

$$P_{PCl_5} = \frac{n \text{ x } (1-\alpha)}{n \text{ x } (1+\alpha)} \text{ x } p_T = \frac{(1-\alpha)}{(1+\alpha)} \text{ x } p_T$$

$$P_{PCl_3} = \frac{n\alpha}{n(1+\alpha)} \text{ x } p_T = \frac{\alpha}{(1+\alpha)} \text{ x } p_T$$

$$P_{Cl_2} = \frac{n\alpha}{n(1+\alpha)} \times p_T = \frac{\alpha}{(1+\alpha)} \times p_T$$

$$K_p = \frac{P_{PCl_3} \times P_{Cl_2}}{P_{PCl_5}} = \frac{\left[\frac{\alpha^2}{(1+\alpha)^{\not 2}}\right] \times p_{Total}^{\not 2}}{\left[\frac{(1-\alpha)}{\not{(1+\alpha)}}\right] \times \not{p_{Total}}} = \frac{\alpha^2 \times p_{Total}}{(1-\alpha^2)}$$

Para $\alpha = 0{,}50$, temos: $K_p = \frac{(0{,}50)^2 . p_T}{1-(0{,}50)^2}$

$p_{Total} = 3 \times K_p$

Questão 42

Alternativa C.

Equação química da decomposição do pentacloreto de fósforo: $PCl_{5(gás)} \rightleftarrows PCl_{3(gás)} + Cl_{2(gás)}$.
Base de cálculo: 1 mol inicial de $PCl_{5(g)}$. Tabela de equilíbrio químico:

	$PCl_{5(gás)}$	$\rightleftarrows$	$PCl_{3(gás)}$	$Cl_{2(gás)}$
Início	1mol		0	0
Reage	α		α	α
Equilíbrio	$\frac{1-\alpha}{V}$		$\frac{\alpha}{V}$	$\frac{\alpha}{V}$

O enunciado do problema coloca a seguinte situação: "equilíbrio final foi verificada a existência de 0,47 mol de gás cloro", logo a tabela de equilíbrio acima ficará da seguinte maneira:

	$PCl_{5(gás)}$	$\rightleftarrows$	$PCl_{3(gás)}$	$Cl_{2(gás)}$
Início	1mol		0	0
Reage	1α = 0,47 mol		$1.\alpha$ = 0,47 mol	0,47 mol
Equilíbrio	1 - 0,47 = 0,53mol / 1L		0,47 mol / 1 L	0,47 mol / 1 L

Expressão e cálculo da constante de equilíbrio (K_c): $K_c = \frac{[PCl_3] \times [Cl_2]}{[PCl_5]} = \frac{0{,}47 \times 0{,}47}{0{,}53} = 0{,}42$

Questão 43

Alternativa B.

O objetivo da questão é de que o equilíbrio seja deslocado para a direita, ou seja, que haja o favorecendo para maior produção de metanol. Possíveis alternativas:

- Aumento da concentração da quantidade de matéria de monóxido de carbono gasoso;
- Aumento da concentração da quantidade de matéria de hidrogênio gasoso;
- Diminuição da temperatura do sistema reacional;
- Aumento da pressão do sistema reacional;
- Condensação do metanol.

Observação: O uso do catalisador não modifica o equilíbrio químico de uma reação química.

Questão 44

Alternativa A.

Equação química: $N_2O_{4(gás)} \rightleftarrows 2\ NO_{2(gás)}$
Base de cálculo: n (mol) inicial de tetróxido de dinitrogênio no início da reação. Tabela de equilíbrio químico:

	$N_2O_{4(gás)}$ (mol)	⇄	$2NO_{2(gás)}$ (mol)
Início	n		0
Reage	nα		2nα
Equilíbrio	n - nα		2nα

Cálculo do número de mol total das espécies gasosas: $n_T = n_{N2O4} + n_{NO2}$
$n_T = n - n\alpha + 2n\alpha = n.(1 + \alpha)$

Expressões das pressões parciais:

$$P_{NO_2} = \frac{2n\alpha}{n.(1+\alpha)} x\ p_T = \frac{2\alpha}{(1+\alpha)} x\ p_T$$

$$P_{N_2O_4} = \frac{n.(1-\alpha)}{n.(1+\alpha)} x\ p_T = \frac{(1-\alpha)}{(1+\alpha)} x\ p_T$$

Cálculo do grau de dissociação (α) em função da pressão total (P) e da constante de equilíbrio (K_p):

$$K_p = \frac{P_{NO_2}^2}{P_{N_2O_4}} = \frac{\left[\frac{2\alpha}{(1+\alpha)} x\ p_T\right]^2}{\frac{(1-\alpha)}{(1+\alpha)} x\ p_T} = \frac{\left[\frac{4\alpha^2}{(1+\alpha)^2}\right] . p_T^2}{\left[\frac{(1-\alpha)}{(1+\alpha)}\right] . p_T} = \frac{4\alpha^2 . p_T}{(1-\alpha^2)}$$

Isolando o grau de dissociação, temos: $K_p.(1-\alpha^2) = 4\alpha^2.p_T$

Chamando a pressão total de P, temos: $K_p.(1-\alpha^2) = 4\alpha^2.P$

$$\alpha^2 = \frac{K_p}{(4P + K_p)}$$

$$\alpha = \sqrt{\frac{K_p}{4P + K_p}}$$

Questão 45

Alternativa B.
Equação química: $H_{2(gás)} + I_{2(gás)} \rightleftarrows 2HI_{(gás)}$

Base de cálculo: n mol de H_2 e n mol de I_2 no estado inicial. Tabela de equilíbrio químico:

	$H_{2(gás)}$	$I_{2(gás)}$	⇄	$2HI_{(gás)}$
Início	n	n		0
Reage	nα	nα		2nα
Equilíbrio	n - nα	n - nα		2nα

Cálculo do número de mol total (n_T) dos gases: $n_T = n_{H2} + n_{I2} + n_{HI}$
$n_T = n - n\alpha + n - n\alpha + 2n\alpha = 2n$

Expressões das pressões parciais:

Pressão Parcial do H_2: $P_{H_2} = X_{H_2} x\ p_{total} = \frac{\cancel{n}(1-\alpha)}{2\cancel{n}} x\ p_{total} = \frac{(1-\alpha)}{2} x\ p_{total}$

Pressão Parcial do I_2: $P_{I_2} = X_{I_2} x\ p_{total} = \frac{\cancel{n}(1-\alpha)}{2\cancel{n}} x\ p_{total} = \frac{(1-\alpha)}{2} x\ p_{total}$

Pressão Parcial do HI: $P_{HI} = X_{HI}\ x\ p_{total} = \frac{\cancel{2n}\alpha}{\cancel{2n}} x\ p_{total} = \alpha.p_{total}$

Cálculo do grau de dissociação a partir da pressão parcial do iodeto de hidrogênio: $P_{HI} = \alpha.p_T$

22,8 kPa = α.100 kPa

$$\alpha = \frac{22{,}8\ \text{kPa}}{100\ \text{kPa}} = 0{,}228$$

Cálculo das pressões parciais:

Pressão Parcial do I_2: $P_{I_2} = X_{I_2}\ x\ p_{total} = \frac{(1-0{,}228)}{2} x\ 100\ \text{kPa} = 38{,}6\ \text{kPa}$

Pressão Parcial do H_2: $P_{H_2} = X_{H_2}\ x\ p_{total} = \frac{(1-0{,}228)}{2} x\ 100\ \text{kPa} = 38{,}6\ \text{kPa}$

Cálculo da constante de equilíbrio em função das pressões parciais: $K_p = \frac{P_{HI}^2}{P_{H_2}\ x\ P_{I_2}} = \frac{(22{,}8)^2}{(38{,}6)^2} = 0{,}349$

Questão 46

Alternativa A.

O objetivo da questão é que o equilíbrio seja deslocado para a direita. A partir do momento em que os gases sejam comprimidos, ou seja, diminuição do volume consequentemente aumento da pressão do sistema, a única opção que retrata este propósito é a síntese da amônia.

Questão 47

Alternativa D.

Base de cálculo: 1 mol de etanol no início da reação, x mol de ácido acético no início da reação e 0,5 mol de acetato de etila no estado de equilíbrio.

Tabela de equilíbrio químico:

	$CH_3COOH_{(aquoso)}$	$C_2H_5OH_{(aquoso)}$	⇄	$CH_3COOC_2H_{5(aquoso)}$	$H_2O_{(liquido)}$
Início	x	1		0	0
Reage	1α	1α		1α	1α
Equilíbrio	x - α	1 - α		α	α

Expressão da constante de equilíbrio (K_c): $K_c = \frac{[CH_3COOC_2H_5].[H_2O]}{[CH_3COOH]\ x\ [C_2H_5OH]}$

Cálculo de incógnita α: α + 0 = 0,50

α = 0,50

Cálculo do valor de α, a partir da constante de equilíbrio:

$$K_c = \frac{[CH_3COOC_2H_5]\ x\ [H_2O]}{[CH_3COOH]\ x\ [C_2H_5OH]} = \frac{(0{,}50)^2}{0{,}50\ x\ (\alpha - 0{,}50)}$$

Para K_c = 4,0, temos: $\frac{(0{,}50)^2}{0{,}50\ x\ (\alpha-0{,}50)} = 4$

$$(0{,}50)^2 = 4\ x\ 0{,}50\ x\ (\alpha - 0{,}50)$$

$$\alpha = 0{,}625\ \text{mol}$$

Questão 48

Alternativa C.

Para maior produção de tetróxido de dinitrogênio, o equilíbrio deverá ser deslocado para a esquerda, através dos seguintes procedimentos:

- Aumento da pressão do sistema reacional;

- Aumento da pressão parcial do dióxido de nitrogênio, $NO_{2(g)}$;
- Diminuição do volume do sistema reacional.

Questão 49

Alternativa C.

Item a) Correto. Como a reação é endotérmica, quanto maior a temperatura, maior a constante de equilíbrio, o que pode ser observado na equação de Van´t Hoff.

Item b) Correto. Aumentando a concentração de iodo, o equilíbrio será deslocado para a esquerda, aumentando a concentração de iodeto de hidrogênio.

Item c) Incorreto. Na reação a variação de número de mol gasoso é igual a zero, logo o número de mol de gás no produto é o mesmo do reagente. Neste caso, a pressão não desloca o equilíbrio químico.

Item d) Correto. A adição de um catalisador não influencia na constante de equilíbrio.

Item e) Correto. A constante de equilíbrio para a reação direta $2HI_{(gás)} \leftrightarrows H_{2(gás)} + I_{2(gás)}$ é dada pela seguinte equação: $K_c = \frac{[H_2].[I_2]}{[HI]^2}$.
A constante de equilíbrio para a reação inversa e multiplicada por dois é representada pela seguinte equação: $K_c' = \frac{[HI]}{[I_2]^{1/2}.[H_2]^{1/2}}$.
Logo, a relação entre a primeira equação com a segunda equação: $K_c' = \left(\frac{1}{K_c}\right)^{1/2}$.

Questão 50

Alternativa B.

Equação química balanceada: $HmO_{2(aquoso)} + CO_{(gás)} \rightleftarrows HmCO_{(aquoso)} + O_{2(gás)}$

Expressão da constante de equilíbrio: $K_c = \frac{[HmCO] \times [O_2]}{[HmO_2] \times [CO]}$.

Cálculo da relação $\frac{[HmCO]}{[HmO_2]}$: $210 = \frac{[HmCO] \times 8{,}80 \times 10^{-3}}{[HmO_2] \times 2{,}20 \times 10^{-6}}$

$$\frac{[HmCO]}{[HmO_2]} = \frac{210 \times 2{,}20 \times 10^{-6}}{8{,}80 \times 10^{-3}} = 5{,}25 \times 10^{-2}$$

Questão 51

Alternativa A.

Equação química $N_2O_{4(gás)} \rightleftarrows 2NO_{2(gás)}$ (processo endotérmico). A concentração de $NO_{2(g)}$ irá aumentar se:
Item a) a temperatura do recipiente for aumentada, uma vez que o processo é endotérmico.

Item b) diminuindo a pressão do sistema reacional, o equilíbrio será deslocado para a direita.

Item c) aumentando a pressão parcial N_2O_4, o equilíbrio será deslocado para a direita.

Item d) diminuindo a pressão parcial NO_2, o equilíbrio será deslocado para a direita.

Questão 52

Alternativa C.

Item a) Falsa. Com a diminuição da temperatura, o equilíbrio será deslocado para a direita, aumentando consequentemente a quantidade de cloro gasoso.
Item b) Falsa. Com a diminuição da pressão total do sistema, o equilíbrio será deslocado para a esquerda, diminuindo a quantidade de cloro gasoso.
Item c) Verdadeira. O processo de higroscopia trata-se de um agente que retira água, o que consequentemente com a retirada de água, diminuição, irá deslocar o equilíbrio para a direita, aumentando a quantidade de cloro gasoso.

Item d) Falsa. Com a adição de uma solução de hidróxido de sódio, não vai influenciar no equilíbrio químico.

Questão 53

Alternativa A. Expressão da constante de equilíbrio (K_c) para cada alternativa apresentada pela questão.

Item a) $K_c = \frac{1}{[O_2]^3}$

Item b) $K_c = \frac{[NO]^6}{[N_2]^3 \times [O_2]^3}$

Item c) $K_c = \frac{[CO_2]^3}{[O_2]^3}$

Item d) $K_c = \frac{[NO_2]^6}{[NO]^6 \times [O_2]^3}$

Item e) $K_c = [O_2]^3$

Questão 54

Equação química: $2NO_{2(gás)} \rightleftarrows N_2O_{4(gás)}$

Expressão da constante de equilíbrio em função da concentração da quantidade de matéria: $K_c = \frac{[N_2O_4]}{[NO_2]^2}$

Expressão da constante de equilíbrio em função das pressões parciais: $K_p = \frac{P_{N_2O_4}}{P^2_{NO_2}}$

Sabendo que a razão entre o número de mol pelo volume é a concentração da quantidade de matéria, temos:

$P_{N_2O_4} = [N_2O_4] \times R \times T$ (Equação A)
$P_{NO_2} = [NO_2] \times R \times T$ (Equação B)

Substituindo as equações A e B na constante de equilíbrio em função das pressões parciais, a relação termodinâmica vai ficar da seguinte forma:

$$K_p = \frac{P_{N_2O_4}}{P^2_{NO_2}} = \frac{[N_2O_4] \times R \times T}{\{[NO_2] \times R \times T\}^2}$$

$$K_p = \underbrace{\frac{[N_2O_4]}{[NO_2]^2}}_{K_c} \times \frac{R \times T}{\{R \times T\}^2}$$

$$K_p = \underbrace{\frac{[N_2O_4]}{[NO_2]^2}}_{K_c} \times (R \times T)^{1-2} = \boxed{K_c \times (R \times T)^{-1}}$$

Questão 55

Alternativa B.

Invertendo a segunda equação química e somando ambas as equações químicas, temos:

$N_{2(gás)} + O_{2(gás)} \rightleftarrows \cancel{2NO_{(gás)}}$	$K_{C1} = 4,1 \times 10^{-31}$
$\cancel{2NO_{(gás)}} \rightleftarrows N_2O_{(gás)} + \frac{1}{2}O_{2(gás)}$	$K_{C1} = \frac{1}{1,7 \times 10^{-13}}$ +
$N_{2(gás)} + \frac{1}{2}O_{2(gás)} \rightleftarrows N_2O_{(gás)}$	$K_c = 4,1 \times 10^{-31} \times \left(\frac{1}{1,7 \times 10^{-13}}\right) = 2,41 \times 10^{-18}$

Questão 56

Alternativa D.

Equação química: $Fe_3O_{4(sólido)} + 4H_{2(gás)} \rightleftarrows 3Fe_{(sólido)} + 4H_2O_{(gás)}$

Base de cálculo: n (mol) inicial de $Fe_{(s)}$ e $H_{2(g)}$

Tabela de equilíbrio químico:

	$Fe_3O_{4(sólido)}$	$4H_{2(gás)}$	$\rightleftarrows$	$3Fe_{(sólido)}$	$4H_2O_{(gás)}$
Início	n	n		0	0
Reage	-	4nα		-	4nα
Equilíbrio	-	n – 4nα		-	4nα

Cálculo do número de mol total: $n_{Total} = n_{H2} + n_{H2O} = n - 4n\alpha + 4n\alpha = n$

Expressão das pressões parciais:

- Pressão parcial em relação ao H_2:

$$p_{H_2} = X_{H_2} \text{ x } p_{Total} = \frac{n - 4n\alpha}{n} \text{ x } p_{Total} = (1 - 4\alpha) \text{ x } p_{Total}$$

- Pressão parcial em relação ao H_2O:

$$p_{H_2O} = X_{H_2O} \text{ x } p_{Total} = \frac{4\cancel{n}\alpha}{\cancel{n}} \text{ x } p_{Total} = (4\alpha) \text{ x } p_{Total}$$

Expressão da constante de equilíbrio (K_p) em função das pressões parciais: $K_P = \frac{p^4_{H_2O}}{p^4_{H_2}}$

$$5{,}30 \text{ x } 10^{-6} = \frac{[(4\alpha) \text{ x } p_{Total}]^4}{[(1 - 4\alpha) \text{ x } p_{Total}]^4}$$

Tirando a raiz quarta na equação acima: $\sqrt[4]{5{,}30 \text{ x } 10^{-6}} = \sqrt[4]{\frac{[(4\alpha) \text{ x } p_{Total}]^4}{[(1 - 4\alpha) \text{ x } p_{Total}]^4}}$

$$4{,}80 \text{ x } 10^{-2} = \frac{4\alpha}{(1 - 4\alpha)}$$

$$\alpha = 1{,}14 \text{ x } 10^{-2}$$

Cálculo da pressão parcial de gás hidrogênio: $P_{H2} = (1 - 4\alpha) \text{ x } p_{Total}$

$P_{H2} = [1 - 4 \text{ x } (1{,}14 \text{ x } 10^{-2})] \text{ x } 1{,}50 = 1{,}43$ atm

Questão 57

Alternativa A.

Equação química: $H_{2(gás)} + I_{2(gás)} \rightleftarrows 2HI_{(gás)}$

Base de cálculo: 0,40 mol de H_2 e 1,6 mol de I_2

Tabela de equilíbrio químico:

	$H_{2(gás)}$	$I_{2(gás)}$	$\rightleftarrows$	$2HI_{(gás)}$
Início	0,40	1,6		0
Reage	0,40 x 0,60	1,6 - (0,40 x 0,60)		2 x 0,40 x 0,60
Equilíbrio	$\frac{0{,}16 \text{ mol}}{3{,}0 \text{ L}}$	$\frac{0{,}24 \text{ mol}}{3{,}0 \text{ L}}$		$\frac{0{,}48 \text{ mol}}{3{,}0 \text{ L}}$

Cálculo da constante de equilíbrio (K): $K_c = \frac{[HI]^2}{[H_2] \text{ x } [I_2]} = \frac{(0{,}16)^2}{5{,}33 \text{ x } 10^{-2} \text{ x } 0{,}453} = 1{,}06 \cong 1{,}1$

Questão 58

Base de cálculo: 1 mol de ácido acético e 1 mol de álcool etílico. Para a resolução do problema será necessário aplicar a tabela de equilíbrio químico.

	$CH_3COOH_{(aquoso)}$	$C_2H_5OH_{(aquoso)}$	⇄	$CH_3COOC_2H_{5(aquoso)}$	$H_2O_{(líquido)}$
Início	1	1		0	0
Reage	α	α		α	α
Equilíbrio	1 - α	1 - α		α	α

Expressão da constante de equilíbrio (K_c): $K_c = \frac{[\text{éster}] \times [\text{água}]}{[\text{ácido}] \times [\text{álcool}]}$

No equilíbrio estão presentes 2/3 mol de éster e 2/3 mol de água. Logo, a tabela de equilíbrio químico fica da seguinte maneira:

	$CH_3COOH_{(aquoso)}$	$C_2H_5OH_{(aquoso)}$	⇄	$CH_3COOC_2H_{5(aquoso)}$	$H_2O_{(líquido)}$
Início	1	1		0	0
Reage	2/3	2/3		2/3	2/3
Equilíbrio	1 – (2/3) = 1/3	1 – (2/3) = 1/3		2/3	2/3

Concentração da quantidade de matéria para cada espécie química:

$[CH_3COOH] = \frac{1}{3V}$

$[C_2H_5OH] = \frac{1}{3V}$

$[CH_3COOC_2H_5] = \frac{2}{3V}$

$[H_2O] = \frac{2}{3V}$

Cálculo do valor da constante de equilíbrio em função da concentração da quantidade de matéria:

$$K_c = \frac{[\text{éster}] \times [\text{água}]}{[\text{ácido}] \times [\text{álcool}]} = \frac{\frac{2}{3V} \times \frac{2}{3V}}{\frac{1}{3V} \times \frac{1}{3V}} = \frac{\frac{4}{\cancel{9V^2}}}{\frac{1}{\cancel{9V^2}}} = 4$$

Questão 59

(ENADE) Alternativa D.

Equação química: $C_{(s,\ grafite)} + H_2O_{(gás)} \longrightarrow CO_{(gás)} + H_{2(gás)}$.

Base de cálculo: 1 mol de carbono na fase sólida e 1 mol de água na fase gasosa, no início da reação.

Tabela de equilíbrio químico:

	$C_{(s,grafite)}$ (mol)	$H_2O_{(gás)}$ (mol)	⟶	$CO_{(gás)}$ (mol)	$H_{2(gás)}$ (mol)
Início	1	1		0	0
Reage	α	α		α	α
Equilíbrio	1 - α	1 - α		α	α

Cálculo do número de mol total (n_{Total}), levando em consideração apenas as espécies gasosas: $n_{Total} = n_{H2O} + n_{CO} + n_{H2}$
$n_{Total} = 1 - α + α + α = 1 + α$

Considerando que a reação esteja processada em um volume de um litro, temos:

$$[CO] \times [H_2] = \frac{\alpha}{V} = \frac{\alpha}{1} = \alpha$$

$$[H_2O] = \frac{1-\alpha}{V} = \frac{1-\alpha}{1} = 1-\alpha$$

Cálculo da incógnita α, a partir da utilização da constante de equilíbrio: $K_c = \frac{[CO] \times [H_2]}{[H_2O]} = \frac{\alpha^2}{1-\alpha} = 1{,}6$

$$\frac{\alpha^2}{1-\alpha} = 1{,}6$$

$$\alpha^2 - 1{,}6\alpha - 1{,}6 = 0$$

Desenvolvendo a equação do segundo grau, as raízes são as seguintes: α_1 = - 2,30 e α_2 = + 0,70

Considerando que o termo só pode valores positivos, ou seja, α > 0, logo α é igual a + 0,70.

Cálculo do número de mol total: n_{Total} = 1+ α = 1+ 0,70 = 1,70

Cálculo da fração molar de hidrogênio gasoso: $X_{H_2} = \frac{n_{H_2}}{n_{Total}} = \frac{0{,}70 \text{ mol}}{1{,}70 \text{ mol}} = 0{,}412$

Questão 60

Cálculo da pressão de $(CH_3)_2O$ após 6,50 minutos: $\ln\left(\frac{P^{Final}_{(CH_3)_2O}}{P^{Inicial}_{(CH_3)_2O}}\right) = -k \text{ x tempo}$

$$\ln\left(\frac{P^{Final}_{(CH_3)_2O}}{0{,}365}\right) = -2{,}30 \times 10^{-3} \text{ x} \left\{6{,}50 \cancel{\text{min}} \text{ x} \frac{60 \text{ s}}{1 \cancel{\text{min}}}\right\}$$

$$\ln\left(\frac{P^{Final}_{(CH_3)_2O}}{0{,}365}\right) = -0{,}897$$

$$\left(\frac{P^{Final}_{(CH_3)_2O}}{0{,}365}\right) = e^{(-0{,}897)}$$

$$P^{Final}_{(CH_3)_2O} = 0{,}365 \text{ atm x } \underbrace{e^{(-0{,}897)}}_{0{,}408} = 0{,}149 \text{ atm}$$

Para a determinação das pressões do sistema, será necessário utilizar a tabela de equilíbrio químico.

	$(CH_3)_2O_{(gás)}$ (atm)	⇄	$CH_{4(gás)}$ (atm)	$H_{2(gás)}$ (atm)	$CO_{(gás)}$ (atm)
Início	0,365		0	0	0
Reage	0,365 - 0,149		0,365 - 0,149	0,365 - 0,149	0,365 - 0,149
Equilíbrio	0,149		0,216	0,216	0,216

Cálculo da pressão total do sistema (P_{total}): $P_{total} = P_{(CH_3)_2O} + P_{CH_4} + P_{H_2} + P_{CO}$

$$P_{total} = 0{,}149 \text{ atm} + 0{,}216 \text{ atm} + 0{,}216 \text{ atm} + 0{,}216 \text{ atm} = 0{,}797 \text{ atm}$$

Questão 61

Equação química: $H_{2(gás)} + Cl_{2(gás)} \rightleftarrows 2HCl_{(gás)}$

Base de cálculo: 4 mol para cada gás nos reagentes (H_2 e Cl_2). Para a resolução do problema será necessário aplicar a tabela de equilíbrio químico:

	$H_{2(gás)}$ (mol)	$Cl_{2(gás)}$ (mol)	⇄	$2HCl_{(gás)}$ (mol)
Início	4	4		0
Reage	α	α		2α
Equilíbrio	4 – α	4 – α		2α

Determinação das concentrações das quantidades de matéria ($mol.L^{-1}$):

$[H_2] = \frac{4-\alpha}{V}$

$[Cl_2] = \frac{4-\alpha}{V}$

$[HCl] = \frac{2\alpha}{V}$

Cálculo do grau de dissociação (α): $K_c = \frac{[HCl]^2}{[H_2] \times [Cl_2]} = 0,25$

$$\frac{\left[\frac{2\alpha}{V}\right]^2}{\left[\frac{4-\alpha}{V}\right]^2} = 0,25$$

Tirando a raiz quadrada da equação acima, temos: $\sqrt{\frac{\left[\frac{2\alpha}{V}\right]^2}{\left[\frac{4-\alpha}{V}\right]^2}} = \sqrt{0,25}$

$$\frac{2\alpha}{(4-\alpha)} = 0,5$$

α = 0,80 (80%)

Item a) Cálculo das expressões das concentrações das quantidades de matéria ($mol.L^{-1}$):

$[H_2] = \frac{(4-0,8)}{1} = 3,20\ mol.L^{-1}$

$[Cl_2] = \frac{(4-0,8)}{1} = 3,20\ mol.L^{-1}$

$[HCl] = \frac{2 \times (0,8)}{1} = 1,60\ mol.L^{-1}$

Item b) Cálculo da constante de equilíbrio inversa (Kc') para a reação direta: $H_{2(gás)} + Cl_{2(gás)} \rightleftarrows 2HCl_{(gás)}$

$$K_c = \frac{[HCl]^2}{[H_2] \times [Cl_2]} = 0,25$$

Para a reação inversa: $2HCl_{(gás)} \rightleftarrows H_{2(gás)} + Cl_{2(gás)}$

$$K'_c = \frac{[H_2] \times [Cl_2]}{[HCl]^2} = \frac{1}{0,25} = 4$$

Item c) Primeira maneira de resolução:

Cálculo do número de mol total: $n_T = n_{H2} + n_{Cl2} + n_{HCl} = 4 - \alpha + 4 + \alpha + 2\alpha = 8$ mol

Cálculo das pressões parciais:

$$p_{H_2} = \frac{(4-\alpha)}{8} \times p_T = \frac{(4-0,8)}{8} \times p_T = \frac{3,2}{8} \times p_T = 0,4 \times p_T$$

$$P_{Cl_2} = \frac{(4-\alpha)}{8} \times p_T = \frac{(4-0{,}8)}{8} \times p_T = \frac{3{,}2}{8} \times p_T = 0{,}4 \times p_T$$

$$P_{HCl} = \frac{(2\alpha)}{8} \times p_T = \frac{(2 \times 0{,}8)}{8} \times p_T = \frac{1{,}6}{8} \times p_T = 0{,}2 \times p_T$$

Cálculo da constante de equilíbrio em função das pressões parciais:

$$K_p = \frac{P_{HCl}^2}{P_{H_2} \times P_{Cl_2}} = \frac{(0{,}2 \times p_T)^2}{(0{,}4 \times p_T) \times (0{,}4 \times p_T)} = \frac{0{,}04}{0{,}16} = 0{,}25$$

Segunda maneira de resolução.

Sabendo que a relação entre K_p e K_c é dada pela seguinte equação química, temos: $K_p = K_c \times (RT)^{\Delta n}$

Cálculo da variação do número de mol: $\Delta n = n_{produtos} - n_{reagentes} = 2 - (1 + 1) = 0$

$\frac{K_p}{K_c} = (RT)^0 = 1$. Então, $K_c = K_p = 0{,}25$

Item d) Como a temperatura é constante, a constante de equilíbrio químico (K_c) permanece constante.

Questão 62

(GRILLO) Dados do problema: $k_1^{(623)} = 1{,}45 \times 10^{-2}$ e $k_2^{(723)} = 3{,}95$.

Aplicando a equação de Van´t Hoff: $\ln\left(\frac{k_1}{k_2}\right) = \frac{\Delta H^0}{R} \times \left\{\frac{1}{T_2} - \frac{1}{T_1}\right\}$

$$\ln\left(\frac{1{,}45 \times 10^{-2}}{3{,}95}\right) = \frac{\Delta H^0}{8{,}314} \times \left\{\frac{1}{723} - \frac{1}{623}\right\}$$

$$\ln(3{,}67 \times 10^{-3}) = \frac{\Delta H^0}{8{,}314} \times \{-2{,}22 \times 10^{-4}\}$$

$$\Delta H^0 = \frac{-5{,}61 \times 8{,}314}{-2{,}22 \times 10^{-4}} = \frac{46{,}64}{2{,}22 \times 10^{-4}} = +210090{,}1 \frac{J}{mol} \; (+210{,}01 \frac{kJ}{mol})$$

Como o sistema apresenta comportamento endotérmico ($\Delta H° > 0$), aumentando a temperatura do sistema, o equilíbrio será deslocado para a direita.

Questão 63

Alternativa D.

Primeira equação química: $N_{2(gás)} + O_{2(gás)} \longrightarrow 2NO_{(gás)}$ $K_{c1} = 2{,}3 \times 10^{-19}$

Multiplicando por dois a segunda equação química: $2NO_{(gás)} + O_{2(gás)} \longrightarrow 2NO_{2(gás)}$ $(K_{c2})^2 = (3{,}0 \times 10^6)^2$

Terceira equação química: $2NO_{2(gás)} \longrightarrow N_2O_{4(gás)}$ $K_{c3} = 2{,}2 \times 10^2$

Somando todas as equações químicas apresentadas, temos:

$N_{2(gás)} + O_{2(gas)} \longrightarrow \cancel{2NO_{(gás)}}$ $K_{c1} = 2{,}3 \times 10^{-19}$

$\cancel{2NO_{(gás)}} + O_{2(gás)} \longrightarrow 2NO_{2(gás)}$ $(K_{c2})^2 = (3{,}0 \times 10^6)^2$

$2NO_{2(gás)} \longrightarrow N_2O_{4(gás)}$ $K_{c3} = 2{,}2 \times 10^2$ +

$N_{2(gás)} + 2O_{2(gás)} \longrightarrow N_2O_{4(gás)}$ $K_{TOTAL} = 2{,}3 \times 10^{-19} \times (3{,}0 \times 10^6)^2 \times 2{,}2 \times 10^2 = 4{,}55 \times 10^{-4}$

Questão 64

Alternativa A.

Equação química: $N_{2(gás)} + C_2H_{2(gás)} \rightleftarrows 2HCN_{(gás)}$

Expressão e cálculo da constante de equilíbrio em função da concentração da quantidade de matéria (K_c): $K_c = \frac{[HCN]^2}{[N_2] \times [C_2H_2]} = \frac{(0,1)^2}{1,0 \times 2,0} = 0,005$

Questão 65

Equação química da decomposição do cloreto do X: $XCl_{3(gás)} \rightleftarrows XCl_{(gás)} + Cl_{2(gás)}$
Base de cálculo: 4 mol (inicial) de $PCl_{5(g)}$.
Tabela de equilíbrio químico:

	$XCl_{3(gás)}$	$\rightleftarrows$	$XCl_{(gás)}$	$Cl_{2(gás)}$
Início	4		0	0
Reage	4α = 4 x 0,90		4 x 0,90	4 x 0,90
Equilíbrio	4 – 3,60 = 0,40		3,60	3,60

Cálculo das concentrações das quantidades de matéria das espécies gasosas (mol.L^{-1}):

$$[XCl_3] = \frac{0,40 \text{ mol}}{1 \text{ L}}$$

$$[XCl] = \frac{3,60 \text{ mol}}{1 \text{ L}}$$

$$[Cl_2] = \frac{3,60 \text{ mol}}{1 \text{ L}}$$

Expressão e cálculo da constante de equilíbrio em função das concentrações das quantidades de matéria: $K_C = \frac{[XCl] \times [Cl_2]}{[XCl_3]} = \frac{(3,60)^2}{0,40} = \frac{12,96}{0,40} = 32,40$

Cálculo da constante de equilíbrio em função das pressões parciais (K_p): $K_p = K_c \times (RT)^{\Delta n}$

$$K_p = 32,40 \times [0,8206 \times (273 + 727)]^{2-1} = 2658,74$$

Questão 66

Alternativa E.

Equação química: $N_2O_{4(gás)} \rightleftarrows 2NO_{2(gás)}$

Base de cálculo: 1,5 mol de tetróxido de dinitrogênio no início da reação. Tabela de equilíbrio químico:

	$N_2O_{4(gás)}$	$\rightleftarrows$	$2\ NO_{2(gás)}$
Início	$\frac{1,50 \text{ mol}}{2,0 \text{ L}} = 0,75 \frac{\text{mol}}{\text{L}}$		0
Reage	0,75α		2 x 0,75 x α = 1,50 α
Equilíbrio	$0,75 - 0,75\alpha = 0,75 \times (1 - \alpha)$		0,06 mol.L^{-1}

Cálculo do grau de dissociação (α), partindo do equilíbrio do $NO_{2(gás)}$: 0 + 1,5α = 0,06
1,5α = 0,06
α = 0,04 (4%)

Cálculo da concentração da quantidade de matéria das espécies químicas:

$[N_2O_4] = 0,75 \times (1 - \alpha) = 0,75 \times (1 - 0,04) = 0,72$ mol.L^{-1}

$[NO_2] = 0,06$ mol x L^{-1}

Expressão e cálculo da constante de equilíbrio em função da concentração da quantidade de matéria (K_c): $K_C = \frac{[NO_2]^2}{[N_2O_4]} = \frac{(0,06)^2}{0,72} = 0,005$

Questão 67

Equação química: $H_{2(gás)} + I_{2(gás)} \rightleftarrows 2HI_{(gás)}$

Base de cálculo: 1 mol de H_2 e I_2 no estado inicial e volume de 1 Litro. Tabela de equilíbrio químico:

	$H_{2(gás)}$ (mol)	$I_{2(gás)}$ (mol)	$\rightleftarrows$	$2HI_{(gás)}$ (mol)
Início	1	1		0
Reage	α	α		2α
Equilíbrio	1 - α	1 - α		2α

Determinação das expressões das concentrações das quantidades de matéria (mol.L^{-1}):

$[H_2] = \frac{1-\alpha}{V}$

$[I_2] = \frac{1-\alpha}{V}$

$[HI] = \frac{2\alpha}{V}$

Cálculo do α, a partir da constante de equilíbrio: $K_c = \frac{[HI]^2}{[H_2]\, x\, [I_2]} = \frac{2\alpha^2}{(1-\alpha)^2} = 49$

Tirando a raiz quadrada da equação anterior, temos: $\sqrt{\frac{2\alpha^2}{(1-\alpha)^2}} = \sqrt{49}$

$$\frac{2\alpha}{(1-\alpha)} = 7$$

α = 7/9

Cálculo da concentração da quantidade de matéria (mol.L^{-1}) das espécies químicas:

$[H_2] = \frac{1-\left(\frac{7}{9}\right)}{1} = 0,022\ mol.L^{-1}$

$[I_2] = \frac{1-\left(\frac{7}{9}\right)}{1} = 0,022\ mol.L^{-1}$

$[HI] = \frac{2 \times \left(\frac{7}{9}\right)}{1} = \frac{14}{9} = 1,56\ \text{mol.}\ L^{-1}$

Questão 68

Alternativa B.

Para que haja um aumento no rendimento, o equilíbrio deverá ser deslocado para a direita. Para que isso ocorra será necessário aumentar a temperatura do sistema ou retirar água líquida.

Questão 69

Alternativa E.

Equação química da síntese do cloreto de sulfurila: $SO_{2(gás)} + Cl_{2(gás)} \rightleftarrows SO_2Cl_{2(gás)}$

Equação da constante de equilíbrio em função da concentração da quantidade de matéria:

$$K_c = \frac{[SO_2Cl_2]}{[SO_2] \times [Cl_2]}$$

Base de cálculo: 1 mol inicial de $SO_{2(gás)}$ e 1 mol inicial de $Cl_{2(gás)}$.

Tabela de equilíbrio químico:

	$SO_{2(gás)}$	$Cl_{2(gás)}$	$\rightleftarrows$	$SO_2Cl_{2(gás)}$
Início	1	1		0
Reage	α	α		α
Equilíbrio	1 – α	1 – α		α

Cálculo do grau de dissociação (α), a partir da constante de equilíbrio em função da concentração de matéria: $K_c = \frac{[SO_2Cl_2]}{[SO_2] \times [Cl_2]} = \frac{\left(\frac{\alpha}{10}\right)}{\left(\frac{1-\alpha}{10}\right)^2}$

$$\frac{\left(\frac{\alpha}{10}\right)}{\left(\frac{1-\alpha}{10}\right)^2} = 55{,}5$$

$$\frac{100\alpha}{10 \times (1-\alpha)^2} = 55{,}5$$

Resolvendo a equação do segundo grau: $\boxed{55{,}5\alpha^2 - 121\alpha + 55{,}5 = 0}$.

Suas raízes são as seguintes: α_1 = 1,52 e α_2 = 0,66

Logo, o grau de dissociação válido para este processo é o α_2. Cálculo da concentração da quantidade de matéria do cloreto de sulfurila: $[SO_2Cl_2] = \frac{\alpha}{V}$ e $[SO_2Cl_2] = \frac{0{,}66}{10} = 0{,}066 \frac{mol}{L}$

Questão 70

Alternativa A.

Pelo princípio de Le Chatelier para que o equilíbrio seja deslocado para a direita é necessário que a temperatura diminua ou que haja o aumento da pressão reacional do sistema.

Questão 71

Alternativa B.

Base de cálculo: 1 mol de gás nitrogênio no estado inicial e 0,400 mol de gás hidrogênio no equilíbrio. Equação química: $N_{2(gás)} + 3H_{2(gás)} \rightleftarrows 2NH_{3(gás)}$

Tabela de equilíbrio químico:

	$N_{2(gás)}$	$3H_{2(gás)}$	$\rightleftarrows$	$2NH_{3(gás)}$
Início	1	1		0
Reage	1α	3α		2α
Equilíbrio	1 - α	1 - 3α		2α

Cálculo do grau α, sabendo que no equilíbrio encontram-se 0,400 mol de $H_{2(gás)}$:

$$1 - 3\alpha = 0{,}400$$

$$\alpha = \frac{0{,}600}{3} = 0{,}200 \text{ mol}$$

Cálculo das concentrações das quantidades de matéria das espécies gasosas:

$$[N_2] = \frac{n_{N_2}}{V} = \frac{1-\alpha}{V} = \frac{1-0{,}200}{5} = 0{,}160\frac{\text{mol}}{\text{L}}$$

$$[H_2] = \frac{n_{H_2}}{V} = \frac{1-3\alpha}{V} = \frac{1-3 \text{ x } 0{,}200}{5} = 0{,}080\frac{\text{mol}}{\text{L}}$$

$$[NH_3] = \frac{n_{NH_3}}{V} = \frac{2\alpha}{V} = \frac{2 \text{ x } 0{,}200}{5} = 0{,}080\frac{\text{mol}}{\text{L}}$$

Cálculo da constante de equilíbrio em função da concentração de matéria (K_c):

$$K_c = \frac{[NH_3]^2}{[N_2] \text{ x } [H_2]^3} = \frac{(0{,}080)^2}{0{,}160 \text{ x } (0{,}080)^3} = 78{,}125$$

Cálculo da constante de equilíbrio em função da pressão parcial(K_p), a partir da relação matemática entre K_p e K_c: K_p = 78,125 x (0,08206 x 190)$^{-2}$ = 0,138

Questão 72

Análise do primeiro experimento: $CO_{(gás)} + Cl_{2(gás)} \rightleftarrows COCl_{2(gás)}$.

Primeira tabela de equilíbrio químico. Pela informação do problema, temos no primeiro experimento os compostos gasosos já no equilíbrio. Com isso é possível calcular a constante de equilíbrio (K_p).

	$CO_{(gás)}$	$Cl_{2(gás)}$	$\rightleftarrows$	$COCl_{2(gás)}$
Início	-	-		-
Reage	-	-		-
Equilíbrio	0,120 atm	0,130 atm		0,312 atm

Cálculo da constante de equilíbrio em função das pressões parciais (K_p): $K_p = \frac{P_{COCl_2}}{P_{CO} \text{ x } P_{Cl_2}} = \frac{0{,}312}{0{,}120 \text{ x } 0{,}130} = 20$

Análise do segundo experimento. Base de cálculo: n mol de $COCl_2$ no início da reação. Segunda tabela de equilíbrio químico:

	$COCl_{2(gás)}$	$\rightleftarrows$	$CO_{(gás)}$	+	$Cl_{2(gás)}$
Início	n		0		0
Reage	nα		nα		nα
Equilíbrio	n - nα		nα		nα

Cálculo do número de mol total: n_T = n ~~- nα + nα~~ + nα = n + nα = n(1 + α)

Expressão das pressões parciais:

Pressão Parcial do $COCl_2$: $P_{COCl_2} = X_{COCl_2} \text{x } p_T = \frac{n(1-\alpha)}{n(1+\alpha)} \text{ x } p_T = \frac{(1-\alpha)}{(1+\alpha)} \text{x } p_T$

Pressão Parcial do CO: $P_{CO} = X_{CO} \text{x } p_T = \frac{n\alpha}{n(1+\alpha)} \text{x } p_T = \frac{\alpha}{(1+\alpha)} \text{x } p_T$

Pressão Parcial do Cl_2: $P_{Cl_2} = X_{Cl_2} x\ p_T = \frac{n\alpha}{n(1+\alpha)} x\ p_T = \frac{\alpha}{(1+\alpha)} x\ p_T$

Cálculo do grau de dissociação (α) do fosgênio: $K_p = \frac{p_{CO}\ x\ p_{Cl_2}}{p_{COCl_2}} = \frac{\left(\frac{\alpha}{1+\alpha} x\ p_T\right) x \left(\frac{\alpha}{1+\alpha} x\ p_T\right)}{\frac{(1-\alpha)}{(1+\alpha)} x\ p_T} = \frac{\alpha^2\ x\ p_T}{1-\alpha^2} = \frac{1}{20}$

Sabendo que a pressão total do sistema é igual a 1 atm, temos: $\frac{\alpha^2\ x\ p_T}{1-\alpha^2} = \frac{1}{20}$

$$\frac{\alpha^2\ x\ 1}{1-\alpha^2} = \frac{1}{20}$$

$$\alpha^2 = \frac{1}{21}$$

$$\alpha = \frac{1}{\sqrt{21}} x \frac{\sqrt{21}}{\sqrt{21}} = \frac{\sqrt{21}}{21} = \frac{4{,}58}{21} = 0{,}218\ (21{,}8\%)$$

Questão 73

Alternativa E.

Item I) Verdadeiro. Pelo princípio de Le Chatelier, aumentando a pressão do sistema, o equilíbrio será deslocado para a direita, favorecendo maior formação de gás amônia;

Item II) Verdadeiro. Pelo princípio de Le Chatelier, o valor da constante de equilíbrio é constante para cada temperatura. Isso pode ser observado pela equação de Van´t Hoff.

Item III) Verdadeiro. Para a obtenção de gás amônia é utilizado como catalisador ferro (Fe) com a presença de pequenas quantidades de óxidos metálicos para que o tempo consumido pelo sistema possa atingir o equilíbrio de forma mais rápida;

Item IV) Verdadeiro. O ferro, que é utilizado, é atacado pelo sulfeto de hidrogênio e, portanto, a mistura reagente não contém H_2S.

Item V) A entrada de hidrogênio e nitrogênio gasosos no reator é realizada em proporções estequiométricas, o que evita desperdício de reagente e converte amoníaco na presença do catalisador.

Questão 74

Alternativa D.

Invertendo a primeira equação química e dividindo por dois, temos:

$NO_{(gás)} \rightleftarrows \frac{1}{2}N_{2(gás)} + \frac{1}{2}O_{2(gás)}$ $\frac{1}{K_1^{1/2}}$

Invertendo a primeira equação química e dividindo por dois, temos:

$NO_{2(gás)} \rightleftarrows NO_{(gás)} + \frac{1}{2}O_{2(gás)}$ $\frac{1}{K_2^{1/2}}$

Somando as equações químicas com suas respectivas expressões da constante de equilíbrio, temos:

$\cancel{NO_{(gás)}} \rightleftarrows \frac{1}{2}N_{2(gás)} + \frac{1}{2}O_{2(gás)}$ $\frac{1}{K_1^{1/2}}$

$NO_{2(gás)} \rightleftarrows \cancel{NO_{(gás)}} + \frac{1}{2}O_{2(gás)}$ $\frac{1}{K_2^{1/2}}$ +

$NO_{2(gás)} \rightleftarrows N_{2(gás)} + \frac{1}{2}O_{2(gás)}$ $K = \frac{1}{K_1^{1/2}} x \frac{1}{K_2^{1/2}} = \boxed{\left[\frac{1}{K_1} x \frac{1}{K_2}\right]^{1/2}}$

Questão 75

Equação química de síntese da amônia: $N_{2(gás)} + 3H_{2(gas)} \rightleftarrows 2NH_{3(gás)}$

Cálculo do volume molar ($L.mol^{-1}$) nas condições experimentais: $V_{molar} = \frac{RT}{p} = \frac{0,08206 \text{ x } 1000}{224} = 0,37 \text{ L.mol}^{-1}$

Cálculo do número de mol de cada espécie gasosa:

$$n_{N_2} = \frac{3,74 \text{ L}}{0,37 \text{ L.mol}^{-1}} = 10,11 \text{ mol}$$

$$n_{H_2} = \frac{5,89 \text{ L}}{0,37 \text{ L.mol}^{-1}} = 15,92 \text{ mol}$$

$$n_{NH_3} = \frac{0,37 \text{ L}}{0,37 \text{ L.mol}^{-1}} = 1,00 \text{ mol}$$

Cálculo da concentração da quantidade de matéria para cada espécie gasosa:

$$[N_2] = \frac{n_{N_2}}{V_{solução}} = \frac{10,11 \text{ mol}}{10 \text{ L}} = 1,01 \text{ mol.L}^{-1}$$

$$[H_2] = \frac{n_{H_2}}{V_{solução}} = \frac{15,92 \text{ mol}}{10 \text{ L}} = 1,59 \text{ mol.L}^{-1}$$

$$[NH_3] = \frac{n_{NH_3}}{V_{solução}} = \frac{1,00 \text{ mol}}{10 \text{ L}} = 0,10 \text{ mol.L}^{-1}$$

Cálculo da constante de equilíbrio em função da concentração da quantidade de matéria (K_c):

$$K_c = \frac{[NH_3]^2}{[N_2] \text{ x } [H_2]} = \frac{(0,10)^2}{1,01 \text{ x } 1,59} = 6,23 \text{ x } 10^{-2}$$

Questão 76

Alternativa A.

Item a) A reação de síntese para a formação de amoníaco (gás amônia) é representada pela seguinte equação química balanceada: $N_{2(gás)} + 3\ H_{2(gás)} \rightleftarrows 2NH_{3(gás)}$.

Item b) Aumentando a pressão do sistema reacional (pressão total), o equilíbrio é deslocado para a direita, para o sentido de formação de amônia;

Item c) Sendo o processo de síntese da amônia como um processo exotérmico, ocasionando a diminuição da temperatura, o equilíbrio é deslocado para a direita, favorecendo maior produção de amônia;

Item d) Aumentando a concentração de gás nitrogênio ou até mesmo do gás hidrogênio, o equilíbrio será deslocado para a direita, para maior formação de amônia;

Item e) Característica principal do estudo da constante de equilíbrio, o que caracteriza uma reação reversível.

Questão 77

Alternativa B.

Equação química reversível: $2SO_{2(gás)} + O_{2(gás)} \rightleftarrows 2SO_{3(gás)}$

Para a resolução do problema será necessário relacionar a constante de equilíbrio em função das pressões parciais (K_p) com a constante de equilíbrio em função das concentrações molares (K_c).

$$K_p = K_c \text{ x } (RT)^{\Delta n} = K_c \text{ x } (RT)^{2-3}$$

$$\frac{K_p}{K_c} = (RT)^{-1}$$

Questão 78

Equação química: $N_2O_{4(gás)} \rightleftarrows 2NO_{2(gás)}$. Base de cálculo: n (mol) inicial de $N_2O_{4(gás)}$ no estado inicial. Tabela de equilíbrio químico:

	$N_2O_{4(gás)}$	$\rightleftarrows$	$2\ NO_{2(gás)}$
Início	n		0
Reage	nα		2nα
Equilíbrio	n - nα		2nα

Cálculo do número de mol total (n_T) das espécies gasosas: $n_T = n - n\alpha + 2n\alpha = n + n\alpha = n(1 + \alpha)$

Expressão das pressões parciais dos compostos gasosos:

Pressão Parcial do N_2O_4: $P_{N2O4} = X_{N2O4} \times p_T = \left(\frac{n-n\alpha}{n+n\alpha}\right) x\ p_T = \left(\frac{1-\alpha}{1+\alpha}\right) x\ p_T$

Pressão Parcial do NO_2: $P_{NO2} = X_{NO2} \times p_T = \left(\frac{2n\alpha}{n+n\alpha}\right) x\ p_T = \left(\frac{2\alpha}{1+\alpha}\right) x\ p_T$

Expressão da constante de equilíbrio em função do grau de dissociação (α):

$$K_p = \frac{P^2_{NO_2}}{P_{N_2O_4}} = \frac{\left[\frac{4\alpha^2}{(1+\alpha)^2} x\ p^2_{TOTAL}\right]}{\left[\frac{(1-\alpha)}{(1+\alpha)} x\ P_{TOTAL}\right]} = \frac{4\alpha^2}{1-\alpha^2} x\ P_{TOTAL}$$

Para a primeira situação em que o grau de dissociação seja igual a 20%, ou seja, $\alpha = 0{,}20$:

$$K_{p_1} = \frac{4\alpha^2}{1-\alpha^2} x\ P_{TOTAL} = \frac{4 x (0{,}20)^2}{1-(0{,}20)^2} x\ P_{TOTAL} = \frac{0{,}16}{0{,}96} x\ P_{TOTAL}$$

Para a segunda situação, a pressão será a seguinte: $\Delta P = P_2 - P_1$ em que iremos considerar que a pressão para a situação 1 será $P_1 = P_{TOTAL}$. Logo: $\Delta P = P_2 - P_{TOTAL}$

$$2{,}14 = P_2 - P_{TOTAL}$$

$$P_2 = 2{,}14 + P_{TOTAL}$$

Cálculo da constante de equilíbrio em função das pressões parciais, para $\alpha = 0{,}10$:

$$K_{p_2} = \frac{4\alpha^2}{1-\alpha^2} x\ (2{,}14 + P_{TOTAL})$$

$$K_{p_2} = \frac{4 x (0{,}10)^2}{1-(0{,}10)^2} x\ (2{,}14 + P_{TOTAL}) = \frac{0{,}04}{0{,}99} x\ (2{,}14 + P_{TOTAL})$$

Como o processo ocorre a temperatura constante, tanto para a situação 1 quanto para a situação 2, a constante de equilíbrio será igual, então $K_{p_1} = K_{p_2}$. Cálculo da pressão total do sistema reacional.

$$\frac{0{,}16}{0{,}96} x\ P_{TOTAL} = \frac{0{,}04}{0{,}99} x\ (2{,}14 + P_{TOTAL})$$

$$0{,}16 x 0{,}99 x P_{TOTAL} = 0{,}96 x 0{,}04 x (2{,}14 + P_{TOTAL})$$

$$0{,}1584 \text{ x } P_{TOTAL} = 0{,}0384 \text{ x } (2{,}14 + P_{TOTAL})$$

$$3{,}125 \text{ x } P_{TOTAL} = 2{,}14$$

$$P_{TOTAL} = \frac{2{,}14}{3{,}125} = 0{,}685 \text{ atm}$$

Cálculo da constante de equilíbrio em função das pressões parciais:

$$K_p = \frac{0{,}16}{0{,}96} \text{ x } 0{,}685 = 0{,}114$$

Questão 79

Alternativa A.

Equação química: $A + 2B \rightleftarrows AB_2$

Equação da velocidade da reação direta: $v_1 = k_1 \text{ x } [A] \text{ x } [B]^2$

Equação da velocidade da reação inversa: $v_2 = k_2 \text{ x } [AB_2]$

Igualando as velocidades da reação direta e da reação inversa, temos:

$$k_1 \text{ x } [A] \text{ x } [B]^2 = k_2 \text{ x } [AB_2]$$

$$\frac{k_1 \text{ x } [A] \text{ x } [B]^2}{k_2 \text{ x } [AB_2]} = 1$$

$$\boxed{\frac{k_1}{k_2} = \frac{[AB_2]}{[A] \text{ x } [B]^2}}$$

A razão entre as constantes cinéticas $\frac{k_1}{k_2}$ é definida como sendo a constante de equilíbrio (K_{eq}).

Questão 80

Equação química: $Cl_{2(gás)} \rightleftarrows 2Cl_{(gás)}$

Base de cálculo: n (mol) inicial de cloro no estado gasoso. Tabela de equilíbrio químico:

	$Cl_{2(gás)}$	$\rightleftarrows$	$2Cl_{(gás)}$
Início	n		0
Reage	nα		2nα
Equilíbrio	n - nα		2nα

Cálculo do número de mol total (n_T): $n_T = n - n\alpha + 2n\alpha = n + n\alpha = n(1 + \alpha)$

Cálculo das pressões parciais:

$$P_{Cl_2} = \left(\frac{1-\alpha}{1+\alpha}\right) \text{ x } p_T = \left(\frac{1-0{,}071}{1+0{,}071}\right) \text{ x } 1 \text{ atm} = \left(\frac{0{,}929}{1{,}071}\right) \text{ x } 1 \text{ atm} = 0{,}867 \text{ atm}$$

$$P_{Cl} = \left(\frac{2\alpha}{1+\alpha}\right) \text{ x } p_T = \left(\frac{2 \text{ x } 0{,}071}{1+0{,}071}\right) \text{ x } 1 \text{ atm} = \frac{0{,}142}{1{,}071} \text{ x } 1 \text{ atm} = 0{,}132 \text{ atm}$$

Cálculo da constante de equilíbrio em função das pressões parciais (K_p):

$$K_p = \frac{P_{Cl}^2}{P_{Cl_2}} = \frac{(0{,}132)^2}{0{,}867} = 2{,}0 \times 10^{-2}$$

Cálculo da constante de equilíbrio em função da concentração da quantidade de matéria (K_c):

$$K_p = K_c \times (R \times T)^{(2-1)}$$

$$2{,}0 \times 10^{-2} = K_c \times 0{,}08206 \times 1600$$

$$K_c = \frac{2{,}0 \times 10^{-2}}{131{,}30} = 1{,}52 \times 10^{-4}$$

Questão 81

Alternativa C.

Item a) Falso. Aumentando a pressão externa do sistema, ou seja, a pressão total, não vai haver deslocamento do equilíbrio. Ou seja, aumentando ou até diminuindo a pressão do sistema reacional, não vai haver deslocamento.

Item b) Falso. Expressão da constante de equilíbrio para o sistema I: $K_c = \frac{[NO]^2}{[N_2] \times [O_2]}$

$$1{,}10 \times 10^{-30} = \frac{[NO]^2}{[N_2] \times [O_2]}$$

$$[N_2] \times [O_2] = \frac{[NO]^2}{1{,}10 \times 10^{-30}}$$

$$[N_2] \times [O_2] = 9{,}09 \times 10^{+29} \times [NO]^2$$

Item c) Verdadeiro. Aumentando a pressão parcial do nitrogênio gasoso, o equilíbrio será deslocado para a direita, favorecendo amônia.

Item d) Falso. A adição de catalisador não influencia na constante de equilíbrio, mas faz com que o equilíbrio se estabilize mais rapidamente.

Item e) Falso. Observando a relação da constante de equilíbrio: $K_c = \frac{[NH_3]^2}{[N_2] \times [H_2]^3}$

$$5{,}0 \times 10^8 = \frac{[NH_3]^2}{[N_2] \times [H_2]^3}$$

$$[NH_3]^2 = 5{,}0 \times 10^8 \times [N_2] \times [H_2]^3$$

Questão 82

Alternativa A.

Cálculo das concentrações das quantidades de matéria das espécies químicas presentes no sistema reacional:

$$[H_2] = \frac{0{,}20 \text{ mol}}{2 \text{ L}} = 0{,}10 \frac{\text{mol}}{\text{L}}$$

$$[S_2] = \frac{0{,}80 \text{ mol}}{2 \text{ L}} = 0{,}40 \frac{\text{mol}}{\text{L}}$$

$$[H_2S] = \frac{1{,}00 \text{ mol}}{2 \text{ L}} = 0{,}50 \frac{\text{mol}}{\text{L}}$$

Expressão e cálculo da constante de equilíbrio: $K_c = \frac{[H_2]^2 \times [S_2]}{[H_2S]^2} = \frac{(0{,}10)^2 \times 0{,}40}{(0{,}50)^2} = 0{,}016$

Questão 83

Alternativa D.

Equação química: $NH_4Cl_{(sólido)} \rightleftarrows NH_{3(gás)} + HCl_{(gás)}$
Cálculo das concentrações das quantidades de matéria das espécies químicas gasosas:

$$[NH_3] = \frac{2\ \text{mol}}{5\ \text{L}} = 0{,}40\frac{\text{mol}}{\text{L}}$$

$$[HCl] = \frac{X}{5}\frac{\text{mol}}{\text{L}}$$

Expressão da constante de equilíbrio (K_c) e cálculo do número de mol (X) do cloreto de hidrogênio:

$$K_c = [NH_3]\ x\ [HCl]$$

$$0{,}16 = 0{,}40\ x\frac{X}{5{,}0}$$

$$X = 2{,}0\ \text{mol}$$

Questão 84

Alternativa E.
Equação química: $2A + 3B \rightleftarrows C + 2D$

Aplicando o princípio de Le Chatelier, iremos apresentar algumas alternativas que façam com que o equilíbrio esteja se deslocando para a direita, ou seja, favorecendo os produtos C e D.

- Aumento da concentração de A;
- Aumento da concentração de B;
- Aumento da pressão total do sistema reacional;
- Diminuição da temperatura, uma vez que se trata de um processo exotérmico.

Observação: a utilização de um determinado catalisador não influencia na constante de equilíbrio.

Questão 85

Alternativa D.
Item I) Acrescentando $AgCl_{(c)}$ não vai deslocar o equilíbrio, pois se trata de um composto sólido.

Item II) Retirar uma parte de $AgCl_{(c)}$ não vai deslocar o equilíbrio, pois se trata de um composto sólido.

Item III) Acrescentando um pouco de $NaCl_{(c)}$, vai haver um íon comum que se trata do cloreto (Cl^-), e com isso, o equilíbrio será deslocado para a direta.

Item IV) Acrescentando água, o equilíbrio será deslocado para a esquerda, onde vai haver maior produção de íons, Ag^+ e Cl^-.

Item V) Evaporando a água, o equilíbrio será deslocado para a direita, diminuindo a fase aquosa.

Questão 86

Alternativa A.

Para o processo de partição do iodo (I_2) entre a água (H_2O) e um solvente X, será necessário utilizar a seguinte expressão matemática:

$$K = \frac{N_{Iodo_{(x)}} \text{ x } V_{água}}{N_{Iodo_{(aq)}} \text{ x } V_X}$$

$$120 = \frac{0{,}90y \text{ x } 100}{0{,}10y \text{ x } V_X}$$

$$120 = \frac{0{,}90\cancel{y} \text{ x } 100}{0{,}10\cancel{y} \text{ x } V_X}$$

$$V_X = 7{,}50 \text{ mL}$$

Questão 87

(GRILLO)

Item a) Como a atividade termodinâmica de um sólido por convenção é unitário (a = 1), a adição de estanho fundido não influencia no equilíbrio químico.

Item b) A adição de um catalisador em qualquer processo não influencia no equilíbrio químico. A função do catalisador é aumentar a velocidade da reação.

Item c) Aumentando a concentração da quantidade de matéria de vapor de água, o equilíbrio será deslocado para a esquerda, aumentando a concentração de estanho sólido.

Item d) Aumentando a temperatura do sistema sendo o processo endotérmico, o equilíbrio é deslocado para a direita, aumentando tanto a concentração de vapor de água quanto a de estanho fundido e com isso diminui a quantidade de estanho sólido.

Questão 88

(GRILLO)

Item a) Diminuindo a pressão parcial do dióxido de nitrogênio, o equilíbrio é deslocado para a esquerda.

Item b) Como a reação é exotérmica, $NO_{2(gás)} + ½O_{2(gás)} - \text{calor} \rightleftarrows NO_{3(gás)}$, aumentando a temperatura do sistema reacional, o equilíbrio é deslocado para a esquerda favorecendo dióxido de nitrogênio (NO_2) e o oxigênio molecular (O_2).

Item c) Aumentando a pressão total do sistema, o equilíbrio é deslocado para a direita da reação direta, favorecendo a formação de trióxido de nitrogênio (NO_3).

Item d) Aumentando a pressão parcial do trióxido de nitrogênio, o equilíbrio é deslocado para a esquerda.

Questão 89

(GRILLO)

Item a) Como a atividade termodinâmica de um sólido por convenção é unitário (a = 1), a adição ou até mesmo a redução de monóxido de cálcio não influencia no equilíbrio químico.

Item b) A adição de um catalisador em qualquer processo não influencia no equilíbrio químico.

Item c) Aumentando a concentração da quantidade de matéria de dióxido de carbono, o equilíbrio será deslocado para a esquerda.

Item d) Aumentando o volume do recipiente, consequentemente a pressão do sistema irá diminuir. Logo, o equilíbrio será deslocado para a direita, aumentando a pressão parcial de dióxido de carbono.

Item e) Aumentando a temperatura do sistema sendo a reação química endotérmica, o equilíbrio é deslocado para a direita, aumentando tanto a concentração de monóxido de cálcio quanto a pressão parcial de dióxido de carbono.

Questão 90

Segundo a regra de fases, V + F = C + 2, onde F é o número de fases; C é o número de componentes; V é o número de graus de liberdade, sendo grau de liberdade cada fator independente (composição, pressão, temperatura) que se pode variar livremente num sistema em equilíbrio, sem que desapareça qualquer das fases presentes. Nosso sistema em estudo é o seguinte: $H_2O_{(sólido)} \rightleftarrows H_2O_{(líquido)} \rightleftarrows H_2O_{(vapor)}$

F = 3 (sólida, líquida e gasosa), C = 1 (o único componente é H_2O). Substituindo os valores na regra das fases: V = 1 + 2 – 3 = 0. O número de graus de liberdade é zero e o sistema é invariante, ou seja, isso significa que não se pode alterar a pressão nem a temperatura sem que desapareça uma das fases.

Questão 91

Equação química: $CO_{2(gás)} + C_{(sólido)} \rightleftarrows 2CO_{(gás)}$
Base de cálculo: 0,40 atm de pressão inicial de $CO_{2(g)}$.
Tabela de equilíbrio químico:

	$CO_{2(gás)}$ (atm)	$C_{(sólido)}$	$\rightleftarrows$	$2CO_{(gás)}$ (atm)
Início	0,40	-		0
Reage	α	-		2α
Equilíbrio	0,40 – α	-		2α

Cálculo do valor do grau de dissociação (α), a partir da pressão total: $P_T = P_{CO2} + P_{CO}$
0,75 = 0,40 - α + 2α
α = 0,35

Cálculo das pressões parciais das espécies químicas:

Pressão parcial do CO_2: P_{CO2} = 0,40 - α = 0,40 – 0,35 = 0,05 atm

Pressão parcial do CO: P_{CO} = 2α = 2 x (0,35) = 0,70 atm

Expressão e cálculo da constante de equilíbrio (K_p): $K_p = \frac{P_{CO}^2}{P_{CO_2}^2} = \frac{(0,70)^2}{0,05} = 9,8$

Questão 92

Equação química da decomposição do pentacloreto de fósforo: $PCl_{5(gás)} \rightleftarrows PCl_{3(gás)} + Cl_{2(gás)}$.
Base de cálculo: 2 mol (inicial) de pentacloreto de fósforo - $PCl_{5(gás)}$.

	$PCl_{5(gás)}$	$\rightleftarrows$	$PCl_{3(gás)}$	$Cl_{2(gás)}$
Início	2		0	0
Reage	2α		2α	2α
Equilíbrio	2 - 2α		2α	2α

Concentração da quantidade de matéria do PCl_5: $[PCl_5] = \frac{2-(2 \text{ x } 0,40)}{2} = 0,60 \frac{mol}{L}$

Concentração da quantidade de matéria do PCl_3: $[PCl_3] = \frac{2\alpha}{2} = \alpha = 0,40 \frac{mol}{L}$

Concentração da quantidade de matéria do Cl_2: $[Cl_2] = \frac{2\alpha}{2} = \alpha = 0,40 \frac{mol}{L}$

Expressão e cálculo da constante de equilíbrio em função da concentração da quantidade de matéria (K_c):

$$K_C = \frac{[PCl_3] \text{ x } [Cl_2]}{[PCl_5]} = \frac{\alpha^2}{1-\alpha} = \frac{(0,40)^2}{1-0,40} = 0,27$$

Questão 93

Equação química: $CO_{(gás)} + H_2O_{(gás)} \rightleftarrows CO_{2(gás)} + H_{2(gás)}$.

Base de cálculo: P_{CO} = 0,856 atm, P_{H2O} = 0,856 atm no estado inicial e P_{CO} = 0,580 atm no estado de equilíbrio. Tabela de equilíbrio químico:

	$CO_{(gás)}$ (atm)	$H_{2(gás)}$ (atm)	$\rightleftarrows$	$CO_{2(gás)}$ (atm)	$H_{2(gás)}$ (atm)
Início	0,856	0,856		0	0
Reage	0,276	0,276		0,276	0,276
Equilíbrio	0,856 – 0,276	0,856 – 0,276		0,276	0,276

Cálculo da constante de equilíbrio em função das pressões parciais (K_p):

$$K_P = \frac{P_{CO_2} \text{ x } P_{H_2}}{P_{CO} \text{ x } P_{H_2O}} = \frac{(0{,}276)^2}{(0{,}580)^2} = 0{,}226$$

Questão 94

Base de cálculo: 1 mol de ácido acético, 1 mol de álcool etílico e 1,0 litro de solução (volume total). Para a resolução do problema será necessário utilizar a tabela de equilíbrio químico (mol).

	$CH_3COOH_{(aquoso)}$	$C_2H_5OH_{(aquoso)}$	$\rightleftarrows$	$CH_3COOC_2H_{5(aquoso)}$	$H_2O_{(líquido)}$
Início	1	1		0	0
Reage	α	α		α	α
Equilíbrio	1 - α	1 - α		α	α

Expressão da constante de equilíbrio (K_c): $K_c = \frac{[\text{éster}] \text{ x } [\text{água}]}{[\text{ácido}] \text{ x } [\text{álcool}]}$

Determinação das concentrações das quantidades de matéria ($mol.L^{-1}$):

$[CH_3COOH_{(aq)}] = \frac{1-\alpha}{V}$

$[C_2H_5OH_{(aq)}] = \frac{1-\alpha}{V}$

$[CH_3COOC_2H_{5(aq)}] = \frac{\alpha}{V}$

$[H_2O_{(l)}] = \frac{\alpha}{V}$

Cálculo do valor de α, a partir da constante de equilíbrio:

$$K_c = \frac{\frac{\alpha}{V} \text{ x } \frac{\alpha}{V}}{\frac{1-\alpha}{V} \text{ x } \frac{1-\alpha}{V}} = \frac{\left(\frac{\alpha}{V}\right)^2}{\left(\frac{1-\alpha}{V}\right)^2}$$

$$K_c = \frac{\alpha^2}{(1-\alpha)^2} = 4$$

Tirando a raiz quadrada, temos: $\sqrt{\frac{(\alpha)^2}{(1-\alpha)^2}} = \sqrt{4}$

$$\frac{\alpha}{1-\alpha} = 2$$

$$\alpha = \frac{2}{3}$$

Para α = 2/3, o número de mol de cada participante no equilíbrio ficará da seguinte maneira:

	$CH_3COOH_{(aquoso)}$	$C_2H_5OH_{(aquoso)}$	⇄	$CH_3COOC_2H_{5(aquoso)}$	$H_2O_{(líquido)}$
Início	1	1		0	0
Reage	α = 2/3	α = 2/3		α = 2/3	α = 2/3
Equilíbrio	1 – 2/3 = 1/3	1 – 1/3 = 1/3		2/3	2/3

Questão 95

(MESTRE JOÃO ROBERTO DA PACIÊNCIA NABUCO) Equação química: $CaCO_{3(sólido)} \rightleftharpoons CaO_{(sólido)} + CO_{2(gás)}$. Para a resolução deste problema será necessário aplicar a equação de van´t Hoff, levando em consideração que a constante dos gases seja igual a 1,987 cal x mol^{-1} x K^{-1}.

$$\ln\left(\frac{0{,}773}{K_{p_2}}\right) = \frac{43200}{1{,}987} x \left\{\frac{1}{873} - \frac{1}{773}\right\}$$

$$\left(\frac{0{,}773}{K_{p_2}}\right) = \underbrace{e^{-3{,}22}}_{3{,}99\,x\,10^{-2}}$$

$$K_{p_2} = 19{,}38$$

Questão 96

Equação química reversível: $N_2O_{4(gás)} \rightleftarrows 2NO_{2(gás)}$. Base de cálculo: n (mol) inicial de $N_2O_{4(g)}$ no estado inicial. Tabela de equilíbrio químico:

	$N_2O_{4(gás)}$	⇄	$2NO_{2(gás)}$
Início	n		0
Reage	nα		2nα
Equilíbrio	n - nα		2nα

Cálculo do número de mol total (n_T) das espécies gasosas: n_T = n – nα + 2nα = n + nα = n(1 + α)

Expressão que relaciona a densidade, pressão e o grau de dissociação, a partir da equação dos gases ideais.

$$pV = \underbrace{n(1+\alpha)}_{\substack{\text{número de} \\ \text{mol total}}}\ x\, R\, x\, T$$

$$p\, x < MM > = \underbrace{\frac{\text{massa}}{V}}_{\text{densidade}}\ x\,(1+\alpha)\, x\, R\, x\, T$$

Substituindo os valores, temos: $1\ x\ 92 = 1{,}84\ x\ (1+\alpha)\ x\ 0{,}08206\ x\ 348$

$\alpha = 0{,}75\ (75\%)$

Determinação das pressões parciais:

Pressão Parcial do N_2O_4:

$P_{N2O4} = X_{N2O4}\ x\ p_T = \left(\frac{n-n\alpha}{n+n\alpha}\right) x\ p_T = \left(\frac{1-\alpha}{1+\alpha}\right) x\ p_T = \frac{1-0{,}75}{1+0{,}75} x\ 1\ atm = 0{,}143\ atm$

Pressão Parcial do NO_2:

$P_{NO2} = X_{NO2}\ x\ p_T = \left(\frac{2n\alpha}{n+n\alpha}\right) x\ p_T = \left(\frac{2\alpha}{1+\alpha}\right) x\ p_T = \frac{2\ x\ 0{,}75}{1+0{,}75} x\ 1\ atm = 0{,}857\ atm$

Expressão e cálculo da constante de equilíbrio em função do grau de dissociação (α):

$$K_p = \frac{P^2_{NO_2}}{P_{N_2O_4}} = \frac{\left[\frac{4\alpha^2}{(1+\alpha)^2} \text{ x } p^2_{TOTAL}\right]}{\left[\frac{(1-\alpha)}{(1+\alpha)} \text{ x } P_{TOTAL}\right]} = \frac{4\alpha^2}{1-\alpha^2} \text{ x } P_{TOTAL}$$

$$K_p = \frac{4 \text{ x } (0{,}75)^2}{1-(0{,}75)^2} = 5{,}14$$

Cálculo da constante de equilíbrio em função da concentração da quantidade de matéria:

$$K_p = K_c \text{ x } (RT)^{2-1}$$

$$K_c = \frac{5{,}14}{0{,}08206 \text{ x } 348} = \frac{5{,}14}{28{,}56} = 0{,}180$$

Questão 97

Item a) Equação química para o processo de combustão completa do etano: $C_2H_{6(líquido)} + 7/2O_{2(gás)} \longrightarrow 2CO_{2(gás)} + 3H_2O_{(líquido)}$.

Item b) i) Cálculo da entalpia padrão do gás etano.

$$\Delta H^0_{reação} = \sum H^0_{produtos} - \sum H^0_{reagentes}$$

$$\Delta H^0_{reação} = \left[(2 \text{ x } H^0_{CO_2} + 3 \text{ x } H^0_{H_2O}) - (1 \text{ x } H^0_{C_2H_6} + \frac{7}{2} \text{ x } H^0_{O_2})\right]$$

$$-1560 = [2 \text{ x } (-393{,}5) + 3 \text{ x } (-285{,}8)] - \left[(1 \text{ x } H^0_{C_2H_6} + \frac{7}{2} \text{ x } 0)\right]$$

$$H^0_{C_2H_6} = -84{,}40 \text{ kJ}$$

ii) Cálculo das entalpias tanto para os reagentes quanto para os produtos.

REAGENTES: $H^0_{reagentes} = +\left[1 \text{ x } 1 \text{ x } H_{C-C} + 6 \text{ x } H_{C-H} + \frac{7}{2} \text{ x } H_{O=O}\right]$

$$H^0_{reagentes} = +\left[347 + 6 \text{ x } 413 + \frac{7}{2} \text{x } 495\right] = +\,4557{,}50\,\frac{kJ}{mol}$$

PRODUTOS: $H^0_{produtos} = -[2 \text{ x } 2 \text{ x } H_{C=O} + 3 \text{ x } 2 \text{ x } H_{O-H}]$

$$H^0_{produtos} = -[4 \text{ x } H_{C=O} + 6 \text{ x } H_{O-H}]$$

$$H^0_{produtos} = -[4 \text{ x } H_{C=O} + 6 \text{ x } (464)]$$

$$H^0_{produtos} = -[4 \text{ x } H_{C=O} + 2784]$$

Finalizando os cálculos: $\Delta H^0_{reação} = -\,4 \text{ x } H_{C=O} - 2784 + 4557{,}50$

$$-1560 = -\,4 \text{ x } H_{C=O} - 2784 + 4557{,}50$$

$$-1560 = -\,4 \text{ x } H_{C=O} + 1773{,}50$$

$$H_{C=O} = \frac{-1560 - 1773{,}50}{-4} = +\,833{,}37\,\frac{kJ}{mol}$$

Item c) Cálculo da entropia padrão ($\Delta S°$): - 1467500 = - 1560500 – (25 + 273) x $\Delta S°$

$\Delta S°$ = - 312,50 $J.mol^{-1}.K^{-1}$

Questão 98

(CONCURSO PÚBLICO PARA DOCENTE FEDERAL) Alternativa B.

Para que o equilíbrio seja deslocado para a direita, favorecendo a produção de amônia e dióxido de carbono, ambos no estado gasoso, será necessário aplicar as seguintes premissas levando em consideração o princípio de Le Chatelier.

- Diminuição da pressão parcial de amônia;
- Diminuição da pressão parcial de dióxido de carbono;
- Diminuição da pressão total do sistema reacional.

Questão 99

Item a) Utilizando a equação de Gibbs, temos: $\Delta G^0_{\text{reação}} = \Delta H^0_{\text{reação}} - T \text{ x } \Delta S^0_{\text{reação}}$

$\Delta G^0_{\text{reação}} = 172500 - T \text{ x } 176,3$

Para uma temperatura igual a 25°C, temos: $\Delta G^0_{\text{reação}} = \Delta H^0_{\text{reação}} - T \text{ x } \Delta S^0_{\text{reação}}$

$$\Delta G^0_{\text{reação}} = 172500 - (25 + 273) \text{x } 176,3 = 119962,50 \frac{J}{mol}$$

Item b) Condição de espontaneidade: $\Delta G^0_{\text{reação}} < 0$

$$172500 - T \text{ x } 176,3 < 0$$

$$T > \frac{172500}{176,3} = 978,44 \text{ K}$$

Questão 100

Item I) Analisando a primeira reação química: $TiO_2 + 2Cl_2 \longrightarrow TiCl_4 + O_2$

ΔH = + 38,7 kcal; ΔS = - 9,18 $cal.K^{-1}$

Substituindo os valores termodinâmicos na equação, temos: $\Delta G = \Delta H - T \text{ x } \Delta S$

$$\Delta G = 38700 - (27 + 273) \text{ x } (-9,18) = +41454 \frac{J}{mol}$$ (Processo não espontâneo)

Item II) Analisando a segunda equação química: $Fe_2O_3 + 2Al \longrightarrow 2Fe + Al_2O_3$; ΔH = -202,6 kcal; ΔS = - 11,86 $cal.K^{-1}$

Substituindo os valores termodinâmicos na equação, temos: $\Delta G = -202600 - (27 + 273) \text{ x } (-11,86)$

$$\Delta G = -202600 - 300 \text{ x } (-11,86) = -199042 \frac{J}{mol}$$ (Processo espontâneo)

Item III) Analisando a terceira equação química: $2HNO_3 \longrightarrow H_2 + N_2 + 3O_2$; ΔH = + 82,8 kcal; ΔS = + 149,6 $cal.K^{-1}$

Substituindo os valores termodinâmicos na equação, temos: $\Delta G = \Delta H - T \text{ x } \Delta S$

$$\Delta G = +82800 - (27 + 273) \text{x } (+149,6) = +37920 \frac{J}{mol}$$

(Processo não espontâneo)

Conclusão: Item I) Processo não espontâneo; Item II) Processo espontâneo e Item III) Processo não espontâneo.

Questão 101

Através da equação de Gibbs e sabendo que a condição de equilíbrio ocorre quando a variação da energia livre de Gibbs é igual a zero, temos: $\Delta G = +10700 - T \text{ x } 11{,}4$

$$0 = +10700 - T \text{ x } 11{,}4$$

$$T = \frac{10700}{11{,}4} = +\,938{,}60 \text{ K}$$

Questão 102

Somando as duas equações químicas, temos:

$MnO_{(sólido)} \longrightarrow Mn_{(sólido)} + \cancel{½\, O_{2(gás)}}$ $\quad\Delta G°$ (cal.mol^{-1}) = 91950 - 17,40 x T

$C_{(sólido)} + \cancel{½\, O_{2(g)}} \longrightarrow CO_{(gás)}$ $\quad\Delta G°$ (cal.mol^{-1}) = - 26700 – 20,95 x T +

$MnO_{(sólido)} + C_{(sólido)} \longrightarrow Mn_{(sólido)} + CO_{(gás)}$ $\quad\Delta G°$ (cal.mol^{-1}) = 65250 - 38,35 x T

Cálculo da temperatura mínima (T_{min}): $\Delta G° = 65250 - 38{,}35 \text{ x } T$

$$-\,R \text{ x } T \text{ x} \ln K_p = 65250 - 38{,}35 \text{ x } T$$

$$-\,1{,}987 \text{ x } T \text{ x} \ln\left\{10^{-3} \text{ x} \frac{1}{760}\right\} = 65250 - 38{,}35 \text{ x } T$$

$$T = \frac{65250}{65{,}26} = 999{,}85 \text{ K}$$

Questão 103

Para a resolução deste problema será necessário aplicar a tabela termodinâmica a seguir.

Espécie	$\Delta H°_{298}$ [kJ.mol^{-1}]	$\Delta S°_{298}$ [J.mol^{-1}.K^{-1}]	$\Delta G°_{298}$ [kJ.mol^{-1}]
$H_2O_{(gás)}$	- 241,8	+ 188,8	- 228,6
$CO_{(gás)}$	- 110,5	+ 197,7	- 137,2
$C_{(sólido)}$	0	+ 5,740	0
$H_{2(gás)}$	0	+ 130,68	0

Item a) Cálculo da variação de entalpia da reação a 298 K, a partir da equação química:
$C_{(sólido)} + H_2O_{(gás)} \longrightarrow CO_{(gás)} + H_{2(gás)}$

Cálculo da variação de entalpia da reação a 298 K: $\Delta H^0_{reação} = \sum H^0_{produtos} - \sum H^0_{reagentes}$

$$\Delta H^0_{reação} = \left[1 \text{ x } H^0_{CO} + 1 \text{ x } H^0_{H_2}\right] - \left[1 \text{ x } H^0_{C} + 5 \text{ x } H^0_{H_2O}\right]$$

$$\Delta H^0_{reação} = [1 \text{ x } (-110500) + 1 \text{ x } (0)] - [0 + 1 \text{ x } (-241800)] = +131300\,\frac{J}{mol}$$

Cálculo da variação de entropia a 298 K: $\Delta S^0_{reação} = \left[1 \text{ x } S^0_{CO} + 1 \text{ x } S^0_{H_2}\right] - \left[1 \text{ x } S^0_{C} + 5 \text{ x } S^0_{H_2O}\right]$

$$\Delta S^0_{reação} = [1 \text{ x } (+197{,}70) + 1 \text{ x } (130{,}68)] - [5{,}740 + 1 \text{ x } (188{,}8)]$$

$$\Delta S^0_{reação} = +133{,}84\ \frac{J}{mol \text{ x } K}$$

Cálculo da variação da energia livre de Gibbs a 298 K:

$$\Delta G^0_{reação} = 131300 - (25 + 273) \text{ x } 133{,}84$$

$$\Delta G^0_{reação} = 131300 - 298 \times 133{,}84 = +91415{,}7\ \frac{J}{mol}$$

Item b) Cálculo da constante de equilíbrio: $\Delta G^0_{reação} = +91415{,}7\ \frac{J}{mol} = -R \times T \times \ln K_p$

$$+91415{,}7\ \frac{J}{mol} = -8{,}314 \times 298 \times \ln K_p$$

$$\ln K_p = \frac{+91415{,}7}{-2477{,}572} = -36{,}90$$

$$K_p = e^{-36{,}90}$$

Item c) Cálculo da temperatura para que o processo passe a ser espontâneo:

$$131300 - T \times 133{,}84 < 0$$

$$T > \frac{131300}{133{,}84}$$

$T > 981{,}02$ K (Passa a ser espontânea, a partir de 981,02 K).

Questão 104

Item a) Cálculo da entalpia do dióxido de nitrogênio: $\Delta H^0_{reação} = \sum H^0_{produtos} - \sum H^0_{reagentes}$

$$\Delta H^0_{reação} = \left[1 \times H^0_{N_2O_5} + 1 \times H^0_{O_2}\right] - \left[2 \times H^0_{NO_2} + 1 \times H^0_{O_3}\right]$$

$$-198 = \left[H^0_{N_2O_5} + 1 \times 0\right] - \left[2 \times H^0_{NO_2} + 1 \times H^0_{O_3}\right]$$

$$-198 = H^0_{N_2O_5} - \left(2 \times H^0_{NO_2} + H^0_{O_3}\right)$$

$$H^0_{NO_2} = \frac{-66}{-2} = +33\frac{kJ}{mol}$$

Item b) O sinal da entropia padrão é negativo, pois observa-se na reação que há um decréscimo do número de mol, ou seja: 3 mol de gases no reagente ⟶ 2 mol de gases no produto.

Item c) Cálculo da energia livre de Gibbs (ΔG°): $\Delta G^0_{reação} = -198000 - (25 + 273) \times 168$

$$\Delta G^0_{reação} = -248064\frac{J}{mol}\ \left(-248{,}1\frac{kJ}{mol}\right)$$

Item d) Cálculo da constante de equilíbrio (K): $-248000 = -8{,}314 \times 298 \times \ln K$

$$\ln K = \frac{-248000}{-2477{,}572} = 100{,}12$$

$$K = e^{100{,}12}$$

Item e) Cálculo da ordem de reação em relação ao dióxido de nitrogênio, através do experimento 1 e 2: $\left(\frac{0{,}0022}{0{,}0015}\right)^a = \frac{7{,}2 \times 10^{-8}}{4{,}8 \times 10^{-8}}$

$$(1{,}47)^a = 1{,}50$$

Aplicando o logaritmo natural, temos: $ln(1{,}47)^a = ln(1{,}50)$

$a = 1,05$

Cálculo da ordem de reação em relação ao ozônio, através dos experimentos 2 e 3:

$$\left(\frac{0,0050}{0,0025}\right)^{b} = \frac{1,4 \times 10^{-7}}{7,2 \times 10^{-8}}$$

$$(2)^{b} = 1,94$$

Aplicando o logaritmo natural, temos: $\ln(2)^{b} = \ln(1,94)$
$b = 0,96$

Equação da velocidade de reação: $v_{\text{reação}} = k \times [NO_2]^{1,05} \times [O_3]^{0,96}$

Item f) Cálculo da velocidade específica (k), através dos dados do primeiro experimento: $v_{\text{reação}} = k \times [NO_2]^{1,05} \times [O_3]^{0,96}$

$$4,80 \times 10^{-8} \frac{mol}{L \times s} = k \times (0,0015 \frac{mol}{L})^{1,05} \times (0,0025 \frac{mol}{L})^{0,96}$$

$$4,80 \times 10^{-8} \frac{mol}{L \times s} = k \times (0,0015)^{1,05} \times \frac{mol^{1,05}}{L^{1,05}} \times (0,0025)^{0,96} \times \frac{mol^{0,96}}{L^{0,96}}$$

$$k = \frac{4,80 \times 10^{-8} \frac{mol}{L \times s}}{3,45 \times 10^{-6} \times \frac{mol^{2,01}}{L^{2,01}}} = 1,39 \times 10^{-2} \frac{\frac{mol}{L \times s}}{\frac{mol^{2,01}}{L^{2,01}}}$$

$$k = 1,39 \times 10^{-2} \frac{mol}{L \times s} \times \frac{L^{2,01}}{mol^{2,01}} = 1,39 \times 10^{-2} \frac{L^{1,01}}{mol^{1,01} \times s}$$

Questão 105

Utilizando a tabela termodinâmica apresentada pela questão.

Espécie	ΔH°f (298,15 K) kJ.mol-1	S°f (298,15 K) J.mol-1.K-1	ΔG°f (298,15 K) J.mol-1.K-1
$H_2O_{(g)}$	- 241,818	188,825	- 228,572
$ZnO_{(s)}$	- 348,28	43,64	- 318,30

Item a) Adicionando monóxido de zinco, o equilíbrio não será deslocado/afetado, uma vez que trata-se de um sólido e a atividade deste composto é igual a 1 ($a_{ZnO} = 1$).

Item b) Adicionando hidrogênio gasoso, o equilíbrio será deslocado para a direita, favorecendo zinco metálico e vapor d´água.

Item c) Retirando zinco metálico, o equilíbrio não será deslocado, uma vez trata-se de um sólido e a atividade é igual a 1 ($a_{Zn} = 1$).

Item d) Retirando vapor d´água, o equilíbrio será deslocado para a direita, favorecendo maior produção de zinco metálico.

Item e) Cálculo da variação de entalpia ($\Delta H^{0}_{\text{reação}}$): $ZnO_{(sólido)} + H_{2(gás)} \longrightarrow Zn_{(sólido)} + H_2O_{(vapor)}$

$$\Delta H^{0}_{\text{reação}} = \sum H^{0}_{\text{produtos}} - \sum H^{0}_{\text{reagentes}}$$

$$\Delta H^{0}_{\text{reação}} = [1 \times H^{0}_{Zn} + 1 \times H^{0}_{H_2O}] - [1 \times H^{0}_{ZnO} + 1 \times H^{0}_{H_2}]$$

$$\Delta H^{0}_{\text{reação}} = [1 \times 0 + 1 \times (-241,818)] - [1 \times (-348,28) + 1 \times 0]$$

$$\Delta H^0_{reação} = -241{,}818 + 348{,}28 = +106{,}46\frac{kJ}{mol}$$

Aumentando a temperatura do sistema, o equilíbrio será deslocado para a direita, uma vez que o processo é endotérmico ($\Delta H^0_{reação} > 0$).

Item f) Determinação da variação da energia livre de Gibbs ($\Delta G^0_{reação}$):

$$\Delta G^0_{reação} = \sum G^0_{produtos} - \sum G^0_{reagentes}$$

$$\Delta G^0_{reação} = [1\,x\,G^0_{Zn} + 1\,x\,G^0_{H_2O}] - [1\,x\,G^0_{ZnO} + 1\,x\,G^0_{H_2}]$$

$$\Delta G^0_{reação} = [1\,x\,0 + 1\,x\,(-228{,}572)] - [1\,x\,(-318{,}30) + 1\,x\,0] = +\,89{,}73\frac{kJ}{mol}$$

Item g) Observando o valor e o sinal da variação da energia livre de Gibbs, a reação não é caracterizada como espontânea.

Item h) Para uma variação da energia livre de Gibbs maior que zero, a constante de equilíbrio será menor que um.

$$-\,8{,}314\,x\,298\,x\,\ln K = +89730$$

$$\ln K = -\frac{89730}{2477{,}572}$$

$$K = e^{-36{,}22}$$

Questão 106

Utilizando a tabela termodinâmica fornecida pelo problema:

Composto	$\Delta H°_f$(kJ.mol^{-1})	$S°_f$(J.mol^{-1}.K^{-1})
$CO(NH_2)_{2(s)}$	- 333,51	104,60
$H_2O_{(l)}$	- 285,83	69,91
$H_2O_{(g)}$	- 241,82	188,83
$CO_{2\,(g)}$	- 393,51	213,74
$NH_{3(g)}$	- 46,11	192,45

Item a) Analisando a equação A: $CO(NH_2)_2 + H_2O_{(líquido)} \longrightarrow CO_{2(gás)} + 2NH_{3(gás)}$

Cálculo da variação de entalpia ($\Delta H^0_{reação}$) para a reação A:

$$\Delta H^0_{reação} = [1\,x\,H^0_{CO_2} + 2\,x\,H^0_{NH_3}] - [1\,x\,H^0_{CO(NH_2)_2} + 1\,x\,H^0_{H_2O}]$$

$$\Delta H^0_{reação} = [1\,x\,(-393{,}51) + 2\,x\,(-46{,}11)] - [1\,x\,(-333{,}51) + 1\,x\,(-285{,}83)]$$

$$\Delta H^0_{reação} = -485{,}73 + 619{,}34 = +\,133{,}61\frac{kJ}{mol}$$ (Processo endotérmico)

Cálculo da variação de entropia ($\Delta S^0_{reação}$) para a reação A:

$$\Delta S^0_{reação} = [1\,x\,S^0_{CO_2} + 2\,x\,S^0_{NH_3}] - [1\,x\,S^0_{CO(NH_2)_2} + 1\,x\,S^0_{H_2O}]$$

$$\Delta S^0_{reação} = [1\,x\,(213{,}74) + 2\,x\,(192{,}45)] - [1\,x\,(104{,}60) + 1\,x\,(69{,}91)]$$

$$\Delta S^0_{reação} = 598{,}64 - 174{,}51 = +\,424{,}13\frac{J}{mol\,x\,K}$$

Cálculo da variação de energia livre de Gibbs ($\Delta G^0_{reação}$) para a reação A:

$\Delta G^0_{reação} = +\ 133610 - (25 + 273)\ x\ 424{,}13$

$\Delta G^0_{reação} = +\ 133610 - 126390{,}74 = +\ 7219{,}26\ \frac{J}{mol}$ (Processo não espontâneo)

Analisando a equação B: $CO(NH_2)_2 + H_2O_{(gás)} \longrightarrow CO_{2(gás)} + 2NH_{3(gás)}$

Cálculo da variação de entalpia ($\Delta H^0_{reação}$) para a reação B:

$\Delta H^0_{reação} = [1\ x\ H^0_{CO_2} + 2\ x\ H^0_{NH_3}] - [1\ x\ H^0_{CO(NH_2)_2} + 1\ x\ H^0_{H_2O}]$

$\Delta H^0_{reação} = [1\ x\ (-393{,}51) + 2\ x\ (-46{,}11)] - [1\ x\ (-333{,}51) + 1\ x\ (-241{,}82)]$

$\Delta H^0_{reação} = -485{,}73 + 575{,}33 = +\ 89{,}60\ \frac{kJ}{mol}$ (Processo endotérmico)

Cálculo da variação de entropia ($\Delta S^0_{reação}$) para a reação B:

$\Delta S^0_{reação} = [1\ x\ S^0_{CO_2} + 2\ x\ S^0_{NH_3}] - [1\ x\ S^0_{CO(NH_2)_2} + 1\ x\ S^0_{H_2O}]$

$\Delta S^0_{reação} = [1\ x\ (213{,}74) + 2\ x\ (192{,}45)] - [1\ x\ (104{,}60) + 1\ x\ (188{,}83)] = +\ 305{,}21\ \frac{J}{mol\ x\ K}$

Cálculo da variação de energia livre de Gibbs ($\Delta G^0_{reação}$) para a reação B: $\Delta G^0_{reação} = +\ 89600 - (25 + 273)\ x\ 305{,}21$

$\Delta G^0_{reação} = +\ 89600 - 90952{,}58 = -\ 1352{,}58\ \frac{J}{mol}$ (Processo espontâneo)

Item b) Equação da energia livre de Gibbs para a reação A: $\Delta G^0_{reação} = +\ 133610 - T\ x\ 424{,}13$

Critério de espontaneidade: $\Delta G^0_{reação} < 0$

$+\ 133610 - T\ x\ 424{,}13 < 0$

$T > 315{,}02\ K$

Item c) Analisando a reação A: $\Delta G^0_{reação} = -R\ x\ T\ x\ lnK$

$7219{,}26 = -8{,}314\ x\ 298\ x\ lnK$

$$lnK = \frac{-\ 7219{,}26}{2477{,}572}$$

$K = e^{-2{,}91}$

Analisando a reação B: $-\ 1352{,}58 = -8{,}314\ x\ 298\ x\ lnK$

$$lnK = \frac{-\ 1352{,}58}{-\ 2477{,}572}$$

$K = e^{+0{,}546}$

Questão 107

Item a) Cálculo da variação da entalpia do dióxido de silício: $SiO_{2(sólido)} + 2C_{(sólido)} \longrightarrow Si_{(sólido)} + 2CO_{(gás)}$,

$$\Delta H^0_{reação} = [1 \text{ x } H^0_{Si} + 2 \text{ x } H^0_{CO}] - [1 \text{ x } H^0_{SiO_2} + 2 \text{ x } H^0_{C}]$$

$$\Delta H^0_{reação} = [1 \text{ x } 0 + 2 \text{ x } (-110{,}5)] - [1 \text{ x } H^0_{SiO_2} + 2 \text{ x } 0]$$

$$+689{,}9 = -221{,}0 - H^0_{SiO_2}$$

$$H^0_{SiO_2} = -910{,}9 \frac{kJ}{mol}$$

Item b) Cálculo da variação da entropia padrão da reação: $SiO_{2(sólido)} + 2C_{(sólido)} \longrightarrow Si_{(sólido)} + 2CO_{(gás)}$:

$$\Delta S^0_{reação} = [1 \text{ x } S^0_{Si} + 2 \text{ x } S^0_{CO}] - [1 \text{ x } S^0_{SiO_2} + 2 \text{ x } S^0_{C}]$$

$$\Delta S^0_{reação} = [1 \text{ x } (18{,}8) + 2 \text{ x } (+197{,}6)] - [1 \text{ x } (41{,}8) + 2 \text{ x } (5{,}7)] = 414{,}0 - 53{,}20$$

$$\Delta S^0_{reação} = +\ 360{,}8 \frac{J}{mol \text{ x } K}$$

Item c) Cálculo da variação da entropia padrão da reação:

$$\Delta G^0_{reação} = +\ 689900 - (25 + 273) \text{ x } 360{,}80$$

$$\Delta G^0_{reação} = +\ 89600 - 90952{,}58 = -\ 582381{,}60 \frac{J}{mol}\ (-\ 582{,}4\ \frac{kJ}{mol})$$

(Processo espontâneo)

Item d) Cálculo da constante de equilíbrio: $-\ 582381{,}6 = -8{,}314 \text{ x } 298 \text{ x } \ln K$

$$\ln K = \frac{-\ 582381{,}6}{-\ 2477{,}572} = 235{,}06$$

$$K = e^{+235{,}06}$$

Item e) Critério de espontaneidade: $\Delta G^0_{reação} < 0$. $\Delta G^0_{reação} = +\ 689900 - T \text{ x } 360{,}80 < 0$

$$+\ 689900 - T \text{ x } 360{,}80 < 0$$

$$360{,}80 \text{ x } T > 689900$$

$$T > 1911{,}66 \text{ K}$$

Questão 108

Item a) Cálculo da variação de entalpia padrão (ΔH^o):

$$\Delta H^0_{reação} = \sum H^0_{produtos} - \sum H^0_{reagentes} = [1 \text{ x } H^0_{H^+} + 1 \text{ x } H^0_{OH^-}] - [1 \text{ x } H^0_{H_2O}]$$

$$\Delta H^0_{reação} = [1 \text{ x } 0 + 1 \text{ x } (-229{,}9)] - [1 \text{ x } (-285{,}83)] = +55{,}93 \frac{kJ}{mol}$$

Item b) Cálculo da variação da energia livre de Gibbs padrão (ΔG^o): $\Delta G^0_{reação} = -R \text{ x } T \text{ x } \ln K$

$$\Delta G^0_{\text{reação}} = -8{,}314 \text{ x } (25 + 273) \text{ x} \ln(10^{-14}) = +\,79867{,}48 \frac{\text{J}}{\text{mol}} \ (79{,}87 \frac{\text{kJ}}{\text{mol}})$$

Item c) Cálculo da variação de entropia padrão: $79{,}87 = +\,55{,}93 - (25 + 273)\ x\ \Delta S^0_{reação}$

$$\Delta S^0_{\text{reação}} = -\frac{79{,}87 - 55{,}93}{298} = -\,8{,}03 \text{ x } 10^{-2} \frac{\text{J}}{\text{mol x K}}$$

Item d) Cálculo da entropia de OH^- à 25°C:

$$\Delta S^0_{\text{reação}} = \sum S^0_{\text{produtos}} - \sum S^0_{\text{reagentes}} = [1 \text{ x } S^0_{H^+} + 1 \text{ x } S^0_{OH^-}] - [1 \text{ x } S^0_{H_2O}]$$

$$-80 = [1 \text{ x } 0 + 1 \text{ x } S^0_{OH^-}] - [1 \text{ x } (69{,}95)]$$

$$S^0_{OH^-} = -80 + 69{,}95 \frac{\text{J}}{\text{mol x K}} = -10{,}05 \ \frac{\text{J}}{\text{mol x K}}$$

Item e) Aplicando a equação de Van´t Hoff: $\boxed{\frac{d\ln K}{dT} = \frac{\Delta H^0}{R \text{ x } T^2}}$

$$\ln K_{W_1} - \ln K_{W_2} = \frac{+\,\Delta H^\circ}{R} \text{x} \left\{\frac{1}{T_2} - \frac{1}{T_1}\right\}$$

$$\ln(10^{-14}) - \ln K_{W_2} = \frac{+\,55930}{8{,}314} \text{x} \left\{\frac{1}{(50 + 273)} - \frac{1}{(25 + 273)}\right\}$$

$$\ln(10^{-14}) - \ln K_{W_2} = \frac{+\,55930}{8{,}314} \text{x} \left\{\frac{1}{323} - \frac{1}{298}\right\}$$

$$\ln(10^{-14}) - \ln K_{W_2} = \frac{+\,55930}{8{,}314} \text{x } (-\,2{,}60 \text{ x } 10^{-4})$$

$$-32{,}24 - \ln K_{W_2} = -\,1{,}75$$

$$K_{W_1} = e^{-30{,}49} = 5{,}74 \text{ x } 10^{-14}$$

Segunda maneira de resolução, a partir da equação livre de Gibbs: $\Delta G^0_{\text{reação}} = +\,55930 - (50 + 273) \text{ x } (-80)$

$$\Delta G^0_{\text{reação}} = +\,55930 + 25840 = +\,81770 \frac{\text{J}}{\text{mol}}$$

Cálculo da constante de ionização a 50°C: $\Delta G^0_{\text{reação}} = -R \text{ x } T \text{ x } \ln K_W$

$$81770 = -8{,}314 \text{ x } (50 + 273) \text{ x } K_W$$

$$\ln K_W = -\frac{81770}{2685{,}42} = -30{,}44$$

$$K_W = e^{(-30{,}44)} = 6{,}03 \text{ x } 10^{-14}$$

Questão 109

Item a) Utilizando o princípio da lei de Hess, multiplicando a segunda equação por três e invertendo a terceira reação química:

Equação química I: $C_6H_{6(líquido)} + 15/2O_{2(gás)} \longrightarrow 6CO_{2(gás)} + 3H_2O_{(líquido)}$

$\Delta H° = -3267\ kJ.mol^{-1}$

Equação química II: $H_{2(gás)} + ½O_{2(gás)} \longrightarrow H_2O_{(líquido)}$
$\Delta H° = -285{,}8\ kJ.mol^{-1}$

Equação química III: $C_6H_{12(líquido)} + 9O_{2(gás)} \longrightarrow 6CO_{2(gás)} + 6H_2O_{(líquido)}$
$\Delta H° = -3267\ kJ.mol^{-1}$

Somando as equações químicas apresentadas, temos:

$C_6H_{6(líquido)}$ + ~~$15/2O_{2(gás)}$~~ $\longrightarrow$ ~~$6CO_{2(gás)}$~~ + ~~$3H_2O_{(líquido)}$~~ $\Delta H° = -3267\ kJ.mol^{-1}$
$3H_{2(gás)}$ + ~~$3/2O_{2(gás)}$~~ $\longrightarrow$ ~~$3H_2O_{(líquido)}$~~ $\Delta H° = 3 \times (-285{,}8)\ kJ.mol^{-1}$
~~$6CO_{2(gás)}$~~ + ~~$6H_2O_{(líquido)}$~~ $\longrightarrow C_6H_{12(líquido)}$ + ~~$9O_{2(gás)}$~~ $\Delta H° = +3267\ kJ.mol^{-1}$ +

$C_6H_{6(líquido)} + 3H_{2(gás)} \longrightarrow C_6H_{12(líquido)}$ $\Delta H° = -1194{,}4\ kJ.mol^{-1}$

Item b) Cálculo da variação de entropia padrão: $\Delta S^0_{\text{reação}} = \sum S^0_{\text{produtos}} - \sum S^0_{\text{reagentes}}$

$$\Delta S^0_{reação} = [1\ x\ S^0_{C_6H_{12}}] - [1\ x\ S^0_{C_6H_6} + 3\ x\ S^0_{H_2O}]$$

$$\Delta S^0_{reação} = [1\ x\ 204] - [1\ x\ 174 + 3\ x\ 130{,}7] = +\ 204 - 566{,}1 = -362{,}1 \frac{J}{mol\ x\ K}$$

Item c) Cálculo da energia livre de Gibbs padrão: $\Delta G^0_{\text{reação}} = -1194400 - \text{T x } 362{,}1$

$\Delta G^0_{\text{reação}} = -1194400 - 298 \text{ x } 362{,}1 = -\ 1302305{,}8 \frac{\text{J}}{\text{mol}}\ (-1302{,}30\ \frac{\text{kJ}}{\text{mol}})$, processo espontâneo.

Item d) Cálculo da constante de equilíbrio (K): $-\ 1302305{,}8 = -8{,}314 \text{ x } 298 \text{ x } \ln \text{K}$

$$\ln \text{K} = \frac{-\ 1302305{,}8}{-2477{,}572} = +\ 525{,}64$$

$$\text{K} = \ e^{(+525{,}64)}$$

Questão 110

Equação química: $CaCO_{3(sólido)} \longrightarrow CaO_{(sólido)} + CO_{2(gás)}$

Cálculo da variação da entalpia padrão ($\Delta H^o_{\text{reação}}$):

$$\Delta H^0_{\text{reação}} = \sum H^0_{\text{produtos}} - \sum H^0_{\text{reagentes}} = [1 \text{ x } H^0_{\text{CaO}} + 1 \text{ x } H^0_{\text{CO}_2}] - [1 \text{ x } H^0_{\text{CaCO}_3}]$$

$$\Delta H^0_{\text{reação}} = [1 \text{ x } (-635{,}1) + 1 \text{ x } (-393{,}5) - 1 \text{ x } (-1206{,}9)] = +178{,}30 \frac{\text{kJ}}{\text{mol}}$$

Cálculo da variação da entropia padrão ($\Delta S^o_{\text{reação}}$):

$$\Delta S^0_{\text{reação}} = \sum S^0_{\text{produtos}} - \sum S^0_{\text{reagentes}} = [1 \text{ x } S^0_{\text{CaO}} + 1 \text{ x } S^0_{\text{CO}_2}] - [1 \text{ x } S^0_{\text{CaCO}_3}]$$

$$\Delta S^0_{\text{reação}} = [1 \text{ x } (+\ 39{,}8) + 1 \text{ x } (+\ 213{,}6) - 1 \text{ x } (+92{,}9)] = +\ 253{,}4 - 92{,}9$$

$$\Delta S^0_{\text{reação}} = +\ 160{,}50 \frac{\text{J}}{\text{mol x K}}$$

Equação termodinâmica de Gibbs: $\Delta G^0_{\text{reação}} = \Delta H^0_{\text{reação}} - \text{T x } \Delta S^0_{\text{reação}}$. Substituindo os valores, temos: $\Delta G^0_{\text{reação}} = \Delta H^0_{\text{reação}} - \text{T x } \Delta S^0_{\text{reação}}$

$$\Delta G^0_{\text{reação}} = 178300 - \text{T x } 160{,}50$$

Para T = 1500 K, temos: $\Delta G^0_{reação} = 178300 - 1500\ x\ 160{,}50$

$\Delta G^0_{reação} = -62450 \frac{J}{mol}$ (Para T = 1500 K, o processo é espontâneo)

Analisando o processo para uma temperatura igual a 800 K: $\Delta G^0_{reação} = 178300 - 800\ x\ 160{,}50$

$\Delta G^0_{reação} = 178300 - 128400 = +49900 \frac{J}{mol}$ (Para T = 800 K, o processo é não espontâneo).

Por isso, pelo aspecto termodinâmico, o departamento técnico não pode aceitar a nova temperatura de calcinação. Cálculo da temperatura para que o processo seja mais econômico para a operação do forno de calcinação: $\Delta G^0_{reação} = 178300 - 160{,}50\ x\ T$

Condição de espontaneidade: $\Delta G^0_{reação} = 178300 - 160{,}50\ x\ T \leq 0$

$178300 - 160{,}50\ x\ T \leq 0$

$T \geq 1110{,}90\ K$

Questão 111

Equação química: $2Na_2O_{2(sólido)} + 2H_2O_{(líquido)} \longrightarrow 4NaOH_{(sólido)} + O_{2(gás)}$

Cálculo da variação da entalpia padrão ($\Delta H^o_{reação}$): $\Delta H^0_{reação} = \sum H^0_{produtos} - \sum H^0_{reagentes}$

$\Delta H^0_{reação} = [4\ x\ H^0_{NaOH} + 1\ x\ H^0_{O_2}] - [2\ x\ H^0_{Na_2O_2} + 2\ x\ H^0_{H_2O}]$

$\Delta S^0_{reação} = [4\ x\ (-426{,}8) + 1\ x\ 0] - [2\ x\ (-510{,}9) + 2\ x\ (-286{,}0)]$

$\Delta H^0_{reação} = -1707{,}2 - (-1021{,}8 - 572{,}0) = -1707{,}2 + 1593{,}8 = -113{,}40 \frac{kJ}{mol}$ (Processo Exotérmico)

Cálculo da variação da entropia padrão ($\Delta S^o_{reação}$): $\Delta S^0_{reação} = \sum S^0_{produtos} - \sum S^0_{reagentes}$

$\Delta S^0_{reação} = [4\ x\ S^0_{NaOH} + 1\ x\ S^0_{O_2}] - [2\ x\ S^0_{Na_2O_2} + 2\ x\ S^0_{H_2O}]$

$\Delta S^0_{reação} = [4\ x\ (64{,}18) + 1\ x\ (205)] - [2\ x\ (94.60) + 2\ x\ (69{,}69)]$

$\Delta S^0_{reação} = [256{,}72 + 205] - [189{,}20 + 139{,}38] = 461{,}72 - 328{,}58$

$\Delta S^0_{reação} = +\ 133{,}14 \frac{J}{mol\ x\ K}$

Equação termodinâmica de Gibbs: $\Delta G^0_{reação} = \Delta H^0_{reação} - T\ x\ \Delta S^0_{reação}$. Substituindo os valores, temos: $\boxed{\Delta G^0_{reação} = -113400 - T\ x\ 133{,}14}$

Para T = 25°C, temos: $\Delta G^0_{reação} = -113400 - (25 + 273)\ x\ 133{,}14$

$\Delta G^0_{reação} = -113400 - 298\ x\ 133{,}14 = -153075{,}7 \frac{J}{mol}\ (-153{,}07 \frac{kJ}{mol})$
(Processo Espontâneo)

Questão 112

Equação química: $CO_{(gás)} + \frac{1}{2}O_{2(gás)} \longrightarrow CO_{2(gás)}$

Cálculo da variação da entalpia padrão ($\Delta H^o_{reação}$): $\Delta H^0_{reação} = \sum H^0_{produtos} - \sum H^0_{reagentes}$

$$\Delta H^0_{\text{reação}} = \left[1 \text{ x } H^0_{CO_2} - \left(1 \text{ x } H^0_{CO} + \frac{1}{2} \text{x } H^0_{O_2}\right)\right]$$

$$\Delta H^0_{\text{reação}} = \left[1 \text{ x } (-393{,}5)\right] - \left[1 \text{ x } (-110{,}5) + \tfrac{1}{2} \text{x } 0\right] = -\ 283{,}0 \frac{\text{kJ}}{\text{mol}}$$ (Processo Exotérmico)

Cálculo da variação da entropia padrão ($\Delta S^o_{\text{reação}}$): $\Delta S^0_{\text{reação}} = \sum S^0_{\text{produtos}} - \sum S^0_{\text{reagentes}}$

$$\Delta S^0_{\text{reação}} = \left[1 \text{ x } S^0_{CO_2} - \left(1 \text{ x } S^0_{CO} + \frac{1}{2} \text{ x } S^0_{O_2}\right)\right]$$

$$\Delta S^0_{\text{reação}} = \left[1 \text{ x } 214 - 1 \text{ x } 198 - \frac{1}{2} \text{x } 205\right] = [214 - 198 - 102{,}5]$$

$$\Delta S^0_{\text{reação}} = -171{,}5 \frac{\text{J}}{\text{mol x K}}$$

Equação termodinâmica de Gibbs: $\Delta G^0_{reação} = \Delta H^0_{reação} - T\ x\ \Delta S^0_{reação}$.

Substituindo os valores, temos: $\boxed{\Delta G^0_{reação} = -283000 + T\ x\ 171{,}5}$

Condição para que o processo seja espontâneo: $-283000 + \text{T x } 171{,}5 < 0$

$\text{T x } 171{,}5 < 283000$

$\text{T} < 1650{,}14 \text{ K}$

Questão 113

Equação química: $3Fe_{(sólido)} + CH_{4(gás)} \longrightarrow Fe_3C_{(sólido)} + 2H_{2(gás)}$

Cálculo da variação da entalpia padrão ($\Delta H^o_{reação}$): $\Delta H^0_{reação} = \sum H^0_{produtos} - \sum H^0_{reagentes}$

$$\Delta H^0_{\text{reação}} = \left[1 \text{ x } H^0_{Fe_3C} + 2 \text{ x } H^0_{H_2} - 3 \text{ x } H^0_{Fe} - 1 \text{ x } H^0_{CH_4}\right]$$

$$\Delta H^0_{\text{reação}} = [1 \text{ x } 25{,}10 + 2 \text{ x } 0 - 3 \text{ x } 0 - 1 \text{ x } (-74{,}80)]$$

$$\Delta H^0_{\text{reação}} = [25{,}10 + 74{,}80] = +\ 99{,}90 \frac{\text{kJ}}{\text{mol}}$$ (Processo Endotérmico)

Cálculo da variação de entropia padrão ($\Delta S^o_{reação}$): $\Delta S^0_{\text{reação}} = \sum S^0_{\text{produtos}} - \sum S^0_{\text{reagentes}}$

$$\Delta S^0_{\text{reação}} = \left[1 \text{ x } S^0_{Fe_3C} + 2 \text{ x } S^0_{H_2} - 3 \text{ x } S^0_{Fe} - 1 \text{ x } S^0_{CH_4}\right]$$

$$\Delta S^0_{\text{reação}} = [1 \text{ x } 104{,}60 + 2 \text{ x } (130{,}6) - 3 \text{ x } 27{,}30 - 1 \text{ x } 186{,}2]$$

$$\Delta S^0_{\text{reação}} = [365{,}80 - 268{,}1] = +97{,}7 \frac{\text{J}}{\text{mol x K}}$$

Cálculo da variação da energia livre de Gibbs: $\Delta G^0_{\text{reação}} = 99900 - \text{T x } 97{,}7$

Para T = 25°C: $\Delta G^0_{\text{reação}} = 99900 - (25 + 273)\text{x } 97{,}7$

$\Delta G^0_{\text{reação}} = +70785{,}4 \frac{\text{J}}{\text{mol}}$ (Processo não espontâneo)

Cálculo da constante de equilíbrio em função das pressões parciais (K_p):

$$-\ \mathrm{R\ x\ T\ x\ lnK_p} = +70785{,}4\frac{\mathrm{J}}{\mathrm{mol}}$$

$$-\ 8{,}314\ \mathrm{x}\ (25 + 273)\ \mathrm{x\ lnK_p} = +70785{,}4\frac{\mathrm{J}}{\mathrm{mol}}$$

$$lnK_p = \frac{-\ 70785{,}4}{2477{,}572} = -28{,}57$$

$$\mathrm{K_p} = \mathrm{e}^{-28{,}57} = 3{,}91\ \mathrm{x}\ 10^{-13}$$

Para uma constante de equilíbrio menor que 1, significa que o equilíbrio está deslocado para a esquerda, ou seja, o processo não é viável para a produção de cementita. Critério de espontaneidade: $\Delta\mathrm{G^0_{reação}} = 99900 - \mathrm{T\ x}\ 97{,}7 < 0$

$$97{,}7\ \mathrm{x\ T} > 99900$$

$$\mathrm{T} > 1022{,}52\ \mathrm{K}$$

Cálculo das frações molares (X) das espécies gasosas presentes na reação química. Base de cálculo: pressão inicial de gás metano igual a 1 atm.

	$3Fe_{(sólido)}$	$CH_{4(gás)}$	$\rightleftharpoons$	$Fe_3C_{(sólido)}$	$2H_{2(gás)}$
Início	-	1 atm		-	0
Reage	-	α		-	2α
Equilíbrio	-	1 - α		-	2α

Cálculo do grau de dissociação (α): $\mathrm{K_p} = \frac{\mathrm{P^2_{H_2}}}{\mathrm{P_{CH_4}}} = \frac{(2\alpha)^2}{1-\alpha}$

$$\mathrm{K_p} = \frac{4\alpha^2}{1-\alpha} = 3{,}91\ \mathrm{x}\ 10^{-13}$$

Sabendo que o valor do x calculado será bem baixo, logo (1 – x) ⟶ 1.

$$4\alpha^2 = 3{,}91\ \mathrm{x}\ 10^{-13}$$

$$\alpha = \sqrt{\frac{3{,}91\ x\ 10^{-13}}{4}} = \sqrt{9{,}77\ x\ 10^{-14}} = 3{,}13\ x\ 10^{-7}$$

Cálculo das frações molares a partir das pressões parciais, levando em consideração que a pressão total seja igual a 1 atm. Em relação ao gás hidrogênio: $P_{H_2} = X_{H_2} x\ P_{TOTAL}$

$$\mathrm{X_{H_2}} = \frac{\mathrm{P_{H_2}}}{\mathrm{P_{TOTAL}}}$$

$$X_{H_2} = \frac{2.\alpha}{1}$$

$$X_{H_2} = 2\ x\ (3{,}13\ x\ 10^{-7}) = 6{,}26\ x\ 10^{-7}$$

Em relação ao gás metano: $X_{CH_4} + X_{H_2} = 1$

$$\mathrm{X_{CH_4}} = 1 - \mathrm{X_{H_2}}$$

$$X_{CH_4} = 1 - 6{,}26\ x\ 10^{-7} \cong 1$$

Questão 114

Tabela fornecida no enunciado do problema:

$O_{2(gás)}$	$H_{2(gás)}$	$H_2O_{(líquido)}$	$H_2O_{(gás)}$
S° = 206 J.mol^{-1}.K^{-1}	S° = 131 J.mol^{-1}.K^{-1}	S° = 70,0 J.mol^{-1}.K^{-1}	S° = 189,0 J.mol^{-1}.K^{-1}
			H° = -242x10^3 J.mol^{-1}

Equação química: $H_{2(gás)} + ½O_{2(gás)} \longrightarrow H_2O_{(líquido)}$

Cálculo da variação de entropia padrão ($\Delta S^o_{reação}$): $\Delta S^0_{reação} = \sum S^0_{produtos} - \sum S^0_{reagentes}$

$$\Delta S^0_{\text{reação}} = \left[1 \text{ x } S^0_{H_2O} - \left(1 \text{ x } S^0_{H_2} + \frac{1}{2} \text{x } S^0_{O_2}\right)\right]$$

$$\Delta S^0_{\text{reação}} = \left[1 \text{ x } 70 - 1 \text{ x } 131 - \frac{1}{2} \text{x } 206\right] = [70 - 131 - 103] = -164 \frac{\text{J}}{\text{mol x K}}$$

Cálculo da entalpia da água no estado líquido ($H^o_{H_2O_{(l)}}$), a 25°C:

$$\Delta G^0_{\text{reação}} = \left\{H^0_{H_2O_{(l)}} - \left(1 \text{ x } H^0_{H_2} + \frac{1}{2} \text{x } H^0_{O_2}\right)\right\} - \text{T x } \Delta S^0_{\text{reação}}$$

$$-237000 = \left\{H^0_{H_2O_{(l)}} - \left(1 \text{ x } 0 + \frac{1}{2} \text{x } 0\right)\right\} - (25 + 273) \text{ x } (-164)$$

$$-237000 = H^0_{H_2O_{(l)}} + 298 \text{ x } 164$$

$$H^0_{H_2O_{(l)}} = -237000 - 48872 = -285872 \frac{\text{J}}{\text{mol}} \left(-285{,}87 \frac{\text{kJ}}{\text{mol}}\right)$$

Cálculo da variação de entropia padrão para o processo de vaporização (ΔS°), a partir da equação química: $H_2O_{(líquido)} \longrightarrow H_2O_{(gás)}$:

$$\Delta S^0_{\text{vaporização}} = \sum S^0_{\text{produtos}} - \sum S^0_{\text{reagentes}} = \left[S^0_{H_2O_{(gás)}} - S^0_{H_2O_{(líquido)}}\right]$$

$$\Delta S^0_{\text{vaporização}} = [1 \text{ x } 189 - 1 \text{ x } 70] = +119 \frac{\text{J}}{\text{mol x K}}$$

Cálculo da variação de entalpia padrão para o processo de vaporização (ΔH°), a partir da equação química balanceada: $H_2O_{(l)} \longrightarrow H_2O_{(g)}$:

$$\Delta H^0_{vaporização} = \sum H^0_{produtos} - \sum H^0_{reagentes} = \left[H^0_{H_2O_{(gás)}} - H^0_{H_2O_{(líquido)}}\right]$$

$$\Delta H^0_{vaporização} = -242000 - (-285872) = +43872 \frac{J}{mol}$$

Como o processo ocorre no equilíbrio líquido ⟶ gasoso, a variação da energia livre de Gibbs é igual a zero, logo: $\Delta G = \Delta H - T_{ebulição} \text{ x } \Delta S$

$$0 = 43872 - T_{\text{ebulição}} \text{ x } 119$$

$$T_{\text{ebulição}} = \frac{43872}{119} = 368{,}67 \text{ K}$$

Questão 115

Equação química: $2H_2S_{(gás)} + CH_{4(gás)} \rightleftarrows 4H_{2(gás)} + CS_{2(gás)}$.

Base de cálculo: 11,02 mmol de $H_2S_{(g)}$ e 5,48 mmol de $CH_{4(g)}$. Tabela de equilíbrio químico:

	$2H_2S_{(gás)}$	$CH_{4(gás)}$	⇄	$4H_{2(gás)}$	$CS_{2(gás)}$
Início	11,02	5,48		0	0
Reage	2α	α		4α	α
Equilíbrio	11,02 - 2α	5,48 - α		4α	α = 0,7

Cálculo do número de mol para cada espécie gasosa no equilíbrio:

$n_{H_2S} = 11{,}02 - 2\alpha = 11{,}02 - 2 \times (0{,}711) = 11{,}02 - 1{,}422 = 9{,}60 \text{ mmol}$

$n_{CH_4} = 5{,}48 - \alpha = 5{,}48 - 0{,}711 = 4{,}77 \text{ mmol}$

$n_{H_2} = 4.\alpha = 4 \times (0{,}711) = 2{,}84 \text{ mmol}$

$n_{CS_2} = 0 + \alpha = 0{,}711 \text{ mmol}$

Cálculo do número de mol total (n_{TOTAL}): $n_{TOTAL} = n_{H_2S} + n_{CH_4} + n_{H_2} + n_{CS_2}$

$n_{TOTAL} = 9{,}60 \text{ mmol} + 4{,}77 \text{ mmol} + 2{,}84 \text{ mmol} + 0{,}711 \text{ mmol} = 17{,}92 \text{ mmol}$

Item a) Frações molares para cada espécie gasosa:

$$X_{H_2S} = \frac{n_{H_2S}}{n_{TOTAL}} = \frac{9{,}60 \text{ mmol}}{17{,}92 \text{ mmol}} = 0{,}536$$

$$X_{CH_4} = \frac{n_{CH_4}}{n_{TOTAL}} = \frac{4{,}77 \text{ mmol}}{17{,}92 \text{ mmol}} = 0{,}266$$

$$X_{H_2} = \frac{n_{H_2}}{n_{TOTAL}} = \frac{2{,}84 \text{ mmol}}{17{,}92 \text{ mmol}} = 0{,}158$$

$$X_{CS_2} = \frac{n_{CS_2}}{n_{TOTAL}} = \frac{0{,}711 \text{ mmol}}{17{,}92 \text{ mmol}} = 3{,}97 \times 10^{-2}$$

Item b) Cálculo do percentual (%) para cada espécie gasosa:

$$X_{H_2S} = \frac{n_{H_2S}}{n_{TOTAL}} = \frac{9{,}60 \text{ mmol}}{17{,}92 \text{ mmol}} = 0{,}536\ (53{,}6\%)$$

$$X_{CH_4} = \frac{n_{CH_4}}{n_{TOTAL}} = \frac{4{,}77 \text{ mmol}}{17{,}92 \text{ mmol}} = 0{,}266\ (26{,}6\%)$$

$$X_{H_2} = \frac{n_{H_2}}{n_{TOTAL}} = \frac{2{,}84 \text{ mmol}}{17{,}92 \text{ mmol}} = 0{,}158\ (15{,}8\%)$$

$$X_{CS_2} = \frac{n_{CS_2}}{n_{TOTAL}} = \frac{0{,}711 \text{ mmol}}{17{,}92 \text{ mmol}} = 3{,}97 \times 10^{-2}\ (3{,}97\ \%)$$

Itens c e d) Cálculo das pressões parciais:

$P_{H_2S} = X_{H_2S} \times P_{TOTAL} = 0{,}536 \times 762 \text{ torr} = 408{,}43 \text{ torr}$

$P_{CH_4} = X_{CH_4} \times P_{TOTAL} = 0{,}266 \times 762 \text{ torr} = 202{,}69 \text{ torr}$

$P_{H_2} = X_{H_2} \times P_{TOTAL} = 0{,}158 \times 762 \text{ torr} = 120{,}40 \text{ torr}$

$P_{CS_2} = X_{CS_2} \times P_{TOTAL} = 3{,}97 \times 10^{-2} \times 762 \text{ torr} = 30{,}25 \text{ torr}$

Equação da constante de equilíbrio em função das pressões parciais: $K_p = \frac{P_{H_2}^4 \times P_{CS_2}}{P_{H_2S}^2 \times P_{CH_4}}$

Cálculo da constante de equilíbrio em função das pressões parciais:

$$K_p = \frac{P_{H_2}^4 \times P_{CS_2}}{P_{H_2S}^2 \times P_{CH_4}} = \frac{\frac{(120,40)^4}{1\ bar} \times \frac{30,25}{1\ bar}}{\frac{(408,43)^2}{1\ bar} \times \frac{202,69}{1\ bar}} = 188,0$$

Cálculo da variação da energia livre de Gibbs (ΔG°):

$$\Delta G° = -8,314 \frac{J}{mol \times K} \times (700 + 273) \times \ln(188)$$

$\Delta G° = -42389,1 \frac{J}{mol} (-42,39 \frac{kJ}{mol})$ (Processso espontâneo)

Questão 116

Cálculo da variação da entalpia padrão:

$$\Delta H° = \sum H^0_{produtos} - \sum H^0_{reagentes} = 2 \times H^0_{NO_{2(gás)}} - \left[2 \times H^0_{NO_{(gás)}} + 1 \times H^0_{O_{2(gás)}}\right]$$

$$\Delta H° = 2 \times 33,85 - [2 \times 90,37 + 1 \times 0] = -113,04 \frac{kJ}{mol}$$

Cálculo da variação da entropia padrão:

$$\Delta S° = \sum S^0_{produtos} - \sum S^0_{reagentes} = 2 \times S^0_{NO_{2(gás)}} - \left[2 \times S^0_{NO_{(gás)}} + 1 \times S^0_{O_{2(gás)}}\right]$$

$$\Delta S° = 2 \times 240,5 - [2 \times 210,6 + 1 \times 205,0] = -145,20 \frac{J}{mol \times K}$$

Cálculo da variação da energia livre de Gibbs a 298 K: $-R \times T \times \ln K_{eq} = \Delta H° - T \times \Delta S°$

$$-8,314 \times 298 \times \ln K_{eq} = -113040 - 298 \times 145,20$$

$$K_{eq} = e^{+28,16} = 1,70 \times 10^{+12}$$

Cálculo da constante de equilíbrio a 373 K: $\boxed{\frac{d\ln K}{dT} = \frac{\Delta H^0}{R \times T^2}}$

$$\ln K_{eq_1} - \ln K_{eq_2} = \frac{+\Delta H°}{R} \times \left\{\frac{1}{T_2} - \frac{1}{T_1}\right\}$$

$$\ln(1,70 \times 10^{+12}) - \ln K_{eq_2} = \frac{-113040}{8,314} \times \left\{\frac{1}{373} - \frac{1}{298}\right\}$$

$$\ln\left(\frac{1,70 \times 10^{+12}}{K_{eq_2}}\right) = \frac{-113040}{8,314} \times \left\{\frac{1}{373} - \frac{1}{298}\right\}$$

$$\ln\left(\frac{1,70 \times 10^{+12}}{K_{eq_2}}\right) = 9,17$$

$$K_{eq_2} = \frac{1,70 \times 10^{+12}}{9643,03} = 1,76 \times 10^{+8}$$

Equilíbrio deslocado para a direita ($K_{eq_2} > 1$).

Questão 117

(MESTRE JOÃO ROBERTO DA PACIÊNCIA NABUCO) Equação química: $SO_{2(gás)} + NO_{2(gás)} \longrightarrow NO_{(gás)} + SO_{3(gás)}$. Tabela de equilíbrio químico:

	$SO_{2(gás)}$	$NO_{2(gás)}$	$\rightleftarrows$	$NO_{(gás)}$ (atm)	$SO_{3(gás)}$
Início	0,40	0,20 + 0,60		0,80	0,40
Reage	X	X		X	X
Equilíbrio	0,40 – X	0,80 – X		0,80 + X	0,40 + X

Expressão e cálculo da constante de equilíbrio da concentração da quantidade de matéria (K_C):

$$K_C = \frac{[NO] \times [SO_3]}{[SO_2] \times [NO_2]} = \frac{(0{,}80 + X) \cdot (0{,}40 + X)}{(0{,}40 - X) \cdot (0{,}80 - X)} = 4{,}0$$

Desenvolvendo a equação acima, a equação do segundo grau é dada por: $X^2 - 2{,}0X + 0{,}32 = 0$. Resolvendo, uma das raízes é igual a 0,175.

As novas concentrações das quantidades de matéria no equilíbrio são as seguintes:

$$[SO_2] = 0{,}40 - X = 0{,}40 - 0{,}175 = 0{,}225 \frac{mol}{L}$$

$$[NO_2] = 0{,}80 - X = 0{,}80 - 0{,}175 = 0{,}625 \frac{mol}{L}$$

$$[NO] = 0{,}80 + X = 0{,}80 + 0{,}175 = 0{,}975 \frac{mol}{L}$$

$$[SO_3] = 0{,}40 + X = 0{,}40 + 0{,}175 = 0{,}575 \frac{mol}{L}$$

Como a temperatura é constante, o valor da constante é igual a $K_c = 4{,}0$.

Questão 118

(MESTRE JOÃO ROBERTO DA PACIÊNCIA NABUCO) Equação química: $SO_{2(gás)} + NO_{2(gás)} \longrightarrow NO_{(gás)} + SO_{3(gás)}$

Tabela de equilíbrio químico:

	$SO_{2(gás)}$	$NO_{2(gás)}$	$\rightleftarrows$	$NO_{(gás)}$	$SO_{3(gás)}$
Início	0,40	0,20 - 0,15		0,80	0,40
Reage	X	X		X	X
Equilíbrio	0,40 + X	0,05 + X		0,80 - X	0,40 - X

Como há uma diminuição da concentração da quantidade de matéria igual a 0,15 mol/L de dióxido de nitrogênio, o equilíbrio é deslocado para a esquerda, aumentando a concentração da quantidade de matéria de anidrido sulfuroso e dióxido de nitrogênio, ambos na fase gasosa. Expressão e cálculo da constante de equilíbrio em função da concentração da quantidade de matéria (K_C):

$$K_C = \frac{[NO] \times [SO_3]}{[SO_2] \times [NO_2]} = \frac{(0{,}80 - X) \cdot (0{,}40 - X)}{(0{,}40 + X) \cdot (0{,}05 + X)} = 4{,}0$$

Desenvolvendo a equação acima: $X^2 + X - 0{,}08 = 0$. Uma de suas raízes é igual a 0,0375 mol/L. A partir disso, as novas concentrações das quantidades de matéria no equilíbrio são as seguintes:

$$[SO_2] = 0{,}40 + X = 0{,}40 + 0{,}0375 = 0{,}4375 \frac{mol}{L}$$

$$[NO_2] = 0{,}05 - X = 0{,}05 + 0{,}0375 = 0{,}0875 \frac{mol}{L}$$

$$[NO] = 0{,}80 - X = 0{,}80 - 0{,}0375 = 0{,}7625 \frac{mol}{L}$$

$$[SO_3] = 0{,}40 - X = 0{,}40 - 0{,}0375 = 0{,}3625 \frac{mol}{L}$$

Questão 119

Determinação do potencial padrão, invertendo a primeira semirreação:

$\cancel{Zn_{(s)}} + 4\ OH^- \rightleftharpoons [Zn(OH)_4]^{2-} + \cancel{2e^-}$	$\Delta G^0 = -2 \text{ x } F \text{ x } (+1{,}285)$
$Zn^{2+} + \cancel{2e^-} \rightleftharpoons \cancel{Zn_{(s)}}$	$\Delta G^0 = -2 \text{ x } F \text{ x } (-\ 0{,}762)$
$Zn^{2+} + 4\ OH^- \rightleftharpoons [Zn(OH)_4]^{2-}$	$-2 \text{ x } F \text{ x } E° = -2 \text{ x } F \text{ x } (+1{,}285) + [-2 \text{ x } F \text{ x } (-\ 0{,}762)]$

$$\cancel{-2 \text{ x } F} \text{ x } E° = \cancel{-2 \text{ x } F} \text{ x } (+1{,}285) + [\cancel{-2 \text{ x } F} \text{ x } (-\ 0{,}762)]$$

$$\cancel{-2 \text{ x } F} \text{ x } E° = \cancel{-2 \text{ x } F} \text{ x } (+1{,}285) + [\cancel{-2 \text{ x } F} \text{ x } (-\ 0{,}762)]$$

$$E° = +1{,}285 - 0{,}762 = +\ 0{,}513 \text{ V}$$

Cálculo da variação da energia livre de Gibbs:

$$\Delta G^0 = -2 \text{ x } F \text{ x } (+0{,}513) = -99009 \text{ J (processo espontâneo)}$$

Cálculo da constante de equilíbrio: $\Delta G^0 = -R \text{ x } T \text{ x } \ln K_{eq} = -99009 \text{ J}$

$$\ln K_{eq} = \frac{-99009}{-\ 8{,}314 \text{ x } 298} = +39{,}96$$

$$K_{eq} = e^{+39{,}96}$$

Questão 120

Cálculo do potencial, analisando o tálio. Invertendo a primeira semirreação:

$Tl_{(sólido)} \longrightarrow Tl^+_{(aq)} + e^-$	$\Delta G^0 = -1\ x\ F\ x\ (+0{,}336)$
$Tl^{+3}_{(aquoso)} + 3e^- \longrightarrow Tl_{(sólido)}$	$\Delta G^0 = -3\ x\ F\ x\ (+0{,}728)$
$Tl^{+3}_{(aquoso)} + 2e^- \longrightarrow Tl^+_{(aquoso)}$	$\Delta G^0 = -2\ x\ F\ x\ E°$

$$-2 \text{ x } \cancel{F} \text{ x } E° = -1 \text{ x } \cancel{F} \text{ x } (+0{,}336) + [-3 \text{ x } \cancel{F} \text{ x } (+0{,}728)]$$
$$-2\ x\ E° = -0{,}336 - 2{,}184$$
$$E° = +1{,}26\ V$$

Analisando as semirreações para o iodo. Cálculo do potencial padrão para a semirreação $I_{2(sólido)} + I^-_{(aquoso)} \longrightarrow I_3^-{}_{(aquoso)}$ $K_1 = 0{,}459$

Pela relação entre a energia livre de Gibbs termodinâmica com a eletroquímica, temos: $\Delta G^0_{termodinâmico} = \Delta G^0_{eletroquímico}$

$$-8{,}314 \text{ x } 298 \text{ x } \ln(0{,}459) = -2 \text{ x } 96500 \text{ x } E°$$

$$E° = \frac{-8{,}314 \text{ x } 298 \text{ x } \ln(0{,}459)}{-2 \text{ x } 96500} = -0{,}01 \text{ V}$$

Cálculo do potencial padrão para a semirreacção $I_3^-{}_{(aquoso)} + 2e^- \longrightarrow 3\ I^-{}_{(aquoso)}$, invertendo a primeira semirreação:

$I_3^-{}_{(aquoso)} \longrightarrow \cancel{I_{2(sólido)}} + I^-{}_{(aquoso)}$ $\Delta G^0 = -2 \text{ x F x } (+0{,}01)$
$\cancel{I_{2(sólido)}} + 2e^- \longrightarrow 2I^-{}_{(aquoso)}$ $\Delta G^0 = -2 \text{ x F x } (+0{,}540)$

$I_3^-{}_{(aquoso)} + 2e^- \longrightarrow 3I^-{}_{(aquoso)}$ $-2 \text{ x } \cancel{F} \text{ x } E° = -2 \text{ x } \cancel{F} \text{ x } (+0{,}01) - 2 \text{ x } \cancel{F} \text{ x } (+0{,}540)$
$E° = +0{,}541 \text{ V}$

Questão 121

(GRILLO)

Item a) Equação química da decomposição do pentacloreto de fósforo: $PCl_{5(gás)} \rightleftarrows PCl_{3(gás)} + Cl_{2(gás)}$
Base de cálculo: n(mol) inicial de $PCl_{5(gás)}$

Tabela de equilíbrio químico:

	$PCl_{5(gás)}$	$\rightleftarrows$	$PCl_{3(gás)}$	$Cl_{2(gás)}$
Início	n		0	0
Reage	nα		nα	nα
Equilíbrio	n – nα		nα	nα

Item a) Cálculo do número de mol total (n_T): $n_T = n_{PCl5} + n_{PCl3} + n_{Cl2}$
$n_T = n \cancel{- n\alpha + n\alpha} + n\alpha$
$n_T = n + n\alpha = n.(1 + \alpha)$

Logo: $p_{total} \text{ x V} = n_{total} \text{ x R x T}$
$p_{total} \text{ x V} = \text{n x } (1 + \alpha) \text{ x R x T}$

$$p_{total} \text{ x V} = \frac{\text{massa}}{< MM >} \text{x } (1 + \alpha) \text{ x R x T}$$

$$p_{total} \text{ x} < MM > = \frac{\text{massa}}{V} \text{x } (1 + \alpha) \text{ x R x T}$$

$$\boxed{d = \frac{p_{total} \text{ x} < MM >}{(1 + \alpha) \text{ x R x T}}}$$

Item b) Expressão das pressões parciais com compostos gasosos:

Pressão Parcial do PCl_5: $P_{PCl5} = X_{PCl5} \text{ x } p_T = \left(\frac{n - n\alpha}{n + n\alpha}\right) \text{x } p_T = \left(\frac{1-\alpha}{1+\alpha}\right) \text{x } p_T$

Pressão Parcial do PCl_3: $P_{PCl3} = X_{PCl3} \text{ x } p_T = \left(\frac{n\alpha}{n + n\alpha}\right) \text{x } p_T = \left(\frac{\alpha}{1+\alpha}\right) \text{x } p_T$

Pressão Parcial do C_2H_4: $P_{Cl2} = X_{Cl2} \text{ x } p_T = \left(\frac{n\alpha}{n + n\alpha}\right) \text{x } p_T = \left(\frac{\alpha}{1+\alpha}\right) \text{x } p_T$

Expressão da constante de equilíbrio em função das pressões parciais (K_p):

$$\boxed{K_p = \frac{P_{PCl_3} \text{ x } P_{Cl_2}}{P_{PCl_5}} = \frac{\left[\frac{\alpha^2}{(1+\alpha)^2}\right] \text{x } p_T^2}{\left[\frac{(1-\alpha)}{(1+\alpha)}\right] \text{x } p_T} = \frac{\alpha^2 \text{x } p_T}{1 - \alpha^2}}$$

Questão 122

Alternativa E.

Pela equação química apresentada, a expressão da constante de equilíbrio será a seguinte:

$2NO_{(gás)} + Cl_{2(gás)} \rightleftharpoons 2NOCl_{(gás)}$

$$K_{eq} = \frac{[NOCl]^2}{[NO]^2 \times [Cl_2]}$$

$$[NOCl]^2 = 2100 \times [NO]^2 \times [Cl_2]$$

Diante desta equação anterior, a concentração da quantidade de matéria do cloreto de nitrosila [NOCl] será maior que a concentração do monóxido de nitrogênio e do gás cloro.

Questão 123

Alternativa E.

A equação química reversível é dada por: $2NO_{2(gás)} \rightleftharpoons N_2O_{4(gás)}$. Diminuindo a pressão do sistema reacional, o equilíbrio será deslocado para a esquerda, o que corresponde a aumentar o volume do recipiente.

Questão 124

Item a) Equação química de decomposição do cloreto de bromo: $2BrCl_{(gás)} \rightleftharpoons Br_{2(gás)} + Cl_{2(gás)}$

Item b) Para mostrar que o sistema 1 não está em equilíbrio, será necessário calcular o quociente reacional (Q).

$$Q = \frac{[Br_2] \times [Cl_2]}{[BrCl]^2} = \frac{0{,}25 \times 0{,}25}{(0{,}25)^2} = 1$$

Diante deste cálculo, o quociente reacional é menor que a constante de equilíbrio, $Q < K_c$.

Item c) Como a constante de equilíbrio é maior que um, o equilíbrio está sendo deslocado para a direita, ou seja, favorecendo os gases cloro e bromo.

Item d) Relação entre K_p e K_c: $K_p = K_c \times (RT)^{\Delta n}$

Cálculo da variação do número de mol: $\Delta n = n_{produtos} - n_{reagentes} = (1 + 1) - 2 = 0$

$$\frac{K_p}{K_c} = (RT)^0 = 1$$

$$K_p = K_c$$

Como no enunciado do problema $K_c = 32$, logo $K_p = 32$.

Item e) Base de cálculo: 0,25 mol de $BrCl_{(g)}$, 0,25 mol de $Br_{2(g)}$ e 0,25 mol de $Cl_{2(g)}$, todos no estado inicial. Tabela de equilíbrio químico:

	$2BrCl_{(gás)}$	$\rightleftharpoons$	$Br_{2(gás)}$	$Cl_{2(gás)}$
Reage	2x		x	x
Equilíbrio	0,25 – 2x		0,25 + x	0,25 + x

Expressão da constante de equilíbrio em função da concentração da quantidade de matéria:

$$K_c = \frac{[Br_2] \times [Cl_2]}{[BrCl]^2} = \frac{\left(\frac{0{,}25 + x}{V}\right) \times \left(\frac{0{,}25 + x}{V}\right)}{\left(\frac{0{,}25 - 2x}{V}\right)^2}$$

$$32 = \frac{\left(\frac{0,25 + x}{V}\right)^2}{\left(\frac{0,25 - 2x}{V}\right)^2}$$

Tirando a raiz quadrada da equação matemática acima, temos: $\sqrt{32} = \sqrt{\frac{\left(\frac{0,25+x}{V}\right)^2}{\left(\frac{0,25-2x}{V}\right)^2}}$

Uma das raízes para esta equação é 9,45 x 10^{-2}. As concentrações das quantidades de matéria para cada espécie gasosa no estado de equilíbrio são dadas por:

$$[Br_2] = 0,25 + x = 0,25 + 9,45 \text{ x } 10^{-2} = 0,345 \frac{mol}{L}$$

$$[Cl_2] = 0,25 + x = 0,25 + 9,45 \text{ x } 10^{-2} = 0,345 \frac{mol}{L}$$

$$[BrCl] = 0,25 - 2x = 0,25 - 2 \text{ x } 9,45 \text{ x } 10^{-2} = 0,0609 \frac{mol}{L}$$

Questão 125

Alternativa D.

Equação química: A + B ⟶ 2C

Expressão e cálculo da constante de equilíbrio em função das pressões parciais: $K_p = \frac{P_C^2}{P_A . P_B}$

$$2 = \frac{y^2}{x . 2x}$$

$y^2 = 4x^2$, tirando a raiz quadrada:$y = 2x$

Diante deste resultado, a concentração da quantidade de matéria de C é duas vezes maior que a de B.

Questão 126

Alternativa E.

Equação química: $N_{2(gás)}$ + $3H_{2(gás)}$ ⇌ $2NH_{3(gás)}$. Expressão da constante do equilíbrio químico em função das concentrações de matéria: $K_c = \frac{[NH_3]^2}{[N_2] \, x \, [H_2]^3}$

$$K_p = K_c \text{ x } (RT)^{-2+4} = \boxed{K_c \text{ x } (RT)^{-2}}$$

Questão 127

Item a) O valor da constante de equilíbrio em função das pressões parciais é constante à temperatura informada pelo processo, ou seja, a T = 500 K.

Item b) A pressão parcial do etanol permanece em equilíbrio com os demais participantes gasosos a 500 K.

Item c) O número de mol do metanol permanece constante.

Item d) A fração molar do metanol permanece constante.

Número 1) Aumentando a temperatura do sistema reacional, o equilíbrio será deslocado para a esquerda, aumentando a pressão parcial de $CO_{(g)}$ e de $H_{2(g)}$, uma vez que o processo é exotérmico.

Número 2) Aumentando a pressão total do sistema reacional, o equilíbrio será deslocado para a direita,

Número 3) A presença do gás inerte no sistema reacional não influencia no deslocamento do equilíbrio químico.

Número 4) Aumentando a pressão parcial do monóxido de carbono, óxido este classificado como neutro, terá o seu equilíbrio deslocado para a direita.

Questão 128

Alternativa E.

Para que ocorra o aumento da concentração de dióxido de nitrogênio neste Sistema reacional, $N_2O_{4(gás)} \rightleftharpoons 2NO_{2(gás)}$, com o processo sendo endotérmico, pelas alternativas apresentadas, será necessário diminuir a temperatura do sistema reacional.

Questão 129

Alternativa B.

Base de cálculo: n (mol) inicial de $N_2O_{4(g)}$. Aplicando a tabela de equilíbrio químico:

	$N_2O_{4(gás)}$	$\rightleftharpoons$	$2NO_{2(gás)}$
Início	n		0
Reage	nα		2nα
Equilíbrio	n - nα		2nα

Cálculo do número de mol total (n_T) das espécies gasosas: $n_T = n - n\alpha + 2n\alpha = n + n\alpha = n(1 + \alpha)$

Cálculo das pressões parciais dos componentes gasosos:

Pressão parcial do N_2O_4: $P_{N_2O_4} = X_{N_2O_4} x\ p_t = \left[\frac{n(1-\alpha)}{n(1+\alpha)}\right] x\ p_t = \left[\frac{(1-\alpha)}{(1+\alpha)}\right] x\ p_t$

Pressão parcial do NO_2: $P_{NO_2} = X_{NO_2} x\ p_t = \left[\frac{2n\alpha}{n(1+\alpha)}\right] x\ p_t = \left[\frac{2\alpha}{1+\alpha}\right] x\ p_t$

Expressão da constante de equilíbrio: $K_p = \frac{p_{NO_2}^2}{p_{N_2O_4}} = \frac{\left\{\left[\frac{2\alpha}{1+\alpha}\right] x\ p_t\right\}^2}{\left[\frac{2\alpha}{1+\alpha}\right] x\ p_t} = \frac{4\alpha^2 p_t}{1-\alpha^2}$

Sabendo que a relação entre K_p e K_C é dado pela seguinte expressão matemática: $K_p = K_c\ x\ (RT)^{\Delta n}$

$$\frac{4\alpha^2 p_t}{1-\alpha^2} = K_c\ x\ (RT)^{2-1}$$

$$\frac{4\alpha^2 p_t}{1-\alpha^2} = K_c\ x\ RT$$

$$K_c = \frac{4\alpha^2 p_t}{RT\ (1-\alpha^2)}$$

Para 1 igual n² (1 = n²), a equação fica da seguinte maneira: $K_c = \frac{4\alpha^2 p_t}{RT\ (n^2-\alpha^2)}$

Questão 130

Alternativa B.

Equação química: $O_{2(gás)} \rightleftharpoons 2O_{(gás)}$

Cálculo da constante de equilíbrio em função das concentrações das quantidades de matéria (K_c): $K_c = \frac{K_p}{(RT)^{2-1}} = \frac{1,70\ x\ 10^{-8}}{0,08206\ x\ 1800} = 1,15\ x\ 10^{-10}$

Tabela do equilíbrio químico:

	$O_{2(gás)}$	⇄	$2O_{(gás)}$
Início	1,0		0
Reage	α		2α
Equilíbrio	1 - α		2α

Substituindo os valores na expressão da constante de equilíbrio químico:

$$K_c = \frac{\left(\frac{2\alpha}{10}\right)^2}{\frac{1-\alpha}{10}} = 1{,}15 \text{ x } 10^{-10}$$

$$4\alpha^2 + 1{,}15 \text{ x } 10^{-9}\alpha - 1{,}15 \text{ x } 10^{-9} = 0$$

Resolvendo a equação do Segundo grau, temos: $\alpha = 1{,}69 \text{ x } 10^{-5}$

Cálculo do número de átomos de oxigênio:

$$N = 2 \text{ x } 1{,}69 \text{ x } 10^{-5}\text{mol x } 6{,}02 \text{ x} \frac{10^{23}}{\text{mol}} = 2{,}04 \text{ x } 10^{19}$$

Questão 131

Alternativa D.

Equação de Gibbs: $\Delta G = \Delta H - T \ x \ \Delta S$

A partir da equação de Gibbs, há três situações em que o processo termodinâmico pode apresentar.

$\Delta G < 0$ ⟶ processo espontâneo para a reação direta;
$\Delta G > 0$ ⟶ processo não espontâneo para a reação direta;
$\Delta G = 0$ ⟶ processo em equilíbrio.

Item I) Falso. Para $\Delta H > 0$ e $\Delta S > 0$, a reação fica sendo não espontânea e com isso $\Delta G > 0$;

Item II) Verdadeiro. Para $\Delta H < 0$ e $\Delta S > 0$, a reação fica sendo espontânea e $\Delta G < 0$;

Item III) Verdadeiro. $\Delta H > 0$ e $\Delta S < 0$, a reação fica sendo não espontânea e $\Delta G > 0$;

Item IV) Falso $\Delta H < 0$ e $\Delta S < 0$ reação espontânea e $\Delta G < 0$.

Questão 132

Equação química que corresponde a decomposição do iodeto de hidrogênio: $2HI_{(gás)} \longrightarrow H_{2(gás)} + I_{2(gás)}$.

Cálculo do número de mol dos gases hidrogênio e iodo:

$$n_{H_2} = \frac{20}{2} = 10 \text{ mol}$$

$$n_{I_2} = \frac{2{,}54}{254} = 0{,}010 \text{ mol}$$

Cálculo do número de mol do iodeto de hidrogênio, a partir da equação do equilíbrio químico em função da concentração da quantidade de matéria.

$$K_c = \frac{[H_2] \times [I_2]}{[HI]^2} = \frac{\frac{n_{H_2}}{V} \times \frac{n_{I_2}}{V}}{\frac{n_{HI}^2}{V^2}}$$

$$n_{HI} = \sqrt{\frac{n_{H_2} \times n_{I_2}}{K_c}}$$

$$\frac{m_{HI}}{< MM >_{HI}} = \sqrt{\frac{n_{H_2} \times n_{I_2}}{K_c}}$$

$$\frac{m_{HI}}{128} = \sqrt{\frac{10 \times 0{,}01}{10^{-3}}}$$

$$m_{HI} = 1280 \text{ g}$$

Questão 133

(GRILLO) Equação química: $N_2O_{4(gas)} \rightleftharpoons 2NO_{2(gás)}$. Base de cálculo: n (mol) inicial para o tetróxido de dinitrogênio. Tabela de equilíbrio químico:

	$N_2O_{4(gás)}$	$\rightleftarrows$	$2NO_{2(gás)}$
Início	n		0
Reage	nα		2nα
Equilíbrio	n - nα		2nα

Cálculo do número de mol total (n_T) das espécies gasosas: $n_T = n - n\alpha + 2n\alpha = n + n\alpha = n(1 + \alpha)$

Expressão das pressões parciais dos componentes gasosos:

Pressão parcial do N_2O_4: $P_{N_2O_4} = X_{N_2O_4} x\, p_t = \left[\frac{n(1-\alpha)}{n(1+\alpha)}\right] x\, p_t = \left[\frac{(1-\alpha)}{(1+\alpha)}\right] x\, p_t$

Pressão parcial do NO_2: $P_{NO_2} = X_{NO_2} x\, p_t = \left[\frac{2n\alpha}{n(1+\alpha)}\right] x\, p_t = \left[\frac{2\alpha}{1+\alpha}\right] x\, p_t$

Expressão da constante de equilíbrio: $K_p = \frac{p_{NO_2}^2}{p_{N_2O_4}} = \frac{\left\{\left[\frac{2\alpha}{1+\alpha}\right] x\, p_t\right\}^2}{\left[\frac{2\alpha}{1+\alpha}\right] x\, p_t} = \frac{4\alpha^2 p_t}{1-\alpha^2}$

Cálculo do grau de dissociação (α), a partir da utilização da constante de equilíbrio a pressão constante:

$$0{,}66 = \frac{4\alpha^2 . \left(\frac{350 \text{ mmHg}}{760 \text{ mmHg}}\right)}{1 - \alpha^2}$$

$$1{,}84\alpha^2 + 0{,}66\alpha^2 = 0{,}66$$

$$\alpha = 0{,}51\ (51\%)$$

Determinação das pressões parciais:

Pressão parcial do N_2O_4: $P_{N_2O_4} = X_{N_2O_4} x\, p_t = \left[\frac{n(1-\alpha)}{n(1+\alpha)}\right] x\, p_t = \left[\frac{(1-\alpha)}{(1+\alpha)}\right] x\, p_t$

$$P_{N_2O_4} = \left[\frac{1 - 0{,}51}{1 + 0{,}51\alpha}\right] x\ 350 \text{ mmHg} = 113{,}58 \text{ mmHg}$$

Pressão parcial do NO_2: $P_{NO_2} = \left[\frac{2 \text{ x } 0{,}51}{1+0{,}51}\right] \text{x } 350 \text{ mmHg} = 236{,}42 \text{ mmHg}$

Cálculo da variação da energia livre de Gibbs:

$$\Delta G° = -8{,}314 \text{ x } (55 + 273) \text{ x} \ln 0{,}66 = +1133{,}11 \frac{J}{mol}$$

Questão 134

(GRILLO) Item a) Base de cálculo: 1,0 mol de vapor de água e 3,0 mol de monóxido de carbono. Tabela de equilíbrio químico:

	$CO_{(gás)}$	$H_2O_{(gás)}$	⇄	$CO_{2(gás)}$	$H_{2(gás)}$
Início	3,0	1,0		0	0
Reage	X	X		X	X
Equilíbrio	3 - X	1 - X		X	X

Expressão e cálculo da constante de equilíbrio em da concentração da quantidade de matéria (K_C):

$$K_C = \frac{[CO_2] \text{ x } [H_2]}{[CO] \text{ x } [H_2O]} = \frac{X^2}{(3-X).\ (1-X)} = 0{,}634{,}0$$

Equação matemática do segundo grau: $0{,}37X^2 + 2{,}52X - 1{,}89 = 0$

Resolvendo essa equação de matemática do Segundo grau, uma das raízes é negativa e a outra corresponde a X = 0,68.

Número de mol de gás hidrogênio não reagido: $n_{H_2} = 0 + X = 0{,}68\ mol$

Item b) Cálculo das pressões parciais:

$$P_{CO} = \left\{\frac{3-X}{4}\right\} \text{x } 2 \text{ bar} = 1{,}16 \text{ bar}$$

$$P_{H_2O} = \left\{\frac{1-X}{4}\right\} \text{x } 2 \text{ bar} = 0{,}16 \text{ bar}$$

$$P_{CO_2} = \left\{\frac{X}{4}\right\} \text{x } 2 \text{ bar} = 0{,}34 \text{ bar}$$

$$P_{H_2} = \left\{\frac{X}{4}\right\} \text{x } 2 \text{ bar} = 0{,}34 \text{ bar}$$

Item c) Cálculo da variação da energia livre de Gibbs na temperatura mencionada.

$$\Delta G° = -8{,}314 \text{ x } (985 + 273) \text{ x} \ln 0{,}630 = +\ 4832{,}43 \frac{J}{mol}$$

Questão 135

(GRILLO) Base de cálculo: n (mol) inicial de brometo de nitrosila.

	$2NOBr_{(gás)}$	⇄	$2NO_{(gás)}$	$Br_{2(gás)}$
Início	n		0	0
Reage	2nα		2nα	nα
Equilíbrio	n - 2nα		2nα	nα

Cálculo do número de mol total (n_T) das espécies gasosas: $n_T = n - 2n\alpha + 2n\alpha + n\alpha = n(1 + \alpha)$

Expressão das pressões parciais dos componentes gasosos:

Pressão parcial do NOBr:

$$P_{NOBr} = X_{NOBr} x\ p_t = \left[\frac{n(1-2\alpha)}{n(1+\alpha)}\right] x\ p_t = \left[\frac{1 - 2\ x\ 0{,}34}{1+0{,}34}\right] x\ 0{,}25\ atm$$

$$P_{NOBr} = 5{,}97\ x\ 10^{-2}\ atm$$

Pressão parcial do NO: $P_{NO} = X_{NO} x\ p_t = \left[\frac{2n\alpha}{n(1+\alpha)}\right] x\ p_t = \left[\frac{2\ x\ 0{,}34}{1+0{,}34}\right] x\ 0{,}25\ atm$

$$P_{NO} = 0{,}127\ atm$$

Pressão parcial do Br_2: $P_{Br_2} = X_{Br_2} x\ p_t = \left[\frac{n\alpha}{n(1+\alpha)}\right] x\ p_t = \left[\frac{0{,}34}{1+0{,}34}\right] x\ 0{,}25\ atm$

$$P_{Br_2} = 6{,}34\ x\ 10^{-2}\ atm$$

Cálculo da constante de equilíbrio em função das pressões parciais:

$$K_p = \frac{(0{,}127)^2\ x\ 6{,}34\ x\ 10^{-2}}{(5{,}97\ x\ 10^{-2})^2} = 0{,}287$$

Cálculo da variação da energia livre de Gibbs à 25°C:

$$\Delta G° = -8{,}314\ x\ (25+273)\ x \ln 0{,}287 = +\ 3092{,}69 \frac{J}{mol}$$

Questão 136

(GRILLO) Equação química que corresponde à reação de síntese do iodeto de hidrogênio: $H_{2(gás)} + I_{2(gás)} \rightleftarrows 2HI_{(gás)}$

Base de cálculo: 0,50 mol de H_2 e 0,50 mol de I_2 no estado inicial. Tabela de equilíbrio químico:

	$H_{2(gás)}$ (mol)	$I_{2(gás)}$ (mol)	$\rightleftarrows$	$2HI_{(gás)}$ (mol)
Início	0,50	0,50		0
Reage	α	α		2α
Equilíbrio	(0,50 – α) / V	(0,50 – α) / V		2α/V

Item a) Cálculo da constante de equilíbrio em função das pressões parciais: $K_p = K_c\ x\ (RT)^{2-2}$

$$K_p = K_c = 50$$

Item b) Cálculo da pressão total do sistema reacional, utilizando a equação dos gases ideais:

$$p_{total} = \frac{(0{,}50 - x + 0{,}50 - x + 2x)\ x\ 0{,}08206\ x\ (448+273)}{10} = \frac{59{,}16}{10} \cong 5{,}92\ atm$$

Item c) A partir do valor da constante de equilíbrio em função da concentração da quantidade de matéria, temos:

$K_c = \frac{[HI]^2}{[H_2].[I_2]}$, em que $[H_2] = \frac{1-\alpha}{V}$; $[I_2] = \frac{1-\alpha}{V}$ e $[HI] = \frac{2\alpha}{V}$

Substituindo os valores na expressão da constante de equilíbrio: $K_c = \frac{[HI]^2}{[H_2].[I_2]} = \frac{\left(\frac{2\alpha}{V}\right)^2}{\left(\frac{1-\alpha}{V}\right) x \left(\frac{1-\alpha}{V}\right)}$

$$\frac{\left(\frac{2\alpha}{V}\right)^2}{\left(\frac{1-\alpha}{V}\right)x\left(\frac{1-\alpha}{V}\right)} = 50$$

Tirando a raiz quadrada da equação algébrica anterior, temos: $\sqrt{\frac{\left(\frac{2\alpha}{V}\right)^2}{\left(\frac{1-\alpha}{V}\right)x\left(\frac{1-\alpha}{V}\right)}} = \sqrt{50}$

Realizando os cálculos, o valor de alfa é igual a 0,390.

Número de mol de iodo (I_2) no estado de equilíbrio: $n_{I_2} = 0{,}500 - 0{,}390 = 0{,}110\ \text{mol}$

Item d) Expressão e cálculo das pressões parciais:

$$P_{H_2} = \left(\frac{0{,}500 - 0{,}390}{1{,}0}\right) x\ 5{,}92\ \text{atm} = 0{,}6512\ \text{atm}$$

$$P_{I_2} = \left(\frac{0{,}500 - 0{,}390}{1{,}0}\right) x\ 5{,}92\ \text{atm} = 0{,}6512\ \text{atm}$$

$$P_{HI} = \left(\frac{2\ x\ 0{,}390}{1{,}0}\right) x\ 5{,}92\ \text{atm} = 4{,}6176\ \text{atm}$$

Item e) Cálculo da variação da energia livre de Gibbs à 25°C:

$$\Delta G^o = -8{,}314\ x\ (25 + 273)\ x \ln 50{,}0 = -9692{,}32 \frac{J}{mol}$$

$$\Delta G^o = -9692{,}32 \frac{J}{mol}$$

Questão 137

Observando a tabela preenchida e a explicação abaixo.

Perturbação imposta ao sistema em equilíbrio	Direção da reação: o equilíbrio se desloca para a direita ou para a esquerda?	Mudança na quantidade de matéria		
		$SO_{2(gás)}$	$O_{2(gás)}$	$SO_{3(gás)}$
Aumento de pressão	Direita	D	D	A
Adição de $O_{2(gás)}$	Direita	D	X	A
Aumento da temperatura	Esquerda	A	A	D
Aumento do volume do recipiente	Esquerda	A	A	D

Equação química: $2SO_{2(gás)} + O_{2(gás)} \rightleftarrows 2SO_{3(gás)}$ $\Delta H^o_R = -\ 198{,}0\ kJ.mol^{-1}$

- Aumentando a pressão do sistema reacional, o equilíbrio é deslocado para a direita, aumentando a produção de anidrido sulfúrico e diminuindo a concentração de anidrido sulfuroso e de oxigênio molecular.

- Adicionando oxigênio molecular no sistema reacional, o equilíbrio será deslocado para a direita, aumentando a concentração da quantidade de matéria de anidrido sulfúrico e diminuindo a concentração de anidrido sulfuroso.

- Aumentando a temperatura do sistema reacional, o equilíbrio é deslocado para a esquerda, aumentando a concentração da quantidade de matéria de anidrido sulfuroso e de oxigênio molecular e consequentemente diminui a concentração da quantidade de matéria de anidrido sulfúrico.

- Aumentando o volume do recipiente, a pressão do sistema reacional diminui, deslocando o equilíbrio para a esquerda. Com isso, haverá um aumento do anidrido sulfuroso e oxigênio molecular e um aumento da concentração da quantidade de matéria de anidrido sulfúrico.

Questão 138

(PROVA DE TRANSFERÊNCIA INTERNA – UFF - ENGENHARIA METALÚRGICA) Equação química hipotética: $A_{(sólido)} + calor\ (H) \rightarrow B_{(vapor)}$. Pelo princípio de Le Chatelier, como o processo descrito pela reação química reversível é endotérmica no sentido direto, aumentando a temperatura do sistema reacional, o equilíbrio será deslocado para a direita, no sentido da reação direta.

Questão 139

(PROVA DE TRANSFERÊNCIA INTERNA – UFF - ENGENHARIA METALÚRGICA)
Equação química: $2NO_{(gás)} + O_{2(gás)} \rightleftharpoons 2NO_{2(gás)}$, $\Delta H < 0$.

Item a) Diminuindo a pressão parcial de dióxido de nitrogênio gasoso, o equilíbrio é deslocado para a direita.

Item b) Diminuindo a pressão parcial de oxigênio molecular, o equilíbrio é deslocado para a esquerda.

Item c) Diminuindo a pressão total do sistema reacional, o equilíbrio é deslocado para a esquerda.

Item d) Aumentando a temperatura do sistema reacional, o equilíbrio é deslocado para a esquerda.

Questão 140

(GRILLO) Para a resolução do exercício será necessário utilizar a tabela de equilíbrio químico.

	$CO_{(gás)}$	$3H_{2(gás)}$	$\rightleftarrows$	$CH_{4(gás)}$	$H_2O_{(líquido)}$
Início	1,0	3,0		0	0
Reage	X = 0,387	3X = 1,164		X = 0,387	X = 0,387
Equilíbrio	1,0 - X	3,0 – 3X		X	0,387

Cálculo da concentração da quantidade de matéria para as espécies gasosas:

$$[CO_{(g)}] = \frac{1,0 - X}{10} = \frac{1,0 - 0,387}{10} = 0,0387\frac{mol}{L}$$

$$[H_{2(g)}] = \frac{3,0 - 3X}{10} = \frac{3,0 - 3 \text{ x } 0,387}{10} = 0,1839\frac{mol}{L}$$

$$[CH_{4(g)}] = \frac{X}{10} = \frac{0,387}{10} = 0,0389\frac{mol}{L}$$

$$[H_2O_{(l)}] = \frac{X}{10} = \frac{0,387}{10} = 0,0389\frac{mol}{L}$$

Cálculo da constante de equilíbrio em função das quantidades de matéria: $K_c = \frac{[CH_{4(g)}] \text{ x } [H_2O_{(l)}]}{[CO_{(g)}] \text{ x } [H_{2(g)}]^3}$

$$K_c = \frac{0,0389 \text{ x } 0,0389}{0,0613 \text{ x } [1,839]^3} = 3,70$$

Cálculo da pressão da mistura reacional, considerando que o comportamento seja ideal:

$$p_{total} = \frac{(0,613 + 0,389 + 0,389 + 1,839)\ x\ 0,08206\ x\ (273 + 727)}{10} = 26,50\ atm$$

Questão 141

(PROVA DE TRANSFERÊNCIA INTERNA – UFF - ENGENHARIA METALÚRGICA) Equação química para a formação do iodeto de hidrogênio: $H_{2(gás)} + I_{2(gás)} \rightleftarrows 2HI_{(gás)}$

Base de cálculo: 2 mol de $H_{2(gás)}$ e 4 mol de $I_{2(gás)}$. Tabela de equilíbrio químico:

	$H_{2(gás)}$ (mol)	$I_{2(gás)}$ (mol)	$\rightleftarrows$	$2HI_{(gás)}$ (mol)
Início	0,50	0,50		0
Reage	α	α		2α
Equilíbrio	0,50 - α	0,50 - α		2α

Expressão da constante de equilíbrio: $K_c = \frac{[HI]^2}{[H_2]\ x\ [I_2]}$

Substituindo os valores das espécies químicas do equilíbrio na constante de equilíbrio: $K_c = \frac{[2\alpha]^2}{[0{,}50-\alpha]\ x\ [0{,}50-\alpha]}$

$$49 = \frac{[2\alpha]^2}{[0{,}50-\alpha]^2}$$

Tirando a raiz quadrada da expressão matemática: $\sqrt{49} = \sqrt{\frac{[2\alpha]^2}{[0{,}50-\alpha]^2}}$

$$7 = \frac{2\alpha}{0{,}50-\alpha}$$

$$\alpha = 0{,}389$$

Cálculo das concentrações das espécies gasosas:

$$[HI] = 2\alpha = 2\ x \frac{0{,}389\ mol}{1\ L} = 0{,}778 \frac{mol}{L}$$

$$[H_2] = [I_2] = \frac{0{,}50-\alpha}{1\ L} = \frac{0{,}50-0{,}389}{1} = 0{,}111 \frac{mol}{L}$$

Questão 142

Alternativa B.

Para melhorar o rendimento para produção de ácido fórmico será necessário utilizar o princípio de Le Chatelier. Então, para que o equilíbrio seja deslocado para a direita, será necessário:

- Aumentar a pressão total do sistema reacional.
- Aumentar a temperatura do sistema reacional, uma vez que o processo é endotérmico.
- Aumentar a pressão parcial de hidrogênio ou de dióxido de carbono.

Questão 143

Equação química: $2A_{(gás)} \rightleftharpoons 2B_{(gás)} + C_{(gás)}$

Base de cálculo: P_o no estado inicial para o composto gasoso $A_{(gás)}$.

Tabela de equilíbrio Químico:

	$2A_{(gás)}$		$2B_{(gás)}$	$C_{(gás)}$
Início	P_0	$\rightleftarrows$	0	0
Reage	$P_0\alpha$		$P_0\alpha$	$P_0\alpha/2$
Equilíbrio	$P_0 - P_0\alpha$		$P_0\alpha$	$P_0\alpha/2$

Cálculo da pressão total: $p_{Total} = \underbrace{p_0 - \cancel{p_0\alpha}}_{p_A} + \underbrace{\cancel{p_0\alpha}}_{p_B} + \underbrace{\frac{p_0\alpha}{2}}_{p_C}$

$$p_{Total} = p_0 + \frac{p_0 a}{2} = \frac{2p_0 + p_0 a}{2} = \frac{p_0 \text{ x } (2 + a)}{2}$$

Isolando a pressão inicial na equação química: $p_{Total} = \frac{p_0 \text{ x } (2+a)}{2}$

$$p_0 = \frac{2 \text{ x } p_{Total}}{(2 + \alpha)}$$

Determinação das pressões parciais para os compostos gasosos. Analisando o composto A: $p_A = p_0 - p_0 a$

$$p_A = \frac{2 \text{ x } p_{Total}}{(2 + a)} - \frac{2 \text{ x } p_{Total}}{(2 + a)} \text{ x } a$$

$$p_A = \frac{2 \text{ x } p_{Total}}{(2 + a)} \text{ x } (1 - a)$$

Analisando o composto B: $p_B = p_0 \alpha$

$$p_B = \frac{2a \text{ x } p_{Total}}{(2 + a)}$$

Analisando o composto C: $p_C = \frac{p_0 a}{2} = \frac{\cancel{2} \text{ x } p_{Total}}{(2+a)} \text{ x } \frac{a}{\cancel{2}} = \frac{a.p_{Total}}{(2+a)}$

Expressão da constante de equilíbrio em função das pressões parciais dos componentes gasosos: $2A_{(gás)} \rightleftharpoons 2B_{(gás)} + C_{(gás)}$

$$K_p = \frac{P_B^2 \text{ x } P_C}{P_A^2}$$

Substituindo as pressões parciais na constante de equilíbrio:

$$K_p = \frac{P_B^2 \text{ x } P_C}{P_A^2} = \frac{\left(\frac{2a \text{ x } p_{Total}}{(2 + a)}\right)^2 \text{ x } \left(\frac{a.\, p_{Total}}{(2 + a)}\right)}{\left[\frac{2 \text{ x } p_{Total}}{(2 + a)} \text{ x } (1 - a)\right]^2}$$

$$K_p = \frac{\frac{4a^2 \text{ x } \cancel{p_{Total}^2}}{\cancel{(2 + a)^2}} \text{ x } \frac{a \text{ x } p_{Total}}{(2 + a)}}{\frac{4 \text{ x } \cancel{p_{Total}^2}}{\cancel{(2 + a)^2}} \text{ x } (1 - a)^2}$$

$$K_p = \frac{a^3 \text{ x } p_{Total}}{(2 + a) \text{ x } (1 - a)^2}$$

Isolando a pressão total do sistema reacional na equação anterior: $K_p = \frac{\alpha^3 \text{ x } p_{Total}}{(2+\alpha) \text{ x } (1-\alpha)^2}$

$$\boxed{p_{Total} = \frac{K_p \text{ x } (2 + \alpha) \text{ x } (1 - \alpha)^2}{\alpha^3}}$$

Questão 144

Considere a reação de decomposição do óxido de mercúrio(II), ocorrendo em um sistema fechado, a 25°C.

$HgO_{(sólido)} \longrightarrow Hg_{(líquido)} + ½O_{2(gás)}$, para qual: $\Delta H° = + 90{,}83$ kJ.mol^{-1} e $\Delta G° = + 58{,}54$ kJ.mol^{-1}. A partir da variação da energia livre de Gibbs, temos:

$$58540 = -8{,}314 \text{ x } 298 \text{ x} \ln p_{O_2}^{1/2}$$

$$\ln p_{O_2}^{1/2} = \frac{58540}{-2477{,}572}$$

$$\ln p_{O_2}^{1/2} = -23{,}62$$

$$p_{O_2}^{1/2} = e^{-23{,}52}$$

$$p_{O_2} = 2{,}99 \text{ x } 10^{-11} \text{ atm}$$

A partir do princípio de Le Chatelier, temos duas maneiras possíveis para o aumento da produção de oxigênio.

Item a) Aumento da temperatura, uma vez que o processo é endotérmico.

Item b) Diminuição da pressão total do Sistema reacional.

Questão 145

Equação química: $C_{(sólido)} + ½O_{2(g)} + 2H_{2(gás)} \longrightarrow CH_3OH_{(gás)}$.

Item a) Expressão da constante de equilíbrio em função da pressão: $K_p = \frac{P_{CH_3OH}}{P_{O_2}^{1/2} \, x \, P_{H_2}^2}$

Item b) Cálculo da constante de equilíbrio, a partir da variação da energia livre de Gibbs: $\Delta G^0_{\text{formação}} = -8{,}314 \text{ x } 298 \text{ x} \ln K_p$

$$\ln K_p = \frac{-166270}{-2477{,}572} = +67{,}11$$

$$K_p = e^{(+67{,}11)} = 1{,}40 \text{ x } 10^{29}$$

Item c) Como a variação da energia livre de Gibbs de formação do metanol apresenta valor negativo, o processo é caracterizado como espontâneo, diante disso sua constante de equilíbrio será maior que 1, $K_p > 1$.

Questão 146

Equação química que corresponde a síntese de cloreto de hidrogênio: $H_{2(gás)} + Cl_{2(gás)} \rightleftharpoons 2HCl_{(gás)}$

O cálculo do equilíbrio químico em função das pressões parciais será determinado a partir da variação da energia livre de Gibbs padrão.

$$\Delta G^0_{\text{formação}} = -1{,}987 \text{ x } 298 \text{ x} \ln K_p$$

$$\ln K_p = \frac{-22{,}77}{-592{,}126} = +0{,}0384$$

$$K_p = e^{(+0{,}0384)} = 1{,}04$$

$$K_p = 1{,}04$$

Cálculo da constante de equilíbrio em função da concentração da quantidade de matéria:

$$K_p = K_c \text{ x } (RT)^{2-2}$$
$$K_p = K_c = 1{,}04$$

Questão 147

Considere a reação de formação do iodeto de hidrogênio, sabendo que a constante de equilíbrio K_c a 448°C é igual a 50,0 e a 350°C igual a 66,9. A partir das informações apresentadas, serão calculadas as duas funções de estado: ΔH° e ΔU.

Equação química: $H_{2(gás)} + Cl_{2(gás)} \rightleftharpoons 2HCl_{(gás)}$

Para o cálculo da variação da entalpia padrão, será necessário utilizar a equação de van´t Hoff. $ln\left(\frac{50}{66,90}\right) = \frac{\Delta H^0}{8,314} x \left(\frac{1}{623} - \frac{1}{724}\right)$

$ln(0,747)\, x\, 8,314 = \Delta H^0\, x\, (2,18\, x\, 10^{-4})$

$$\Delta H^0 = \frac{\overbrace{ln(0,747)}^{-0,292}\, x\, 8,314}{2,18\, x\, 10^{-4}} = -11136,18 \frac{J}{mol}$$

Cálculo da variação da energia interna, a partir da seguinte relação termodinâmica entre a própria energia interna com a entalpia: $\Delta H = \Delta U + \Delta nRT$

$\Delta H = \Delta U + (2 - 2)\, x\, R\, x\, T$

$$\Delta H = \Delta U = -11136,18 \frac{J}{mol}$$

Questão 148

Segundo a regra de fases, V + F = C + 2, onde F é o número de fases; C é o número de componentes; V é o número de graus de liberdade, sendo grau de liberdade cada fator independente (composição, pressão, temperatura) que se pode variar livremente num sistema em equilíbrio, sem que desapareça qualquer das fases presentes. Nosso sistema em estudo é o seguinte: $H_2O_{(s)} \rightleftarrows H_2O_{(líquido)} \rightleftarrows H_2O_{(vapor)}$

F = 3 (sólida, líquida e gasosa), C = 1 (o único componente é H_2O). Substituindo os valores na regra das fases: V = 1 + 2 – 3 = 0. O número de graus de liberdade é zero e o sistema é invariante, ou seja, isso significa que não se pode alterar a pressão nem a temperatura sem que desapareça uma das fases.

Questão 149

(CONCURSO PÚBLICO PARA DOCENTE FEDERAL – INSTITUTO FEDERAL DO PARÁ) Alternativa B.

Equação química: $2NH_{3(gás)} + CO_{2(gás)} \rightleftharpoons (NH_2)_2CO_{(sólido)} + H_2O_{(gás)}$, Δ_rH = - 89,6 KJ.

Item a) Falso. A expressão da constante de equilíbrio para o processo descrito é a seguinte: $K_{eq} = \frac{[H_2O]}{[NH_3]^2\, x\, [H_2O]}$.

Item b) Verdadeiro. Aumentando a pressão do sistema reacional, o processo é deslocado para a direita.

Item c) Falso. A mais baixa temperatura o equilíbrio é deslocado para a direita, favorecendo os produtos da reação direta.

Questão 150

Base de cálculo: 1 mol de ácido acético, 1 mol de álcool etílico e 36 g de água no estado inicial. No equilíbrio há 0,50 mol de ácido acético. Cálculo do número de mol de água: $n = \frac{36}{18} = 2,0\, mol$

Tabela de equilíbrio químico:

	$CH_3COOH_{(aquoso)}$	$C_2H_5OH_{(aquoso)}$	$\rightleftarrows$	$CH_3COOC_2H_{5(aquoso)}$	$H_2O_{(líquido)}$
Início	1	1		0	2
Reage	α	α		α	α
Equilíbrio	1 - α	1 - α		0,50	2 + α

Completando a tabela de equilíbrio químico:

	$CH_3COOH_{(aquoso)}$	$C_2H_5OH_{(aquoso)}$	$\rightleftarrows$	$CH_3COOC_2H_{5(aquoso)}$	$H_2O_{(líquido)}$
Início	1	1		0	2

Reage	0,50	050		0,50	0,50
Equilíbrio	0,50	0,50		0,50	2,50

Expressão e cálculo da constante de equilíbrio (K_c): $K_c = \frac{[\text{éster}]\ x\ [\text{água}]}{[\text{ácido}]\ x\ [\text{álcool}]} = \frac{0,50\ x\ 2,50}{0,50\ x\ 0,50} = 5,0$

Segunda situação: Base de cálculo: 1 mol de ácido acético e 2,0 mol de álcool etílico no estado inicial.

	$CH_3COOH_{(aquoso)}$	$C_2H_5OH_{(aquoso)}$	$\rightleftarrows$	$CH_3COOC_2H_{5(aquoso)}$	$H_2O_{(líquido)}$
Início	1	2,0		0	0
Reage	α	α		α	α
Equilíbrio	(1 – α) / V	(2 – α) / V		α/V	α/V

Determinação da incógnita alfa, sabendo que a constante de equilíbrio continua sendo igual a 5,0, uma vez que a temperatura é a mesma.

$[CH_3COOH_{(aquoso)}] = \frac{1}{3V}$; $[C_2H_5OH_{(aquoso)}] = \frac{1}{3V}$; $[CH_3COOC_2H_{5(aquoso)}] = \frac{2}{3V}$ e $[H_2O_{(l)}] = \frac{2}{3V}$
Cálculo do valor da constante α, a partir da constante de equilíbrio:

$$K_c = \frac{[\text{éster}]\ x\ [\text{água}]}{[\text{ácido}]\ x\ [\text{álcool}]} = \frac{\left(\frac{\alpha}{V}\right)\ x\ \left(\frac{\alpha}{V}\right)}{\left(\frac{1-\alpha}{V}\right)\ x\ \left(\frac{2-\alpha}{V}\right)} = 5,0$$

$$4\alpha^2 - 15\alpha + 10 = 0$$

Uma das variáveis é igual a 0,8675. Diante disso, o número de mol é igual a 0,8675 mol.

Questão 151

Item a) Utilizando a equação de Gibbs padrão, temos:

$$+58540 = -8,314\ x\ (25 + 273)\ x \ln K_p$$

$$\ln K_p = \frac{+58540}{-8,314\ x\ 298}$$

$$\ln p_{O_2}^{1/2} = -23,63$$

$$p_{O_2}^{1/2} = e^{-23,63} = 5,48\ x\ 10^{-11}$$

$$P_{O_2} = 3,0\ x\ 10^{-21}\text{atm}$$

Item b) Para maior produção de oxigênio molecular, utilizando o princípio de Le Chatelier, temos:
- Diminuindo a pressão total do sistema reacional, o equilíbrio é deslocado para a direita da reação direta;
- Aumentando a temperatura, o equilíbrio é deslocado para a direita, uma vez que se trata de uma reação endotérmica.

Questão 152

(GRILLO)

Item a) Cálculo da variação de entalpia padrão: $\Delta H^0_{\text{reação}} = \sum H_{\text{produtos}} - \sum H_{\text{produtos}}$

$$\Delta H^0_{\text{reação}} = \{3\ x\ 0 + 2\ x\ (-241,8)\} - \{1\ x\ (-296,9) + 1\ x\ (-20,1)\} = -166,6\frac{\text{kJ}}{\text{mol}}$$

Item b) Cálculo da variação da entropia padrão: $\Delta S^0_{\text{reação}} = \sum S_{\text{produtos}} - \sum S_{\text{produtos}}$

$$\Delta S^0_{reação} = \{3 \text{ x } (31{,}9) + 2 \text{ x } (188{,}8)\} - \{1 \text{ x } (248{,}5) + 1 \text{ x } (207{,}6)\}$$

$$\Delta S^0_{reação} = +17{,}2 \frac{J}{mol.K}$$

Item c) Cálculo da energia livre de Gibbs padrão: $\Delta G^0_{reação} = \Delta H^0_{reação} - T.\Delta S^0_{reação}$

$$\Delta G^0_{reação} = -166600 - (25 + 273)\ x\ 17{,}2 = -171725{,}6 \frac{J}{mol}$$

Cálculo da constante de equilíbrio a 25°C: $\Delta G^0_{reação} = -R\ x\ T\ x\ lnK$

$$-171725{,}6 = -\ 8{,}314 \text{ x } (25 + 273) \text{ x } \ln K^{25°C}$$

$$lnK^{25°C} = \frac{-171725{,}6}{-\ 2477{,}572} = 69{,}31$$

$$K^{25°C} = e^{(69{,}31)} = 1{,}26 \text{ x } 10^{30}$$

Item d) Cálculo da constante de equilíbrio a 150°C ($K^{150°C}$), aplicando a equação de Van´t Hoff:

$$\ln\left(\frac{K^{25°C}}{K^{150°C}}\right) = \frac{\Delta H^0}{R} \text{ x } \left[\frac{1}{(150 + 273)} - \frac{1}{(25 + 273)}\right]$$

$$\ln\left(\frac{1{,}26 \text{ x } 10^{30}}{K^{150°C}}\right) = \frac{-\ 166600}{8{,}314} \text{ x } \left[\frac{1}{423} - \frac{1}{298}\right]$$

$$\ln\left(\frac{1{,}26 \text{ x } 10^{30}}{K^{150°C}}\right) = -20038{,}49 \text{ x } 9{,}91 \text{ x } 10^{-4}$$

$$\ln\left(\frac{1{,}26 \text{ x } 10^{30}}{K^{150°C}}\right) = +19{,}87$$

$$\frac{1{,}26 \text{ x } 10^{30}}{K^{150°C}} = e^{(+19{,}87)}$$

$$K^{150°C} = \frac{1{,}26 \text{ x } 10^{30}}{4{,}26 \text{ x } 10^{8}} = 2{,}96 \text{ x } 10^{21}$$

Questão 153

Item a) A reação de decomposição do bicarbonato de sódio resulta em carbonato de sódio, água no estado líquido e dióxido de carbono, conforme e pode ser observado na equação a seguir: 2 $NaHCO_{3(aquoso)} \longrightarrow Na_2CO_{3(sólido)} + H_2O_{(líquido)} + CO_{2(gás)}$

Com o aquecimento de uma determinada amostra de bicarbonato de sódio vai ocorrer a sua decomposição, havendo a formação de carbonato de sódio e um processo de volatilização do dióxido de carbono formado. Observa-se ainda a presença bem característica de carbonato e bicarbonato uma vez que a solução está caracterizada como saturada.
Item b) Resfriando o processo, a quantidade de sólido (bicarbonato de sódio ($NaHCO_3$) será menor, pelo fato de haver a volatilização do dióxido de carbono.

Questão 154

Primeiramente, será necessário somar as equações químicas apresentadas pela questão:

$A_{(gás)} + 2B_{(gás)} \rightleftarrows 3C_{(gás)}$

$C_{(gás)} \rightleftarrows C_{(líquido)}$ +

$A_{(gás)} + 2B_{(gás)} \rightleftarrows 2C_{(gás)} + C_{(líquido)}$ (Processo químico para o equilíbrio final)

O problema afirma que há o aumento do volume o que caracteriza uma diminuição da pressão do sistema reacional.

Item a) Diminuindo a pressão do sistema reacional, o equilíbrio será deslocado para a esquerda e diante disso haverá um aumento do número de mols das espécies gasosas A e B e consequentemente a diminuição do número de mols de $C_{(gasoso)}$.

Item b) Diminuindo a pressão do sistema reacional, o equilíbrio será deslocado para a esquerda e diante disso haverá um aumento do número de mols das espécies gasosas A e B e consequentemente a diminuição do número de mols de liquefação da espécie C líquida.

Item c) Como em todo o processo, a temperatura torna-se constante, o equilíbrio químico também será constante e diante disso, não haverá alteração.

Item d) Expressão da constante de equilíbrio em função da primeira reação química: $K_{eq} = \frac{[C]^3}{[A]x\,[B]^2}$. A relação não será inalterada pelo fato de que quando se aplica uma força em um Sistema em equilíbrio, há uma tendência a se reajustar procurando diminuir os efeitos dessa força.

Questão 155

A primeira parte da resolução deste problema leva em consideração que a base de cálculo corresponde a 0,462 atm de cloro gasoso e 0,450 atm de monóxido de carbono. Diante disso será necessário utilizar a tabela de equilíbrio químico.

	$CO_{(gás)}$	$Cl_{2(gás)}$	$\rightleftarrows$	$COCl_{2\,(gás)}$
Início	0,450	0,462		0
Reage	α	α		α
Equilíbrio	0,450 – α	0,462 – α		α

Sabendo que a pressão total do sistema é igual a 0,578 atm, o valor de α será determinado a partir da lei de Dalton. $P_{total} = P_{CO} + P_{Cl2} + P_{COCl2}$

0,578 atm = 0,450 – α + 0,462 – α + α

α = 0,334 atm

Diante deste valor, as novas pressões em equilíbrio serão as seguintes:

P_{CO} = 0,450 atm – 0,334 atm = 0,116 atm

P_{Cl2} = 0,462 atm – 0,334 atm = 0,128 atm

P_{COCl2} = 0,334 atm

Cálculo da constante de equilíbrio em função das pressões parciais: $K_p = \frac{0{,}334}{0{,}116 \times 0{,}128} = 22{,}49$

Para este valor de constante de equilíbrio, indica que o equilíbrio está muito para a direita, ou seja, favorecendo o aumento da pressão de fosgênio. A segunda parte do problema pede para determinar a pressão total do sistema reacional. Para esta situação, será novamente necessário a utilização da tabela de equilíbrio químico.

	$CO_{(gás)}$	$Cl_{2(gás)}$	$\rightleftarrows$	$COCl_{2\,(gás)}$
Início	0,116 atm	0,128 atm		0,334 atm
Reage	0,044	0,044		0,044
Equilíbrio	0,116 – 0,044 = 0,072	0,20		0,334 + 0,044 = 0,378 atm

Adicionando cloro gasoso, o equilíbrio será deslocado para a direita, aumentando a quantidade de fosgênio e diminuindo a quantidade de monóxido de carbono. Sabendo que a pressão total corresponde ao somatório das pressões parciais, temos:

$P_{total} = P_{CO} + P_{Cl2} + P_{COCl2}$

P_{total} = 0,072 + 0,20 + 0,378 = 0,650 atm

Questão 156

Alternativa E.

Equação química: $N_{2(gás)} + 3H_{2(gás)} \rightleftarrows 2NH_{3(gás)}$ + 22 kcal.

Item I) Um processo de compressão da mistura reacional corresponde a um aumento da pressão reacional. Aumentando a pressão do sistema reacional o equilíbrio será deslocado para a direita da reação direta. Diante disso, a amônia irá aumentar em sua produção.

Item II) Aumentando a temperatura do sistema reacional, o equilíbrio será deslocado para a esquerda e com isso haverá uma diminuição da produção de amônia.

Item III) Aumentando a pressão parcial de gás hidrogênio, o equilíbrio será deslocado para a direita, aumentando a produção de amônia.

Questão 157

Alternativa C.

Para formação do dióxido de nitrogênio e analisando a partir do Princípio de Le Chatelier, temos as seguintes premissas:

Item I) Diminuição da temperatura do sistema reacional;

Item II) Aumento da pressão do sistema reacional;

Item III) Aumento da pressão parcial do monóxido de nitrogênio ou até mesmo do oxigênio molecular, o equilíbrio será deslocado para a direita.

Questão 158

Item A) Base de cálculo: 7,0 mol de dióxido de enxofre e 3,0 mol de gás oxigênio no estado inicial do estudo do equilíbrio químico. Utilização da tabela de equilíbrio químico:

	$SO_{2(gás)}$	$\frac{1}{2}O_{2(gás)}$	$\rightleftarrows$	$SO_{3(gás)}$
Início	7,0	3,0		0
Reage	n	n/2		n
Equilíbrio	7,0-n	3,0-n/2		n

Cálculo do número de mol total da mistura gasosa: $n_T = n_{SO2} + n_{SO3} + n_{Cl2}$

$n_T = 7,0 - n + 3,0 - n/2 + n$

$n_T = 10 - n/2$

Para o cálculo do número de mol, será necessário aplicar a equação dos gases ideais, sabendo que a constante dos gases a ser utilizada é igual a 0,08206 bar x L x mol^{-1} x K^{-1}.

$$p \text{ x } V = n_T \text{ x } R \text{ x } T$$

$$10 - \frac{n}{2} = \frac{8{,}60 \text{ x } 50{,}0}{0{,}08206 \text{ x } (350 + 273)}$$

$$n = 3{,}18 \, mol$$

Item B) Alternativa B.

Equação química: $SO_{2(gás)} + \frac{1}{2}O_{2(gás)} \overset{V_2O_5}{\rightleftarrows} SO_{3(gás)}$

Para maior produção de trióxido de enxofre será necessário analisar a partir do Princípio de Le Chatelier. As condições são as seguintes:

- Aumentar a pressão do sistema reacional, ou seja, a pressão total;
- Diminuir a temperatura do sistema reacional, uma vez que o processo é exotérmico.

Questão 159

(PROGRAMA DE PÓS-GRADUAÇÃO EM QUÍMICA E BIOTECNOLOGIA / UNIVERSIDADE FEDERAL DE ALAGOAS) Para a resolução deste problema será necessário utilizar a equação de Van't Hoff. A partir da tabela fornecida pelo problema, temos: K_{eq} (900 K) = 1,3 e K_{eq} (1200 K) = 0,10.

Pela análise da tabela fornecida pela tabela termodinâmica, o processo é exotérmico, pois com o aumento da temperatura há a diminuição da constante de equilíbrio. Este processo pode ser confirmado pela aplicação da equação de Van't Hoff. Aplicando a equação de Van't Hoff, temos:

$$\ln(1{,}32) - \ln(0{,}10) = \frac{\Delta H^0}{8{,}314} \cdot \left(\frac{1}{1200} - \frac{1}{900}\right)$$

$$\Delta H^0 = \frac{2{,}58 \text{ x } 8{,}314}{\frac{1}{1200} - \frac{1}{900}} = -9288{,}78 \frac{J}{mol}$$

Conforme analisado, o processo é caracterizado como exotérmico.

Questão 160

(GRILLO) Para a resolução do problema será necessário utilizar a equação de Van´t Hoff.

Analisando o sistema para T = 340,6°C: $K_1 = P_{H_2O} = 10{,}50\ mmHg$

Analisando o sistema para T = 421,3°C: $K_1 = P_{H_2O} = 101{,}20 \text{ mmHg}$

Para a resolução, será necessário aplicar a equação de Van´t Hoff, levando em consideração que a constante dos gases seja igual a 8,314 Pa x m³ x mol⁻¹ x K⁻¹.

$$\ln\left(\frac{\frac{10{,}50}{760}}{\frac{101{,}20}{760}}\right) = \frac{\Delta H^0}{8{,}314} \text{x} \left\{\frac{1}{421{,}3 + 273} - \frac{1}{340{,}6 + 273}\right\}$$

$$\ln(103{,}73 \text{ x } 10^{-3}) \text{ x } 8{,}314 = \Delta H^0 \text{ x } \underbrace{(1{,}44 \text{ x } 10^{-3} - 1{,}63 \text{ x } 10^{-3})}_{-189{,}43 \text{ x } 10^{-6}}$$

$$\Delta H^0 = \frac{\ln(103{,}73 \text{ x } 10^{-3}) \text{ x } 8{,}314}{-189{,}43 \text{ x } 10^{-6}} = 99440 \frac{J}{mol}$$

Questão 161

Equação química que corresponde ao processo de adição para a formação do gás etano: $C_2H_{4(gás)} + H_{2(gás)} \rightleftarrows C_2H_{6(gás)}$, com ΔH = -32,7 kcal).

Para aumentar a concentração da quantidade de matéria de gás etano ou até mesmo da pressão parcial de gás etano, será necessário que o equilíbrio químico seja deslocado para a esquerda, a partir do conhecimento do princípio de Le Chatelier. Para que ocorra esta situação estão apresentadas quatro situações:

- Aumentar a concentração da quantidade de matéria do gás etano;
- Aumentar a temperatura do sistema reacional, uma vez que o processo é exotérmico;
- Diminuir a concentração da quantidade de matéria do gás hidrogênio;
- Diminuir a pressão do sistema reacional.

Questão 162

Para a resolução do problema será necessário estudar o equilíbrio químico entre o tetróxido de dinitrogênio com o dióxido de nitrogênio.

Para a resolução do problema será necessário utilizar a tabela de equilíbrio químico:

	$N_2O_{4(gás)}$	⇄	$2NO_{2(gás)}$
Início	n		0
Reage	nα		2nα
Equilíbrio	n - nα		2nα

Cálculo do número de mol total (n_T) das espécies gasosas: $n_T = n - n\alpha + 2n\alpha = n + n\alpha = n(1 + \alpha)$

Expressão das pressões parciais dos componentes gasosos:

Pressão parcial do N_2O_4: $P_{N_2O_4} = X_{N_2O_4} x\ p_t = \left[\frac{n(1-\alpha)}{n(1+\alpha)}\right] x\ p_t = \left[\frac{(1-\alpha)}{(1+\alpha)}\right] x\ p_t$

Pressão parcial do NO_2: $P_{NO_2} = X_{NO_2} x\ p_t = \left[\frac{2n\alpha}{n(1+\alpha)}\right] x\ p_t = \left[\frac{2\alpha}{1+\alpha}\right] x\ p_t$

Expressão e desenvolvimento da constante de equilíbrio em função das pressões parciais: $K_p = \frac{p_{NO_2}^2}{p_{N_2O_4}} = \frac{\left\{\left[\frac{2\alpha}{1+\alpha}\right] x\ p_t\right\}^2}{\left[\frac{2\alpha}{1+\alpha}\right] x\ p_t} = \frac{4\alpha^2 p_t}{1-\alpha^2}$

(i) Cálculo da constante de equilíbrio em função das pressões parciais: $K_p = \frac{4\alpha^2 p_t}{1-\alpha^2}$

$$K_p = \frac{4\alpha^2 p_t}{1-\alpha^2} = \frac{4\ x\ (0{,}25)^2 x\ 1}{1-(0{,}25)^2} = 0{,}267$$

(ii) Determinação do grau de dissociação para uma pressão reacional igual a 0,10 atmosferas. Como a temperatura é constante, o valor da constante de equilíbrio em função da pressão parcial será a mesma. $K_p = \frac{4\alpha^2 p_t}{1-\alpha^2} = 0{,}267$

$$\frac{4\alpha^2\ x\ 0{,}10}{1-\alpha^2} = 0{,}267$$

$$0{,}267 - 0{,}267\alpha^2 = 4\alpha^2\ x\ p_t$$

$$0{,}267 - 0{,}267\alpha^2 = 4\alpha^2\ x\ 0{,}10$$

$$\alpha^2 = \frac{0{,}267}{0{,}667}$$

$$\alpha = \sqrt{\frac{0{,}267}{0{,}667}} = 0{,}632\ (63{,}20\%)$$

Questão 163

(GRILLO) Base de cálculo: n(mol) inicial de sulfeto ácido de amônio. Equação química de decomposição do sulfeto ácido de amônio: $NH_4HS_{(sólido)} \rightleftarrows NH_{3(gás)} + H_2S_{(gás)}$. Para a resolução do problema será necessário utilizar a tabela de equilíbrio químico:

	$NH_4HS_{(gás)}$	⇄	$NH_{3(gás)}$	$H_2S_{(gás)}$
Início	n		0	0
Reage	nα		nα	nα
Equilíbrio	n - nα		nα	nα

Determinação das expressões das pressões parciais:

Pressão parcial do NH_3: $P_{NH_3} = X_{NH_3} x\ p_t = \left[\frac{n\alpha}{2n\alpha}\right] x\ p_t$

Pressão parcial do NO2: $P_{H_2S} = X_{H_2S} \times p_t = \left[\frac{n\alpha}{2n\alpha}\right] \times p_t$

Cálculo das pressões parciais:

Pressão parcial do NH3: $P_{NH_3} = X_{NH_3} x\, p_t = \left[\frac{n\alpha}{2n\alpha}\right] \times 500 \text{ torr} = 250 \text{ torr}$

Pressão parcial do H2S: $P_{H_2S} = X_{H_2S} \times p_t = \left[\frac{n\alpha}{2n\alpha}\right] \times 500 \text{ torr} = 250 \text{ torr}$

Cálculo da constante de equilíbrio em função da pressão parcial: $K_p = \frac{p_{NH_3} \times p_{H_2S}}{a_{NH_4HS}} = \frac{\frac{250 \text{ torr}}{760 \text{ torr}} \times \frac{250 \text{ torr}}{760 \text{ torr}}}{1} = 0{,}108$

Cálculo da constante de equilíbrio em função da fração molar (K_x): $K_p = K_x \times (p_{total})^{\Delta n}$

$$0{,}108 = K_x \times \left(\frac{500 \text{ torr}}{760 \text{ torr}}\right)^{2-0}$$

$$K_x = 0{,}249$$

Cálculo da constante de equilíbrio em função da concentração da quantidade de matéria:

$$K_p = K_c \times (RT)^{2-0}$$

$$0{,}108 = K_c \times (0{,}08206 \times 298)^2$$

$$K_c = 1{,}80 \times 10^{-4}$$

Questão 164

(GRILLO) Para a resolução do problema, será necessário utilizar a tabela de equilíbrio com base de cálculo de n(mol) inicial de sulfeto ácido de amônio. Equação química da decomposição do sulfato de cálcio: $CaSO_{4(sólido)} \rightleftarrows 2CaO_{(sólido)} + 2SO_{2(gás)} + O_{2(gás)}$.

	$CaSO_{4(sólido)}$	$\rightleftarrows$	$2CaO_{(sólido)}$	$2SO_{2(gás)}$	$O_{2(gás)}$
Início	n		0	0	0
Reage	nα		-	2nα	nα
Equilíbrio	n - nα		-	2nα	nα

Cálculo do número de mol total entre os participantes gasosos: n_{total} = 2nα + nα = 3nα

Expressão e cálculo das pressões parciais:

Pressão parcial do SO2: $P_{SO_2} = X_{SO_2} x\, p_t = \left[\frac{2n\alpha}{3n\alpha}\right] \times p_{total}$

Pressão parcial do O2: $P_{O_2} = X_{O_2} x\, p_t = \left[\frac{n\alpha}{3n\alpha}\right] \times p_{total}$

Expressão e cálculo da constante de equilíbrio em função da pressão parcial:

$$K_p = \frac{a_{CaO}^2 \times P_{SO_2}^2 \times P_{O_2}}{a_{CaSO_4}}$$

$$K_p = \frac{a_{CaO}^2 \times P_{SO_2}^2 \times P_{O_2}}{a_{CaSO_4}} = \frac{(1)^2 \times \left(\frac{2}{3} \times p_T\right)^2 \times \left(\frac{1}{3} \times p_T\right)}{1} = \frac{4}{29} \times p_T^3$$

Sabendo que a constante de equilíbrio em função da pressão parcial é dada por: $K_p = 1{,}45 \times 10^{-5}$, o valor da pressão total do sistema reacional será: $K_p = 1{,}45 \times 10^{-5}$

$$\frac{4}{29} \times p_T^3 = 1{,}45 \times 10^{-5}$$

$$p_T = 47{,}19 \times 10^{-3}\ \text{atm} \times \frac{760\ \text{torr}}{1\ \text{atm}} = 35{,}87\ \text{torr}$$

Questão 165

(GRILLO) Equação química reversível: $C_{(grafite,sólido)} + CO_{2(gás)} \rightleftarrows 2CO_{(gás)}$. Para a resolução deste problema será realizado como base de cálculo uma quantidade de 100 mol.

Cálculo do número de mol de monóxido de carbono: n_{CO} = 0,9377 x 100 mol = 93,77 mol

Cálculo do número de mol de dióxido de carbono: n_{CO2} = 1 – n_{CO} = 100 mol – 93,77 mol = 6,23 mol
Cálculo da pressão parcial dos participantes gasosos:

Pressão parcial de monóxido de carbono: $P_{CO} = X_{CO} \times p_t = \left[\frac{93{,}77\ \text{mol}}{100\ \text{mol}}\right] \times 1{,}0\ \text{atm} = 0{,}9377\ \text{atm}$

Pressão parcial de dióxido de carbono: $P_{CO_2} = X_{CO_2} \times p_t = \left[\frac{6{,}23\ \text{mol}}{100\ \text{mol}}\right] \times 1{,}0\ \text{atm} = 0{,}0623\ \text{atm}$

Item a) Cálculo da constante de equilíbrio em função da pressão parcial: $K_p = \frac{P_{CO}^2}{P_{CO_2}} = \frac{(0{,}9377)^2}{0{,}0623} = 14{,}11$

Cálculo da constante de equilíbrio em função da concentração da quantidade de matéria: $K_p = K_c \times (RT)^{\Delta n}$

$$14{,}11 = K_c \times (0{,}08206 \times 1123)^{2-1}$$

$$K_c = \frac{14{,}11}{92{,}15} = 0{,}153$$

Cálculo da constante de equilíbrio em função da fração molar: $K_p = K_x \times (p_t)^{\Delta n}$

$$14{,}11 = K_x\ x\ (1{,}0)^{2-1}$$

$$K_x = 14{,}11$$

Item b) Para a resolução deste item será necessário utilizar a tabela de equilíbrio químico, apresentando como base de cálculo n(mol) inicial de dióxido de carbono.

	$C_{(grafite)}$	$CO_{2(gás)}$	$\rightleftarrows$	$2CO_{(gás)}$
Início	-	n		0
Reage	-	nα		2nα
Equilíbrio	-	n - nα		2nα

Cálculo do número de mol total: n_{total} = n – nα + 2nα = n + nα

Determinação das expressões das pressões parciais:

Pressão parcial do dióxido de carbono – CO_2: $P_{CO_2} = X_{CO_2} \times p_t = \left[\frac{n.(1-\alpha)}{n+n\alpha}\right] \times p_t = \frac{(1-\alpha)}{(1+\alpha)} \times p_t$

Pressão parcial do monóxido de carbono - CO: $P_{CO} = X_{CO} \times p_t = \left[\frac{2n\alpha}{n+n\alpha}\right] \times p_t = \frac{2\alpha}{(1+\alpha)} \times p_t$

Expressão da constante de equilíbrio em função da pressão parcial:

$$K_p = \frac{p_{CO}^2}{p_{CO_2}} = \frac{\left\{\left[\frac{2\alpha}{1+\alpha}\right] x\ p_t\right\}^2}{\left[\frac{2\alpha}{1+\alpha}\right] x\ p_t} = \frac{4\alpha^2 x\ p_t}{1-\alpha^2}$$

Como a temperatura é constante, o valor da constante de equilíbrio será constante, ou seja, K_p = 14,11. Para uma pressão total igual a 10 atmosferas, temos: $K_p = \frac{4\alpha^2 x\ p_t}{1-\alpha^2}$

$$14{,}11 = \frac{4\alpha^2 x\ 10}{1-\alpha^2}$$

$$14{,}11 - 14{,}11.\alpha^2 = 40\alpha^2$$

$$\alpha^2 = \frac{14{,}11}{54{,}11} = 266\ x\ 10^{-3}$$

$$\alpha = 0{,}516\ (51{,}60\%)$$

Cálculo da fração molar do monóxido de carbono:

$$X_{CO} = \frac{2\alpha}{(1+\alpha)} = \frac{2\ x\ 0{,}52}{1+0{,}52} = 0{,}684\ (68{,}40\%)$$

Questão 166

(GRILLO) Equação química da decomposição do pentacloreto de fósforo: $PCl_{5(gás)} \rightleftarrows PCl_{3(gás)} + Cl_{2(gás)}$

Base de cálculo: n(mol) inicial de $PCl_{5(gás)}$. Aplicando a tabela de equilíbrio químico:

	$PCl_{5(gás)}$	$\rightleftarrows$	$PCl_{3(gás)}$	$Cl_{2(gás)}$
Início	n		0	0
Reage	nα		nα	nα
Equilíbrio	n – nα		nα	nα

Item a) Cálculo do número de mol total (n_T): $n_T = n_{PCl5} + n_{PCl3} + n_{Cl2}$
n_T = n – ~~nα~~ + ~~nα~~ + nα
n_T = n + nα = n.(1 + α)

Logo: $p_{total}\ x\ V = n_{total}\ x\ R\ x\ T$

$$p_{total}\ x\ V = n\ x\ (1+\alpha)\ x\ R\ x\ T$$
$$p_{total}\ x\ V = \frac{massa}{<MM>} x\ (1+\alpha)\ x\ R\ x\ T$$

$$p_{total}\ x < MM > = \frac{massa}{V} x\ (1+\alpha)\ x\ R\ x\ T$$

$$\boxed{d = \frac{p_{total}\ x < MM >}{(1+\alpha)\ x\ R\ x\ T}}$$

Expressão das pressões parciais com compostos gasosos:

Pressão Parcial do PCl_5: $P_{PCl5} = X_{PCl5} \times p_T = \left(\frac{n-n\alpha}{n+n\alpha}\right) x\ p_T = \left(\frac{1-\alpha}{1+\alpha}\right) x\ p_T$

Pressão Parcial do PCl_3: $P_{PCl3} = X_{PCl3} \times p_T = \left(\frac{n\alpha}{n+n\alpha}\right) x\ p_T = \left(\frac{\alpha}{1+\alpha}\right) x\ p_T$

Pressão Parcial do C_2H_4: $P_{Cl2} = X_{Cl2} \times p_T = \left(\frac{n\alpha}{n+n\alpha}\right) x\ p_T = \left(\frac{\alpha}{1+\alpha}\right) x\ p_T$

Expressão da constante de equilíbrio em função das pressões parciais (K_p):

$$K_p = \frac{P_{PCl_3}\ x\ P_{Cl_2}}{P_{PCl_5}} = \frac{\left[\frac{\alpha^2}{(1+\alpha)^2}\right] x\ p_T^2}{\left[\frac{(1-\alpha)}{(1+\alpha)}\right] x\ p_T} = \frac{\alpha^2 x\ p_T}{1-\alpha^2}$$

Cálculo da pressão total do sistema reacional, a partir da constante de equilíbrio em função da pressão parcial. $K_p = \frac{\alpha^2 x\ p_T}{1-\alpha^2}$

$$1{,}78 = \frac{(0{,}30)^2 x\ p_T}{1-(0{,}30)^2}$$

$$p_T = 18{,}00\ \text{atm}$$

Cálculo da constante de equilíbrio em função da fração molar. $K_p = K_x\ x\ (p_t)^{\Delta n}$

$$1{,}78 = K_x\ x\ (18{,}00)^{2-1}$$

$$K_x = 0{,}105$$

Questão 167

(PROGRAMA DE PÓS-GRADUAÇÃO PARA MESTRADO EM QUÍMICA – UNIVERSIDADE FEDERAL DE PELOTAS) A base de cálculo para a resolução deste problema de equilíbrio químico já foi dada no próprio enunciado do problema. Equação química: $CO_{(gás)} + H_2O_{(gás)} \rightleftarrows H_{2(gás)} + CO_{2(gás)}$. Base de cálculo: 5 mol/L de CO e 5 mol/L de H_2O de concentração da quantidade de matéria no estado inicial. Para a resolução do problema será necessário utilizar a tabela de equilíbrio químico:

	$CO_{(gás)}$	$H_2O_{(gás)}$	$\rightleftarrows$	$H_{2(gás)}$	$CO_{2(gás)}$
Início	5,0	5,0		0	0
Reage	X	X		X	X
Equilíbrio	5,0 – X	5,0 – X		X	X

Expressão da constante de equilíbrio em função da concentração da quantidade de matéria: $K_c = \frac{[H_2]\ x\ [CO_2]}{[CO]\ x\ [H_2O]}$

Substituindo os valores correspondentes no estado de equilíbrio químico das espécies gasosas, temos: $K_c = \frac{X\ x\ X}{(5{,}0-X)\,.(5{,}0-X)}$

$$K_c = \frac{X^2}{(5{,}0-X)^2}$$

Sabendo que a constante do equilíbrio para este processo é igual a 4,0, temos: $4{,}0 = \frac{X^2}{(5{,}0-X)^2}$

Tirando a raiz quadrada da equação acima: $\sqrt{4{,}0} = \sqrt{\frac{X^2}{(5{,}0-X)^2}}$

$$2{,}0 = \frac{X}{(5{,}0-X)}$$

Resolvendo a equação acima, temos: $X = 10{,}0 - 2.X$

$$X = 3{,}33 \frac{mol}{L}$$

Cálculo da concentração da quantidade de matéria dos produtos da reação química: $[CO_2] = [H_2] = X = 3{,}33 \frac{mol}{L}$.

Questão 168

(PROVA CONJUNTA DOS PROGRAMAS DE PÓS-GRADUAÇÃO – SOCIEDADE BRASILEIRA DE QUÍMICA) Alternativa D.

Cálculo da variação da entalpia padrão para o processo cinético: $\Delta H^0 = 120 \frac{kJ}{mol} - 90 \frac{kJ}{mol} = +30{,}0 \frac{kJ}{mol}$ (Processo endotérmico)

A constante de equilíbrio é a razão da velocidade específica da reação direta pela velocidade específica da reação inversa.

$$K_{eq} = \frac{k_{direta}}{k_{inversa}} = \frac{1{,}40 \times 10^{-3}}{1{,}22 \times 10^{-3}} = 1{,}15$$

Questão 169

(CONCURSO PARA DOCENTE FEDERAL – ENGENHARIA QUÍMICA - MODIFICADA) Equação química reversível: $SO_2Cl_{2(gás)} \rightleftarrows SO_{2(gás)} + Cl_{2(gás)}$.

Primeiramente será necessário aplicar uma base de cálculo para utilizar a tabela de equilíbrio químico. Base de cálculo: P_o inicial de cloreto de sulfurila.

	$SO_2Cl_{2(gás)}$	$\rightleftarrows$	$SO_{2(gás)}$	$Cl_{2(gás)}$
Início	p_0		0	0
Reage	$p_0 . \alpha$		$p_0 . \alpha$	$p_0 . \alpha$
Equilíbrio	$p_0 - p_0 . \alpha$		$p_0 . \alpha$	$p_0 . \alpha$

Determinação da pressão total do sistema: $p_{total} = p_0 - p_0 . \alpha + p_0 . \alpha + p_0 . \alpha$

$$p_{total} = p_0 + p_0 . \alpha = p_0 \times (1 + \alpha)$$

$$p_0 = \frac{p_{total}}{(1 + \alpha)}$$

Expressão da constante de equilíbrio em função da pressão parcial:

$$K_p = \frac{P_{SO_2} \times P_{Cl_2}}{P_{SO_2Cl_2}} = \frac{p_0 . \alpha \times p_0 . \alpha}{p_0 - p_0 . \alpha} = \frac{p_0^2 \times \alpha^2}{p_0 \times (1 - \alpha)}$$

$$K_p = \frac{p_0 \times \alpha^2}{(1 - \alpha)}$$

Substituindo a pressão inicial que relaciona com a pressão total na equação da constante de equilíbrio em função da pressão parcial, temos: $p_0 = \frac{p_{total}}{(1+\alpha)}$.

$$K_p = \frac{p_0 \times \alpha^2}{(1 - \alpha)} = \frac{\frac{p_{total}}{(1 + \alpha)} \times \alpha^2}{(1 - \alpha)} = \boxed{\frac{p_{total} \times \alpha^2}{1 - \alpha^2}}$$

Cálculo do grau de dissociação, a partir da constante de equilíbrio em função da pressão parcial: $2{,}4 = \frac{3{,}0 \times \alpha^2}{1 - \alpha^2}$

$$2{,}4 - 2{,}4 . \alpha^2 = 3{,}0 . \alpha^2$$

$$\alpha^2 = \frac{2,4}{5,4}$$

$$\alpha = \sqrt{\frac{2,4}{5,4}} = 0,666$$

Cálculo da pressão inicial, a partir da equação que relaciona a pressão inicial com a pressão total: $p_0 = \frac{p_{total}}{(1+\alpha)}$

$$p_0 = \frac{3,0}{(1 + 0,666)} = 1,80\ atm$$

Cálculo da pressão parcial do gás cloro: $P_{Cl_2} = p_0 . \alpha = 1,80\ atm\ x\ 0,666 = 1,20\ atm$

Questão 170

(CONCURSO PÚBLICO PARA INGRESSO NO CORPO DE ENGENHEIROS DA MARINHA - ENGENHARIA QUÍMICA) Equação química reversível: $N_{2(gás)} + O_{2(gás)} \rightleftarrows 2NO_{(gás)}$. Para a resolução do problema será necessário utilizar a equação de Van´t Hoff.

Analisando o sistema para T_1 = 1700°C: $K_c = 4,1 \times 10^{-4}$

Analisando o sistema para T_2 = 2200°C: $K_c = 36,0 \times 10^{-4}$

Para a resolução, será necessário aplicar a equação de Van´t Hoff, levando em consideração que a constante dos gases seja igual a 8,314 Pa x m³ x mol⁻¹ x K⁻¹. Cálculo da variação da entalpia padrão: $\ln\left(\frac{4,1 \times 10^{-4}}{36,0 \times 10^{-4}}\right) = \frac{\Delta H^0}{8,314} x \left\{\frac{1}{2200+273} - \frac{1}{1700+273}\right\}$

$$\Delta H^0 = \frac{-2,172 \times 8,314}{-102,47 \times 10^{-6}} = +\ 1,76 \times 10^{+5}$$

A partir da equação de Van't Hoff, o processo de formação do óxido nítrico (óxido neutro) é endotérmico, pelo fato da variação da entalpia ser positiva.

Questão 171

(CONCURSO PÚBLICO PARA INGRESSO NO CORPO DE ENGENHEIROS DA MARINHA - ENGENHARIA QUÍMICA) Equação química reversível para a formação do iodeto de hidrogênio: $H_{2(gás)} + I_{2(gás)} \rightleftarrows 2HI_{(gás)}$. Base de cálculo: 1 mol de $H_{2(gás)}$ e 1 mol de $I_{2(gás)}$. Tabela de equilíbrio químico:

	$H_{2(gás)}$ (mol)	$I_{2(gás)}$ (mol)	$\rightleftarrows$	$2HI_{(gás)}$ (mol)
Início	1,0	1,0		0
Reage	α	α		2α
Equilíbrio	1,0 - α	1,0 - α		2α

Expressão da constante de equilíbrio: $K_c = \frac{[HI]^2}{[H_2] \times [I_2]}$

Substituindo os valores das espécies químicas do equilíbrio na constante de equilíbrio: $K_c = \frac{[2\alpha]^2}{[1,0-\alpha] \times [1,0-\alpha]}$

$$0,016 = \frac{[2\alpha]^2}{[1,0 - \alpha]^2}$$

Tirando a raiz quadrada da expressão matemática: $\sqrt{0,016} = \sqrt{\frac{[2\alpha]^2}{[1,0-\alpha]^2}}$

$$0,126 = \frac{2\alpha}{1,0 - \alpha}$$

$$\alpha = 0,059$$

Cálculo das concentrações das espécies gasosas:

$$[HI] = 2\alpha = 2\,x\frac{0{,}059\ \text{mol}}{10\ \text{L}} = 0{,}119\frac{\text{mol}}{\text{L}}$$

$$[H_2] = [I_2] = \frac{1{,}0 - \alpha}{10\ \text{L}} = \frac{1{,}0 - 0{,}059}{10} = 0{,}094\frac{\text{mol}}{\text{L}}$$

Questão 172

(CONCURSO PÚBLICO PARA DOCENTE FEDERAL – UNIVERSIDADE FEDERAL DE MINAS GERAIS) Alternativa D.
A partir do princípio de Le Chatelier, aumentando a concentração da quantidade de matéria do gás A, o equilíbrio será deslocado para a direita, aumentando a concentração da quantidade de matéria dos produtos $C_{(gás)}$ e $D_{(gás)}$ e diminuindo a concentração da quantidade de matéria de $A_{(gás)}$.

Questão 173

(PROCESSO DE SELEÇÃO E ADMISSÃO AOS CURSOS DE MESTRADO E DE DOUTORADO – UNIVERSIDADE FEDERAL DE SANTA CATARINA) Equação reversível de decomposição do pentacloreto de fósforo: $PCl_{5(gás)} \rightleftharpoons PCl_{3(gás)} + Cl_{2(gás)}$. Para a resolução do problema será necessária uma base de cálculo e utilizar a tabela de equilíbrio químico. Base de cálculo: 1 mol de pentacloreto de fósforo no estado inicial do processo químico. Tabela de equilíbrio químico:

	$PCl_{5(gás)}$ (mol)	$\rightleftharpoons$	$PCl_{3(gás)}$ (mol)	$Cl_{2(gás)}$ (mol)
Início	1		0	0
Reage	1 x α		1 x α	1 x α
Equilíbrio	1 - α		α	α

Cálculo do número de mol total no estado de equilíbrio químico: $n_{Total} = n_{PCl5} + n_{PCl3} + n_{Cl2}$
$n_{Total} = 1 - \alpha + \alpha + \alpha = 1 + \alpha$

Cálculo das pressões parciais dos compostos gasosos, presentes no estudo termodinâmico:

$$P_{PCl_3} = P_{Cl_2} = \frac{\alpha}{(1+\alpha)}\,x\,p_{total}$$

$$p_{PCl_5} = \frac{(1-\alpha)}{(1+\alpha)}\,x\,p_{total}$$

Expressão da constante de equilíbrio em função da pressão parcial:

$$K_p = \frac{P_{PCl_3}\,x\,P_{Cl_2}}{P_{PCl_5}} = \frac{\frac{\alpha}{(1+\alpha)}\,x\,p_{total}\,x\,\frac{\alpha}{\cancel{(1+\alpha)}}\,x\,\cancel{p_{total}}}{\frac{(1-\alpha)}{\cancel{(1+\alpha)}}\,x\,\cancel{p_{total}}} = \boxed{\frac{\alpha^2\,x\,p_{total}}{1-\alpha^2}}$$

Para a determinação dos itens apresentados pela questão, será necessário calcular o grau de dissociação (α) e a pressão total do sistema reacional.

Cálculo da pressão total do sistema reacional, levando em consideração que o comportamento do gás seja ideal: $p_{total}\,x\,V = n_{total}\,x\,R\,x\,T$

$$p_{total} = \frac{1{,}0\ x\ 0{,}08206\ x\ 500}{1{,}0} = 41{,}03\ \text{atm}$$

Cálculo do grau de dissociação do pentacloreto de fósforo, sabendo que a constante do equilíbrio em função da pressão parcial é igual a 0,497:

$$0,497 = \frac{41,03\ x\ \alpha^2}{1 - \alpha^2}$$

$$41,03 \text{ x } \alpha^2 = 0,497 - 0,497 \text{ x } \alpha^2$$

$$41,03 \text{ x } \alpha^2 + 0,497 \text{ x } \alpha^2 = 0,497$$

$$\alpha = 0,109$$

Item (a) Cálculo da pressão parcial do cloro gasoso no estado de equilíbrio: $P_{Cl_2} = \frac{n_{Cl_2}}{n_{total}} \text{ x } p_{total}$

$$P_{Cl_2} = \left(\frac{0,109}{1 + 0,109}\right) \text{ x } 41,03 = 4,03 \text{ atm}$$

Item (b) A partir do princípio de Le Chatelier, aumentando a pressão do sistema reacional (pressão total), o equilíbrio será deslocado para a esquerda, ou seja, aumentando a pressão parcial do pentacloreto de fósforo.

Item (c) Para a equação química inversa, $PCl_{3(gás)} + Cl_{2(gás)} \rightleftharpoons PCl_{5(gás)}$, a 500 K, o valor da constante de equilíbrio em função da pressão parcial será:

$$K_p' = \frac{1}{K_p} = \frac{1}{0,497} = 2,01$$

Questão 174

(PROCESSO DE SELEÇÃO E ADMISSÃO AOS CURSOS DE MESTRADO E DE DOUTORADO – UNIVERSIDADE FEDERAL DE SANTA CATARINA) Equação química reversível: $2SO_{2(gás)} + O_{2(gás)} \rightleftharpoons 2SO_{3(gás)}$, com $K_p = 2,80 \times 10^2$ (T = 1000 K).

Item (a) Cálculo da constante de equilíbrio em função da concentração da quantidade de matéria:

$$280 = K_c \text{ x } (0,08206 \text{ x } 1000)^{2-3}$$

$$\frac{K_c}{82,06} = 280$$

$$K_c = 22977$$

Item (b) Para melhor descrição do que ocorre durante o processo do sistema termodinâmico ao longo do decorrer dos reagentes e produtos é mais bem visualizado a partir da tabela de equilíbrio químico. Base de cálculo: $[SO_3]$ = 0,600 mol.L^{-1}; $[SO_2]$ = 0,150 mol.L^{-1} e $[O_2]$ = 0,025 mol.L^{-1}.

	$2SO_{2(gás)}$ (mol)	$O_{2(gás)}$ (mol)	$\rightleftharpoons$	$2SO_{2(gás)}$ (mol)
Início	0,150	0,025		0,600
Reage	2X	X		2X
Equilíbrio	0,150 – 2X	0,025 - X		0,600 + 2X

A partir dos resultados obtidos pela tabela de equilíbrio químico, observa-se que os reagentes químicos da reação direta diminuem no decorrer do avanço da reação, enquanto para os produtos há o aumento da concentração da quantidade de matéria. Com isso, no equilíbrio se observa o seguinte:

$[SO_3]$ = 0,600 mol.L^{-1} + 2X;

$[SO_2]$ = 0,150 mol.L^{-1} – 2X;

$[O_2]$ = 0,025 mol.L^{-1} – X.

Item (c) A redução do volume corresponde ao aumento da pressão do sistema reacional (pressão total). Logo, com a redução do volume do recipiente e a partir do princípio de Le Chatelier, o equilíbrio será deslocado para a direita, aumentando a concentração da quantidade de matéria do produto (trióxido de enxofre ou óxido sulfúrico) e a diminuição da concentração da quantidade de matéria dos reagentes da reação direta.

Questão 175

(PROCESSO SELETIVO PARA O CURSO DE MESTRADO EM QUÍMICA – UNIVERSIDADE ESTADUAL DA PARAÍBA) Para a resolução do problema será adotado como base de cálculo 1,0 mol de iodeto de hidrogênio no estado inicial na tabela de equilíbrio químico. Equação química: $2HI_{(gás)} \rightleftarrows H_{2(gás)} + I_{2(gás)}$

Tabela de equilíbrio químico:

	$2HI_{(gás)}$ (mol)	$\rightleftarrows$	$H_{2(gás)}$ (mol)	$I_{2(gás)}$ (mol)
Início	1,0		0	0
Reage	2X		X	X
Equilíbrio	1,0 - 2X		X	X

Expressão da constante de equilíbrio em função da concentração da quantidade de matéria: $K_c = \frac{[HI]^2}{[H_2] \times [I_2]}$

Substituindo os valores das espécies químicas do equilíbrio na constante de equilíbrio: $K_c = \frac{\left[\frac{X}{5}\right] x \left[\frac{X}{5}\right]}{\left[\frac{(1,0\ -2X)}{5}\right]^2}$

$$0,0206 = \frac{\left[\frac{X}{5}\right]^2}{\left[\frac{(1,0\ -2X)}{5}\right]^2}$$

Tirando a raiz quadrada da expressão matemática: $\sqrt{0,0206} = \sqrt{\frac{\left[\frac{X}{5}\right]^2}{\left[\frac{(1,0\ -2X)}{5}\right]^2}}$

$$0,143 = \frac{\frac{X}{5}}{\frac{(1,0\ -2X)}{5}}$$

$$X + 0,286.X = 0,143$$

$$X = \frac{0,143}{1,286} = 0,111$$

Cálculo da concentração da quantidade de matéria das espécies gasosas:

$$[HI] = \frac{1,0\ -\ 2X}{5,0} = \frac{1,0 - 2\ x\ 0,111}{5,0} = 0,156\frac{mol}{L}$$

$$[H_2] = [I_2] = \frac{X}{5,0} = \frac{0,111}{5,0} = 0,022\frac{mol}{L}$$

Questão 176

(GRILLO) Base de cálculo: n mol inicial de vapor d´água. Tabela de equilíbrio químico:

	$2H_2O_{(vapor)}$ (mol)	$\rightleftarrows$	$2H_{2(gás)}$ (mol)	$O_{2(gás)}$ (mol)
Início	n		0	0
Reage	2nα		2nα	nα
Equilíbrio	n - 2nα		2nα	nα

Cálculo do número de mol total no estado de equilíbrio químico: $n_{Total} = n_{H2O} + n_{H2} + n_{O2}$

$n_{Total} = n - 2n\alpha + 2n\alpha + n\alpha = n + n\alpha$

Expressão das pressões parciais dos compostos gasosos, presentes no estudo termodinâmico:

$$P_{H_2O} = \frac{n.(1-2\alpha)}{n.(1+\alpha)} x\ p_{total} = \frac{(1-2\alpha)}{(1+\alpha)} x\ p_{total}$$

$$P_{H_2} = \frac{2n\alpha}{n.(1+\alpha)} x\ p_{total} = \frac{2\alpha}{(1+\alpha)} x\ p_{total}$$

$$P_{O_2} = \frac{2n\alpha}{n.(1+\alpha)} x\ p_{total} = \frac{2\alpha}{(1+\alpha)} x\ p_{total}$$

Cálculo da pressão parcial para cada composto gasoso:

$$P_{H_2O} = \frac{(1 - 2\ x\ 0{,}0118)}{(1 + 0{,}0118)} x\ 1\ atm = 0{,}965\ atm$$

$$P_{H_2} = \frac{2\ x\ 0{,}0118}{(1 + 0{,}0118)} x\ 1\ atm = 0{,}0233\ atm$$

$$P_{O_2} = \frac{2\ x\ 0{,}0118}{(1 + 0{,}0118)} x\ 1\ atm = 0{,}01166\ atm$$

Cálculo da constante de equilíbrio em função da pressão parcial (K_p):

$$K_p = \frac{[H_2]^2\ x\ [O_2]}{[H_2O]^2} = \frac{(0{,}0233)^2\ x\ 0{,}01166}{(0{,}965)^2} = 6{,}80\ x\ 10^{-5}$$

Cálculo da constante de equilíbrio em função da fração molar: $K_p = K_X\ x\ (p_{total})^{\Delta n}$

$$K_X = \frac{6{,}80\ x\ 10^{-5}}{(1{,}0)^{3-2}} = 6{,}80\ x\ 10^{-5}$$

Questão 177

(GRILLO) Item (a) Para a resolução deste exercício a base de cálculo será uma quantidade inicial de n(mol) inicial para o pentacloreto de fósforo. Tabela de equilíbrio químico:

	$PCl_{5(gás)}$	⇄	$PCl_{3(gás)}$	$Cl_{2(gás)}$
Início	n		0	0
Reage	nα		nα	nα
Equilíbrio	n - nα		nα	nα

Cálculo do número de mol total (n_T) da mistura gasosa no equilíbrio: $n_T = n_{PCl5} + n_{PCl3} + n_{Cl2}$
$n_T = n - \cancel{n\alpha} + \cancel{n\alpha} + n\alpha$
$n_T = n + n\alpha = n(1 + \alpha)$

Relação da densidade (d) com o grau de dissociação (α): $p_{total}\ x\ V = n_{total}\ x\ R\ x\ T$

$$p_{total}\ x\ V = \frac{m}{< MM >} x\ (1 + \alpha)\ x\ R\ x\ T$$

$$p_{total}\ x < MM > = \underbrace{\frac{m}{V}}_{d} x\ (1 + \alpha)\ x\ R\ x\ T$$

$\boxed{d = \frac{p_{total}\ x < MM >}{(1+\alpha)\ x\ R\ x\ T}}$. Substitutindo os valores na equação, temos:

$$2{,}70 = \frac{1{,}0\ x\ (31\ +\ 177{,}50)}{(1 + \alpha)\ x\ 0{,}08206\ x\ (350\ +\ 273)}$$

$$208{,}50 = 138{,}03\ x\ (1 + \alpha)$$

$$\alpha = 0{,}51\ (51\%)$$

Item (b) Cálculo da constante de equilíbrio em função da pressão parcial.

$$K_p = \frac{p_{PCl_3}\ x\ p_{Cl_2}}{p_{PCl_5}} = \frac{\frac{\alpha}{(1+\alpha)}\ x\ p_{total}\ x\ \frac{\alpha}{\cancel{(1+\alpha)}}x\ \cancel{p_{total}}}{\frac{(1-\alpha)}{\cancel{(1+\alpha)}}\ x\ \cancel{p_{total}}} = \boxed{\frac{\alpha^2\ x\ p_{total}}{1-\alpha^2}}.$$

Substittuindo os valores na equação, temos:

$$K_p = \frac{(0{,}51)^2\ x\ 1{,}0}{1\ -\ (0{,}51)^2} = 0{,}351$$

Item (c) Cálculo da constante de equilíbrio em função da fração molar: $K_p = K_X\ x\ (p_{total})^{\Delta n}$

$$K_X = \frac{0{,}351}{(1{,}0)^{2-1}} = 0{,}351$$

Item (d) Cálculo da constante de equilíbrio em função da concentração da quantidade de matéria: $K_p = K_c\ x\ (R\ x\ T)^{\Delta n}$

$$K_c = \frac{0{,}351}{(0{,}08206\ x\ 623)^{2-1}} = 6{,}88\ x\ 10^{-3}$$

Questão 178

(GRILLO) Base de cálculo: n mol inicial de vapor d´água. Tabela de equilíbrio químico:

	$H_2S_{(gás)}$ (mol)	$I_{2(sólido)}$	⇄	$2HI_{(gás)}$ (mol)	$S_{(rômbico)}$ (mol)
Início	n	-		0	0
Reage	nα	-		2nα	-
Equilíbrio	n - nα	-		2nα	-

Cálculo do número de mol total no estado de equilíbrio químico: $n_{Total} = n_{H2S} + n_{HI}$

$n_{Total} = n - n\alpha + 2n\alpha = n + n\alpha$

Expressão das pressões parciais dos compostos gasosos, presentes no estudo termodinâmico:

$$P_{H_2S} = \frac{n.(1 - \alpha)}{n.(1 + \alpha)} x\ p_{total} = \frac{(1 - \alpha)}{(1 + \alpha)} x\ p_{total}$$

$$P_{HI} = \frac{2n\alpha}{n.(1 + \alpha)} x\ p_{total} = \frac{2\alpha}{(1 + \alpha)} x\ p_{total}$$

Expressão da constante de equilíbrio em função da pressão parcial (K_p): $K_p = \frac{[HI]^2}{[H_2S]} = \frac{\left[\frac{2\alpha}{(1+\alpha)} x\ p_{total}\right]^2}{\frac{(1-\alpha)}{(1+\alpha)} x\ p_{total}} = \frac{4\alpha^2\ x\ p_{total}}{1-\alpha^2}$

Para uma pressão total do sistema reacional igual a 1,0 atmosfera, temos: $K_p = \frac{4\alpha^2\ x\ 1,0}{1-\alpha^2}$

Cálculo do grau de dissociação em função da pressão parcial: $1,33\ x\ 10^{-5} = \frac{4\alpha^2}{1-\alpha^2}$. Resolvendo a equação:

$$1,33\ x\ 10^{-5} - 1,33\ x\ 10^{-5}.\ \alpha^2 = 4\alpha^2$$

$$\alpha = 1,82\ x\ 10^{-3}$$

Cálculo da fração molar do iodeto de hidrogênio: $X_{HI} = \frac{n_{HI}}{n_{total}} = \frac{2\alpha}{(1+\alpha)} = \frac{2\ x\ 1,82\ x\ 10^{-3}}{1+\ 1,82\ x\ 10^{-3}} = 3,63\ x\ 10^{-3}$

Questão 179

(GRILLO) A partir da equação de Van't Hoff, temos que sua relação da constante de equilíbrio com a temperatura é dada por: $\frac{dlnK}{dT} = \frac{\Delta H^o}{R\ x\ T^2}$

Realizando a derivada da expressão do logaritmo neperiano da constante de equilíbrio: $\frac{d}{dT}[1 - 1000\ x\ T^{-1} + 20000\ x\ T^{-2}] = \frac{\Delta H^o}{8,314\ x\ x\ (500)^2}$

$$[0 + 1000\ x\ T^{-2} + 40000\ x\ T^{-3}] = \frac{\Delta H^o}{8,314\ x\ (500)^2}$$

$$\left[0 + \frac{1000}{(500)^2} + \frac{40000}{(500)^3}\right] = \frac{\Delta H^o}{8,314\ x\ (500)^2}$$

$$\Delta H^o = 7689 \frac{J}{mol}$$

Cálculo da variação da energia livre de Gibbs padrão: $\Delta G^o = -R\ x\ T\ x\ ln[1 - 1000\ x\ T^{-1} + 20000\ x\ T^{-2}]$

Para uma T = 500 K: $\Delta G^o = -8,314\ x\ 500\ x\ ln\left[1 - 1000\ x \frac{1}{500} + 20000\ x \frac{1}{(500)^2}\right] = +3824,44 \frac{J}{mol}$

Cálculo da variação da entropia padrão: $+3824,44 = 7689 - 500\ x\ \Delta S^o$

$$\Delta S^o = +7,73 \frac{J}{mol\ x\ K}$$

Questão 180

(GRILLO)

Item a) Equação química reversível: $CO_{2(gás)} + H_{2(gás)} \rightleftarrows CO_{(gás)} + H_2O_{(vapor)}$

Aumentando ou até mesmo diminuindo a pressão total do sistema reacional, não irá afetar o deslocamento do equilíbrio químico, uma vez que o número de mol dos reagentes é igual ao número de mol dos produtos.

Item b) Equação química reversível: $CO_{(gás)} + ½O_{2(gás)} \rightleftarrows CO_{2(gás)}$

Aumentando a pressão total do sistema reacional, o equilíbrio será deslocado para a direita, favorecendo a produção de dióxido de carbono.

Item c) Equação química reversível: $N_{2(gás)} \rightleftarrows 2N_{(gás)}$

Aumentando a pressão total do sistema reacional, o equilíbrio será deslocado para a esquerda, favorecendo o nitrogênio molecular.

Questão 181

(GRILLO) Equação química entre hidrocarbonetos: $2C_3H_{6(gás)} \rightleftarrows C_2H_{4(gás)} + C_4H_{8(gás)}$. Para começar a resolução do problema, será necessário calcular a variação da entalpia padrão (ΔH^0) a partir da equação de van´t Hoff. Esta equação termodinâmica estuda a relação entre a constante de equilíbrio com a temperatura, conforme pode ser observado a seguir. $\boxed{\frac{dlnK}{dT} = \frac{\Delta H^0}{R\,x\,T^2}}$

$$\frac{d}{dT}\left[-2{,}395 - \frac{2505}{T} + \frac{2{,}477\ x\ 10^6}{T^2}\right] = \frac{\Delta H^o}{R\ x\ T^2}$$

$$0 - (-1)\ x\ 2505\ x\ T^{-2} - 2\ x\ 2{,}477\ x\ 10^6\ x\ T^{-3} = \frac{\Delta H^o}{R\ x\ T^2}$$

$$2505\ x\ (525)^{-2} - 4{,}954\ x\ 10^6\ x\ (525)^{-3} = \frac{\Delta H^o}{8{,}314\ x\ (525)^2}$$

$$\Delta H^o = -57625{,}92\frac{J}{mol}$$

Cálculo da variação da energia livre de Gibbs padrão:

$$\Delta G^o = -R\ x\ T\ x\ ln\left[-2{,}395 - \frac{2505}{T} + \frac{2{,}477\ x\ 10^6}{T^2}\right]$$

Para uma T = 525 K:

$$\Delta G^o = -8{,}314\ x\ 525\ x\ ln\left[1 - 1000\ x\frac{1}{525} + 20000\ x\frac{1}{(525)^2}\right] = -7{,}94\ x\ 10^{+3}\frac{J}{mol}$$

Cálculo da variação da entropia padrão: $-7{,}94\ x\ 10^{+3} = -57625{,}92 - 525\ x\ \Delta S^o$

$$\Delta S^o = -94{,}64\frac{J}{mol\ x\ K}$$

Questão 182

(GRILLO) Cálculo da variação da entalpia padrão (ΔH^0) a partir da equação de van´t Hoff.

$$\boxed{\frac{dlnK}{dT} = \frac{\Delta H^o}{R\ x\ T^2}}$$

$$\frac{d}{dT}\left[4{,}814 - \frac{2{,}059}{T}\right] = \frac{\Delta H^o}{R\ x\ T^2}$$

$$0 - (-1)\ x\ 2{,}059\ x\ T^{-2} = \frac{\Delta H^o}{R\ x\ T^2}$$

$$2{,}059\ x\ (298)^{-2} = \frac{\Delta H^o}{8{,}314\ x\ (298)^2}$$

$$\Delta H^o = +17{,}11\frac{J}{mol}$$

Cálculo da variação da energia livre de Gibbs padrão: $\Delta G^o = -R\ x\ T\ x\ ln\left[4{,}814 - \frac{2{,}059}{T}\right]$

Para uma T = 298 K: $\Delta G^o = -8{,}314\ x\ 298\ x\ ln\left[4{,}814 - \frac{2{,}059}{298}\right] = -11{,}91\frac{kJ}{mol}$

Cálculo da variação da entropia padrão: $-11910 = +17{,}11 - 298 \times \Delta S^o$

$$\Delta S^o = +40{,}02 \frac{J}{mol \times K}$$

Questão 183

(MESTRE LICÍNIO RIBEIRO VIANA) Equação química: $N_2O_{4(gás)} \rightleftarrows 2NO_{2(gás)}$. Base de cálculo: n (mol) inicial de $N_2O_{4(g)}$ no estado inicial. Tabela de equilíbrio:

	$N_2O_{4(gás)}$	$\rightleftarrows$	$2NO_{2(gás)}$
Início	n		0
Reage	nα		2nα
Equilíbrio	n - nα		2nα

Cálculo do número de mol total (n_T) das espécies gasosas: $n_T = n - n\alpha + 2n\alpha = n.(1 + \alpha)$

Expressão das pressões parciais:

Pressão parcial do N_2O_4: $P_{N2O4} = X_{N2O4} \times p_T = \left(\frac{n-n\alpha}{n+n\alpha}\right) \times p_T = \left(\frac{1-\alpha}{1+\alpha}\right) \times p_T$

Pressão parcial do NO_2: $P_{NO2} = X_{NO2} \times p_T = \left(\frac{2n\alpha}{n+n\alpha}\right) \times p_T = \left(\frac{2\alpha}{1+\alpha}\right) \times p_T$

Expressão da constante de equilíbrio em função do grau de dissociação (α): $K_p = \frac{p^2_{NO_2}}{p_{N_2O_4}}$

$$K_p = \frac{\left[\frac{4\alpha^2}{(1+\alpha)^2} \times p^2_{TOTAL}\right]}{\left[\frac{(1-\alpha)}{(1+\alpha)} \times P_{TOTAL}\right]}$$

$$K_p = \frac{\left[\frac{4\alpha^2}{(1+\alpha)^{\cancel{2}}} \times p^{\cancel{2}}_{TOTAL}\right]}{\left[\frac{(1-\alpha)}{\cancel{(1+\alpha)}} \times \cancel{P_{TOTAL}}\right]} = \boxed{\frac{4\alpha^2}{1-\alpha^2} \times P_{TOTAL}}$$

Substituindo os valores na equação da constante de equilíbrio em função da pressão, temos:

$$K_p = \frac{4\alpha^2}{1-\alpha^2} \times P_{TOTAL}$$

$$K_p = \frac{4 \times (0{,}80)^2}{1-(0{,}80)^2} \times \frac{94 \text{ mmHg}}{760 \text{ mmHg}} = 0{,}879$$

Questão 184

(GRILLO) Equação química reversível: $N_2O_{4(gás)} \rightleftarrows 2NO_{2(gás)}$. Cálculo da variação da energia livre de Gibbs padrão, a partir da diferença da energia livre de Gibbs dos produtos e reagentes: $\Delta G^0_{reação} = 2 \times G^0_{NO_2} - G^0_{N_2O_4}$

$$\Delta G^0_{reação} = 2 \times 12{,}390 - 23{,}491 = +1{,}289 \frac{kcal}{mol}$$

Item a) Cálculo da constante de equilíbrio em função da pressão parcial:

$$1{,}289 = -1{,}987 \times 298 \times \ln K_p$$

$$\ln K_p = -2{,}18$$

$$K_p = e^{(-2,18)} = 0,113$$

Item b) Cálculo da constante de equilíbrio em função da fração molar: $K_p = K_X \text{ x } (p_{total})^{\Delta n}$

$$K_X = \frac{0,113}{(1,0)^{2-1}} = 0,113$$

Item c) Cálculo da constante de equilíbrio em função da concentração da quantidade de matéria:

$$0,113 = K_c \text{ x } (0,08206 \text{ x } 298)^{2-1}$$

$$K_c = 4,64 \text{ x } 10^{-3}$$

Item d) Base de cálculo: n (mol) inicial de $N_2O_{4(g)}$ no estado inicial. Tabela de equilíbrio:

	$N_2O_{4(gás)}$	⇄	$2NO_{2(gás)}$
Início	n		0
Reage	nα		2nα
Equilíbrio	n - nα		2nα

Cálculo do número de mol total (n_T) das espécies gasosas: $n_T = n - n\alpha + 2n\alpha = n.(1 + \alpha)$

Expressão das pressões parciais:

Pressão Parcial do N_2O_4: $P_{N2O4} = X_{N2O4} \text{ x } p_T = \left(\frac{n-n\alpha}{n+n\alpha}\right) \text{ x } p_T = \left(\frac{1-\alpha}{1+\alpha}\right) \text{ x } p_T$

Pressão Parcial do NO_2: $P_{NO2} = X_{NO2} \text{ x } p_T = \left(\frac{2n\alpha}{n+n\alpha}\right) \text{ x } p_T = \left(\frac{2\alpha}{1+\alpha}\right) \text{ x } p_T$

Expressão da constante de equilíbrio em função do grau de dissociação (α): $K_p = \frac{P_{NO_2}^2}{P_{N_2O_4}}$

$$K_p = \frac{\left[\frac{4\alpha^2}{(1+\alpha)^2} \text{ x } p_{TOTAL}^2\right]}{\left[\frac{(1-\alpha)}{(1+\alpha)} \text{ x } P_{TOTAL}\right]}$$

$$K_p = \frac{\left[\frac{4\alpha^2}{(1+\alpha)^{\not 2}} \text{ x } p_{TOTAL}^{\not 2}\right]}{\left[\frac{(1-\alpha)}{\cancel{(1+\alpha)}} \text{ x } \cancel{P_{TOTAL}}\right]} = \boxed{\frac{4\alpha^2}{1-\alpha^2} \text{ x } P_{TOTAL}}$$

Substituindo os valores na equação da constante de equilíbrio em função da pressão, temos:

$$0,113 = \frac{4 \text{ x } (0,50)^2}{1 - (0,50)^2} \text{ x } P_{TOTAL}$$

$$P_{TOTAL} = 0,085 \text{ atm}$$

Questão 185

(GRILLO) Equação química: $H_{2(gás)} + Cl_{2(gás)} \rightleftarrows 2HCl_{(gás)}$. Cálculo da variação da constante de equilíbrio em função da pressão parcial:

$\Delta G^o = -R \text{ x } T \text{ x } \ln K_p$. Para uma Temperatura de 298 K que corresponde a 25°C, temos:

$$22770 = -1{,}987 \text{ x } 298 \text{ x} \ln \mathrm{K_{eq}}$$

$$\ln \mathrm{K_{eq}} = \frac{22770}{-592{,}13} = -38{,}45$$

$$K_{eq} = e^{-38{,}45} = 2{,}0 \; x \; 10^{-17}$$

Questão 186

Para a resolução desta questão será necessário analisar as seguintes situações:

Situação 1: $\mathrm{K_{eq}} = \frac{[\mathrm{NO_2}]^2}{[\mathrm{N_2}] \text{ x } [\mathrm{O_2}]} = 4{,}0 \text{ x } 10^{-4}$

Situação 2: $\mathrm{K'_{eq}} = \frac{[\mathrm{N_2}]^{1/2} \text{ x } [\mathrm{O_2}]^{1/2}}{[\mathrm{NO_2}]} = \mathrm{X}$

Isolando a concentração da quantidade de matéria de dióxido de nitrogênio para a primeira situação (1), temos: $[NO_2]^2 = K_{eq} \; x \; [N_2] \; x \; [O_2]$

$$[\mathrm{NO_2}] = \sqrt{\mathrm{K_{eq}} \text{ x } [\mathrm{N_2}] \text{ x } [\mathrm{O_2}]}$$

$$[\mathrm{NO_2}] = 2{,}0 \text{ x } 10^{-2} \text{ x } \sqrt{[\mathrm{N_2}] \text{ x } [\mathrm{O_2}]}$$

$$[\mathrm{NO_2}] = 2{,}0 \text{ x } 10^{-2} \text{ x } ([\mathrm{N_2}] \text{ x } [\mathrm{O_2}])^{1/2}$$

$$[\mathrm{NO_2}] = 2{,}0 \text{ x } 10^{-2} \text{ x } ([\mathrm{N_2}] \text{ x } [\mathrm{O_2}])^{1/2}$$

$$[\mathrm{NO_2}] = 2{,}0 \text{ x } 10^{-2} \text{ x } [\mathrm{N_2}]^{1/2} \text{ x } [\mathrm{O_2}]^{1/2}$$

Substituindo a expressão da quantidade de matéria de dióxido de carbono, na equação acima, na segunda situação apresentada na resolução, temos:

$$\mathrm{K'_{eq}} = \frac{\cancel{[\mathrm{N_2}]^{1/2}} \text{ x } \cancel{[\mathrm{O_2}]^{1/2}}}{2{,}0 \text{ x } 10^{-2} \text{ x } \cancel{[\mathrm{N_2}]^{1/2}} \text{ x } \cancel{[\mathrm{O_2}]^{1/2}}} = \frac{100}{2} = 50$$

Questão 187

(PROCESSO SELETIVO PARA O CURSO DE MESTRADO EM QUÍMICA – UNIVERSIDADE ESTADUAL DA PARAÍBA)

Equação química de formação do gás amoníaco: $N_{2(gás)} + 3H_{2(gás)} \rightleftarrows 2NH_{3(gás)}$.

Expressão da constante de equilíbrio em função da pressão parcial: $\mathrm{K_p} = \frac{\mathrm{P^2_{NH_3}}}{\mathrm{P_{N_2}} \text{ x } \mathrm{P^3_{H_2}}}$

Substituindo os valores na equação da constante de equilíbrio em função da pressão parcial, temos: $1{,}45 \; x \; 10^{-5} = \frac{P^2_{NH_3}}{0{,}432 \; x \; (0{,}928)^3}$

$$\mathrm{P^2_{NH_3}} = 5{,}39 \text{ x } 10^{-5}$$

Tirando a raiz quadrada da pressão parcial de amônia: $\mathrm{P_{NH_3}} = \sqrt{5{,}39 \text{ x } 10^{-5}} = 2{,}32 \text{ x } 10^{-3} \text{ atm}$

Questão 188

(PROCESSO SELETIVO PARA O CURSO DE MESTRADO EM QUÍMICA – UNIVERSIDADE ESTADUAL DA PARAÍBA) A uma dada temperatura, K_c = 0,900 para a reação: $NO_{2(gás)} + NO_{(g)} \rightleftharpoons N_2O_{(gás)} + O_{2(gás)}$. Foi preparada uma mistura contendo 0,200 mol de $NO_{2(gás)}$ e 0,200 mol de $NO_{(gás)}$ em um recipiente de 4,00 L. Responda:

Item a) Expressão da constante de equilíbrio em função da concentração da quantidade de matéria: $K_c = \frac{[N_2O]\ x\ [O_2]}{[NO_2]\ x\ [NO]}$.

Item b) Para a resolução deste item será necessário aplicar uma base de cálculo e utilizando a tabela de equilíbrio químico. Base de cálculo: 0,200 mol de dióxido de nitrogênio e 0,200 mol de óxido nítrico. Tabela de equilíbrio químico:

	$NO_{2(gás)}$ (mol)	$NO_{(gás)}$	⇄	$N_2O_{(gás)}$ (mol)	$O_{2(gás)}$ (mol)
Início	0,200	0,200		0	0
Reage	X	X		X	X
Equilíbrio	0,200 - X	0,200 - X		X	X

Expressão da constante de equilíbrio em função da concentração da quantidade de matéria: $K_c = \frac{[N_2O]\ x\ [O_2]}{[NO_2]\ x\ [NO]}$

$$K_c = \frac{\frac{X}{4} x \frac{X}{4}}{\frac{0,200 - X}{4} x \frac{0,200 - X}{4}}$$

$$K_c = \frac{X^2}{(0,200 - X)^2}$$

Sabendo que o valor da constante de equilíbrio em função da concentração da quantidade de matéria na temperatura T é igual a 0,900 e tirando a raiz quadrada desta expressão, temos:

$$\sqrt{\frac{X^2}{(0,200 - X)^2}} = \sqrt{0,900}$$

$$\frac{X}{0,200 - X} = 0,949$$

$$X = 0,097 \text{ mol}$$

Concentração da quantidade de matéria das espécies químicas:

$$[N_2O] = [O_2] = \frac{0,097 \text{ mol}}{4,0 \text{ L}} = 0,024 \frac{\text{mol}}{\text{L}}$$

$$[NO_2] = [NO] = \frac{0,200 - 0,097 \text{ mol}}{4,0 \text{ L}} = 0,026 \frac{\text{mol}}{\text{L}}$$

Item c) Aumentando a concentração da quantidade de dióxido de nitrogênio no sistema reacional, o equilíbrio será deslocado para a esquerda, aumentando a concentração da quantidade de matéria do monóxido de dinitrogênio e de oxigênio molecular.

Item d) Triplicando a equação química, o valor da constante de equilíbrio será o inverso da terceira potência, ou seja: $K_c' = \frac{1}{(0,900)^3} = 1,37$

Questão 189

(CONCURSO PÚBLICO FEDERAL – DOCENTE – INSTITUTO FEDERAL DE ALAGOAS) Alternativa B.

Equação química reversível: $H_{2(gás)} + I_{2(gás)} \longrightarrow 2HI_{(gás)}$
Para a resolução do problema será necessário utilizar a tabela de equilíbrio químico levando em consideração a seguinte base de cálculo: no estado inicial foram inseridos 0,400 mol de $H_{2(gás)}$ e $I_{2(gás)}$ no estado inicial.

	$H_{2(gás)}$ (mol)	$I_{2(gás)}$ (mol)	⇄	$2HI_{(gás)}$ (mol)
Início	0,400	0,400		0
Reage	X	X		2X
Equilíbrio	0,400 - X	0,400 - X		2X

Expressão e cálculo da variável X na constante de equilíbrio em função da concentração da quantidade de matéria: $K_c = \frac{[HI]^2}{[H_2]\ x\ [I_2]}$

$$K_c = \frac{\left[\frac{(2X)}{20}\right]^2}{\frac{(0{,}400 - X)}{20} x \frac{(0{,}400 - X)}{20}}$$

$$49{,}5 = \frac{\left[\frac{(2X)}{20}\right]^2}{\frac{(0{,}400 - X)}{20} x \frac{(0{,}400 - X)}{20}}$$

Tirando a raiz quadrada: $\sqrt{49{,}5} = \sqrt{\frac{\left[\frac{(2X)}{20}\right]^2}{\frac{(0{,}400-X)}{20} x \frac{(0{,}400-X)}{20}}}$

$$\frac{\frac{(2X)}{\cancel{20}}}{\frac{(0{,}400 - X)}{\cancel{20}}} = 7{,}03$$

$$2X = 7{,}03\ x\ (0{,}400 - X)$$

$$X = \frac{2{,}812}{9{,}03} = 0{,}311\ \text{mol}$$

Cálculo da concentração da quantidade de matéria das espécies químicas:

$$[H_2] = [I_2] = \frac{0{,}400 - X}{20} = \frac{0{,}400 - 0{,}311}{20} = 0{,}00445 \frac{\text{mol}}{\text{L}}$$

$$[HI] = \frac{2\ x\ 0{,}311}{20} = \frac{0{,}622}{20} = 0{,}0311 \frac{\text{mol}}{\text{L}}$$

Questão 190

(PROCESSO SELETIVO PARA O CURSO DE MESTRADO EM QUÍMICA – UNIVERSIDADE FEDERAL DO ESPÍRITO SANTO)

Item a) Equação química: $H_{2(gás)} + I_{2(gás)} \rightleftarrows 2HI_{(gás)}$. Tabela de equilíbrio químico:

	$H_{2(gás)}$ (mol)	$I_{2(gás)}$ (mol)	⇄	$2HI_{(gás)}$ (mol)
Início	2,0	1,0		0
Reage	X	X		2X
Equilíbrio	1,065 mol	0,065 mol		1,870 mol

Expressão da constante de equilíbrio em função da concentração da quantidade de matéria:

$$K_c = \frac{[HI]^2}{[H_2]\ x\ [I_2]}$$

$$[H_2] = \frac{1{,}065\ \text{mol}}{10{,}0\ \text{L}} = 0{,}1065 \frac{\text{mol}}{\text{L}}$$

$$[I_2] = \frac{0{,}065 \text{ mol}}{10{,}0 \text{ L}} = 0{,}0065 \frac{\text{mol}}{\text{L}}$$

$$[HI] = \frac{1{,}870 \text{ mol}}{10{,}0 \text{ L}} = 0{,}1870 \frac{\text{mol}}{\text{L}}$$

Substituindo os valores das espécies químicas na equação da constante de equilíbrio em função da concentração da quantidade de matéria, temos:

$$K_c = \frac{[0{,}1870]^2}{0{,}1065 \text{ x } 0{,}0065} = 50{,}515$$

Item b) Cálculo da constante de equilíbrio em função da pressão parcial (K_p):

$$K_p = K_c \text{ x } (0{,}08206 \text{ x } 298)^{2-2}$$

$$K_p = K_c = 50{,}515$$

Questão 191

(PROCESSO SELETIVO PARA O CURSO DE DOUTORADO EM QUÍMICA – UNIVERSIDADE FEDERAL DO ESPÍRITO SANTO)

Equação química reversível: $2SO_{3(gás)} \rightleftharpoons 2SO_{2(gás)} + O_{2(gás)}$. Para a utilização da tabela de equilíbrio químico, a base de cálculo utilizada será: 0,0200 mol de trióxido de enxofre no estado inicial e 0,0142 mol de dióxido de enxofre no estado final. Completando a tabela de equilíbrio químico, temos:

	$2SO_{3(gás)}$ (mol)	$\rightleftarrows$	$2SO_{2(gás)}$ (mol)	$O_{2(gás)}$ (mol)
Início	0,0200		0	0
Reage	2X		2X = 0,0142	X = 0,00710
Equilíbrio	0,0200 – 2 x (0,00710)		2X	X

Expressão da constante de equilíbrio em função da concentração da quantidade de matéria: $K_c = \frac{[SO_2]^2 \, x \, [O_2]}{[SO_3]^2}$

$$[O_2] = \frac{0{,}00710 \text{ mol}}{1{,}52 \text{ L}}$$

$$[SO_2] = \frac{0{,}0142 \text{ mol}}{1{,}52 \text{ L}}$$

$$[SO_3] = \frac{(0{,}0200 - 2 \text{ x } 0{,}00710) \text{ mol}}{1{,}52 \text{ L}}$$

Substituindo os valores das espécies químicas gasosas na equação da constante de equilíbrio em função da concentração da quantidade de matéria, temos:

$$K_c = \frac{\left[\frac{0{,}0142 \text{ mol}}{1{,}52 \text{ L}}\right]^2 \text{ x } \frac{0{,}00710 \text{ mol}}{1{,}52 \text{ L}}}{\left[\frac{(0{,}0200 - 2 \text{ x } 0{,}00710) \text{ mol}}{1{,}52 \text{ L}}\right]^2} = 0{,}028$$

Item b) Cálculo da constante de equilíbrio em função da pressão parcial (K_p): $K_p = K_c \, x \, (RT)^{\Delta n}$

$$K_p = 0{,}028 \text{ x } (0{,}08206 \text{ x } 900)^{3-2} = 2{,}07$$

O efeito do volume do frasco seria analisado a partir do princípio de Le Chatelier. Há duas situações que devem ser levadas em consideração.

- Aumentando a pressão do sistema reacional (diminuição do volume), o equilíbrio será deslocado para a esquerda da reação direta, aumentando a produção de trióxido de enxofre.

- Diminuindo a pressão do sistema reacional (aumento do volume), o equilíbrio será deslocado para a direita da reação direta, aumentando a produção de dióxido de enxofre e oxigênio molecular.

Questão 192

(CONCURSO FEDERAL PARA DOCENTE – INSTITUTO FEDERAL DO PARÁ) Alternativa C.
Equação química reversível: $CO_{(gás)} + Cl_{2(gás)} \rightleftharpoons COCl_{2(gás)}$.
Constante de equilíbrio em função da concentração da quantidade de matéria (Kc) para a formação do fosgênio: $6{,}5 \times 10^{11}$ a 25°C.

Item a) Falso. A adição do catalisador não modifica o valor da constante de equilíbrio.

Item b) Falso. Aumentando a concentração da quantidade de matéria de monóxido de carbono (óxido neutro), o equilíbrio será deslocado para a direita, aumentando a concentração de fosgênio e diminuindo a concentração de cloro molecular.

Item c) Verdadeiro.

Item d) Falso. Se for adicionado $COCl_2$ na reação a concentração de Cl_2 aumenta.

Item e) Falso. Se for adicionado $COCl_2$ na reação a concentração de CO aumenta.

Questão 193

(CONCURSO FEDERAL PARA DOCENTE – UNIVERSIDADE FEDERAL DE PERNAMBUCO) Alternativa A.
Equação química reversível: $H_{2(gás)} + Cl_{2(gás)} \rightleftarrows 2HCl_{(gás)}$. Para que o processo desloqueie o equilíbrio para a direita, as alternativas a seguir foram analisadas a partir do princípio de Le Chatelier.

- Aumentar a concentração da quantidade de matéria de gás hidrogênio;
- Aumentar a concentração da quantidade de matéria de gás cloro;
- Aumentando ou diminuindo a pressão do sistema reacional o equilíbrio químico não é deslocado.

Questão 194

(CONCURSO FEDERAL PARA DOCENTE - UNIVERSIDADE FEDERAL DE MINAS GERAIS) Alternativa C.

Equação química reversível: $2NO_{(gás)} + O_{2(gás)} \rightleftharpoons 2NO_{2(gás)}$. A concentração da quantidade de matéria das três espécies químicas está no estado de equilíbrio químico. Com isso, o cálculo da constante de equilíbrio em função da concentração da quantidade de matéria será a seguinte:

$$K_c = \frac{[NO_2]^2}{[NO]^2 \text{ x } [O_2]}.$$

Substituindo os valores das concentrações na equação, temos: $K_c = \frac{[0{,}25]^2}{[0{,}050]^2 \text{ x } 0{,}75} = 33{,}33$

Questão 195

(CONCURSO FEDERAL PARA DOCENTE - UNIVERSIDADE FEDERAL DE PERNAMBUCO) Alternativa C.
Equação química reversível: $H_{2(gás)} + I_{2(gás)} \rightleftarrows 2HI_{(gás)}$. Cálculo do quociente reacional:

$$Q = \frac{\left(\frac{p_{HI}}{p^{\theta}}\right)^2}{\frac{p_{H_2}}{p^{\theta}} \text{ x } \frac{p_{I_2}}{p^{\theta}}} = \frac{\left(\frac{1\text{ bar}}{1\text{ bar}}\right)^2}{\frac{10\text{ bar}}{1\text{ bar}} \text{x} \frac{8\text{ bar}}{1\text{ bar}}} = 0{,}0125$$

A partir da determinação do quociente reacional (Q) e comparando com a constante de equilíbrio químico, é possível tirar a seguinte conclusão: $Q < K_{eq}$ e, portanto, a reação inversa é espontânea.

Questão 196

(CONCURSO PÚBLICO FEDERAL – CONHECIMENTOS ESPECÍFICOS) Alternativa C.

Equação química reversível: $CO_{(gás)} + ½\ O_{2(gás)} \rightleftarrows CO_{2(gás)}$

Para a resolução do problema será necessário utilizar a tabela de equilíbrio químico levando em consideração a seguinte base de cálculo: no estado inicial foram inseridos 2,0 atm de $CO_{(gás)}$ e 1,50 atm de $O_{2(gás)}$, apresentando no equilíbrio, que corresponde a etapa final, 0,60 atm de $O_{2(gás)}$.

	$CO_{(gás)}$ (atm)	½ $O_{2(gás)}$ (atm)	$\rightleftarrows$	$CO_{2(gás)}$ (atm)
Início	2,0	1,50		0
Reage	X	1,50 - X		X
Equilíbrio	2,0 - X	0,60 atm		X

Na coluna do oxigênio molecular: 1,50 atm – X = 0,60 atm
X = 0,90 atm

Logo as pressões parciais de cada molécula gasosa são as seguintes:

$P_{CO} = 2,0 - 0,90 = 1,10\ atm$

$P_{O_2} = 0,60\ atm$

$P_{CO_2} = 0,90\ atm$

Cálculo da constante de equilíbrio em função da pressão parcial:

$$K_p = \frac{P_{CO_2}}{P_{CO}\ x\ P_{O_2}^{1/2}} = \frac{0,90}{1,10\ x\ \sqrt{0,60}} = 1,06$$

Questão 197

Item a) Equação química reversível da decomposição da fosfina: $2PH_{3(gás)} \rightleftharpoons 2P_{(sólido)} + 3H_{2(gás)}$.

Cálculo do número de mol inicial de fosfina, a partir da utilização da equação dos gases ideais: $p_{ideal}\ x\ V = n_{PH_3}\ x\ R\ x\ T$

$$n_{PH_3} = \frac{0,64\ x\ 1,0}{0,08314\ x\ 298} = 0,0258\ mol$$

Cálculo do número de mol de fósforo: $n_P = \frac{0,725}{30,97} = 0,0234\ mol$

Utilizando a tabela de equilíbrio químico:

	$2PH_{3(gás)}$ (mol)	$\rightleftarrows$	$2P_{(sólido)}$ (mol)	$3H_{2(gás)}$ (mol)
Início	0,0258		0	0
Reage	2X		2X	3X
Equilíbrio	0,0258 - 2X		2X	3X

Cálculo do valor de X a partir do equilíbrio do fósforo sólido: 2X = 0,0234
X = 0,0117 mol

Cálculo do número de mol para cada espécie química apresentada no estado de equilíbrio químico:

$n_{H_2} = 2\ x\ (0,0117) = 0,0353\ mol$

$n_{PH_3} = 0,0258 - 2\ x\ (0,0117) = 0,00240\ mol$

Cálculo do número de mol total: $n_{total} = n_{PH_3} + n_{H_2}$

$n_{total} = 0,00240\ mol + 0,0353\ mol = 0,03750\ mol$

Cálculo da pressão total do sistema reacional, levando em consideração o comportamento ideal:

$p_{ideal}\ x\ 1,0 = 0,03750\ mol\ x\ 0,08314\ x\ 298$

$p_{ideal} = 0,930\ bar$

Cálculo da pressão parcial para cada espécie química:

$$P_{PH_3} = \frac{n_{PH_3}}{n_{total}} x\ P_{total} = \frac{0,00240}{0,03750} x\ 0,930\ bar = 0,05952\ bar$$

$$P_{H_2} = \frac{n_{H_2}}{n_{total}} x\ P_{total} = \frac{0,0351}{0,03750} x\ 0,930\ bar = 0,870\ bar$$

Item b) Cálculo da constante de equilíbrio químico em função da pressão parcial (K_p): $K_p = \frac{P_{H_2}^3}{P_{PH_3}^2} = \frac{(0,870)^3}{(0,05952)^2} = 185,88$

Item c) Para a análise dos itens apresentados, será necessário aplicar o princípio de Le Chatelier.

(i) Retirando (diminuindo) fósforo ($a_P = 1$) do recipiente, o equilíbrio não sofrerá modificação.
(ii) Adicionando o gás hidrogênio no recipiente, o equilíbrio será deslocado para a esquerda.
(iii) Dobrando o volume do recipiente o que corresponde a diminuir a pressão total do sistema reacional, o equilíbrio será deslocado para a direita.

Questão 198

Alternativa E.

Equação química entre o gás metano e a água no estado líquido: $CH_{4(gás)} + H_2O_{(líquido)} \rightleftarrows CO_{(gás)} + 3H_{2(gás)}$

A partir do princípio de Le Chatelier, para que o processo apresente favorecimento em maior produção de gás hidrogênio, seguem os seguintes tópicos apresentados a seguir.

- Diminuição da pressão do sistema reacional;
- Aumento da temperatura do sistema reacional;
- Aumento da pressão parcial do gás metano.

Questão 199

Alternativa E.

Sabendo que a relação entre as constantes de equilíbrio é dada por: $K_p = K_c\ x\ (RT)^{\Delta n}$

Equação química entre o dióxido de carbono e o gás hidrogênio: $CO_{2(gás)} + H_{2(gás)} \rightleftarrows CO_{(gás)} + H_2O_{(gás)}$

Cálculo: $K_p = K_c\ x\ (RT)^{2-2}$

$K_p = K_c$

Cálculo da variação da energia livre de Gibbs padrão:

$$\Delta G^0_{reação} = -8,314\ x\ 2000\ x\ \ln(3,70) = -2,175\ x\ 10^4 \frac{J}{mol}$$

Questão 200

Alternativa D.

A partir da equação termodinâmica da isoterma de van´t Hoff:

$$\Delta G_{\text{reação}} = \Delta G^0_{\text{reação}} + R \times T \times \ln Q$$

$$\Delta G_{\text{reação}} = -35900 + 8{,}314 \times 298 \times \ln \frac{p^2_{NH_3}}{p_{N_2} \times p^3_{H_2}}$$

$$\Delta G_{\text{reação}} = -35900 + 8{,}314 \times 298 \times \ln \frac{(10{,}50)^2}{2{,}750 \times (0{,}225)^3} = -15667{,}86\ J$$

Questão 201

Equação química homogênea: $A_2B_{4(gás)} \rightleftarrows 2AB_{2(gás)}$.

Para a resolução do problema será necessário utilizar a tabela de equilíbrio químico:

	$A_2B_{4(gás)}$ (mol)	$\rightleftarrows$	$2AB_{2(gás)}$(mol)
Início	1,0		0
Reage	X		2X
Equilíbrio	1,0 - X		2X

Expressão da constante de equilíbrio em função da concentração da quantidade de matéria: $K_{eq} = \frac{[AB_2]^2}{[A_2B_4]}$

Substituindo os valores das espécies químicas no estado de equilíbrio químico, levando em consideração que o volume é constante e igual a 1,0 litro, temos:

$$K_{eq} = \frac{\left[\frac{2X}{1{,}0}\right]^2}{\left[\frac{1{,}0 - X}{1{,}0}\right]}$$

$$\frac{\left[\frac{2X}{1{,}0}\right]^2}{\left[\frac{1{,}0 - X}{1{,}0}\right]} = 14$$

Para a expressão matemática acima, haverá a formação de uma equação do segundo grau, apresentada a seguir: $4X^2 + 14X - 14 = 0$

Resolvendo a equação do segundo grau, temos que suas raízes são as seguintes: $X_1 = 0{,}812$ e $X_2 < 0$.

Com isso, o grau de dissociação é igual a 81,20%.

QUESTÃO 202

Alternativa C.

Equação química homogênea: $X_2 + Y_2 \rightleftharpoons 2XY$.

Para a resolução do problema será necessário utilizar a tabela de equilíbrio químico:

	X_2 (mol x L^{-1})	Y_2 (mol x L^{-1})	$\rightleftarrows$	2XY (mol x L^{-1})
Início	0,40	0,40		0.80
Reage	X	X		2X
Equilíbrio	0,40 - X	0,40 - X		0,80 + 2X

Expressão da constante de equilíbrio em função da concentração da quantidade de matéria: $K_{eq} = \frac{[XY]^2}{[X_2]\ x\ [Y_2]}$

Substituindo os valores das espécies químicas no estado de equilíbrio químico, levando em consideração que o volume é constante e igual a 1,0 litro, temos:

$$K_{eq} = \frac{[0{,}80 + 2X]^2}{[0{,}40 - X]\ x\ [0{,}40 - X]}$$

Sabendo que a constante de equilíbrio é igual a 16, temos: $K_{eq} = \frac{[0{,}80+2X]^2}{[0{,}40-X]\ x\ [0{,}40-X]}$

$$\frac{[0{,}80 + 2\mathrm{X}]^2}{[0{,}40 - \mathrm{X}]\ \mathrm{x}\ [0{,}40 - \mathrm{X}]} = 16$$

Tirando a raiz quadrada: $\sqrt{\frac{[0{,}80+2\mathrm{X}]^2}{[0{,}40-\mathrm{X}]\ \mathrm{x}\ [0{,}40-\mathrm{X}]}} = \sqrt{16}$

$$\frac{[0{,}80 + 2\mathrm{X}]}{[0{,}40 - \mathrm{X}]} = 4$$

$$X = 0{,}133 \frac{mol}{L}$$

Cálculo da concentração da quantidade de matéria da espécie química XY: $[XY] = 0{,}80 + 2\ x\ \left(0{,}133 \frac{mol}{L}\right) = 1{,}07 \frac{mol}{L}$

QUESTÃO 203

Resolução: Alternativa B.

Para a obtenção de hidrogênio molecular, a análise pode ser a partir da aplicação do princípio de Le Chatelier. Então, temos:

- Aumento da pressão parcial ou até mesmo da concentração da quantidade de matéria do monóxido de carbono;
- Aumentando a pressão parcial ou até mesmo a concentração da quantidade de matéria da água no estado gasoso;
- Diminuindo a temperatura do sistema;
- Aumentando ou até mesmo diminuindo a pressão do sistema, o equilíbrio não será afetado.

Para a obtenção de hidrogênio molecular, $K_c = K_p$, pois: $\mathrm{K_p = K_c\ x\ (R\ x\ T)^{2-2} \rightarrow K_p = K_c}$.

Analisando a afirmativa IV: Será necessário aplicar a tabela de equilíbrio.

	$CO_{(gás)}$	$H_2O_{(gás)}$	$\rightleftharpoons$	$CO_{2(gás)}$	$H_{2(gás)}$
Início	1	1		2	2
Reage	X	X		X	X
Equilíbrio	$\frac{1-X}{1}$	$\frac{1-X}{1}$		$\frac{2-X}{1}$	$\frac{2-X}{1}$

Cálculo do valor de X: $\mathrm{K_c = \frac{[CO_2]\ x\ [H_2]}{[CO]\ x\ [H_2O]}}$

$$0{,}625 = \frac{(2 - \mathrm{X})\ \mathrm{x}\ (2 - \mathrm{X})}{(1 - \mathrm{X})\ \mathrm{x}\ (1 - \mathrm{X})}$$

$$0{,}625 = \frac{(2 - \mathrm{X})^2}{(1 - \mathrm{X})^2}$$

$$0{,}375\mathrm{X}^2 - 5{,}25\mathrm{X} + 3{,}375 = 0$$

Resolvendo a equação do segundo grau acima, temos: X_1 = 0,68 e X_2 = 13,32. Levando em consideração o valor de X_1, as concentrações das quantidades de matéria das espécies gasosas são as seguintes:

$$[CO] = [H_2O] = \frac{1 - X}{1} = \frac{1 - 0{,}68}{1} = 0{,}32\frac{mol}{L}$$

$$[H_2] = [CO_2] = \frac{2 - X}{1} = \frac{2 - 0{,}68}{1} = 1{,}32\frac{mol}{L}$$

QUESTÃO 204

Item 1) Para a resolução deste problema será necessário utilizar a tabela de equilíbrio. Base de cálculo: 6,0 mol no estado inicial de SO_2, 3,0 mol de O_2 no estado inicial e 4,5 mol de SO_3 no equilíbrio.

	$2SO_{2(gás)}$	$O_{2(gás)}$	$\rightleftharpoons$	$2SO_{3(gás)}$
Início	6,0	3,0		0
Reage	2X	X		2X
Equilíbrio	$6 - 2X$	$3 - X$		$4{,}50$

Cálculo do valor de X, a partir do trióxido de enxofre no equilíbrio: $2X = 4{,}50$

$$X = \frac{4{,}50}{2} = 2{,}25 \text{ mol}$$

Cálculo das concentrações das diferentes espécies químicas presentes no processo químico.

$$[SO_2] = \frac{6 - 2X}{10} = \frac{6 - 2 \text{ x } 2{,}25}{10} = 0{,}15\frac{mol}{L}$$

$$[O_2] = \frac{3 - X}{10} = \frac{3 - 2{,}25}{10} = 0{,}075\frac{mol}{L}$$

$$[SO_3] = \frac{4{,}50}{10} = 0{,}45\frac{mol}{L}$$

Item 2)
- Aumentando a temperatura do sistema reacional, o equilíbrio será deslocado para a esquerda.
- Aumentando a pressão do sistema reacional, o equilíbrio será deslocado para a direita.
- Com a adição do gás inerte, não vai haver nenhuma influência no deslocamento do equilíbrio químico.
- A adição do catalisador não influencia no deslocamento do equilíbrio químico.

Questão 205

Equação química: $2SO_{2(gás)} + O_{2(gás)} \rightleftharpoons 2SO_{3(gás)}$.
Como o processo é exotérmico, logo, com o aumento da temperatura do sistema, o equilíbrio será deslocado para a esquerda, favorecendo tanto o dióxido de enxofre como o oxigênio molecular. Aumentando a pressão do sistema reacional, o equilíbrio será deslocado para a direita, favorecendo o anidrido sulfúrico.

Equação química: $N_{2(gás)} + 3H_{2(gás)} \rightleftharpoons 2NH_{3(gás)}$.
Como o processo químico é exotérmico, logo, com o aumento da temperatura do sistema, o equilíbrio será deslocado para a esquerda, favorecendo os gases nitrogênio e oxigênio. Aumentando a pressão do sistema, o equilíbrio será deslocado também para a direita, favorecendo a amônia.

Questão 206

Equação química de formação do sulfeto de hidrogênio: $H_{2(gás)} + \frac{1}{2}S_{2(gás)} \rightleftharpoons H_2S_{(gás)}$. Através da equação de Gibbs, $\Delta G° = -180688 + 98{,}83T$ ($\Delta G° = \Delta H° - \Delta S°T$), observa-se que a variação da entalpia é negativa, o que torna o processo exotérmico e diante disso com o aumento da temperatura, o equilíbrio é deslocado para a esquerda, favorecendo os gases hidrogênio e enxofre.

Questão 207

Qualquer constante de equilíbrio não apresenta unidade. Como a constante de equilíbrio é definida em função da atividade termodinâmica ou da fugacidade e como esses parâmetros são adimensionais, logo, a constante de equilíbrio é adimensional.

Questão 208

Para determinarmos o valor da constante de equilíbrio na temperatura designada por T_2 em termos do seu valor K_1 na temperatura T_1, será necessário integrar a equação apresentada a seguir: $\frac{d\ln K}{dT} = \frac{\Delta H^0}{RT^2}$

Desenvolvendo a equação, temos: $\frac{d\ln K}{dT} = \frac{\Delta H^0}{RT^2}$

$$d\ln K = \left(\frac{\Delta H^0}{RT^2}\right).dT$$

$$\int_{\ln K_1}^{\ln K_2} d\ln K = \frac{\Delta H^0}{R}.\int_{T_1}^{T_2}\left(\frac{1}{T^2}\right).dT$$

$$\int_{\ln K_1}^{\ln K_2} d\ln K = \frac{\Delta H^0}{R}.\int_{T_1}^{T_2}\left(\frac{1}{T^2}\right).dT$$

$$\ln K_2 - \ln K_1 = \frac{\Delta H^0}{R}.\left(\frac{1}{T_1} - \frac{1}{T_2}\right)$$

Observação: Para este estudo, deve-se considerar que a variação da entalpia padrão da reação varia pouco com a temperatura em relação ao intervalo de integração.

Questão 209

Equação química: $N_2O_{4(gás)} \rightleftarrows 2NO_{2(gás)}$ $\Delta H° > 0$.

Equação da constante de equilíbrio químico: $K_{eq} = \frac{[NO_2]^2}{[N_2O_4]}$.

O processo sendo endotérmico, com o aumento da temperatura, o equilíbrio será deslocado para a direita, favorecendo os produtos da reação direta. Com isso, a constante de equilíbrio vai aumentar. Este fator também pode ser explicado pela equação de Van´t Hoff.

Equação de Van´t Hoff: $\frac{dlnK}{dT} = \frac{\Delta H°}{R\,x\,T^2}$

Observação: A equação de Van't Hoff trata da taxa de variação do logaritmo da constante de equilíbrio com a temperatura, em torno de uma certa temperatura T, sendo ΔH° a entalpia padrão da reação nesta temperatura.

Se a reação for endotérmica (ΔH° > 0) ⟶ K_{eq} aumenta com a temperatura.
Se a reação for exotérmica (ΔH° < 0) ⟶ K_{eq} diminui com a temperatura.

Questão 210

O equilíbrio se estabelece quando a velocidade da reação direta for igual a velocidade da reação inversa. Considere a equação química representada da seguinte forma: $aA_{(gás)} + bB_{(gás)} \rightleftharpoons cC_{(gás)} + dD_{(gás)}$.

Aplicando a equação da velocidade direta (1): $V_1 = k_1 x\ [A]^a x\ [B]^b$
Aplicando a equação da velocidade inversa (1): $V_2 = k_2\ x\ [C]^c x\ [D]^d$

O estabelecimento do equilíbrio para as reações químicas ocorre quando a velocidade da reação direta se igualar com a velocidade da reação, $V_1 = V_2$.

$$k_1 \times [A]^a \times [B]^b = k_2 \times [C]^c \times [D]^d$$

$$\underbrace{\frac{k_1}{k_2}}_{K_{eq}} = k_2 \times \frac{[C]^c \times [D]^d}{[A]^a \times [B]^b}$$

A razão entre as constantes cinéticas $\frac{k_1}{k_2}$ é definida como sendo a constante de equilíbrio (K_{eq}).

Questão 211

A variação da energia livre de Gibbs caracteriza-se por ser uma função de estado definida como sendo a diferença entre o potencial químico dos produtos (μ_p) pelo potencial químico dos reagentes (μ_r) na composição da mistura reacional, apresentado pela seguinte relação termodinâmica: $\boxed{\left(\frac{dG}{\underbrace{d\xi}}\right)_{p,T} = \mu_{produtos} - \mu_{reagentes}}$.

CAPÍTULO VIII – Estudo do Equilíbrio Iônico

EXEMPLO APLICATIVO

Exemplo Aplicativo I

(GRILLO) Apresente as expressões matemáticas das constantes do produto de solubilidade para as seguintes soluções saturadas apresentadas a seguir:

a) Cloreto de prata
b) Cromato de prata
c) Sulfato de estrôncio
d) Iodato de cálcio
e) Sulfato de bário
f) Hidróxido de alumínio
g) Azida de chumbo
h) Carbonato de sódio
i) Brometo de prata
j) Cromato de bário
k) Hidróxido de zinco II
l) Iodeto de prata

Resolução:

Item a) $AgCl_{(sólido)} \rightleftarrows Ag^{+}_{(aquoso)} + Cl^{-}_{(aquoso)}$; $K_{ps} = [Ag^{+}] \text{ x } [Cl^{-}]$
Item b) $Ag_2CrO_{4(sólido)} \rightleftarrows 2Ag^{+}_{(aquoso)} + CrO_4^{-2}{}_{(aquoso)}$; $K_{ps} = [Ag^{+}]^2 \text{ x } [Cr_2O_4^{-2}]$
Item c) $SrSO_{4(sólido)} \rightleftarrows Sr^{+2}_{(aquoso)} + SO_4^{-2}{}_{(aquoso)}$; $K_{ps} = [Sr^{+2}] \text{ x } [SO_4^{-2}]$
Item d) $Ca(IO_3)_{2(sólido)} \rightleftarrows Ca^{+2}_{(aquoso)} + 2IO_3^{-}{}_{(aquoso)}$; $K_{ps} = [Ca^{+2}] \text{ x } [IO_3^{-}]^2$
Item e) $BaSO_{4(sólido)} \rightleftarrows Ba^{+2}_{(aquoso)} + SO_4^{-2}{}_{(aquoso)}$; $K_{ps} = [Ba^{+2}] \text{ x } [SO_4^{-2}]$
Item f) $Al(OH)_{3(sólido)} \rightleftarrows Al^{+3}_{(aquoso)} + 3OH^{-}_{(aquoso)}$; $K_{ps} = [Al^{+3}] \text{ x } [OH^{-}]^3$
Item g) $Pb(N_3)_{2(sólido)} \rightleftarrows Pb^{+2}_{(aquoso)} + 2N_3^{-}{}_{(aquoso)}$; $K_{ps} = [Pb^{+2}] \text{ x } [N_3^{-}]^2$
Item h) $Na_2CO_{3(sólido)} \rightleftarrows 2Na^{+}_{(aquoso)} + CO_3^{-}{}_{(aquoso)}$; $K_{ps} = [Na^{+}]^2 \text{ x } [CO_3^{-2}]$
Item i) $AgBr_{(sólido)} \rightleftarrows Ag^{+}_{(aquoso)} + Br^{-}_{(aquoso)}$; $K_{ps} = [Ag^{+}] \text{ x } [Br^{-}]$
Item j) $BaCrO_{4(sólido)} \rightleftarrows Ba^{+2}_{(aquoso)} + CrO_4^{-2}{}_{(aquoso)}$; $K_{ps} = [Ba^{+2}] \text{ x } [Cr_2O_4^{-2}]$
Item k) $Zn(OH)_{2(sólido)} \rightleftarrows Zn^{+2}_{(aquoso)} + 3OH^{-}_{(aquoso)}$; $K_{ps} = [Zn^{+2}] \text{ x } [OH^{-}]^2$
Item l) $AgI_{(sólido)} \rightleftarrows Ag^{+}_{(aquoso)} + I^{-}_{(aquoso)}$; $K_{ps} = [Ag^{+}] \text{ x } [I^{-}]$

Exemplo Aplicativo II

(GRILLO) Sabe-se que em um laboratório de uma grande multinacional na área de química, uma técnica recebeu a responsabilidade de calcular o produto de solubilidade do chumbo II. Chegando no laboratório, achou 0,2207 gramas de $PbCl_2$ dissolvido na presença de 50,0 mL de uma solução saturada. Calcule o valor do produto de solubilidade calculada pela técnica de química.

Resolução: Equação iônica: $PbCl_{2(sólido)} \rightleftarrows Pb^{+2}_{(aquoso)} + 2Cl^{-}_{(aquoso)}$

Cálculo da concentração da quantidade de matéria do cloreto de chumbo II:

$$[PbCl_2] = \frac{0,2207}{(207 + 71) \text{ x } 50 \text{ x } 10^{-3}} = 15,88 \text{ x } 10^{-3} \frac{mol}{L}$$

A partir da equação de dissociação, temos: $PbCl_{2(aquoso)} \rightleftarrows Pb^{+2}_{(aquoso)} + 2Cl^{-}_{(aquoso)}$

$$1 \text{ mol de } PbCl_{2(aquoso)} --- 1 \text{ mol de } Pb^{+2}_{(aquoso)} --- 2 \text{ mol de } Cl^{-}_{(aquoso)}$$

$$15{,}88 \text{ x } 10^{-3}\frac{\text{mol}}{\text{L}} ------[\text{Pb}^{+2}_{(\text{aquoso})}] ------[\text{Cl}^{-}_{(\text{aquoso})}]$$

$$[\text{Pb}^{+2}_{(\text{aquoso})}] = 15{,}88 \text{ x } 10^{-3}\frac{\text{mol}}{\text{L}}$$

$$[\text{Cl}^{-}_{(\text{aquoso})}] = 31{,}75 \text{ x } 10^{-3}\frac{\text{mol}}{\text{L}}$$

Cálculo da concentração da quantidade de matéria das espécies iônicas:

$PbCl_{2(sólido)} \rightleftarrows Pb^{+2}_{(aquoso)} + 2Cl^{-}_{(aquoso)}$

$$15{,}88 \text{ x } 10^{-3}\frac{\text{mol}}{\text{L}} \text{ de } \text{PbCl}_{2(s)} - -15{,}88 \text{ x } 10^{-3}\frac{\text{mol}}{\text{L}} \text{ de } \text{Pb}^{+2}_{(aq)} - - 2 \text{ x } 15{,}88 \text{ x } 10^{-3}\frac{\text{mol}}{\text{L}} \text{ de } \text{Cl}^{-}_{(aq)}$$

Cálculo da constante de equilíbrio do produto de solubilidade:

$$K_{ps} = [\text{Pb}^{+2}_{(\text{aquoso})}] \text{ x } [\text{Cl}^{-}_{(\text{aquoso})}]^2 = 15{,}88 \text{ x } 10^{-3} \text{ x } (2 \text{ x } 15{,}88 \text{ x } 10^{-3})^2$$

$$K_{ps} = 1{,}6 \text{ x } 10^{-5}$$

Exemplo Aplicativo III

Calcule o produto de solubilidade para o fosfato de cálcio a T = 25°C. Informação para a resolução do problema: $\Delta H^0_{formação_{Ca^{+2}}} = -542{,}83\frac{kJ}{mol}$; $\Delta H^0_{formação_{PO_4^{-3}}} = -1277{,}4\frac{kJ}{mol}$; $\Delta H^0_{formação_{Ca_3(PO_4)_2}} = -4120{,}8\frac{kJ}{mol}$; $\Delta S^0_{formação_{Ca^{+2}}} = -53{,}1\frac{J}{mol \text{ x } K}$; $\Delta S^0_{formação_{PO_4^{-3}}} = -222\frac{J}{mol \text{ x } K}$; $\Delta S^0_{formação_{Ca_3(PO_4)_2}} = -236\frac{J}{mol \text{ x } K}$.

Resolução: Equação de dissociação iônica do fosfato de cálcio:

$$\text{Ca}_3(\text{PO}_4)_{2(\text{sólido})} \rightleftarrows 3\text{Ca}^{+2}_{(\text{aquoso})} + 2\text{PO}^{-3}_{4(\text{aquoso})}$$

Cálculo da variação da entalpia padrão:

$$\Delta H^0_{reação} = 3 \text{ x } (-542{,}83) + 2 \text{ x } (-1277{,}4) - 1 \text{ x } (-4120{,}8) = -62{,}49\frac{kJ}{mol}$$

Cálculo da variação da entropia padrão:

$$\Delta S^0_{reação} = 3 \text{ x } (-53{,}1) + 2 \text{ x } (-222) - 1 \text{ x } (236{,}0) = -839{,}30\frac{J}{mol \text{ x } K}$$

Expressão da variação da energia livre de Gibbs padrão:

$$\Delta G^0_{reação} = -62490 + 839{,}30 \text{ x } T$$

Cálculo da variação da energia livre de Gibbs padrão: $\Delta G^0_{reação} = -62490 + 839{,}30 \text{ x } T$

$$\Delta G^0_{reação} = -62490 + 839{,}30 \text{ x } 298 = +187621{,}40\frac{J}{mol}$$

Cálculo da constante de equilíbrio do produto de solubilidade, a partir da equação termodinâmica da variação da energia livre de Gibbs: $+187621{,}40\frac{J}{mol} = -8{,}314 \text{ x } 298 \text{ x } \ln K_{ps}$

$$\ln K_{ps} = -75{,}73$$

$K_{ps} = 1{,}29 \times 10^{-33}$

Exemplo Aplicativo IV

Explique o que ocorre quando a uma solução saturada de hidróxido férrico se adiciona solução de hidróxido de sódio.

Resolução: Equação de dissociação do hidróxido de ferro III: $Fe(OH)_{3(sólido)} \rightleftarrows Fe^{+3}_{(aquoso)} + (OH)^{-}_{(aquoso)}$

Equação de dissociação do hidróxido de sódio: $NaOH_{(sólido)} \rightleftarrows Na^{+}_{(aquoso)} + (OH)^{-}_{(aquoso)}$

Adicionando hidróxido de sódio na solução de hidróxido férrico ou hidróxido de ferro III, o equilíbrio será deslocado para a esquerda, ou seja, ocasionando maior precipitação do hidróxido de ferro III. Esta análise é proveniente do conhecimento prévio do Princípio de Le Chatelier.

Exemplo Aplicativo V

Quais as concentrações de Ag^{+} e CrO_4^{-} numa solução saturada de dicromato de prata a temperatura de 25ºC, sabendo que o produto de solubilidade deste sal a mesma temperatura é igual a 1,90 x 10^{-12}?

Resolução: Fórmula molecular do dicromato de prata: $Ag_2CrO_{4(sólido)}$

A partir da equação de dissociação deste sal, sua relação estequiométrica será a seguinte:
$Ag_2CrO_{4(aquoso)} \rightleftarrows 2Ag^{+}_{(aquoso)} + CrO^{-2}_{4(aquoso)}$

$1 \text{ mol de } Ag_2CrO_{4(sólido)} --- 2 \text{ mol de } Ag^{+}_{(aquoso)} --- 1 \text{ mol de } CrO^{-2}_{4(aquoso)}$

Expressão da constante do produto de solubilidade com a solubilidade:

$K_{ps} = [Ag^{+}]^2 \times [Cr_2O_4^{-2}] = (2S)^2 \times S = 4S^3$

Substituindo os valores apresentados no enunciado, na equação acima, temos: $1{,}90 \times 10^{-19} = 4S^3$

$$S = \sqrt[3]{\frac{1{,}90 \times 10^{-12}}{4}}$$

$$S = \sqrt[3]{\frac{1{,}90 \times 10^{-12}}{4}} = 7{,}80 \times 10^{-5}\,\frac{\text{mol}}{\text{L}}$$

Cálculo da concentração da quantidade de matéria do íon prata (cátion):

$$[Ag^{+}] = 2 \times \left(7{,}80 \times 10^{-5}\,\frac{\text{mol}}{\text{L}}\right) = 1{,}56 \times 10^{-4}\,\frac{\text{mol}}{\text{L}}$$

Cálculo da concentração da quantidade de matéria do íon dicromato (ânion):

$$[CrO_4^{-2}] = 7{,}80 \times 10^{-5}\,\frac{\text{mol}}{\text{L}}$$

Exemplo Aplicativo VI

A solubilidade do cromato de cobre II na presença de água é igual a 2,0 x 10^{-3} mol x L^{-1}. Determine o número de cátions metálicos existentes em um volume de solução igual a 1,0 litro.

Resolução: Fórmula molecular do dicromato de prata: $CuCrO_{4(sólido)}$

A partir da equação de dissociação deste sal, sua relação estequiométrica será a seguinte: $CuCrO_{4(aquoso)} \rightleftarrows Cu^{+2}_{(aquoso)} + CrO^{-2}_{4(aquoso)}$

$1 \text{ mol de } CuCrO_{4(sólido)} -- 1 \text{ mol de } Cu^{+}_{(aquoso)} -- 1 \text{ mol de } CrO^{-2}_{4(aquoso)}$

Cálculo do número de mol de dicromato de cobre II: $2{,}0 \text{ x } 10^{-3} = \frac{n_{Cu^{+2}}}{1{,}0}$

$n_{Cu^{+2}} = 2{,}0 \text{ x } 10^{-3} \text{ mol}$

Cálculo do número de cátions metálicos, a partir do número de mol calculado acima:

$$n_{Cu^{+2}} = 2{,}0 \text{ x } 10^{-3} \text{ mol x} \frac{6{,}02 \text{ x } 10^{23} \text{ cátions}}{\text{mol}} = 1{,}20 \text{ x } 10^{21} \text{ cátions}$$

Substituindo os valores apresentados no enunciado na equação acima, temos: $1{,}90 \text{ x } 10^{-19} = 4S^3$

$$S = \sqrt[3]{\frac{1{,}90 \text{ x } 10^{-12}}{4}}$$

$$S = \sqrt[3]{\frac{1{,}90 \text{ x } 10^{-12}}{4}} = 7{,}80 \text{ x } 10^{-5} \frac{\text{mol}}{\text{L}}$$

Cálculo da concentração da quantidade de matéria do íon prata (cátion):

$$[Ag^+] = 2 \text{ x} \left(7{,}80 \text{ x } 10^{-5} \frac{\text{mol}}{\text{L}}\right) = 1{,}56 \text{ x } 10^{-4} \frac{\text{mol}}{\text{L}}$$

Cálculo da concentração da quantidade de matéria do íon dicromato (ânion):

$$[CrO_4^{-2}] = 7{,}80 \text{ x } 10^{-5} \frac{\text{mol}}{\text{L}}$$

Exemplo Aplicativo VII

Calcule a massa de hidróxido de sódio que deve ser dissolvida em 0,250 mililitros de água pura para que a solução resultante tenha um pH igual a 12,5 a temperatura igual a 25°C.

Resolução: Equação química de ionização: $NaOH_{(sólido)} \leftrightarrows Na^+_{(aquoso)} + OH^-_{(aquoso)}$

Cálculo da concentração de hidroxila, em $mol.L^{-1}$: pOH = 14 – pH

pOH = 14 – 12,5 = 1,5

Sabendo que pOH = - log[OH^-], temos: - log[OH^-] = 1,5

[OH^-] = $(10)^{-1,5}$ = 3,16 x 10^{-2} $mol.L^{-1}$

Através da relação estequiométrica, temos: $NaOH_{(sólido)} \leftrightarrows Na^+_{(aquoso)} + OH^-_{(aquoso)}$

1 mol de $NaOH_{(s)}$ -------------- 1mol de $OH^-_{(aq)}$
[NaOH] --------------------------- 3,16 x 10^{-2} $mol.L^{-1}$ de OH^-
[NaOH] = 3,16 x 10^{-2} $mol.L^{-1}$

Cálculo da massa de hidróxido de sódio: $[\mathrm{NaOH}] = \frac{\mathrm{m_{NaOH}}}{<\mathrm{MM}>_{\mathrm{NaOH}} \times \mathrm{V_{solução}}}$

$$\mathrm{m_{NaOH}} = [\mathrm{NaOH}] \times <\mathrm{MM}>_{\mathrm{NaOH}} \times \mathrm{V_{solução}}$$

$$\mathrm{m_{NaOH}} = 3{,}16 \times 10^{-2}\ \mathrm{mol.L^{-1}} \times 40\ \mathrm{g.mol^{-1}} \times 0{,}30\ \mathrm{L}$$

$$\mathrm{m_{NaOH}} = 0{,}38\ \mathrm{g}$$

Exemplo Aplicativo VIII

Determine o pH de uma solução tampão que foi preparada tendo uma mistura de 0,10 mol de ácido láctico e 0,10 mol de lactato de potássio, na presença de 1 litro de solução. Informação para a resolução do problema: K_a = 1,38 x 10^{-4} a 25°C.

Resolução: Sabendo que a fórmula para o pH de um tampão é dado por $\mathrm{pH} = \mathrm{pK_a} + \log\frac{[\mathrm{sal}]}{[\mathrm{ácido}]}$, logo o valor do pH para esta situação será igual a:

$$\mathrm{pH} = -\log(1{,}38 \times 10^{-4}) + \log\frac{\left[\frac{0{,}10\ \mathrm{mol}}{1\ \mathrm{L}}\right]}{\left[\frac{0{,}10\ \mathrm{mol}}{1\ \mathrm{L}}\right]}$$

$$\mathrm{pH} = -(-3{,}86) + \log(1) = 3{,}86$$

Exemplo Aplicativo IX

Determine a massa do ácido propanoico ou também conhecido como ácido propiônico que deve ser adicionado a 80,0 gramas de propionato de sódio para realizar uma solução tampão com volume igual a 2,0 litros que apresenta pH igual a 5,0. Informação para a resolução do problema: $CH_3CH_2COOH_{(aquoso)} + H_2O_{(líquido)} \leftrightarrows CH_3CH_2COO^-_{(aquoso)} + H_3O^+_{(aquoso)}$, K_a = 1,34 x 10^{-5} a 25°C.

Resolução: A partir da equação do tampão, temos: $\mathrm{pH} = \mathrm{pK_a} + \log\frac{\left[\frac{\mathrm{m_{sal}}}{<\mathrm{MM}>_{\mathrm{sal}} \times \mathrm{V_{solução}}}\right]}{\left[\frac{\mathrm{m_{ácido}}}{<\mathrm{MM}>_{\mathrm{ácido}} \times \mathrm{V_{solução}}}\right]}$

$$\mathrm{pH} = -\log\mathrm{K_a} + \log\frac{\left[\frac{\mathrm{m_{sal}}}{<\mathrm{MM}>_{\mathrm{sal}}}\right]}{\left[\frac{\mathrm{m_{ácido}}}{<\mathrm{MM}>_{\mathrm{ácido}}}\right]}$$

Sendo a fórmula molecular do propionato de sódio dada por CH_3CH_2COONa, temos:

$$5{,}0 = -\log(1{,}34 \times 10^{-5}) + \log\frac{\left[\frac{80\ \mathrm{g}}{96\ \mathrm{g.mol^{-1}}}\right]}{\left[\frac{\mathrm{m_{ácido}}}{74\ \mathrm{g.mol^{-1}}}\right]}$$

$$5{,}0 = -(-\,4{,}87) + \log\frac{\left[\frac{80\ \mathrm{g}}{96\ \mathrm{g.mol^{-1}}}\right]}{\left[\frac{\mathrm{m_{ácido}}}{74\ \mathrm{g.mol^{-1}}}\right]}$$

$$5{,}0 - 4{,}87 = \log\frac{\left[\frac{80\ \mathrm{g}}{96\ \mathrm{g.mol^{-1}}}\right]}{\left[\frac{\mathrm{m_{ácido}}}{74\ \mathrm{g.mol^{-1}}}\right]}$$

$$0{,}13 = \log\frac{\left[\frac{80\ g}{96\ g.mol^{-1}}\right]}{\left[\frac{m_{ácido}}{74\ g.mol^{-1}}\right]}$$

$$\frac{\left[\frac{80\ g}{96\ g.mol^{-1}}\right]}{\left[\frac{m_{ácido}}{74\ g.mol^{-1}}\right]} = 10^{0,13}$$

$$m_{ácido} = \frac{61{,}42}{1{,}35} = 45{,}50\ g$$

Exemplo Aplicativo X

Foi realizada uma solução de ácido fórmico adicionando 1,15 gramas deste mesmo ácido até completar meio litro de solução. Considerando que para esta concentração o grau de ionização seja igual a 2%, calcule o pOH desta solução.

Resolução: Para a resolução do problema será necessário utilizar uma base de cálculo e a tabela de equilíbrio iônico.

Base de cálculo: M ($mol.L^{-1}$) inicial de ácido fórmico, HCOOH

Equação química: $HCOOH_{(aquoso)} + H_2O_{(líquido)} \leftrightarrows HCOO^-_{(aquoso)} + H_3O^+_{(aquoso)}$

	$HCOOH_{(aquoso)}$	$H_2O_{(líquido)}$	$\leftrightarrows$	$HCOO^-_{(aquoso)}$	$H_3O^+_{(aquoso)}$
Início	M	M		0	0
Reage	Mα	//		Mα	Mα
Equilíbrio	M - Mα	//		Mα	Mα

Cálculo da concentração da quantidade de matéria (M) do ácido fórmico:

$$M = \frac{n_{soluto}}{V_{solução}} = \frac{m_{soluto}}{< MM >_{soluto}\ x\ V_{solução}} = \frac{1{,}15\ g}{46\ g.mol^{-1} x\ 0{,}50\ L} = 0{,}05\ mol.L^{-1}$$

Observa-se que no equilíbrio, a concentração de $[H_3O^+]$ será igual a:

$[H_3O^+]$ = M.α = 0,05 x 0,02 = 0,001 $mol.L^{-1}$

Cálculo do pH: $pH = -\log[H_3O^+]$

$pH = -\log(10^{-3}) = 3$

A 25°C, pH + pOH = 14, logo: pOH = 14 – pH

pOH = 14 – 3 = 11

EXERCÍCIO PROPOSTO

Questão 01

Defina Equilíbrio Iônico.

Questão 02

Qual a consequência da adição de um íon comum em uma solução que apresenta um ácido fraco?

Questão 03

Defina solução tampão.

Questão 04

Dê a equação de Handerson-Hasselbach para uma solução tampão entre um ácido fraco e seu sal conjugado.

Questão 05

Obtenha a equação de Handerson-Hasselbach para uma solução tampão entre uma base fraca e seu sal conjugado.

Questão 06

Defina hidrólise de um sal.

Questão 07

Analise a hidrólise salina do cloreto de amônio.

Questão 08

Analise a hidrólise salina do cianeto de sódio.

Questão 09

Analise a hidrólise salina do cianeto de amônio.

Questão 10

Analise a hidrólise salina do cloreto de sódio.

Questão 11

Obtenha a equação matemática da constante de hidrólise (K_h) referente a reação química do exercício 07.

Questão 12

Obtenha a equação matemática da constante de hidrólise (K_h) referente à reação química do exercício 08.

Questão 13

Obtenha a equação matemática da constante de hidrólise (K_h) referente à reação química do exercício 09.

Questão 14

Qual será o pH de uma solução em que a concentração de íons H^+ é igual a $2{,}0 \times 10^{-4}$ mol.L^{-1}?

a) 2,4
b) 3,0
c) 3,7
d) 4,0
e) 4,3

Questão 15

Calcule a solubilidade do cloreto de prata, sabendo que seu produto de solubilidade é $1{,}80 \times 10^{-10}$.

Questão 16

Determine a massa de hidróxido de potássio que deve ser dissolvida em 0,500 ml de água para que a solução resultante tenha um pH = 13 a 25°C.

Questão 17

Em relação aos equilíbrios:

$H_2X_{(aq)} \rightleftarrows H^+_{(aq)} + HX^-_{(aq)}$ K_1

$HX^-_{(aq)} \rightleftarrows H^+_{(aq)} + X^{-2}_{(aq)}$ K_2

Podemos afirmar dizer, em geral, que:

a) $K_1 > K_2$
b) $K_1 < K_2$
c) $K_1 \approx K_2$
d) $K_1 > 0$; $K_2 < 0$

e) $K_1 < 0$; $K_2 > 0$

Questão 18

O pH de uma solução 0,010 mol.L^{-1} de NaOH é, aproximadamente, igual a:

a) 1,0
b) 2,0
c) 10,0
d) 12,0
e) 14,0

Questão 19

O pH de uma solução 0,020 mol.L^{-1} de HCl é aproximadamente igual a:

a) 1,3
b) 1,7
c) 2,0
d) 2,3
e) 4,0

Questão 20

Em um copo de 500 mL são misturados 100 mL de ácido clorídrico 1,00 mol.L^{-1} em 100 ml de hidróxido de sódio 0,50 mol.L^{-1}. A solução resultante no copo é:

a) 1,0 x 10^{-7} mol.L^{-1} em OH^-
b) 1,0 x 10^{-7} mol.L^{-1} em H^+
c) 0,05 mol.L^{-1} em H^+
d) 0,25 mol.L^{-1} em H^+
e) 0,50 mol.L^{-1} em H^+

Questão 21

Calcule o pH e o pOH de uma solução de ácido clorídrico que apresenta 22% em massa e densidade igual a 1,078 g.mL^{-1} a 25°C.

Questão 22

Calcule o pH de uma solução que contém 2,70 g de HCN e 0,65 g de KCN por litro de solução. Informações para a resolução do problema: K_a = 7,0 x 10^{-10}.

Questão 23

Uma solução 0,10 mol.L^{-1} de ácido bromídrico apresenta pressão osmótica igual a 4,70 atm a 22°C. Calcule o pH da solução ácida e também a constante do ácido.

Questão 24

(GRILLO) Dê as expressões matemáticas das constantes do produto de solubilidade para as seguintes soluções saturadas apresentadas a seguir:

a) Cloreto de prata
b) Cromato de prata
c) Sulfato de estrôncio
d) Iodato de cálcio
e) Sulfato de bário
f) Hidróxido de alumínio
g) Azida de chumbo
h) Carbonato de sódio

Questão 25

(GRILLO) Sabendo que o produto de solubilidade do sulfato de bário é igual a $1,1 \times 10^{-11}$, determine a massa deste sal se for lavado com:

a) 250 mL de água;

b) 350 mL de uma solução aquosa de sulfato de amônio, com concentração da quantidade de matéria igual a 0,75 $mol.L^{-1}$.

Questão 26

A uma determinada temperatura T, o produto de solubilidade do sulfato de chumbo II é igual a $1,1 \times 10^{-8}$ e as constantes de equilíbrio para as três equações químicas podem ser observadas a seguir:

a) $PbSO_{4(solido)} + 2I^{-}_{(aquoso)} \rightleftarrows PbI_{2(sólido)} + SO_4^{-2}{}_{(aquoso)}$ $K_1 = 4,6 \times 10^{-4}$

b) $PbI_{2(sólido)} + CrO_4^{-}{}_{(aquoso)} \rightleftarrows PbCrO_{4(sólido)} + 2I^{-}_{(aquoso)}$ $K_2 = 4,3 \times 10^{12}$

c) $PbS_{(sólido)} + CrO_4^{-}{}_{(aquoso)} \rightleftarrows PbCrO_{4(sólido)} + S^{-2}{}_{(aquoso)}$ $K_3 = 7,5 \times 10^{-8}$

Através dos dados fornecidos acima, determine o valor da constante do produto de solubilidade do sulfeto de chumbo, além da energia livre Gibbs padrão.

Questão 27

Foram dissolvidos 0,002 mol em um litro de solução de nitrato de chumbo II sólido em um litro de uma solução de ácido sulfúrico, com concentração molar igual a 0,001 mol/L. A partir desta informação, verifique se vai haver ou não precipitação de sulfato de chumbo. Informação para a resolução do problema: produto de solubilidade do sulfato de chumbo = $1,3 \times 10^{-8}$, a 25°C.

Questão 28

Preparando uma solução tampão com um pH = 8,5 foram adicionados em uma solução de ácido clorídrico cianeto de sódio, com concentração molar igual a 0,01 mol. A partir desta informação, determine o valor do número de mol do referido sal. Informação para a resolução do problema: $K_a(HCN) = 4,1 \times 10^{-10}$.

Questão 29

Foram misturadas duas soluções: uma solução aquosa de ácido clorídrico e outra solução de hidróxido de sódio. Para esta mistura foram utilizados 3,65 gramas do referido ácido e 6,0 gramas de hidróxido em uma quantidade de água suficiente para um total de um litro de solução. Diante disso, calcule o pH da solução resultante.

Questão 30

Um ácido hipotético do tipo $HX_{(aquoso)}$ apresenta 0,05 mol dissolvido em água, formando um litro de solução. A partir da obtenção desta solução específica o pH foi medido e foi igual a 2,00. A partir de todas estas observações, determine:

a) a soma das concentrações de todos os íons;

b) o valor da constante de ionização (K_a) para o ácido HX.

Questão 31

A constante do produto de solubilidade do sulfato de chumbo é igual a $2,50 \times 10^{-8}$. A partir desta informação, calcule a solubilidade deste mesmo soluto na presença de:

a) água pura;

b) solução de nitrato de chumbo;

c) na presença de sulfato de sódio.

Questão 32

(GRILLO) Considere que uma solução saturada de iodeto de mercúrio II apresenta uma concentração da quantidade de matéria de íons mercúrio na ordem de $3,0 \times 10^{-6}$ $mol.L^{-1}$ a temperatura experimental T. A partir desta informação, calcule o valor da constante do produto de solubilidade, além, também, do valor do p_{Kps}.

Questão 33

Sabendo que o sulfato de prata a uma temperatura T apresenta em água uma solubilidade igual a $2,0 \times 10^{-2}$ $mol.L^{-1}$, determine o produto de solubilidade desse sal, nesta mesma temperatura T.

Questão 34

Uma solução aquosa saturada em fosfato de estrôncio [$Sr_3(PO_4)_2$] está em equilíbrio químico à temperatura de 25°C, e a concentração de equilíbrio do íon estrôncio, nesse sistema, é de 7,50 x 10^{-7}mol.L^{-1}. Considerando-se que ambos os reagentes (água e sal inorgânico) são quimicamente puros, assinale a alternativa correta com o valor do p_{Kps} (25°C) do $Sr_3(PO_4)_2$.

a) 7,0
b) 13,0
c) 25,0
d) 31,0
e) 35,0

Questão 35

O produto de solubilidade (K_{ps}) para o iodato de chumbo II, $Pb(IO_3)_2$, é 3,2 x 10^{-14} a uma dada temperatura. Qual a solubilidade de $Pb(IO_3)_2$ em mol.L^{-1}?

a) 1,8 x 10^{-7}
b) 3,6 x 10^{-7}
c) 2,0 x 10^{-5}
d) 4,0 x 10^{-5}
e) 8,0 x 10^{-5}

Questão 36

Nas estações de tratamento de água comumente provoca-se a formação de flocos de hidróxido de alumínio para arrastar partículas em suspensão. Suponha que o hidróxido de alumínio seja substituído pelo hidróxido férrico. Qual a menor concentração de íons Fe^{+3}, em mol.L^{-1}, necessária para provocar a precipitação da base, numa solução que contém 1,0 x 10^{-8} mol.L^{-1} de íons OH^{-}? Dado: produto de solubilidade do $Fe(OH)_3$ = 4,0 x 10^{-38}.

a) 2,0 x 10^{-16}
b) 2,0 x 10^{-14}
c) 4,0 x 10^{-14}
d) 4,0 x 10^{-16}
e) 2,0 x 10^{-18}

Questão 37

O grau de hidrólise do NaCN, em solução 0,2 N, é 0,85% a 25°C. Calcule a constante de ionização do HCN a 25°C.

Questão 38

Calcule o pH de uma solução 0,100 mol.L^{-1} de um ácido monoprótico, sabendo que sua constante de acidez é 1,00 x 10^{-11}.

Questão 39

Juntam-se 90 mL de solução 0,10 mol x L^{-1} de hidróxido de amônio com 10 mL de solução 010 mol x L^{-1} de ácido clorídrico. Determinar o pH da solução obtida.

Questão 40

Em que pH começa a precipitar o hidróxido de magnésio, se a concentração de Mg^{+2} na solução é 0,010 mol X L^{-1}. Dado: $Mg(OH)_{2(sólido)} \rightleftarrows Mg^{+2}_{(aquoso)} + 2OH^{-}_{(aquoso)}$, K_{ps} = 8,90 x 10^{-12}.

Questão 41

Quantos miligramas de íons Mn^{+2} permanecem em 100 mL de uma solução de pH igual a 8,60 sem que haja a precipitação do hidróxido de manganês? Dado: $Mn(OH)_{2(sólido)} \rightleftarrows Mn^{+2}_{(aquoso)} + 2OH^{-}_{(aquoso)}$, K_{ps} = 1,90 x 10^{-13}.

Questão 42

O equilíbrio da solubilidade para o composto hipotético RQ_2 em água é dado pela seguinte equação: $RQ_2 \rightarrow R^{++} + 2Q^{-}$. O produto de solubilidade à temperatura ambiente é 3,2 x 10^{-11}. Calcule o número de mols de RQ_2 que se pode dissolver em 50 mL de água pura.

Questão 43

(MESTRE JOÃO ROBERTO DA PACIÊNCIA NABUCO) O grau de hidrólise do cianeto de potássio em solução 0,1 $mol.L^{-1}$ é 1,12%. Calcular o pH da solução. Dado: log (1,12) = 0,05.

Questão 44

(MESTRE JOÃO ROBERTO DA PACIÊNCIA NABUCO) A constante de hidrólise do cloreto de amônio 0,2 $mol.L^{-1}$ é $5,0 \times 10^{-8}$. Calcule K_b do hidróxido de amônio.

Questão 45

Qual das seguintes substâncias, a ser adicionada em água, não irá alterar o pH?
a) $NaHCO_3$
b) NH_4Cl
c) KCN
d) KCl
e) CO_2

Questão 46

Numa solução aquosa 0,100 $mol.L^{-1}$ de um ácido monocarboxílico, a 25°C, o ácido está 3,7% dissociado após o equilíbrio ter sido atingido. Assinale a opção que contém o valor correto da constante de dissociação desse ácido nesta temperatura.
a) 1,4
b) $1,4 \times 10^{-3}$
c) $1,4 \times 10^{-4}$
d) $3,7 \times 10^{-2}$
e) $3,7 \times 10^{-4}$

Questão 47

Em um copo de 500 ml são misturados 100 ml de ácido clorídrico 1,00 $mol.L^{-1}$ em 100 ml de hidróxido de sódio 0,50 $mol.L^{-1}$. A solução resultante no copo é:
a) $1,0.10^{-7}$ $mol.L^{-1}$ em OH^-
b) $1,0.10^{-7}$ $mol.L^{-1}$ em H^+
c) 0,05 $mol.L^{-1}$ em H^+
d) 0,25 $mol.L^{-1}$ em H^+
e) 0,50 $mol.L^{-1}$ em H^+

Questão 48

Determine a massa de hidróxido de potássio que deve ser dissolvida em 0,500 ml de água para que a solução resultante tenha um pH $\approx$ 13 a 25°C.

Questão 49

Sabendo que a solubilidade em água a 0°C do sulfato de prata (Ag_2SO_4) é $1,8 \times 10^{-2}$ mol x L^{-1}, podemos concluir que o produto de solubilidade desse sal, nesta temperatura vale:
a) $1,6 \times 10^{-4}$
b) $6,5 \times 10^{-4}$
c) $6,0 \times 10^{-4}$
d) $1,8 \times 10^{-2}$
e) $5,4 \times 10^{-2}$

Questão 50

Sabendo que o produto de solubilidade do cloreto de prata vale $1,80 \times 10^{-10}$ pode-se dizer que a solubilidade desse sal em água é:
a) $3,24 \times 10^{-20}$ mol x L^{-1}
b) $0,90 \times 10^{-10}$ mol x L^{-1}
c) $1,80 \times 10^{-10}$ mol x L^{-1}
d) $3,60 \times 10^{-10}$ mol x L^{-1}

e) 1,34 x 10^{-5} mol x L^{-1}

Questão 51

Dentre as substâncias abaixo assinale aquela que, quando dissolvida em água, produz solução alcalina.

a) C_2H_5OH
b) NaCl
c) CH_3COONa
d) NH_4Cl
e) KNO_3

Questão 52

A 25ºC, adiciona-se 1,0 mL de uma solução aquosa 0,10 mol/L em HCl a 100 mL de uma solução aquosa 1,0 mol/L em HCl. O pH da mistura final é:

a) 0
b) 1
c) 2
d) 3
e) 4

Questão 53

Uma solução 0,005 mol.L^{-1} de hidróxido de bário em água à temperatura ambiente, terá pH aproximadamente igual a:

a) 0,01
b) 2
c) 5
d) 9
e) 12

Questão 54

A respeito das substâncias CO_2, $(NH_4)_2SO_4$ e $CH_3(CH_2)_{10}COONa$ são feitas as afirmações:

I. O pH de uma amostra de água não é alterado pela dissolução de Na_2SO_4.
II. A dissolução de CO_2 e de $(NH_4)_2SO_4$ em água produz soluções ácidas.
III. A dissolução de $CH_3(CH_2)_{10}COONa$ em água produz solução alcalina.

Das afirmações feitas está(ão) certa(s):

a) apenas I
b) apenas II
c) apenas III
d) apenas I e II
e) Todas

Questão 55

Considere as substâncias:

I) CH_3COOK
II) NH_3
III) KNO_3
IV) $KHCO_3$
V) $KHSO_4$
VI) K_2CO_3

Quais são as que produzem soluções alcalinas (pH > 7), quando dissolvidas em água?

a) Apenas II e VI
b) Apenas II, IV, V e VI
c) Apenas I, II, III e IV
d) Apenas I, II, IV e VI
e) Apenas I, III, IV e V

Questão 56

Quanto à precipitação do hidróxido férrico (K_{ps} = 1,0.10^{-36}) em uma solução 0,001 mol.L^{-1} de Fe^{+3}, é correto afirmar que:

a) Independe do pH

b) Ocorre somente na faixa da pH alcalino

c) Ocorre somente na faixa de pH ácido

d) Não ocorre para pH < 3

e) Ocorre somente para pH ≥ 12

Questão 57

Numa solução de acetato de sódio há:

a) mais íons H^+ do que OH^-

b) mais íons OH^- do que íons H^+

c) o mesmo número de íons H^+ e íons OH^-

d) não há íons H^+ nem íons OH^-

e) o mesmo número de íons Na^+ e íons CH_3COO^-

Questão 58

Calcule a solubilidade do cloreto de prata, AgCl, sabendo que seu produto de solubilidade é 1,80 x 10^{-10}.

Questão 59

Numa solução de cloreto de amônio há:

a) mais íons H^+ do que OH^-

b) mais íons OH^- do que íons H^+

c) o mesmo número de íons H^+ e íons OH^-

d) não há íons H^+ nem íons OH^-

e) o mesmo número de íons NH_4^+ e íons Cl^-

Questão 60

Em relação às soluções aquosas de cada um dos seguintes sais: NH_4Cl, KNO_3, $CuSO_4$, fez-se a seguinte afirmação constituída de três partes. "As três soluções:

I) apresentam pH menor do que 7

II) porque esses sais derivam de ácidos fortes e

III) porque esses sais derivam de bases fracas."

a) as três partes da afirmação estão certas

b) somente a parte II está certa

c) as três partes estão erradas

d) somente a parte I está certa

e) somente a parte I está errada

Questão 61

O ácido clorídrico puro, no estado líquido, pode ser eletrolizado? Por quê?

Questão 62

A ciência procura reunir semelhantes em classes ou grupos, com objetivo de facilitar metodologicamente o estudo de tais entes. Na química, uma classificação inicial ocorreu em meados do século XVIII e dividiu as substâncias em orgânicas e inorgânicas ou minerais. Abaixo, são apresentadas correlações de nomes, fórmulas e classificações de algumas substâncias inorgânicas.

Correlação	Nome da substância	Fórmula	Classificação
I	Carbonato ácido de potássio	$KHCO_3$	Sal de hidrólise ácida
II	Óxido de alumínio	Al_2O_3	Óxido anfótero
III	Cianeto de sódio	NaCN	Sal de hidrólise básica
IV	Óxido de cálcio	CaO	Óxido básico
V	Hidróxido estanoso	$Sn(OH)_4$	Base de Arrhenius

Assinale a alternativa na qual ambas as correlações são falsas.

a) I e V
b) II e III
c) III e V
d) I e III
e) II e IV

Questão 63

Calcule a concentração de uma solução aquosa de ácido acético cujo pH é 3,00 sabendo que a constante de dissociação do ácido é $1,75 \times 10^{-5}$.

Questão 64

Calcium hydroxide is slightly soluble in water with a K_{sp} of 1.3×10^{-6}. What is the pH of a saturated solution of calcium hydroxide at 25°C?

a) 12,34
b) 12,14
c) 12,04
d) 11,84

Questão 65

What is the percent ionization of a 0.010 M HCN solution? ($K_a = 6,2 \times 10^{-10}$)

a) 0,0025%
b) 0,025%
c) 0,25%
d) 2,5%

Questão 66

How many moles of HCOONa must be added to 1,0 L of 0,10 M HCOOH to prepare a buffer solution with a pH of 3,4? (HCOOH $K_a = 2 \times 10^{-4}$)

a) 0,01
b) 0,05
c) 0,1
d) 0,2

Questão 67

The pH of a saturated solution of $Fe(OH)_2$ is 8,67. What is the K_{sp} for $Fe(OH)_2$?

a) 5×10^{-6}
b) 2×10^{-11}
c) 1×10^{-16}
d) 5×10^{-17}

Questão 68

What is the pH of a solution formed by mixing 45,0 mL of 0,10 M HNO_3, 50,0 mL of 0,20 M HCl, and 55,0 mL of 0,10 M CH_3COOH?

a) 0,40
b) 0,88
c) 1,01
d) 1,52

Questão 69

Calculate the aqueous solubility of $Ca(OH)_2$ in grams per liter. [$K_{sp} = 8,0 \times 10^{-6}$]

a) $5,9 \times 10^{-4}$
b) $2,0 \times 10^{-2}$
c) 0,93
d) 1,5

Questão 70

A 0,050M solution of an unknown acid is 1.0% ionized. What is the value of its K_a?

a) $2,5\times10^{-7}$
b) $5,0\times10^{-6}$
c) $5,0\times10^{-4}$
d) $5,0\times10^{-2}$

Questão 71

Calculate the pH of a 0,15 M solution of HOCl. (K_a = HOCl $2,9\times10^{-8}$)

a) 3,77
b) 4,18
c) 6,71
d) 8,36

Questão 72

The K_{sp} of AgCl is $9,5 \times 10^{-11}$ at 14°C and is $7,8 \times 10^{-10}$ at 42°C. What is ΔH° for the dissolution of $AgCl_{(s)}$? $AgCl_{(s)} \rightleftharpoons Ag^+_{(aq)} + Cl^-_{(aq)}$

a) – 0,49 $kJ.mol^{-1}$
b) + 0,37 $kJ.mol^{-1}$
c) + 57 $kJ.mol^{-1}$
d) +220 $kJ.mol^{-1}$

Questão 73

Calculate the hydrogen ion in mol/L of a 0,010 M solution of NH_4Cl. Base Ionization Constant, K_b concentration of NH_3: 1.8×10^{-5}.

a) 4.2×10^{-4}
b) $2,4\times10^{-6}$
c) $1,8\times10^{-7}$
d) $5,6\times10^{-12}$

Questão 74

Uma solução pode ser denominada solução tampão, quando contém concentrações aproximadamente iguais de um:

a) Ácido forte e um sal
b) Ácido e uma base forte
c) Ácido e base fracos
d) Ácido forte e sua base conjugada
e) Ácido fraco e sua base conjugada

Questão 75

(MESTRE JOÃO ROBERTO DA PACIÊNCIA NABUCO) O grau de hidrólise do cianeto de potássio em solução 0,2 $mol.L^{-1}$ é 0,0085 a 20°C. Calcular K_h da hidrólise do sal e K_a do ácido cianídrico a mesma temperatura.

Questão 76

K_{ps} para o iodato de chumbo II, Pb(IO3)2, é $3,2 \times 10^{-14}$ a uma dada temperatura. Qual a solubilidade de $Pb(IO_3)_2$ em mol/L?

a) $1,8 \times 10^{-7}$
b) $3,6 \times 10^{-7}$
c) $2,0 \times 10^{-5}$
d) $4,0 \times 10^{-5}$
e) $8,0 \times 10^{-5}$

Questão 77

Uma solução de um ácido monoprótico apresenta concentração da quantidade de matéria igual a 0,030 mol x L^{-1} com grau de dissociação igual a 13,90%. A partir das informações apresentadas, calcule a constante de equilíbrio do referido ácido.

Questão 78

What is the solubility of calcium hydroxide in mol·L^{-1}? Calcium hydroxide: 4,0 × 10^{-6}.

a) 1,6× 10^{-2}

b) 1,0 × 10^{-2}

c) 2,0 × 10^{-3}

d) 1,0 × 10^{-3}

Questão 79

(IFRJ – CAMPUS NILÓPOLIS - TURMA QIM) Um estudante do curso técnico de Química do Instituto Federal do Rio de Janeiro – Campus Nilópolis estudou o comportamento de uma solução de ácido acético com concentração igual a 0,010 mol.L^{-1} apresentando um pH igual a 2,68. a partir desta informação, calcule a concentração da quantidade de matéria do ácido e também o seu grau de ionização.

Questão 80

Sabendo que o pH do ácido benzoico é igual a 2,75 a uma temperatura de 25°C e concentração igual a 0,069 mol.L^{-1}, calcule a constante de equilíbrio do referido ácido.

Questão 81

Uma solução aquosa contém 0,675 g de NaOH em um volume de 500 mL. Qual o pH desta solução?

a) 2,97

b) 13,00

c) 12,52

d) 3,36

e) 6,75

Questão 82

Uma amostra específica de vinagre tem pH de 2,90. Supondo que o ácido acético (CH_3COOH) seja o único ácido que o vinagre contém (K_a =1,8 × 10^{-5}), informe qual a concentração inicial do ácido acético em mol.L^{-1}.

a) 8,8 × 10^{-2}

b) 7,7 × 10^{-2}

c) 7,4 × 10^{-2}

d) 8,0 × 10^{-2}

e) 9,6 × 10^{-2}

Questão 83

Quantidade equivalente a 0,05 mol de certo ácido hipotético apresentado na forma HX, foi dissolvida em água produzindo 1 L de solução apresentando pH igual a 2,0.

a) Determine a concentração total de todos os íons presentes após o equilíbrio ter sido alcançado.

b) Calcule o valor da constante de dissociação do ácido (K_a).

c) Calcule o valor da constante de equilíbrio (K).

Questão 84

Quais respostas apresentam juntas o pH da solução e a pressão do gás H_2 no eletrodo normal de hidrogênio.

a) pH = 2,35 e pressão = 1,16 atm

b) pH = 2,28 e pressão = 1,00 atm

c) pH = 0,00 e pressão = 2,00 atm

d) pH = 0,00 e pressão = 1,00 atm

e) pH = 7,00 e pressão = 1,00 atm

Questão 85

Calcule o pH de um tampão composto por 3,50 g de ácido cianídrico e 1,10 g de cianeto de sódio para cada um litro. Informação para a resolução do problema: constante do ácido = 6,96 x 10^{-10}.

Questão 86

(GRILLO) A 27°C, o produto de solubilidade do sulfato de chumbo II é igual a 1,0 x 10^{-8} e as constantes de equilíbrio para as três equações químicas estão apresentadas a seguir:

a) $PbSO_{4(sólido)} + 2I^-_{(aquoso)} \leftrightarrows PbI_{2(sólido)} + SO_4{}^{-2}{}_{(aquoso)}$ — $K_1 = 4,0 \times 10^{-4}$
b) $PbI_{2(sólido)} + CrO_4{}^-{}_{(aquoso)} \leftrightarrows PbCrO_{4(sólido)} + 2I^-_{(aquoso)}$ — $K_2 = 4,0 \times 10^{12}$
c) $PbS_{(sólido)} + CrO_4{}^-{}_{(aquoso)} \leftrightarrows PbCrO_{4(sólido)} + S^{-2}_{(aquoso)}$ — $K_3 = 1,60 \times 10^{-8}$

Através dos dados fornecidos acima, assinale a alternativa que apresenta o valor da energia livre Gibbs padrão, considerando que a constante dos gases seja igual a 8,0 J.mol^{-1}.K^{-1}.
a) 4500 J/mol
b) 5000 J/mol
c) 5500 J/mol
d) 6000 J/mol
e) Nenhuma das respostas anteriores

Questão 87

Calcule o pH de uma solução que apresenta 0,10 mol.L^{-1} de ácido cianídrico e 0,01 mol.L^{-1} de cianeto de potássio. Informação para a resolução do problema: $K_a = 7 \times 10^{-10}$.

Questão 88

How many moles of HCOONa must be added to 1,0 L of 0.10 mol.L^{-1} HCOOH to prepare a buffer solution with a pH of 3,4? (HCOOH $K_a = 2 \times 10^{-4}$)
a) 0,01
b) 0,05
c) 0,1
d) 0,2

Questão 89

A solubilidade do hidróxido de magnésio na presença de água é igual a 9,57 x 10^{-3} g.L^{-1}. Calcule a solubilidade em g.L^{-1} na presença de 0,02 mol.L^{-1} de nitrato de magnésio.

Questão 90

Calcule a massa de hidróxido de sódio que deve ser dissolvida em 0,250 mililitros de água pura para que a solução resultante tenha um pH igual a 12,5 a uma temperatura de 25°C.

Questão 91

Determine o pH de uma solução tampão que foi preparada mediante uma mistura de 0,10 mol de ácido láctico (HLa) e 0,10 mol de lactato de potássio (LaK), para 1 L de solução a 25ºC. Da literatura, sabe-se que, na temperatura de interesse, a constante de dissociação do ácido lático apresenta um valor de 1,38 x 10^{-4} mol.L^{-1}.

Questão 92

Determine o valor do produto de solubilidade do brometo de sódio (NaBr), sabendo que a partir da dissolução de uma massa de 0,55 mg em 1 L de água a 25ºC, observa-se o equilíbrio entre a solução e cristais de NaBr. Sabe-se que após a filtração da solução, 0,1 mg de NaBr sólido foi recuperado.

Questão 93

Determine a massa do ácido propanoico (CH_3CH_2COOH), que deve ser adicionada a 80,0 g de propionato de sódio (CH_3CH_2COONa) para a produção de uma solução tampão com volume igual a 2,0 L, pH igual a 5,0 a 25ºC. Considere que a ionização do ácido propanoico é representada pela equação abaixo, e que na temperatura de interesse a constante de dissociação do ácido propanoico apresenta um valor de 1,34 x 10^{-5} mol.L^{-1}.
$CH_3CH_2COOH_{(aquoso)} \leftrightarrows CH_3CH_2COO^-_{(aquoso)} + H_3O^+_{(aquoso)}$

Questão 94

Considere que a constante de dissociação do ácido a 25°C seja igual a 1,47 x 10^{-3}. A partir das informações apresentadas, calcule o grau de dissociação considerando que a solução apresente comportamento ideal. Informação para a solução do problema: concentração da quantidade de matéria = 0,015 mol x L^{-1}.

Questão 95

Calcule as concentrações das quantidades de matéria dos íons $HSO_{4(aquoso)}^{-}$, $SO_{4(aquoso)}^{-}$ e $H_3O_{(aquoso)}^{+}$, na solução 0,10 mol x L^{-1} de bissulfato de potássio. Informação para a resolução do problema: K_a = 1,30 x 10^{-2}.

Questão 96

Calcule a hidrólise através de uma solução 0,100 mol x L^{-1} de cloreto de amônio. Informação para a resolução do problema: $K_b(NH_3)$ = 1,80 x 10^{-3}.

Questão 97

Calcule o grau de ionização, dado em percentual, de uma solução 1,0 mol.L^{-1} de ácido cianídrico, sabendo que a constante de ionização do ácido seja igual a 4,80 x 10^{-10}.

Questão 98

A partir de uma solução de ácido carbônico com concentração da quantidade de matéria igual a 0,025 mol x L^{-1}, determine os valores aproximados das concentrações dos íons H_3O^+, HCO_3- e CO_3^{-2}, sabendo que a constante do ácido é igual a 4,0 x 10^{-7} e a segunda constante do ácido é igual a K_a = 4,80 x 10^{-11} (HCO_3-).

Questão 99

A partir da concentração da quantidade de matéria inicial 0,35 mol x L^{-1} de acetato de sódio, determine o grau de dissociação, o pH e o pOH. Informação para a resolução do problema: K_a = 1,75 x 10^{-5}.

Questão 100

Determine o valor do pH de uma solução com concentração da quantidade de matéria igual a 0,10 mol x L^{-1} de cloreto de amônio, que apresenta constante da base (K_b) igual a 1,80 x 10^{-5}.

Questão 101

What is the pH of 50 mL of the 0,14 mol.L^{-1} HCl solution mixed with 50 mL of 0,10 mol.L^{-1} NaOH solution? Write the number of the correct answer in the answer box. Log 2 = 0,30.

a) 1,5
b) 1,7
c) 1,9
d) 2,1
e) 2,3

Questão 102

Observe o seguinte equilíbrio iônico do ácido acético na presença de água:
$\mathrm{CH_3COOH_{(aquoso)} + H_2O_{(líquido)} \rightleftarrows CH_3COO^-_{(aquoso)} + H_3O^+_{(aquoso)}}$. Suponha que a constante de equilíbrio para este ácido fraco seja igual a 1,80 x 10^{-5}. A partir das informações apresentadas, calcule o valor do grau de ionização para este ácido, levando em consideração as condições como sendo padrões.

EXERCÍCIO PROPOSTO – GABARITO

Questão 01

Trata-se de um dos tópicos do estudo do equilíbrio químico do qual há a participação dos íons (cátion e ânion) em um processo reversível.

Questão 02

Quando houver uma solução de um ácido fraco, adicionando a esta solução um íon comum de um sal derivado, porém comum a este ácido, o equilíbrio será deslocado para a esquerda, ocasionando com isso uma diminuição da ionização do ácido.

Questão 03

Soluções que apresentam como característica fundamental não sofrerem variações acentuadas em seu pH, mesmo quando for adicionada uma quantidade considerável de um ácido forte ou de uma base forte. A solução tampão ocorre entre um ácido fraco e o sal derivado deste ácido e entre uma base e um sal derivado dessa base.

Questão 04

Equação matemática: $\text{pH} = \text{pK}_\text{a} + \log\frac{[\text{sal}]}{[\text{ácido}]}$

Questão 05

Equação matemática: $\text{pH} = \text{pK}_\text{W} - \text{pK}_\text{b} - \log\frac{[\text{sal}]}{[\text{base}]}$

Questão 06

Trata-se de um processo químico que consiste em uma reação química entre os íons de um sal com a água.

Questão 07

Fórmula molecular: NH_4Cl

$$NH_4Cl_{(aquoso)} \rightleftharpoons NH^+_{4(aquoso)} + Cl^-_{(aquoso)}$$

$$NH^+_{4(aquoso)} + Cl^-_{(aquoso)} + H_2O_{(líquido)} \rightleftharpoons NH_4OH_{(aquoso)} + \underbrace{HCl_{(aquoso)}}_{\text{ácido forte}}$$

$$NH^+_{4(aquoso)} + \cancel{Cl^-_{(aquoso)}} + H_2O_{(líquido)} \rightleftharpoons NH_4OH_{(aquoso)} + H^+_{(aquoso)} + \cancel{Cl^-_{(aquoso)}}$$

$$NH^+_{4(aquoso)} + H_2O_{(líquido)} \rightleftharpoons NH_4OH_{(aquoso)} + \underbrace{H^+_{(aquoso)}}_{\text{solução ácida}}$$

Questão 08

Fórmula molecular: NaCN (Cianeto de sódio)

$$NaCN_{(aquoso)} \rightleftharpoons Na^+_{(aquoso)} + CN^-_{(aquoso)}$$

$$Na^+_{(aquoso)} + CN^-_{(aquoso)} + H_2O_{(líquido)} \rightleftharpoons \underbrace{NaOH_{(aquoso)}}_{\text{Base forte}} + HCN_{(aquoso)}$$

$$\cancel{Na^+_{(aq)}} + CN^-_{(aquoso)} + H_2O_{(líquido)} \rightleftharpoons \cancel{Na^+_{(aquoso)}} + OH^-_{(aquoso)} + HCN_{(aquoso)}$$

$$CN^-_{(aquoso)} + H_2O_{(líquido)} \rightleftharpoons HCN_{(aquoso)} + \underbrace{OH^-_{(aquoso)}}_{\text{solução básica}}$$

Questão 09

NH_4CN (Cianeto de amônio)

$$NH_4CN_{(aquoso)} \rightleftharpoons NH^+_{4(aquoso)} + CN^-_{(aquoso)}$$

$$NH^+_{4(aquoso)} + CN^-_{(aquoso)} + H_2O_{(líquido)} \rightleftharpoons \underbrace{\underbrace{NH_4OH_{(aquoso)}}_{\text{base fraca}} + \underbrace{HCN_{(aquoso)}}_{\text{ácido fraco}}}_{\text{SOLUÇÃO NEUTRA}}$$

Questão 10

Fórmula molecular: NaCl (Cloreto de sódio)

$$NaCl_{(aquoso)} \rightleftharpoons Na^{+}_{(aquoso)} + Cl^{-}_{(aquoso)}$$

$$Na^{+}_{(aquoso)} + Cl^{-}_{(aquoso)} + H_2O_{(líquido)} \rightleftharpoons \underbrace{NaOH_{(aquoso)}}_{\text{base forte}} + \underbrace{HCl_{(aquoso)}}_{\text{ácido forte}}$$

$$\cancel{Na^{+}_{(aquoso)}} + \cancel{Cl^{-}_{(aquoso)}} + H_2O_{(líquido)} \rightleftharpoons \cancel{Na^{+}_{(aquoso)}} + OH^{-}_{(aquoso)} + H^{+}_{(aquoso)} + \cancel{Cl^{-}_{(aquoso)}}$$

$$H_2O_{(líquido)} \rightleftharpoons OH^{-}_{(aquoso)} + H^{+}_{(aquoso)}$$

Observação: Para esta situação do cloreto de sódio não há hidrólise.

Questão 11

Equação química: $NH^{+}_{4(aquoso)} + H_2O_{(líquido)} \rightleftharpoons NH_4OH_{(aquoso)} + \underbrace{H^{+}_{(aquoso)}}_{\text{solução ácida}}$

Equação química da constante de hidrólise: $K_h = \dfrac{[NH_4OH_{(aq)}] \text{ x } [H^{+}_{(aq)}]}{[NH^{+}_{4(aq)}] \text{ x } \underbrace{a_{H_2O}}_{=1}}$

Sabendo que $[H^{+}_{(aq)}] \text{ x } [OH^{-}_{(aq)}] = K_W$

$$K_h = \frac{[NH_4OH_{(aq)}] \text{ x } \left(\dfrac{K_W}{[OH^{-}_{(aq)}]}\right)}{[NH^{+}_{4(aq)}]}$$

$$K_h = \frac{[NH_4OH_{(aq)}] \text{ x } K_W}{[NH^{+}_{4(aq)}] \text{ x } [OH^{-}_{(aq)}]}$$

Sabendo que $K_b = \dfrac{[NH^{+}_{4(aq)}] \text{ x } [OH^{-}_{(aq)}]}{[NH_4OH_{(aq)}]}$, logo: $\boxed{K_h = \dfrac{K_W}{K_b}}$.

Questão 12

Equação química: $CN^{-}_{(aquoso)} + H_2O_{(líquido)} \rightleftharpoons HCN_{(aquoso)} + \underbrace{OH^{-}_{(aquoso)}}_{\text{solução básica}}$

Equação química da constante de hidrólise: $K_h = \dfrac{[HCN_{(aq)}] \text{ x } [OH^{-}_{(aq)}]}{[CN^{-}_{(aq)}] \text{ x } \underbrace{a_{H_2O}}_{=1}}$

Sabendo que $[H^{+}_{(aq)}] \text{ x } [OH^{-}_{(aq)}] = K_W$

$$K_h = \frac{[HCN_{(aq)}] \text{ x } \left(\dfrac{K_W}{[H^{+}_{(aq)}]}\right)}{[CN^{-}_{(aq)}]}$$

$$K_h = \frac{[HCN_{(aq)}] \text{ x } K_W}{[CN^{-}_{(aq)}] \text{ x } [H^{+}_{(aq)}]}$$

Sabendo que $K_a = \dfrac{[CN^{-}_{(aq)}] \text{ x } [H^{+}_{(aq)}]}{[HCN_{(aq)}]}$, logo: $\boxed{K_h = \dfrac{K_W}{K_a}}$

Questão 13

Equação química:

$$NH^{+}_{4(aquoso)} + CN^{-}_{(aquoso)} + H_2O_{(líquido)} \rightleftharpoons \underbrace{\underbrace{NH_4OH_{(aquoso)}}_{\text{base fraca}} + \underbrace{HCN_{(aquoso)}}_{\text{ácido fraco}}}_{\text{SOLUÇÃO NEUTRA}}$$

Equação química da constante de hidrólise: $K_h = \frac{[NH_4OH_{(aq)}] \times [HCN_{(aq)}]}{[NH^{+}_{4(aq)}] \times [CN^{-}_{(aq)}] \times \underbrace{a_{H_2O}}_{=1}}$

Sabendo que: $[HCN_{(aq)}] = \frac{[H^{+}_{(aq)}] \times [CN^{-}_{(aq)}]}{K_a}$ e que $[NH_4OH_{(aq)}] = \frac{[NH^{+}_{4(aq)}] \times [OH^{-}_{(aq)}]}{K_b}$.

Substituindo na equação do equilíbrio de hidrólise, temos:

$$K_h = \frac{\cancel{[NH^{+}_{4(aq)}]} \times \overbrace{[OH^{-}_{(aq)}] \times [H^{+}_{(aq)}]}^{K_W} \times \cancel{[CN^{-}_{(aq)}]}}{\cancel{[NH^{+}_{4(aq)}]} \times \cancel{[CN^{-}_{(aq)}]} \times K_b \times K_a} = \boxed{\frac{K_W}{K_b \times K_a}}$$

Questão 14

Alternativa C.

Cálculo do valor do potencial hidrogeniônico, pH: $pH = -\log[2{,}0 \times 10^{-4}]$

$pH = -[\log 2{,}0 + \log 10^{-4}]$

$pH = -[0{,}30 - 4{,}0]$ = 3,70

Questão 15

Equação iônica: $AgCl_{(sólido)} \rightleftarrows Ag^{+}_{(aquoso)} + Cl^{-}_{(aquoso)}$

Equação da constante do produto de solubilidade do cloreto de prata: $K_{ps} = [Ag^{+}] \times [Cl^{-}]$

Relação matemática entre a constante do produto de solubilidade com a solubilidade:

$K_{ps} = [Ag^{+}] \times [Cl^{-}] = S^2$

$S = \sqrt{K_{ps}}$

$S = \sqrt{1{,}80 \times 10^{-10}} = 1{,}34 \times 10^{-5}\,\frac{mol}{L}$

Questão 16

Equação de dissociação do hidróxido de potássio: $KOH_{(sólido)} \rightarrow K^{+}_{(aquoso)} + OH^{-}_{(aquoso)}$

A 25°C sendo o pH = 13, logo: pOH = 14 – pH

pOH = 14 – 13 = 1

$pOH = -\log[OH^{-}]$

$1 = -\log[OH^{-}] \rightarrow [OH^{-}] = 10^{-1} = 0{,}10\,\frac{mol}{L}$

Cálculo da massa de hidróxido de potássio: $[KOH] = \frac{m_{KOH}}{<MM>_{KOH} \times V_{solução}}$

$$0{,}10 = \frac{m_{KOH}}{56 \times 0{,}50}$$

$$m_{KOH} = 2{,}8\ g$$

Questão 17

Alternativa A.

Para cada equilíbrio apresentado na questão, pode-se escrever uma equação para a constante de equilíbrio, baseada na Lei da Ação das Massas. Como os equilíbrios estão acoplados entre si por causa da presença de espécies concomitantes, a cada constante é atribuído um índice, representado por K_1 e K_2. A cada processo de ionização para um sistema poliprótico, a constante de equilíbrio decresce nos estágios sucessivos da ionização, isto se deve ao decréscimo da tendência próton doadora dos sucessivos íons residuais cuja carga negativa crescente se opõe, cada vez mais, a transferência de um próton ao solvente.

Questão 18

Alternativa D.

A partir da relação estequiométrica, temos:

1 mol de NaOH ----------- 1 mol de [OH-]

[NaOH] = [OH^-] = 10^{-2} mol x L^{-1}

Cálculo do pOH: $\text{pOH} = -\log(0{,}010) = -(-2) = 2$

Cálculo do pH: pH = 14 – pOH

pH = 14 – 2 = 12

Questão 19

Alternativa B.

Sabendo que a concentração da quantidade de matéria do ácido clorídrico é igual a 0,020 mol.L^{-1}, logo a concentração de íons H^+ também será igual a 0,020 mol.L^{-1}, uma vez que a proporção estequiométrica é 1:1.

[H^+] = 0,020 mol x L^{-1}

Cálculo do pH: $\text{pH} = -\log(0{,}020)$

$$\text{pH} = -(-1{,}70) = 1{,}70$$

Questão 20

Alternativa D.

Equação química: $HCl_{(aquoso)} + NaOH_{(aquoso)} \longrightarrow NaCl_{(aquoso)} + H_2O_{(líquido)}$

Cálculo do número de mol para cada reagente químico:

$$n_{ácido} = 1{,}0\frac{mol}{L} \times 0{,}100\ L = 0{,}100\ mol$$

$$n_{base} = 0{,}50\frac{mol}{L} \times 0{,}100\ L = 0{,}050\ mol$$

Reagente em excesso = ácido

$$n_{ácido}^{excesso} = 0{,}100\ mol - 0{,}050\ mol = 0{,}050\ mol$$

Cálculo da concentração da quantidade de matéria de íons hidrogeniônico:

$$[HCl]_{excesso} = \frac{n_{ácido}^{excesso}}{V_{total}} = \frac{0{,}050\ mol}{0{,}10\ +\ 0{,}10} = 0{,}25\frac{mol}{L}$$

Questão 21

Cálculo da concentração da quantidade de matéria do ácido clorídrico, [HCl]:

$$[HCl] = \frac{C}{<MM>_{HCl}} = \frac{10\ x\ d\ x\ (\%)}{<MM>_{HCl}} = \frac{10\ x\ 1{,}078\ x\ 22}{36{,}5} = 6{,}50\frac{mol}{L}$$

Cálculo da concentração da quantidade de matéria de íons H^+, $[H^+]$:

$$HCl_{(aquoso)} \overset{H_2O}{\rightleftarrows} H^+_{(aquoso)} + Cl^-_{(aquoso)}$$

Cálculo da concentração da quantidade de matéria do cátion:

$$1\ mol\ de\ HCl_{(aq)} - - - -1\ mol\ de\ H^+_{(aq)}$$
$$6{,}50\ mol.L^{-1} - - - - - [H^+_{(aq)}]$$
$$[H^+_{(aq)}] = 6{,}50\frac{mol}{L}$$

Cálculo do pH: $pH = -\log[H^+]$

$$pH = -\log[H^+] = -\log(6{,}50) = -0{,}813$$

Questão 22

Equação química: $HCN_{(aquoso)} + KOH_{(aquoso)} \rightleftarrows KCN_{(aquoso)} + H_2O_{(líquido)}$

Sabendo que o pH de uma solução tampão é representado pela seguinte fórmula: $pH = pK_a + \log\frac{[KCN]}{[HCN]}$, seu valor de pH será:

$$pH = -\log(7{,}0\ x\ 10^{-10}) + \log\left\{\frac{\frac{0{,}65}{65\ x\ 1{,}0}}{\frac{2{,}70}{27\ x\ 1}}\right\}$$
$$pH = -(-9{,}15) + \log\frac{0{,}010}{0{,}10}$$
$$pH = 9{,}15 + \log(0{,}10) = 9{,}15 - 1 = 8{,}15$$

Questão 23

Cálculo do fator de van´t Hoff: $HBr_{(aquoso)} \overset{H_2O}{\rightleftarrows} H^+_{(aquoso)} + Br^-_{(aquoso)}$

$$i = 1 + (n - 1).\alpha$$
$$i = 1 + (2 - 1).\alpha$$
$$i = 1 + \alpha$$

A partir da aplicação da pressão osmótica, temos: $\pi = [HBr]\ x\ R\ x\ T\ x\ i$

$$4{,}70 = 0{,}10\ x\ 0{,}08206\ x\ (22 + 273)\ x\ (1 + \alpha)$$

$$4{,}70 = 0{,}008206\ x\ 295\ x\ (1 + \alpha)$$

$$1 + \alpha = \frac{4{,}70}{0{,}008206\ x\ 295}$$

$$1 + \alpha = \frac{4{,}70}{2{,}42}$$

$$\alpha = 0{,}94$$

Cálculo do pH: $pH = -\log([HBr] \times \alpha)$

$$pH = -\log(0{,}10 \times 0{,}94) = -\log(0{,}094) = 1{,}03$$

Questão 24

(GRILLO)

Item a) $AgCl_{(sólido)} \rightleftarrows Ag^{+}_{(aquoso)} + Cl^{-}_{(aquoso)}$; $K_{ps} = [Ag^{+}] \times [Cl^{-}]$

Item b) $Ag_2CrO_{4(sólido)} \rightleftarrows 2Ag^{+}_{(aquoso)} + CrO_4^{-2}{}_{(aquoso)}$; $K_{ps} = [Ag^{+}]^2 \times [Cr_2O_4^{-2}]$

Item c) $SrSO_{4(sólido)} \rightleftarrows Sr^{+2}_{(aquoso)} + SO_4^{-2}{}_{(aquoso)}$; $K_{ps} = [Sr^{+2}] \times [SO_4^{-2}]$

Item d) $Ca(IO_3)_{2(sólido)} \rightleftarrows Ca^{+2}_{(aquoso)} + 2IO_3^{-}{}_{(aquoso)}$; $K_{ps} = [Ca^{+2}] \times [IO_3^{-}]^2$

Item e) $BaSO_{4(sólido)} \rightleftarrows Ba^{+2}_{(aquoso)} + SO_4^{-2}{}_{(aquoso)}$; $K_{ps} = [Ba^{+2}] \times [SO_4^{-2}]$

Item f) $Al(OH)_{3(sólido)} \rightleftarrows Al^{+3}_{(aquoso)} + 3OH^{-}_{(aquoso)}$; $K_{ps} = [Al^{+3}] \times [OH^{-}]^3$

Item g) $Pb(N_3)_{2(sólido)} \rightleftarrows Pb^{+2}_{(aquoso)} + 2N_3^{-}{}_{(aquoso)}$; $K_{ps} = [Pb^{+2}] \times [N_3^{-}]^2$

Item h) $Na_2CO_{3(sólido)} \rightleftarrows 2Na^{+}_{(aquoso)} + CO_3^{-}{}_{(aquoso)}$; $K_{ps} = [Na^{+}]^2 \times [CO_3^{-2}]$

Questão 25

(GRILLO) Item a) Para este problema, será necessário o uso da tabela de equilíbrio químico. Base de cálculo: n (mol) inicial de sulfato de bário, $BaSO_4$.

	$BaSO_{4(sólido)}$	⇆	$Ba^{+2}_{(aquoso)}$	$SO^{-2}_{4\,(aquoso)}$
Início	n		0	0
Reage	//		S	S
Equilíbrio	//		S	S

Equação do produto de solubilidade (K_{ps}): $K_{ps} = [Ba^{+2}] \times [SO_4{}^{-2}] = S \times S = S^2$

Cálculo da solubilidade (S): $K_{ps} = S^2 = 1{,}1 \times 10^{-11}$

$$S = \sqrt{1{,}1 \times 10^{-11}} = 3{,}32 \times 10^{-6}\ mol.L^{-1}$$

Cálculo da massa de sulfato de bário, na presença de 0,250 litros de água:

$$3{,}32 \times 10^{-6}\ mol.L^{-1} = \frac{m_{BaSO_4}}{< MM >_{BaSO_4} \times V_{solução}}$$

$$m_{BaSO_4} = 3{,}32 \times 10^{-6}\ mol.L^{-1} \times 233 \times 0{,}250 = 193{,}39 \times \underbrace{10^{-6}}_{\mu}\ g = 193{,}39\ \mu g$$

Item b) Cálculo da massa de sulfato de bário, na presença de sulfato de amônio, $(NH_4)_2SO_4$: com a presença desta solução de sulfato de amônio, há a presença do íon comum, que se trata do sulfato.

Equação iônica: $(NH_4)_2SO_{4(sólido)} \longrightarrow 2NH_4^{+}{}_{(aquoso)} + SO_4^{-2}{}_{(aquoso)}$

Cálculo da concentração da quantidade de matéria do íon sulfato:

1 mol de $(NH_4)_2SO_{4(s)}$ ----------- 1 mol de $SO_4^{-2}{}_{(aq)}$
0,75 mol.L^{-1} ---------------------- $[SO_4^{-2}]$
$[SO_4^{-2}] = 0{,}75$ mol.L^{-1}

	$BaSO_{4(sólido)}$	⇆	$Ba^{+2}_{(aquoso)}$	$SO^{-2}_{4\,(aquoso)}$
Início	n		0	0
Reage	//		S	S
Equilíbrio	//		S	S + 0,75

Equação do produto de solubilidade (K_{ps}), na presença do íon comum:

$$K_{ps} = [Ba^{+2}] \ x \ [SO_4^{\ -2}]$$

$$K_{ps} = S \ x \ \underbrace{(S + 0,75)}_{\cong\, 0,75}$$

$$0,75 \ x \ S = 1,1 \ x \ 10^{-11}$$

$$S = \frac{1,1 \ x \ 10^{-11}}{0,75} = 1,47 \ x \ 10^{-11} \ mol. L^{-1}$$

Cálculo da massa de sulfato de bário, na presença de 0,350 litros de água:

$$1,47 \ x \ 10^{-11} \ mol. L^{-1} = \frac{m_{BaSO_4}}{< MM >_{BaSO_4} \ x \ V_{solução}}$$

$$m_{BaSO_4} = 1,47 \ x \ 10^{-11} \ mol. L^{-1} x \ 233 \ x \ 0,350$$

$$m_{BaSO_4} = 119,88 \ x \ 10^{-11}$$

A massa de sulfato de bário será de aproximadamente igual a 1,20 x 10^{-9} g.

Questão 26

Organizando as equações iônicas e somando, temos:

$PbS_{(sólido)} \rightleftarrows Pb^{+2}_{(aquoso)} + S^{-2}_{(aquoso)}$	$K_5 = ?$
$PbS_{(sólido)} + \cancel{CrO_4^{-}{}_{(aquoso)}} \rightleftarrows \cancel{PbCrO_{4(sólido)}} + S^{-2}_{(aquoso)}$	$K_3 = 7,5 \ x \ 10^{-8}$
$\cancel{PbSO_{4(sólido)}} \rightleftarrows Pb^{+2}_{(aquoso)} + \cancel{SO_4^{-2}{}_{(aq)}}$	$K_4 = 1,1 \ x \ 10^{-8}$
$\cancel{PbCrO_{4(sólido)}} + \cancel{2I^{-}_{(aquoso)}} \rightleftarrows \cancel{PbI_{2(s)}} + \cancel{CrO_4^{-}{}_{(aquoso)}}$	$K_2 = 1 / 4,3 \ x \ 10^{12}$
$\cancel{PbI_{2(s)}} + \cancel{SO_4^{-2}{}_{(aquoso)}} \rightleftarrows \cancel{PbSO_{4(sólido)}} + \cancel{2I^{-}_{(aquoso)}}$	$K_1 = 1 / 4,6 \ x \ 10^{-4}$ +
$PbS_{(sólido)} \rightleftarrows Pb^{+2}_{(aquoso)} + S^{-2}_{(aquoso)}$	

$$K_5 = 7,50 \, x \, 10^{-8} \, x \, 1,1 \, x \, 10^{-8} \, x \frac{1}{4,30 \, x \, 10^{12}} \, x \frac{1}{4,60 \, x \, 10^{-4}} = 4,17 \, x \, 10^{-25}$$

Cálculo da energia livre de Gibbs padrão: $\Delta G° = -R \ x \ T \ x \ \ln K_{ps}$

$$\Delta G° = -8,314 \ x \ 298 \ x \ln(4,17 \ x \ 10^{-25}) = +139082 \frac{J}{mol}$$

Questão 27

Para este problema, iremos fazer uma comparação de valores, entre o coeficiente reacional (Q_{ps}) com o valor do produto de solubilidade (K_{ps}).

Cálculo da concentração da quantidade de matéria de íons sulfato:

$H_2SO_{4(aquoso)} \longrightarrow 2H^{+}_{(aquoso)} + SO_4^{-2}{}_{(aquoso)}$

1 mol de $H_2SO_{4(aq)}$ ---------- 1 mol de $SO_4^{-2}{}_{(aq)}$
0,001 mol/L ------------------- $[SO_4^{-2}]$
$[SO_4^{-2}] = 0,001$ mol.L^{-1}

Cálculo da concentração da quantidade de matéria de chumbo $[Pb^{+2}]$: $Pb(NO_3)_{2(aquoso)} \longrightarrow Pb^{+2}{}_{(aquoso)} + 2NO_3^{-}{}_{(aquoso)}$

1 mol de $Pb(NO_3)_{2(aq)}$ ---------- 1 mol de $Pb^{+2}{}_{(aq)}$
0,002 mol/L ----------------------- $[Pb^{+2}]$
$[Pb^{+2}] = 0,002$ mol.L^{-1}

Cálculo do valor da constante reacional (Q) para o sulfato de chumbo:

$PbSO_{4(sólido)} \longrightarrow Pb^{+2}{}_{(aquoso)} + SO_4^{-2}{}_{(aquoso)}$

$$Q_{ps} = [Pb^{+2}]\ x\ [SO_4{}^{-2}] = 0,002\ x\ 0,001 = 2\ x\ 10^{-6}$$

Comparando os valores do produto reacional com o produto de solubilidade, observa-se que Q_{ps} é maior que o K_{ps} ($Q_{ps} > K_{ps}$). Com isso, há sim precipitação de sulfato de chumbo.

Questão 28

Adicionando-se x mols de ácido clorídrico à solução de cianeto de sódio, NaCN, teremos o seguinte equilíbrio iônico colocado a seguir:

$Na^{+}{}_{(aquoso)} + H^{+}{}_{(aquoso)} + CN^{-}{}_{(aquoso)} + Cl^{-}{}_{(aquoso)} \longrightarrow Na^{+}{}_{(aquoso)} + Cl^{-}{}_{(aquoso)} + HCN_{(aquoso)}$.

Com isso, temos a seguinte tabela de equilíbrio químico completada fica representada da seguinte maneira. Base de cálculo: 0,01 mol de cianeto

	$H^{+}{}_{(aquoso)}$	$CN^{-}{}_{(aquoso)}$	$\leftrightarrows$	$HCN_{(aquoso)}$
Início	0	0,01		0
Reage	x	x		x
Equilíbrio	x	0,01 - x		x

Considerando que o processo se caracteriza como um tampão, temos:

$pH = pK_a + \log\frac{[ânion]}{[cátion]}$, seu valor de pH será: $8,50 = \log(4,10\ x\ 10^{-10}) + \log\frac{(0,01 - x)}{x}$

$$-0,887 = \log\frac{(0,01 - x)}{x}$$

$x = 8,85\ x\ 10^{-3}$mol

Questão 29

Equação química: $HCl_{(aquoso)} + NaOH_{(aquoso)} \longrightarrow NaCl_{(aquoso)} + H_2O_{(liquido)}$

Determinação do reagente limitante e do reagente em excesso:

Analisando o HCl: $n_{HCl} = \frac{m_{HCl}}{<MM>_{HCl}} = \frac{3,65\ g}{36,5\ g.mol^{-1}} = 0,10\ mol$

Analisando o NaOH: $n_{NaOH} = \frac{m_{NaOH}}{<MM>_{NaOH}} = \frac{6,0\ g}{40,0\ g.mol^{-1}} = 0,15\ mol$

Observando o número de mol de cada reagente químico, observa-se que há um excesso de hidróxido de sódio, uma vez que o número de mol de hidróxido é maior do que o do ácido ($n_{NaOH} > n_{HCl}$), conforme pode ser observado em cada número de mol calculado acima.

Cálculo do número de mol em excesso de hidróxido de sódio:
$n_{excesso} = n_{HCl} - n_{NaOH} = 0{,}15 - 0{,}10 = 0{,}05 \text{ mol}$

Cálculo da concentração da quantidade de matéria do hidróxido de sódio em excesso, $[NaOH]_{excesso}$:

$$M_{excesso}^{NaOH} = \frac{n_{excesso}^{NaOH}}{V_{solução}} = \frac{0{,}05 \text{ mol}}{1 \text{ L}} = 0{,}05 \text{ mol.L}^{-1}$$

Equação química: $NaOH_{(aquoso)} \longrightarrow Na^+_{(aquoso)} + OH^-_{(aquoso)}$

Observando a estequiometria, temos o seguinte valor da concentração molar de íons hidroxila:

1 mol de $NaOH_{(aq)}$ ------------------- 1mol de $OH^-_{(aq)}$
0,05 mol.L^{-1} de $NaOH_{(aq)}$ ----------- $[OH^-]$
$[OH^-]$ = 0,05 mol.L^{-1}

Cálculo do pOH: $pOH = -\log[OH^-] = -\log(0{,}05) = 1{,}30$

Cálculo do valor do pH, a partir do pOH a 25°C: pH = 14 – 1,30 = 12,70

Questão 30

Equação química: $HX_{(aquoso)} + H_2O_{(líquido)} \leftrightarrows X^-_{(aquoso)} + H_3O^+_{(aquoso)}$.

Base de cálculo: M (mol.L^{-1}) inicial de ácido fórmico, COOH.

	$HX_{(aquoso)}$	$H_2O_{(líquido)}$	$\leftrightarrows$	$X^-_{(aquoso)}$	$H_3O^+_{(aquoso)}$
Início	M	M		0	0
Reage	Mα	//		Mα	Mα
Equilíbrio	M - Mα	//		Mα	Mα

Cálculo do grau de dissociação (α), a partir da constante de equilíbrio: $K_a = \frac{[X^-] \text{ x } [H_3O^+]}{[HX] \text{ x } a_{H_2O}}$

$$K_a = \frac{(M\alpha) \text{ x } (M\alpha)}{(M - M\alpha)} = \frac{M\alpha^2}{1 - \alpha}$$

Considerando que o pH é igual a 2,0, o valor da concentração de íons $H_3O^+_{(aq)}$ será igual a:

$2{,}0 = -\log[H_3O^+]$

$[H_3O^+] = 10^{-2} \text{mol.L}^{-1}$

Item a) Cálculo da soma dos íons:
$[H_3O^+] + [X^-] = 10^{-2}\text{mol.L}^{-1} + 10^{-2}\text{mol.L}^{-1} = 2{,}0 \text{ x } 10^{-2}\text{mol.L}^{-1}$

Item b) Cálculo da constante de equilíbrio (K_a) do ácido HX: Observa-se que no equilíbrio a concentração de $[H_3O^+]$ é igual a de $[X^-]$, logo será necessário calcular o grau de dissociação (α). A partir da concentração de H_3O^+, tempo que: $[H_3O^+] = [X^-] = M.\alpha$
$10^{-2} = M\alpha$

$$\frac{0{,}05}{1} \text{ x } \alpha = 10^{-2}$$

$$\alpha = 0{,}2\ (20\%)$$

$$K_a = \frac{[X^-].[H_3O^+]}{[HX].a_{H_2O}} = \frac{(M\alpha)\text{ x }(M\alpha)}{(M - M\alpha)} = \frac{10^{-2}\text{ x }10^{-2}}{(0{,}05 - 10^{-2})} = \frac{10^{-4}}{0{,}04} = 2{,}50\text{ x }10^{-3}$$

Questão 31

Item a) Analisando a partir da presença de água pura. Sulfato de chumbo:

$$PbSO_{4(sólido)} \rightleftarrows Pb^{+2}_{(aquoso)} + SO_{4\,(aquoso)}^{-2}$$

Equação da constante de solubilidade: $K_{ps} = [Pb^{+2}_{(aq)}]\text{ x }[SO_{4\,(aq)}^{-2}]$

$$1\text{ mol }PbSO_{4(s)} --- 1\text{ mol }Pb^{+2}_{(aq)}(S) --- 1\text{ mol }SO_{4\,(aq)}^{-2}\ (S)$$

$$K_{ps} = S\text{ x }S = S^2$$

$$S = \sqrt{2{,}50\text{ x }10^{-8}} = 1{,}58\text{ x }10^{-4}\,\frac{mol}{L}$$

Item b) Analisando a partir da presença de nitrato de chumbo:

Sulfato de chumbo: $PbSO_{4(sólido)} \rightleftarrows Pb^{+2}_{(aquoso)} + SO_{4\,(aquoso)}^{-2}$
Nitrato de chumbo: $Pb(NO_3)_{2(sólido)} \rightleftarrows Pb^{+2}_{(aquoso)} + 2NO_{3\,(aquoso)}^{-1}$
Presença do íon comum: $Pb^{+2}_{(aquoso)}$

Equação da constante de solubilidade: $K_{ps} = [Pb^{+2}_{(aq)}]\text{ x }[SO_{4\,(aq)}^{-2}]$

$$1\text{ mol }PbSO_{4(s)} --- 1\text{ mol }Pb^{+2}_{(aq)}(S) --- 1\text{ mol }SO_{4\,(aq)}^{-2}\ (S)$$

$$K_{ps} = \underbrace{(S + 0{,}010)}_{0{,}010}\text{ x }S$$

$$0{,}010\text{ x }S = 2{,}50\text{ x }10^{-8}$$

$$S = \frac{2{,}50\text{ x }10^{-8}}{0{,}010} = 2{,}50\text{ x }10^{-6}\,\frac{mol}{L}$$

Item c) Analisando a partir da presença de sulfato de sódio:

Sulfato de chumbo: $PbSO_{4(sólido)} \rightleftarrows Pb^{+2}_{(aquoso)} + SO_{4\,(aquoso)}^{-2}$
Nitrato de chumbo: $Na_2SO_{4(sólido)} \rightleftarrows 2Na^{+2}_{(aquoso)} + SO_{4\,(aquoso)}^{-2}$
Presença do íon comum: SO_4^{-2}
Equação da constante de solubilidade: $K_{ps} = [Pb^{+2}_{(aq)}]\text{ x }[SO_{4\,(aq)}^{-2}]$

$$1\text{ mol }PbSO_{4(s)} --- 1\text{ mol }Pb^{+2}_{(aq)}(S) --- 1\text{ mol }SO_{4\,(aq)}^{-2}\ (S)$$

$$K_{ps} = S\text{ x }\underbrace{(S + 0{,}10)}_{0{,}10}$$

$$0{,}10 \text{ x } S = 2{,}50 \text{ x } 10^{-8}$$

$$S = \frac{2{,}50 \text{ x } 10^{-8}}{0{,}10} = 2{,}50 \text{ x } 10^{-7}\,\frac{\text{mol}}{\text{L}}$$

Questão 32

(GRILLO) Equação química: $HgI_{2(sólido)} \rightleftarrows Hg^{+2}_{(aquoso)} + 2I^{-}_{(aquoso)}$
Cálculo da concentração da quantidade de matéria de íons iodeto:

$$1 \text{ mol de } Hg^{=2}_{(aq)} - - - - - 2 \text{ mol de } I^{-}_{(aq)}$$
$$3{,}0 \text{ x } 10^{-6}\,\frac{\text{mol}}{\text{L}} - - - - - - - [I^{-}]$$
$$[I^{-}] = 6{,}0 \text{ x } 10^{-6}\,\frac{\text{mol}}{\text{L}}$$

Expressão e cálculo da constante do produto de solubilidade: $K_{ps} = [Hg^{+2}] \text{ x } [I^{-}]^{2}$
$K_{ps} = [3{,}0 \text{ x } 10^{-6}] \text{ x } [6{,}0 \text{ x } 10^{-6}]^{2} = 1{,}08 \text{ x } 10^{-16}$

Cálculo do pK_{ps}: $p_{K_{ps}} = -\log K_{ps} = -\log(1{,}08 \text{ x } 10^{-16}) = -(-15{,}97) = +\,15{,}97$

Questão 33

$Ag_2SO_{4(sólido)} \rightleftarrows 2Ag^{+}_{(aquoso)} + SO_4^{-2}{}_{(aquoso)}$; $K_{ps} = [Ag^{+2}]^{2}\, x\, [SO_4^{-2}]$

1 mol de $Ag_2SO_{4(s)}$ --- 2 mol de $Ag^{+}_{(aq)}$ --- 1 mol de $SO_4^{-2}{}_{(aq)}$

Relação entre o produto de solubilidade e a solubilidade: $K_{ps} = [2S]^{2} x\, S = 4\, x\, S^{3}$

Sabendo que a solubilidade é igual a 2,0 x 10^{-3} mol.L^{-1}, temos:

$K_{ps} = 4 \text{ x } (2{,}0 \text{ x } 10^{-3})^{3} = 3{,}2 \text{ x } 10^{-5}$

Questão 34

Alternativa D.

Equação iônica: $Sr_3(PO_4)_{2(sólido)} \rightleftarrows 3Sr^{+2}_{(aquoso)} + 2PO^{-3}_{4(aquoso)}$

Equação da constante do produto de solubilidade: $K_{ps} = [Sr^{+2}]^{3} \text{ x } [PO_4^{-2}]^{2}$

Determinação da quantidade de matéria de íons fosfato, a partir da relação estequiométrica:

$$3 \text{ mol de } Sr^{+2}_{(aq)} - - - - 2 \text{ mol de } PO^{-3}_{4(aq)}$$
$$7{,}50 \text{ x } 10^{-7} - - - - - [PO^{-3}_{4(aq)}]$$
$$[PO^{-3}_{4(aq)}] = 5{,}0 \text{ x } 10^{-7}\,\frac{\text{mol}}{\text{L}}$$

Cálculo da constante do produto de solubilidade:

$K_{ps} = (7{,}50 \text{ x } 10^{-7})^{3} \text{ x } (5{,}0 \text{ x } 10^{-7})^{2} = 1{,}05 \text{ x } 10^{-31}$

Cálculo do p_{Kps}: $p_{K_{ps}} = -\log K_{ps} = -\log(1{,}05 \text{ x } 10^{-31}) = 31$

Questão 35

Alternativa C.

Fórmula molecular do iodato de chumbo II: $Pb(IO_3)_{2(aquoso)}$

Equação química: $Pb(IO_3)_{2(sólido)} \rightleftarrows Pb^{+2}_{(aquoso)} + 2IO^{-}_{3(aquoso)}$

Expressão da constante do produto de solubilidade: $K_{ps} = [Pb^{+2}] \text{ x } [IO_3^-]^2$

Relação da constante de produto de solubilidade com a solubilidade: $K_{ps} = S \text{ x } (2S)^2 = 4S^3$

$K_{ps} = 4 \text{ x } S^3$

$$\frac{3{,}2 \text{ x } 10^{-14}}{4} = S^3$$

$$S^3 = 0{,}80 \text{ x } 10^{-14}$$

$$S = \sqrt[3]{8{,}0 \text{ x } 10^{-15}} = 2 \text{ x } 10^{-5} \frac{\text{mol}}{\text{L}}$$

Questão 36

Alternativa C.

Cálculo da concentração da quantidade de matéria de íons [Fe^{+3}], a partir da constante do produto de solubilidade do hidróxido férrico ou também conhecido como hidróxido de ferro III:

Equação química: $Fe(OH)_{3(sólido)} \rightleftarrows Fe^{+3}_{(aquoso)} + 3OH^{-}_{(aquoso)}$

Expressão da constante do produto de solubilidade: $K_{ps} = [Fe^{+3}] \text{ x } [OH^-]^3$

Cálculo da concentração da quantidade de matéria de íons Fe^{+3}:

$$K_{ps} = [Fe^{+3}] \text{ x } [OH^-]^3$$

$$[Fe^{+3}] = \frac{K_{ps}}{[OH^-]^3} = \frac{4{,}0 \text{ x } 10^{-38}}{(1{,}0 \text{ x } 10^{-8})^3} = \frac{4{,}0 \text{ x } 10^{-38}}{1{,}0 \text{ x } 10^{-24}} = 4{,}0 \text{ x } 10^{-14} \frac{\text{mol}}{\text{L}}$$

Questão 37

Equação química (1): $NaCN_{(aquoso)} \rightarrow Na^{+}_{(aquoso)} + CN^{-}_{(aquoso)}$

Equação química (2):

$$\cancel{Na^{+}_{(aquoso)}} + CN^{-}_{(aquoso)} + H_2O_{(líquido)} \rightleftharpoons HCN_{(aquoso)} + \cancel{Na^{+}_{(aquoso)}} + \underbrace{OH^{-}_{(aquoso)}}_{\text{solução básica}}$$

$$CN^{-}_{(aquoso)} + H_2O_{(líquido)} \rightleftharpoons HCN_{(aquoso)} + \underbrace{OH^{-}_{(aquoso)}}_{\text{solução básica}}$$

Equação química da constante de hidrólise: $K_h = \frac{K_W}{K_a}$

$$[NaCN] \text{ x } \alpha^2 = \frac{K_W}{K_a}$$

$$K_a = \frac{K_W}{[NaCN] \text{ x } \alpha^2} = \frac{10^{-14}}{0{,}20 \text{ x } (0{,}0085)^2} = 6{,}925 \text{ x } 10^{-10}$$

Questão 38

Ácido monoprótico: $HX_{(aquoso)}$

Equação química: $HX_{(aquoso)} \rightarrow H^+_{(aquoso)} + X^-_{(aquoso)}$

Cálculo do grau de dissociação, a partir da equação da constante de equilíbrio do ácido:

$$K_a = \frac{M\alpha \text{ x } M\alpha}{M - M\alpha} = \frac{M\alpha^2}{1 - \alpha}$$

Levando em consideração que o ácido hipotético seja fraco, alfa tende a zero ($\alpha \rightarrow 0$), logo $1 - \alpha \rightarrow 1$.

Com isso, a equação da constante de equilíbrio do ácido fica da seguinte forma: $K_a = M\alpha^2$.

Substituindo os valores na constante de equilíbrio, temos: $10^{-11} = 0{,}10 \text{ x } \alpha^2$

$$\alpha^2 = \frac{10^{-11}}{0{,}10}$$

$$\alpha = 10^{-5}$$

Sabendo que no equilíbrio a concentração de íons hidrogeniônicos é igual a $M\alpha$, então: $[H^+] = M \text{ x } \alpha = 0{,}10 \text{ x } 10^{-5} = 10^{-6} \frac{mol}{L}$

Cálculo do pH: $pH = -\log[H^+] = 6$

Questão 39

Equação química de neutralização: $HCl_{(aquoso)} + NH_4(OH)_{(aquoso)} \longrightarrow NH_4Cl_{(aquoso)} + H_2O_{(líquido)}$

Cálculo do número de mol para cada reagente químico:

$$n_{ácido} = 0{,}10 \text{ x } 10 \text{ x } 10^{-3} = 1{,}0 \text{ x } 10^{-3} mol$$

$$n_{base} = 0{,}10 \text{ x } 90 \text{ x } 10^{-3} = 9{,}0 \text{ x } 10^{-3} mol$$

Observando o número de mol de cada reagente químico, como o número de mol da base é maior em comparação ao número de mol do ácido, a solução final apresentará característica alcalina.

$$n_{base}^{excesso} = 9{,}0 \text{ x } 10^{-3} mol - 1{,}0 \text{ x } 10^{-3} mol = 8{,}0 \text{ x } 10^{-3} mol$$

$$V_{total} = 10 \text{ x } 10^{-3} \text{ L} + 90 \text{ x } 10^{-3} \text{L} = 100 \text{ x } 10^{-3} \text{ L}$$

Cálculo da concentração da quantidade de matéria dos íons hidroxila:

$$[OH^-] = \frac{8{,}0 \text{ x } 10^{-3} mol}{100 \text{ x } 10^{-3} \text{ L}} = 8{,}0 \text{ x } 10^{-2} \frac{mol}{L}$$

$$pOH = -\log(8{,}0 \text{ x } 10^{-3}) = 1{,}10$$

$$pH = 14 - pOH = 14 - 1{,}10 = 12{,}90$$

Questão 40

Cálculo da concentração hidroxiliônica, a partir do produto de solubilidade:

$$K_{ps} = [Mg^{+2}] \text{ x } [OH^-]^2$$

$$8{,}90 \text{ x } 10^{-12} = 10^{-2} \text{ x } [OH^-]^2$$

$$[OH^-] = \sqrt{\frac{8{,}90 \text{ x } 10^{-12}}{10^{-2}}} = 2{,}98 \text{ x } 10^{-5} \frac{\text{mol}}{\text{L}}$$

Cálculo do potencial hidroxiliônico: $pOH = -\log[OH^-] = -\log[2{,}98 \text{ x } 10^{-5}] = 4{,}52$

Cálculo do potencial hidrogeniônico: $pH = 14 - pOH = 14 - 4{,}52 = 9{,}48$

Questão 41

Equação da constante de equilíbrio do produto de solubilidade: $K_{ps} = [Mn^{+2}] \text{ x } [OH^-]^2$

Cálculo do pOH e da concentração da quantidade de matéria de hidroxila a 25°C: $pOH = 14 - 8{,}60 = 5{,}40$

$$5{,}40 = -\log[OH^-]$$

$$[OH^-] = 10^{-5{,}40} = 1{,}99 \text{ x } 10^{-6} \frac{\text{mol}}{\text{L}}$$

Pela relação estequiométrica: $1 \text{ mol de } Mn^{+2} ----- 2 \text{ mol de } OH^-$

$1 \text{ mol de } Mn^{+2} ----- 2 \text{ mol de } OH^-$

$[Mn^{+2}] -------- 3{,}98 \text{ x } 10^{-6} \frac{\text{mol}}{\text{L}} \text{ de } OH^-$

$$[Mn^{+2}] = \frac{3{,}98 \text{ x } 10^{-6}}{2} = 1{,}99 \text{ x } 10^{-6} \frac{\text{mol}}{\text{L}} \text{ de } Mn^{+2}$$

Cálculo da massa de cátions manganês: $\frac{m_{Mn^{+2}}}{<MM>_{Mn^{+2}} \text{ x } V_{solução}} = 1{,}99 \text{ x } 10^{-6}$

$$m_{Mn^{+2}} = 1{,}99 \text{ x } 10^{-6} \text{ x } 54{,}90 \text{ x } 0{,}10 \cong 0{,}011 \text{ mg}$$

Questão 42

Equação química de dissociação: $RQ_2 \rightarrow R^{++} + 2Q^-$

$1 \text{ mol de } RQ_2 --- 1 \text{ mol de } R^{++} --- 2 \text{ mol de } Q^-$

Equação da constante do produto de solubilidade: $K_{ps} = [R^{++}] \text{ x } [Q^-]^2$

Relação do produto de solubilidade com a solubilidade: $K_{ps} = [S] \text{ x } [2S]^2 = 4S^3$

$$3{,}2 \text{ x } 10^{-11} = 4S^3$$

$$S = \sqrt[3]{\frac{3{,}2 \text{ x } 10^{-11}}{4}} = 2{,}0 \text{ x } 10^{-4} \frac{\text{mol}}{\text{L}}$$

Cálculo do número de mol de RQ_2, a partir da solubilidade: $2{,}0 \text{ x } 10^{-4} = \frac{n_{RQ_2}}{50 \text{ x } 10^{-3}}$

$$n_{RQ_2} = 2{,}0 \text{ x } 10^{-4} \text{ x } 50 \text{ x } 10^{-3} = 1{,}0 \text{ x } 10^{-5} \text{ mol}$$

Questão 43

(MESTRE JOÃO ROBERTO DA PACIÊNCIA NABUCO) Analisando a solução de cianeto de potássio: $KCN_{(aquoso)} \rightleftharpoons K^+_{(aquoso)} + CN^-_{(aquoso)}$

$$K^+_{(aquoso)} + CN^-_{(aquoso)} + H_2O_{(líquido)} \rightleftharpoons \underbrace{KOH_{(aquoso)}}_{\text{Base forte}} + HCN_{(aquoso)}$$

$$\cancel{K^+_{(aq)}} + CN^-_{(aquoso)} + H_2O_{(líquido)} \rightleftharpoons \cancel{K^+_{(aquoso)}} + OH^-_{(aquoso)} + HCN_{(aquoso)}$$

$$CN^-_{(aquoso)} + H_2O_{(líquido)} \rightleftharpoons HCN_{(aquoso)} + \underbrace{OH^-_{(aquoso)}}_{\text{solução básica}}$$

A solução de cianeto de potássio é alcalina.

$$[OH^-_{(aq)}] = 0{,}10 \times 0{,}0112 = 1{,}12 \times 10^{-3}\,\frac{\text{mol}}{\text{L}}$$

Cálculo do pOH: $pOH = -\log[1{,}12 \times 10^{-3}] = 2{,}95$

$$pH = 14 - pOH = 14 - 2{,}95 = 11{,}05$$

Questão 44

(MESTRE JOÃO ROBERTO DA PACIÊNCIA NABUCO)

Analisando a solução de cloreto de amônio: $NH_4Cl_{(aquoso)} \rightleftharpoons NH^+_{4(aquoso)} + Cl^-_{(aquoso)}$

$$NH^+_{4(aquoso)} + Cl^-_{(aquoso)} + H_2O_{(líquido)} \rightleftharpoons NH_4OH_{(aquoso)} + \underbrace{HCl_{(aquoso)}}_{\text{ácido forte}}$$

$$NH^+_{4(aquoso)} + \cancel{Cl^-_{(aquoso)}} + H_2O_{(líquido)} \rightleftharpoons NH_4OH_{(aquoso)} + H^+_{(aquoso)} + \cancel{Cl^-_{(aquoso)}}$$

$$NH^+_{4(aquoso)} + H_2O_{(líquido)} \rightleftharpoons NH_4OH_{(aquoso)} + \underbrace{H^+_{(aquoso)}}_{\text{solução ácida}}$$

$$K_h = \frac{K_W}{K_b}$$

$$5{,}0 \times 10^{-8} = \frac{10^{-14}}{K_b}$$

$$K_b = \frac{10^{-14}}{5{,}0 \times 10^{-8}} = 2{,}0 \times 10^{-7}$$

Questão 45

Alternativa D.

Item a) Analisando a solução de bicarbonato de sódio:

$$NaHCO_{3(aq)} \rightleftharpoons Na^+_{(aquoso)} + HCO^-_{3(aquoso)}$$

$$Na^+_{(aquoso)} + HCO^-_{3(aquoso)} + H_2O_{(líquido)} \rightleftharpoons NaOH_{(aquoso)} + \underbrace{H_2CO_{3(aquoso)}}_{\text{ácido fraco}}$$

$$\cancel{Na^+_{(aq)}} + HCO^-_{3(aquoso)} + H_2O_{(líquido)} \rightleftharpoons \cancel{Na^+_{(aquoso)}} + OH^-_{(aquoso)} + \underbrace{H_2CO_{3(aquoso)}}_{\text{ácido fraco}}$$

$$HCO_{3(aquoso)}^{-} + H_2O_{(líquido)} \rightleftharpoons \underbrace{OH_{(aquoso)}^{-}}_{\text{solução alcalina}} + \underbrace{H_2CO_{3(aquoso)}}_{\text{ácido fraco}}$$

Item b) Analisando a solução de cloreto de amônio:

$$NH_4Cl_{(aquoso)} \rightleftharpoons NH_{4(aquoso)}^{+} + Cl_{(aquoso)}^{-}$$

$$NH_{4(aquoso)}^{+} + Cl_{(aquoso)}^{-} + H_2O_{(líquido)} \rightleftharpoons NH_4OH_{(aquoso)} + \underbrace{HCl_{(aquoso)}}_{\text{ácido forte}}$$

$$NH_{4(aquoso)}^{+} + \cancel{Cl_{(aq)}^{-}} + H_2O_{(líquido)} \rightleftharpoons NH_4OH_{(aquoso)} + H_{(aquoso)}^{+} + \cancel{Cl_{(aquoso)}^{-}}$$

$$NH_{4(aquoso)}^{+} + H_2O_{(líquido)} \rightleftharpoons NH_4OH_{(aquoso)} + \underbrace{H_{(aquoso)}^{+}}_{\text{solução ácida}}$$

Item c) Analisando a solução de cianeto de potássio: $KCN_{(aquoso)} \rightleftharpoons K_{(aquoso)}^{+} + CN_{(aquoso)}^{-}$

$$K_{(aquoso)}^{+} + CN_{(aquoso)}^{-} + H_2O_{(líquido)} \rightleftharpoons \underbrace{KOH_{(aquoso)}}_{\text{Base forte}} + HCN_{(aquoso)}$$

$$\cancel{K_{(aq)}^{+}} + CN_{(aquoso)}^{-} + H_2O_{(líquido)} \rightleftharpoons \cancel{K_{(aq)}^{+}} + OH_{(aquoso)}^{-} + HCN_{(aquoso)}$$

$$CN_{(aquoso)}^{-} + H_2O_{(líquido)} \rightleftharpoons HCN_{(aquoso)} + \underbrace{OH_{(aquoso)}^{-}}_{\text{solução básica}}$$

Item d) Analisando a solução de cloreto de potássio: $KCl_{(aquoso)} \rightleftharpoons K_{(aquoso)}^{+} + Cl_{(aquoso)}^{-}$

$$K_{(aquoso)}^{+} + Cl_{(aquoso)}^{-} + H_2O_{(líquido)} \rightleftharpoons \underbrace{KOH_{(aquoso)}}_{\text{base forte}} + \underbrace{HCl_{(aquoso)}}_{\text{ácido forte}}$$

$$\cancel{K_{(aquoso)}^{+}} + \cancel{Cl_{(aquoso)}^{-}} + H_2O_{(líquido)} \rightleftharpoons \cancel{K_{(aquoso)}^{+}} + OH_{(aquoso)}^{-} + H_{(aquoso)}^{+} + \cancel{Cl_{(aquoso)}^{-}}$$

$$H_2O_{(líquido)} \rightleftharpoons OH_{(aquoso)}^{-} + H_{(aquoso)}^{+}$$

e) Analisando o dióxido de carbono: $CO_{2(gás)} + H_2O_{(líquido)} \rightarrow \underbrace{H_2CO_{3(aquoso)}}_{\substack{\text{ácido carbônico} \\ \text{(ácido fraco)}}}$

Questão 46

Alternativa C.

Sabendo que a constante do ácido é dada por: $K_a = \frac{M \times \alpha^2}{1-\alpha}$. Substituindo os valores na equação da constante do ácido, temos:

$$K_a = \frac{0,10 \times (0,037)^2}{1 - 0,037} = 1,42 \times 10^{-4}$$

Como o ácido é fraco, a equação da constante dos ácidos se reduz a $K_a = M \times \alpha^2$. Realizando o cálculo mediante a esta última equação:

$$K_a = 0,10 \times (0,037)^2 = 1,37 \times 10^{-4} \; (\cong 1,40 \times 10^{-4})$$

Questão 47

Alternativa D.

Equação química: $HCl_{(aquoso)} + NaOH_{(aquoso)} \rightarrow NaCl_{(aquoso)} + H_2O_{(líquido)}$

Cálculo do número de mol para cada espécie química:

$n_{ácido} = 1{,}0 \times 0{,}10 = 0{,}10 \text{ mol}$
$n_{base} = 0{,}50 \times 0{,}10 = 0{,}05 \text{ mol}$

$n_{ácido}^{excesso} = 0{,}10 \text{ mol} - 0{,}05 \text{ mol} = 0{,}05 \text{ mol}$

$V_{total} = 100 \text{ mL} + 100 \text{ mL} = 200 \text{ mL } (0{,}20 \text{ L})$

Cálculo da concentração da quantidade de matéria:

$$[ácido] = [H^+] = \frac{n_{ácido}^{excesso}}{V_{total}} = \frac{0{,}05 \text{ mol}}{0{,}20 \text{ L}} = 0{,}25 \frac{\text{mol}}{\text{L}}$$

Questão 48

Equação química de dissociação do hidróxido de potássio: $KOH_{(aquoso)} \rightarrow K^+_{(aquoso)} + OH^-_{(aquoso)}$

Cálculo do pOH da solução de hidróxido de potássio: $13 + pOH = 14$
$pOH = 1$

Cálculo da concentração da quantidade de matéria hidroxiliônica: $pOH = -\log[OH^-_{(aq)}]$

$1 = -\log[OH^-_{(aq)}]$

$$[OH^-_{(aq)}] = 0{,}10 \frac{\text{mol}}{\text{L}}$$

Determinação da massa de hidróxido de potássio, a partir da concentração da quantidade de matéria:

$$[KOH] = \frac{m_{KOH}}{\langle MM \rangle_{KOH} \times V_{solução}}$$

$$0{,}10 = \frac{m_{KOH}}{56 \times 0{,}500 \times 10^{-3}}$$

$$m_{KOH} = 2{,}80 \times \underbrace{\underbrace{10^{-3}}_{mili} g}_{miligramas} = 2{,}80 \text{ mg}$$

Questão 49

Questão anulada por não apresentar a alternativa correta.

Equação química: $Ag_2SO_{4(sólido)} \rightleftharpoons 2Ag^+_{(aquoso)} + SO^{-2}_{4(aquoso)}$
$1 \text{ mol de } Ag_2SO_{4(s)} --- 2 \text{ mol de } Ag^+_{(aq)} --- 1 \text{ mol de } SO^{-2}_{4(aq)}$

Equação do produto de solubilidade: $K_{ps} = [Ag^+]^2 \times [SO^{-2}_{4(aq)}]$

Relação do produto de solubilidade com a solubilidade: $K_{ps} = [2S]^2 \times [S] = 4S^3$
$K_{ps} = [2S]^2 \times [S] = 4 \times (1{,}80 \times 10^{-2})^3 = 2{,}33 \times 10^{-5}$

Questão 50

Alternativa E.

Equação química de dissociação do cloreto de prata: $AgCl_{(sólido)} \rightleftharpoons Ag^+_{(aquoso)} + Cl^-_{(aquoso)}$

$1 \text{ mol de } Ag_2SO_{4(sólido)} --- 1 \text{ mol de } Ag^+_{(aquoso)} --- 1 \text{ mol de } Cl^-_{(aquoso)}$

Equação do produto de solubilidade: $K_{ps} = [Ag^+] \text{ x } [Cl^-_{(aq)}]$

Relação do produto de solubilidade com a solubilidade: $1{,}80 \text{ x } 10^{-10} = S \text{ x } S$

$1{,}80 \text{ x } 10^{-10} = S^2$

$S = \sqrt{1{,}80 \text{ x } 10^{-10}} = 1{,}34 \text{ x } 10^{-5} \frac{\text{mol}}{\text{L}}$

Questão 51

Alternativa C.

Analisando o cloreto de sódio: $NaCl_{(aquoso)} \rightleftharpoons Na^+_{(aquoso)} + Cl^-_{(aquoso)}$

$$Na^+_{(aquoso)} + Cl^-_{(aquoso)} + H_2O_{(líquido)} \rightleftharpoons \underbrace{NaOH_{(aquoso)}}_{\text{base forte}} + \underbrace{HCl_{(aquoso)}}_{\text{ácido forte}}$$

$$\cancel{Na^+_{(aquoso)}} + \cancel{Cl^-_{(aquoso)}} + H_2O_{(líquido)} \rightleftharpoons \cancel{Na^+_{(aquoso)}} + OH^-_{(aquoso)} + H^+_{(aquoso)} + \cancel{Cl^-_{(aq)}}$$

$$H_2O_{(líquido)} \rightleftharpoons OH^-_{(aquoso)} + H^+_{(aquoso)}$$

Analisando o acetato de sódio: $CH_3COONa_{(aquoso)} \rightleftharpoons CH_3COO^-_{(aquoso)} + Na^+_{(aquoso)}$

$$CH_3COO^-_{(aquoso)} + Na^+_{(aquoso)} + H_2O_{(líquido)} \rightleftharpoons \underbrace{CH_3COOH_{(aquoso)}}_{\text{ácido fraco}} + \underbrace{NaOH_{(aquoso)}}_{\text{ácido forte}}$$

$$CH_3COO^-_{(aquoso)} + \cancel{Na^+_{(aquoso)}} + H_2O_{(líquido)} \rightleftharpoons CH_3COOH_{(aquoso)} + \cancel{Na^+_{(aquoso)}} + \underbrace{OH^-_{(aquoso)}}_{\text{solução básica}}$$

$$CH_3COO^-_{(aquoso)} + H_2O_{(líquido)} \rightleftharpoons CH_3COOH_{(aquoso)} + \underbrace{OH^-_{(aquoso)}}_{\text{solução básica}}$$

Analisando o cloreto de amônio: $NH_4Cl_{(aquoso)} \rightleftharpoons NH^+_{4(aquoso)} + Cl^-_{(aquoso)}$

$$NH^+_{4(aquoso)} + Cl^-_{(aquoso)} + H_2O_{(líquido)} \rightleftharpoons NH_4OH_{(aquoso)} + \underbrace{HCl_{(aquoso)}}_{\text{ácido forte}}$$

$$NH^+_{4(aquoso)} + \cancel{Cl^-_{(aq)}} + H_2O_{(líquido)} \rightleftharpoons NH_4OH_{(aquoso)} + H^+_{(aquoso)} + \cancel{Cl^-_{(aquoso)}}$$

$$NH^+_{4(aquoso)} + H_2O_{(líquido)} \rightleftharpoons NH_4OH_{(aquoso)} + \underbrace{H^+_{(aquoso)}}_{\text{solução ácida}}$$

Analisando o nitrato de potássio: $KNO_{3(aquoso)} \rightleftharpoons K^+_{(aquoso)} + NO^-_{3(aquoso)}$

$$K^+_{(aquoso)} + NO^-_{3(aquoso)} + H_2O_{(líquido)} \rightleftharpoons \underbrace{KOH_{(aquoso)}}_{\text{base forte}} + \underbrace{HNO_{3(aquoso)}}_{\text{ácido forte}}$$

$$\cancel{K^+_{(aquoso)}} + \cancel{NO^-_{3(aquoso)}} + H_2O_{(líquido)} \rightleftharpoons \cancel{K^+_{(aquoso)}} + \cancel{NO^-_{3(aquoso)}} + H^+_{(aquoso)} + OH^-_{(aquoso)}$$

$$\underbrace{H_2O_{(líquido)} \rightleftharpoons H^+_{(aquoso)} + OH^-_{(aquoso)}}_{\text{solução neutra}}$$

Questão 52

Alternativa A.

Cálculo da concentração da quantidade de matéria final da solução de ácido clorídrico:

$$[HCl]_1 \text{ x } V_1 + [HCl]_2 \text{ x } V_2 = [HCl]_{final} \text{ x } V_{final}$$

$$0{,}10 \text{ x } 1{,}0 + 1{,}0 \text{ x } 100 = [HCl]_{final} \text{ x } (1 + 100)$$

$$[HCl]_{final} = \frac{100{,}1}{101} = 0{,}991 \cong 1{,}0$$

$$HCl_{(aquoso)} \rightarrow H^+_{(aquoso)} + Cl^-_{(aquoso)}$$

$$[HCl] = [H^+_{(aq)}] = 1{,}0 \frac{mol}{L}$$

Cálculo do pH: $pH = -\log[H^+] = -\log(1) = 0$

Questão 53

Alternativa E.

Equação química de dissociação do hidróxido de bário: $Ba(OH)_{2(aquoso)} \longrightarrow Ba^{+2}_{(aquoso)} + 2OH^-_{(aquoso)}$

1 mol de $Ba(OH)_2$ ---------------- 2 mol de $OH^-_{(aq)}$
0,005 $mol.L^{-1}$ ---------------------- $[OH^-]$
$[OH^-] = 0{,}01\ mol.L^{-1}$

Cálculo do pOH e do pH: pOH = -log[OH⁻] = - log (10^{-2}) = 2. À 25°C: pH + pOH = 14

pH = 14 – 2 = 12

Questão 54

Alternativa E.

Analisando a afirmativa I) $Na_2SO_{4(aquoso)} \rightarrow 2Na^+_{(aquoso)} + SO^{-2}_{4(aquoso)}$

$$2Na^+_{(aquoso)} + SO^{-2}_{4(aquoso)} + 2H_2O_{(líquido)} \rightarrow 2NaOH_{(aquoso)} + H_2SO_{4(aquoso)}$$

$$\cancel{2Na^+_{(aquoso)}} + \cancel{SO^{-2}_{4(aquoso)}} + 2H_2O_{(líquido)} \rightarrow \cancel{2Na^+_{(aquoso)}} + 2OH^-_{(aquoso)} + 2H^+_{(aquoso)} + \cancel{SO^{-2}_{4(aquoso)}}$$

$$\underbrace{2H_2O_{(líquido)} \rightarrow 2OH^-_{(aquoso)} + 2H^+_{(aquoso)}}_{\text{solução neutra}}$$

Analisando a afirmativa II) $\underbrace{CO_{2(gás)}}_{\text{óxido ácido}} + H_2O_{(líquido)} \rightarrow \underbrace{H_2CO_{3(aquoso)}}_{\text{ácido carbônico}}$

$$(NH_4)_2SO_{4(aquoso)} \rightleftharpoons 2NH^+_{4(aquoso)} + SO^{-2}_{4(aquoso)}$$

$$2NH^{+}_{4(aquoso)} + SO^{-2}_{4(aquoso)} + H_2O_{(líquido)} \rightarrow 2\ NH_4OH_{(aquoso)} + H_2SO_{4(aquoso)}$$

$$2NH^{+}_{4(aquoso)} + \cancel{SO^{-2}_{4(aq)}} + H_2O_{(líquido)} \rightarrow 2\ NH_4OH_{(aquoso)} + 2H^{+}_{(aquoso)} + \cancel{SO^{-2}_{4(aq)}}$$

$$2NH^{+}_{4(aquoso)} + H_2O_{(líquido)} \rightarrow 2\ NH_4OH_{(aquoso)} + \underbrace{2H^{+}_{(aquoso)}}_{\text{solução ácida}}$$

Analisando a afirmativa III)

$$CH_3(CH_2)_{10}COONa_{(aquoso)} \rightleftharpoons Na^{+}_{(aquoso)} + CH_3(CH_2)_{10}COO^{-}_{(aquoso)}$$

$$Na^{+}_{(aquoso)} + CH_3(CH_2)_{10}COO^{-}_{(aquoso)} + H_2O_{(líquido)} \rightarrow CH_3(CH_2)_{10}COOH_{(aquoso)} + NaOH_{(aquoso)}$$

$$\cancel{Na^{+}_{(aq)}} + CH_3(CH_2)_{10}COO^{-}_{(aquoso)} + H_2O_{(líquido)} \rightarrow CH_3(CH_2)_{10}COOH_{(aquoso)} + \cancel{Na^{+}_{(aq)}} + OH^{-}_{(aq)}$$

$$CH_3(CH_2)_{10}COO^{-}_{(aquoso)} + H_2O_{(líquido)} \rightarrow CH_3(CH_2)_{10}COOH_{(aquoso)} + \underbrace{OH^{-}_{(aquoso)}}_{\text{solução básica}}$$

Questão 55

Alternativa D.

Analisando o composto I) Acetato de potássio

$$CH_3COOK_{(aquoso)} \rightleftharpoons K^{+}_{(aquoso)} + CH_3COO^{-}_{(aquoso)}$$

$$K^{+}_{(aq)} + CH_3COO^{-}_{(aquoso)} + H_2O_{(líquido)} \rightarrow CH_3COOH_{(aquoso)} + KOH_{(aquoso)}$$

$$\cancel{K^{+}_{(aq)}} + CH_3COO^{-}_{(aq)} + H_2O_{(líquido)} \rightarrow CH_3COOH_{(aquoso)} + \cancel{K^{+}_{(aquoso)}} + OH^{-}_{(aquoso)}$$

$$CH_3COO^{-}_{(aquoso)} + H_2O_{(líquido)} \rightarrow CH_3COOH_{(aquoso)} + \underbrace{OH^{-}_{(aquoso)}}_{\text{solução básica}}$$

Analisando o composto II) Amônia

$$NH_{3\,(gás)} + H_2O_{(líquido)} \rightarrow NH_4OH_{(aquoso)}$$

Analisando o composto III) Nitrato de potássio

$$KNO_{3(aquoso)} \rightarrow K^{+}_{(aquoso)} + NO^{-}_{3(aquoso)}$$

$$K^{+}_{(aquoso)} + NO^{-}_{3(aquoso)} + H_2O_{(líquido)} \rightarrow KOH_{(aquoso)} + HNO_{3(aquoso)}$$

$$\cancel{K^{+}_{(aq)}} + \cancel{NO^{-}_{3(aq)}} + H_2O_{(líquido)} \rightarrow \cancel{K^{+}_{(aq)}} + OH^{-}_{(aquoso)} + H^{+}_{(aq)} + \cancel{NO^{-}_{3(aq)}}$$

$$\underbrace{2H_2O_{(líquido)} \rightarrow 2OH^{-}_{(aquoso)} + 2H^{+}_{(aquoso)}}_{\text{solução neutra}}$$

Analisando o composto IV) Bicarbonato de potássio

$$KHCO_{3(aquoso)} \rightarrow K^{+}_{(aquoso)} + HCO^{-}_{3(aquoso)}$$

$$K^+_{(aquoso)} + HCO_3{}^-_{(aquoso)} + H_2O_{(líquido)} \rightarrow KOH_{(aquoso)} + H_2CO_{3(aquoso)}$$

$$\cancel{K^+_{(aq)}} + HCO_3{}^-_{(aquoso)} + H_2O_{(líquido)} \rightarrow \cancel{K^+_{(aquoso)}} + OH^-_{(aquoso)} + H_2CO_{3(aquoso)}$$

$$HCO_3{}^-_{(aquoso)} + H_2O_{(líquido)} \rightarrow \underbrace{OH^-_{(aquoso)}}_{\text{solução básica}} + H_2CO_{3(aquoso)}$$

Analisando o composto V) Bissulfato de potássio

$$KHSO_{4(aquoso)} \rightarrow K^+_{(aquoso)} + HSO_4{}^-_{(aquoso)}$$

$$K^+_{(aquoso)} + HSO_4{}^-_{(aquoso)} + H_2O_{(líquido)} \rightarrow KOH_{(aquoso)} + H_2SO_{4(aquoso)}$$

$$\cancel{K^+_{(aquoso)}} + HSO_4{}^-_{(aquoso)} + H_2O_{(líquido)} \rightarrow \cancel{K^+_{(aquoso)}} + OH^-_{(aquoso)} + H^+_{(aquoso)} + \cancel{HSO^-_{4(aquoso)}}$$

$$\underbrace{H_2O_{(líquido)} \rightarrow OH^-_{(aquoso)} + H^+_{(aquoso)}}_{\text{solução neutra}}$$

Analisando o composto VI) Carbonato de potássio

$$K_2CO_{3(aquoso)} \rightarrow 2K^+_{(aquoso)} + CO^{-2}_{4(aquoso)}$$

$$2K^+_{(aquoso)} + CO^{-2}_{3(aquoso)} + 2H_2O_{(líquido)} \rightarrow 2KOH_{(aquoso)} + H_2CO_{3(aquoso)}$$

$$\cancel{2K^+_{(aq)}} + CO^{-2}_{3(aquoso)} + 2H_2O_{(líquido)} \rightarrow \cancel{2K^+_{(aq)}} + 2OH^-_{(aquoso)} + H_2CO_{3(aquoso)}$$

$$CO^{-2}_{3(aquoso)} + 2H_2O_{(líquido)} \rightarrow \underbrace{2OH^-_{(aquoso)}}_{\text{solução básica}} + H_2CO_{3(aquoso)}$$

Questão 56

Alternativa D.

Dissociação do hidróxido de ferro III: $Fe(OH)_{3(sólido)} \longrightarrow Fe^{+3}_{(aquoso)} + 3OH^-_{(aquoso)}$

Equação da constante do produto de solubilidade: $K_{ps} = [Fe^{+3}] \times [OH^-]^3$

Cálculo da concentração da quantidade de matéria de íons hidroxila (OH^-): $K_{ps} = [Fe^{+3}] \times [OH^-]^3$

$1{,}0 \times 10^{-36} = (10^{-3}) \times [OH^-]^3$

$[OH^-]^3 = 10^{-33}$

$[OH^-] = \sqrt[3]{10^{-33}} = 10^{-11} mol.L^{-1}$

Cálculo do pOH e do pH: pOH = - log (10^{-11}) = 11

Cálculo do pH: pH = 14 – 11 = 3. A partir deste pH, o hidróxido de ferro III começa a precipitar a partir de um pH igual a 3.

Questão 57

Alternativa B.

Analisando a hidrólise do acetato de sódio: $CH_3COONa_{(aquoso)} \rightleftharpoons CH_3COO^-_{(aquoso)} + Na^+_{(aquoso)}$

$$CH_3COO^-_{(aquoso)} + Na^+_{(aquoso)} + H_2O_{(líquido)} \rightleftharpoons \underbrace{CH_3COOH_{(aquoso)}}_{\text{ácido fraco}} + \underbrace{NaOH_{(aquoso)}}_{\text{ácido forte}}$$

$$CH_3COO^-_{(aquoso)} + \cancel{Na^+_{(aquoso)}} + H_2O_{(líquido)} \rightleftharpoons CH_3COOH_{(aquoso)} + \cancel{Na^+_{(aquoso)}} + \underbrace{OH^-_{(aquoso)}}_{\text{solução básica}}$$

$$CH_3COO^-_{(aquoso)} + H_2O_{(líquido)} \rightleftharpoons CH_3COOH_{(aquoso)} + \underbrace{OH^-_{(aquoso)}}_{\text{solução básica}}$$

Questão 58

Equação química de dissociação do cloreto de prata: $AgCl_{(sólido)} \rightleftharpoons Ag^+_{(aquoso)} + Cl^-_{(aquoso)}$

$1 \text{ mol de } AgCl_{(s)} --- 1 \text{ mol de } Ag^+_{(aq)} --- 1 \text{ mol de } Cl^-_{(aq)}$

Equação do produto de solubilidade: $K_{ps} = [Ag^+_{(aq)}] \text{ x } [Cl^-_{(aq)}]$

Relação da constante do produto de solubilidade com a solubilidade: $K_{ps} = S^2$

$1{,}80 \text{ x } 10^{-10} = S^2$

$S = \sqrt{1{,}80 \text{ x } 10^{-10}} = 1{,}34 \text{ x } 10^{-5} \frac{mol}{L}$

Questão 59

Alternativa A.

Analisando a hidrólise do cloreto de amônio. $NH_4Cl_{(aquoso)} \rightleftharpoons NH^+_{4(aquoso)} + Cl^-_{(aquoso)}$

$$NH^+_{4(aquoso)} + Cl^-_{(aquoso)} + H_2O_{(l)} \rightleftharpoons NH_4OH_{(aquoso)} + \underbrace{HCl_{(aquoso)}}_{\text{ácido forte}}$$

$$NH^+_{4(aquoso)} + \cancel{Cl^-_{(aq)}} + H_2O_{(líquido)} \rightleftharpoons NH_4OH_{(aquoso)} + H^+_{(aquoso)} + \cancel{Cl^-_{(aq)}}$$

$$NH^+_{4(aquoso)} + H_2O_{(líquido)} \rightleftharpoons NH_4OH_{(aquoso)} + \underbrace{H^+_{(aquoso)}}_{\text{solução ácida}}$$

Questão 60

Alternativa B.

Questão 61

O ácido clorídrico no estado líquido não pode ser eletrolisado, pelo fato deste composto não está ionizado.

Questão 62

Alternativa A.

Analisando a correlação I) $KHCO_{3(aquoso)} \rightleftharpoons K^+_{(aquoso)} + HCO^-_{3(aquoso)}$

$$K^+_{(aquoso)} + HCO^-_{3(aquoso)} + H_2O_{(líquido)} \rightleftharpoons KOH_{(aquoso)} + \underbrace{H_2CO_{3(aquoso)}}_{\text{ácido fraco}}$$

$$\cancel{K^+_{(aquoso)}} + HCO^-_{3(aquoso)} + H_2O_{(líquido)} \rightleftharpoons \cancel{K^+_{(aq)}} + OH^-_{(aquoso)} + \underbrace{H_2CO_{3(aquoso)}}_{\text{ácido fraco}}$$

$$HCO^-_{3(aquoso)} + H_2O_{(líquido)} \rightleftharpoons \underbrace{OH^-_{(aquoso)}}_{\text{solução básica}} + \underbrace{H_2CO_{3(aquoso)}}_{\text{ácido fraco}}$$

Analisando a correlação II) Verdadeiro

Analisando a correlação III) $NaCN_{(aquoso)} \rightleftharpoons Na_{(aquoso)} + CN^{-}_{(aquoso)}$

$$\cancel{Na^{+}_{(aquoso)}} + CN^{-}_{(aquoso)} + H_2O_{(líquido)} \rightleftharpoons HCN_{(aquoso)} + \cancel{Na^{+}_{(aquoso)}} + \underbrace{OH^{-}_{(aquoso)}}_{\text{solução básica}}$$

$$CN^{-}_{(aquoso)} + H_2O_{(líquido)} \rightleftharpoons HCN_{(aquoso)} + \underbrace{OH^{-}_{(aquoso)}}_{\text{solução básica}}$$

Analisando a correlação IV) Verdadeiro

Analisando a correlação V) Falso. A definição desta base segundo Arrhenius está correta, mas a nomenclatura está incorreta, sabendo que a nomenclatura correta é hidróxido estânico.

Questão 63

Fórmula molecular do ácido acético: $C_2H_4O_2$.

Equação química: $HAc_{(aquoso)} + H_2O_{(líquido)} \rightarrow Ac^{-}_{(aquoso)} + H_3O^{+}_{(aquoso)}$

Base de cálculo: n(mol) inicial de ácido acético. Tabela de equilíbrio iônico:

	$HAc_{(aquoso)}$	$H_2O_{(líquido)}$	$\rightleftarrows$	$A^{-}_{(aquoso)}$	$H_3O^{+}_{(aquoso)}$
Início	n	-		0	0
Reage	$n\alpha$	-		$n\alpha$	$n\alpha$
Equilíbrio	$\frac{n}{V} - \frac{n}{V}\alpha$	-		$\frac{n}{V}\alpha$	$\frac{n}{V}\alpha$

Expressão da constante de equilíbrio do ácido: $K_a = \dfrac{[Ac^{-}_{(aq)}] \text{ x } [H_3O^{+}]}{[HAc_{(aq)}] \text{ x } \underbrace{a_{H_2O_{(l)}}}_{1}}$

$$K_a = \frac{M\alpha \text{ x } M\alpha}{M - M\alpha} = 1{,}75 \text{ x } 10^{-5}$$

Cálculo da concentração de $[H_3O^{+}_{(aq)}]$: $pH = -\log[H_3O^{+}_{(aq)}]$

$$3 = -\log[H_3O^{+}_{(aq)}]$$

$$[H_3O^{+}_{(aq)}] = 10^{-3}\,\frac{mol}{L}$$

No equilíbrio a concentração de hidrônio é igual a $M\alpha$. Substituindo os valores na equação da constante de equilíbrio do ácido acético, temos: $\frac{10^{-3} \text{ x } 10^{-3}}{M - 10^{-3}} = 1{,}75 \text{ x } 10^{-5}$. Com isso, a concentração da quantidade de matéria (M) do ácido acético será igual a $5{,}82 \text{ x } 10^{-3}$ mol x L^{-1}.

Questão 64

Alternativa B.

Hidróxido de cálcio: $Ca(OH)_{2(aquoso)} \rightarrow Ca^{+2}_{(aquoso)} + 2OH^{-}_{(aquoso)}$

$$1 \text{ mol de } Ca(OH)_{2(aq)} --- 1 \text{ mol de } Ca^{+2}_{(aq)} --- 2 \text{ mol de } OH^{-}_{(aq)}$$
$$1 \text{ mol de } Ca(OH)_{2(aq)} --- S ---------- 2S$$

Relação matemática entre o produto de solubilidade e a solubilidade:

$$K_{ps} = [Ca^{+2}] \text{ x } [OH^{-}]^2 = S \text{ x } (2S)^2 = 4S^3$$

Cálculo da solubilidade do hidróxido de cálcio: $1{,}30 \text{ x } 10^{-6} = 4S^3$

$$S = 6{,}87 \text{ x } 10^{-3} \frac{\text{mol}}{\text{L}}$$

Cálculo da concentração da quantidade de matéria da hidroxila, $[OH^-]$:

$$1 \text{ mol de } Ca^{+2}_{(aq)} - - - - 2 \text{ mol de } OH^-_{(aq)}$$
$$6{,}87 \text{ x } 10^{-3} \frac{\text{mol}}{\text{L}} - - - - [OH^-]$$
$$[OH^-] = 1{,}37 \text{ x } 10^{-2} \frac{\text{mol}}{\text{L}}$$

Cálculo do pOH: $pOH = -\log[OH^-] = -\log(1{,}37 \text{ x } 10^{-2}) = 1{,}86$

Cálculo do pH: $pH = 14 - pOH = 14 - 1{,}86 = 12{,}14$

Questão 65

Alternativa B.

Ácido cianídrico (ácido fraco): $HCN_{(aquoso)} \rightarrow H^+_{(aquoso)} + CN^-_{(aquoso)}$

Cálculo do grau de dissociação, a partir da constante de equilíbrio do ácido: $K_a = \frac{[HCN] \text{ x } \alpha^2}{1-\alpha}$. Como o ácido cianídrico é um ácido fraco, a equação da constante de equilíbrio em função do ácido se reduz para: $K_a = [HCN] \text{ x } \alpha^2$

$$\alpha^2 = \frac{K_a}{[HCN]} = \frac{6{,}2 \text{ x } 10^{-10}}{0{,}010} = 6{,}2 \text{ x } 10^{-8}$$

$$\alpha = \sqrt{6{,}2 \text{ x } 10^{-8}} = 2{,}50 \text{ x } 10^{-4} \ (0{,}025\%)$$

Questão 66

Alternativa E.

O problema envolve uma situação de uma solução tampão. A partir da equação do pH de um tampão, temos: $pH = pK_a - \log\frac{[sal]}{[ácido]}$

$$3{,}40 = -\log(2 \text{ x } 10^{-4}) - \log\frac{\frac{n_{sal}}{1{,}0}}{0{,}10}$$

$$3{,}40 = 3{,}70 - \log\frac{\frac{n_{sal}}{1{,}0}}{0{,}10}$$

$$n_{sal} = 0{,}20 \text{ mol}$$

Questão 67

Alternativa E.

Equação de dissociação do hidróxido de ferro II: $Fe(OH)_{2(aquoso)} \rightarrow Fe^{+2}_{(aquoso)} + 2OH^-_{(aquoso)}$

Cálculo do pOH: $pOH = 14 - pH = 14 - 8{,}67 = 5{,}33$

Cálculo da concentração da quantidade de matéria de hidroxila: $pOH = -\log[OH^-]$

$$5{,}33 = -\log[OH^-]$$

$$[OH^-] = 10^{-(5{,}33)} = 4{,}68 \times 10^{-6}\,\frac{mol}{L}$$

Cálculo da concentração da quantidade de matéria de íons $Fe^{+2}{}_{(aq)}$:

$$1\ mol\ de\ Fe(OH)_{2(aq)} - - - 1\ mol\ de\ Fe^{+2}_{(aq)} - - - - - - 2\ mol\ de\ OH^-_{(aq)}$$

$$1\ mol\ de\ Fe(OH)_{2(aq)} - - - [Fe^{+2}_{(aq)}] - - - - - - - - - - 4{,}68 \times 10^{-6}\,\frac{mol}{L}$$

$$[Fe^{+2}_{(aq)}] = 2{,}34 \times 10^{-6}\,\frac{mol}{L}$$

Cálculo da constante do produto de solubilidade:

$$K_{ps} = [Fe^{+2}] \times [OH^-]^2 = 2{,}34 \times 10^{-6} \times (4{,}68 \times 10^{-6})^2 = 5{,}12 \times 10^{-17}$$

Questão 68

Alternativa B.

Analisando a solução de ácido nítrico: $[HNO_3] = [H^+] = 0{,}10\,\frac{mol}{L}$ e $V_1 = 45{,}0\ mL$

Analisando a solução de ácido clorídrico: $[HCl] = [H^+] = 0{,}20\,\frac{mol}{L}$ e $V_2 = 50{,}0\ mL$

Analisando a solução de ácido acético: $[CH_3COOH] = [H^+] = 0{,}10\,\frac{mol}{L}$ e $V_3 = 55{,}0\ mL$

Cálculo da concentração da quantidade de matéria de íons H^+ no estado final: $[H^+] \times V_1 + [H^+] \times V_2 + [H^+] \times V_3 = [H^+]_{final} \times V_{final}$

$$[H^+]_{final} = \frac{0{,}10 \times 45 + 0{,}20 \times 50 + 0{,}10 \times 55}{45 + 50 + 55} = 0{,}133\,\frac{mol}{L}$$

$$pH = -\log[H^+] = -\log(0{,}133) = 0{,}875$$

Questão 69

Alternativa C.

Hidróxido de cálcio: $Ca(OH)_{2(aquoso)} \rightarrow Ca^{+2}_{(aquoso)} + 2OH^-_{(aquoso)}$

$$1\ mol\ de\ Ca(OH)_{2(aq)} - - - 1\ mol\ de\ Ca^{+2}_{(aq)} - - - 2\ mol\ de\ OH^-_{(aq)}$$

$$1\ mol\ de\ Ca(OH)_{2(aq)} - - - S - - - - - - - - - - 2S$$

Relação matemática entre o produto de solubilidade e a solubilidade:

$$K_{ps} = [Ca^{+2}] \times [OH^-]^2 = S \times (2S)^2 = 4S^3$$

$$S = \sqrt[3]{\frac{K_{ps}}{4}} = \sqrt[3]{\frac{8{,}0 \times 10^{-6}}{4}} = 1{,}26 \times 10^{-2}\,\frac{mol}{L} \times \frac{74\ g}{1\ mol} = 0{,}932\,\frac{g}{L}$$

Questão 70

Alternativa B.

Cálculo da constante de equilíbrio do ácido:

$$K_a = \frac{[HCN]\ x\ \alpha^2}{1-\alpha} = \frac{0{,}050\ x\ (0{,}01)^2}{\underbrace{1-0{,}01}_{=0{,}99}} = 0{,}050\ x\ (0{,}01)^2$$

"o que praticamente corresponde igual a 1".

$$K_a = 5{,}0\ x\ 10^{-6}$$

$$\alpha^2 = \frac{K_a}{[HCN]} = \frac{6{,}2\ x\ 10^{-10}}{0{,}010} = 6{,}2\ x\ 10^{-8}$$

$$\alpha = \sqrt{6{,}2\ x\ 10^{-8}} = 2{,}50\ x\ 10^{-4}\ (0{,}025\%)$$

Questão 71

Alternativa B.

Nome do ácido: Ácido hipocloroso: $HClO_{(aquoso)} + H_2O_{(líquido)} \rightarrow ClO^-_{(aquoso)} + H_3O^+_{(aquoso)}$

Cálculo do grau de dissociação (α): $K_a = M\ x\ \alpha^2$

$$2{,}90\ x\ 10^{-8} = 0{,}15\ x\ \alpha^2$$

$$\alpha = \sqrt{\frac{2{,}90\ x\ 10^{-8}}{0{,}15}} = 1{,}40\ x\ 10^{-4}$$

Cálculo da concentração da quantidade de matéria de $H_3O^+_{(aq)}$:

$$[H_3O^+_{(aq)}] = M\ x\ \alpha = 0{,}15\ x\ 1{,}40\ x\ 10^{-4} = 6{,}60\ x\ 10^{-5}\frac{mol}{L}$$

Cálculo do pH: $pH = -\log[H_3O^+_{(aq)}] = -\log(6{,}60\ x\ 10^{-5}) = 4{,}18$

Questão 72

Alternativa C.

Aplicando a equação matemática de Van't Hoff: $\ln\left(\frac{9{,}5\ x\ 10^{-11}}{7{,}8\ x\ 10^{-10}}\right) = \frac{\Delta H^0}{8{,}314}\ x\ \left(\frac{1}{42+273} - \frac{1}{14+273}\right)$

$$\ln(0{,}122)\ x\ 8{,}314 = \Delta H^0\ x\ (-3{,}10\ x\ 10^{-4})$$

$$\Delta H^0 = \frac{\ln(0{,}122)\ x\ 8{,}314}{-3{,}10\ x\ 10^{-4}} = 56420{,}79\frac{kJ}{mol}\left(56{,}42\frac{kJ}{mol}\right)$$

Questão 73

Alternativa B.

Analisando a hidrólise do cloreto de amônio: $NH_4Cl_{(aquoso)} \rightleftharpoons NH^+_{4(aquoso)} + Cl^-_{(aquoso)}$

$$NH^+_{4(aquoso)} + Cl^-_{(aquoso)} + H_2O_{(líquido)} \rightleftharpoons NH_4OH_{(aquoso)} + \underbrace{HCl_{(aquoso)}}_{\text{ácido forte}}$$

$$NH^+_{4(aquoso)} + \cancel{Cl^-_{(aquoso)}} + H_2O_{(líquido)} \rightleftharpoons NH_4OH_{(aquoso)} + H^+_{(aquoso)} + \cancel{Cl^-_{(aq)}}$$

$$NH^+_{4(aquoso)} + H_2O_{(líquido)} \rightleftharpoons NH_4OH_{(aquoso)} + \underbrace{H^+_{(aquoso)}}_{\text{solução ácida}}$$

Cálculo do grau de dissociação, a partir da equação da hidrólise: $K_h = \frac{K_W}{K_b}$

$$\frac{10^{-14}}{1{,}80 \times 10^{-5}} = 5{,}56 \times 10^{-10} = \underbrace{[NH_4Cl] \times \alpha^2}_{K_h}$$

$$\alpha = 2{,}36 \times 10^{-4}$$

Cálculo da concentração da quantidade de matéria de H^+:

$$[H^+] = 0{,}010 \times 2{,}36 \times 10^{-4} = 2{,}36 \times 10^{-6} \frac{mol}{L}$$

Questão 74

Alternativa E.

Uma solução definida como tampão se caracteriza por ser uma solução composta por um ácido fraco com o seu sal conjugado ou uma base fraca com o seu sal conjugado.

Questão 75

(MESTRE JOÃO ROBERTO DA PACIÊNCIA NABUCO) Estudo da hidrólise do cianeto de potássio (KCN). $KCN_{(aquoso)} \rightleftharpoons K^+_{(aquoso)} + CN^-_{(aquoso)}$

$$K^+_{(aquoso)} + CN^-_{(aquoso)} + H_2O_{(líquido)} \rightleftharpoons \underbrace{KOH_{(aquoso)}}_{\text{Base forte}} + HCN_{(aquoso)}$$

$$\cancel{K^+_{(aq)}} + CN^-_{(aquoso)} + H_2O_{(líquido)} \rightleftharpoons \cancel{K^+_{(aq)}} + OH^-_{(aquoso)} + HCN_{(aquoso)}$$

$$CN^-_{(aquoso)} + H_2O_{(líquido)} \rightleftharpoons HCN_{(aquoso)} + \underbrace{OH^-_{(aquoso)}}_{\text{solução básica}}$$

A solução de cianeto de potássio é alcalina.

Cálculo da constante de hidrólise (K_h):

$$K_h = [KCN] \times \alpha^2 = 0{,}20 \times (0{,}0085)^2 = 1{,}445 \times 10^{-5}$$

Cálculo da constante de ácido (K_a): $K_h = \frac{K_W}{K_a}$

$$1{,}445 \times 10^{-5} = \frac{10^{-14}}{K_a}$$

$$K_a = \frac{10^{-14}}{1{,}445 \times 10^{-5}} = 6{,}92 \times 10^{-10}$$

Questão 76

Alternativa C.

Equação química de dissociação do nitrato de chumbo II: $Pb(IO_3)_{2(sólido)} \rightleftharpoons Pb^{+2}_{(aquoso)} + 2IO^-_{3(aquoso)}$

$$1 \text{ mol de } Pb(IO_3)_{2(sólido)} --- 1 \text{ mol de } Pb^{+2}_{(aquoso)} --- 2 \text{ mol de } IO^-_{3(aquoso)}$$

Equação do produto de solubilidade: $K_{ps} = [Pb^{+2}] \times [IO_3^-]^2$

Relação do produto de solubilidade com a solubilidade: $K_{ps} = S \times [2S]^2 = 4S^3$

$$S = \sqrt[3]{\frac{3{,}20 \times 10^{-14}}{4}} = 2{,}0 \times 10^{-5}\,\frac{mol}{L}$$

Questão 77

Cálculo da constante do ácido: $K_a = \frac{M \times \alpha^2}{1-\alpha} = \frac{0{,}030 \times (0{,}139)^2}{1-0{,}139} = 6{,}73 \times 10^{-3}$

Questão 78

Alternativa B.

Relação entre o produto de solubilidade e a solubilidade: $K_{ps} = 4 \times S^3$

Cálculo da solubilidade: $4{,}0 \times 10^{-6} = 4 \times S^3$

$$S^3 = \frac{4{,}0 \times 10^{-6}}{4} = 10^{-6}$$

$$S = \sqrt[3]{10^{-6}} = 10^{-2}\,\frac{mol}{L}$$

Questão 79

(IFRJ – CAMPUS NILÓPOLIS - TURMA QIM)

Equação iônica: $C_2H_4O_{2(aquoso)} + H_2O_{(líquido)} \rightleftarrows C_2H_3O_2^-{}_{(aquoso)} + H_3O^+{}_{(aquoso)}$

Base de cálculo: M ($mol.L^{-1}$) inicial de $C_2H_4O_{2\,(aquoso)}$

Tabela de equilíbrio iônico:

	$C_2H_4O_{2(aquoso)}$	$H_2O_{(líquido)}$	$\rightleftarrows$	$C_2H_3O_2^-{}_{(aquoso)}$	$H_3O^+{}_{(aquoso)}$
Início	M	-		0	0
Reage	Mα	-		Mα	Mα
Equilíbrio	M - Mα	-		Mα	Mα

Espécies no estado de equilíbrio:

$[C_2H_4O_2] = M - M\alpha$

$[C_2H_3O_2^-] = M\alpha$

$[H_3O^+] = M\alpha$

Expressão da constante de equilíbrio do ácido (K_a): $K_a = \frac{[C_2H_3O_2^-] \times [H_3O^+]}{[C_2H_4O_2]}$

$$K_a = \frac{M\alpha \times M\alpha}{M - M\alpha}$$

$$K_a = \frac{\cancel{M}\alpha \times M\alpha}{\cancel{M} \times (1-\alpha)}$$

$$K_a = \frac{M\alpha^2}{1-\alpha}$$

Cálculo do grau de ionização, a partir do pH: $2{,}68 = -\log[H^+]$

$$[H^+] = 10^{-2{,}68} = 2{,}09 \times 10^{-3}\,\frac{mol}{L}$$

Como no equilíbrio químico a concentração de H^+ é igual a $M\alpha$, o grau de dissociação será:

$$M \times \alpha = 2{,}09 \times 10^{-3}\,\frac{mol}{L}$$

$$0{,}010\frac{\cancel{mol}}{\cancel{L}} \times \alpha = 2{,}09 \times 10^{-3}\frac{\cancel{mol}}{\cancel{L}}$$

$$\alpha = \frac{2{,}09 \times 10^{-3}}{0{,}010} = 0{,}209\ (20{,}90\%)$$

Cálculo da constante de equilíbrio do ácido: $K_a = \frac{[C_2H_3O_2^-] \times [H_3O^+]}{[C_2H_4O_2]} = \frac{M\alpha^2}{1-\alpha}$

$$K_a = \frac{0{,}010 \times (0{,}209)^2}{1 - 0{,}209} = 5{,}52 \times 10^{-4}$$

Questão 80

Equação química: $C_7H_6O_{2(aquoso)} + H_2O_{(líquido)} \rightleftarrows C_7H_5O_2^-{}_{(aquoso)} + H_3O^+{}_{(aquoso)}$

Base de cálculo: M ($mol.L^{-1}$) inicial de $C_7H_6O_{2(aquoso)}$

Tabela de equilíbrio iônico:

	$C_7H_6O_{2(aquoso)}$	$H_2O_{(líquido)}$	$\rightleftarrows$	$C_7H_5O_2^-{}_{(aquoso)}$	$H_3O^+{}_{(aquoso)}$
Início	M	-		0	0
Reage	Mα	-		Mα	Mα
Equilíbrio	M - Mα	-		Mα	Mα

Espécies no estado de equilíbrio:

$[C_7H_6O_2] = M - M\alpha$

$[C_7H_5O_2^-] = M\alpha$

$[H_3O^+] = M\alpha$

Expressão da constante de equilíbrio do ácido (K_a): $K_a = \frac{[C_7H_5O_2^-] \times [H_3O^+]}{[C_7H_6O_2]}$

$$K_a = \frac{M\alpha \times M\alpha}{M - M\alpha} = \frac{\cancel{M}\alpha \times M\alpha}{\cancel{M} \times (1-\alpha)} = \frac{M\alpha^2}{1-\alpha}$$

Cálculo do grau de ionização, a partir do pH: $2{,}75 = -\log[H_3O^+]$

$$[H^+] = 10^{-2{,}75} = 1{,}78 \times 10^{-3}\,\frac{mol}{L}$$

Como no equilíbrio a concentração de H_3O^+ é igual a $M\alpha$, o grau de dissociação será:

$$M \times \alpha = 1{,}78 \times 10^{-3}\,\frac{mol}{L}$$

$$0{,}069\,\frac{mol}{L} \times \alpha = 1{,}78 \times 10^{-3}\,\frac{mol}{L}$$

$$\alpha = \frac{1{,}78 \times 10^{-3}}{0{,}069} = 2{,}57 \times 10^{-2}\ (2{,}57\%)$$

Cálculo da constante de equilíbrio do ácido (K_a): $K_a = \frac{[C_7H_5O_2^-] \times [H_3O^+]}{[C_7H_6O_2]} = \frac{M\alpha^2}{1-\alpha}$

$$K_a = \frac{0{,}069 \times (0{,}0257)^2}{1 - 0{,}0257} = 4{,}68 \times 10^{-5}$$

Questão 81

Alternativa C.

Cálculo da concentração da quantidade de matéria do hidróxido de sódio:

$$[NaOH] = \frac{0{,}675}{40 \times 0{,}500} = 0{,}03375 \frac{mol}{L}$$

Equação química: $NaOH_{(aquoso)} \xrightarrow{H_2O} Na^+_{(aquoso)} + OH^-_{(aquoso)}$

Pela estequiometria, temos:

1 mol de NaOH -------- 1 mol de OH^-
0,03375 $mol.L^{-1}$ -------- $[OH^-]$
$[OH^-] = 0{,}03375\ mol.L^{-1}$

Cálculo do pOH: $pOH = -\log(0{,}03375) = -(-1{,}47) = +1{,}47$

Cálculo do pH: $pH = 14 - pOH$

$$pH = 14 - 1{,}47 = 12{,}53$$

Questão 82

Alternativa A.

Equação química: $CH_3COOH_{(aquoso)} + H_2O_{(líquido)} \rightleftarrows CH_3COOH^-_{(aquoso)} + H_3O^+_{(aquoso)}$
Base de cálculo: M ($mol.L^{-1}$) inicial de $CH_3COOH_{(aquoso)}$
Tabela de equilíbrio iônico:

	$CH_3COOH_{(aquoso)}$	$H_2O_{(líquido)}$	$\rightleftarrows$	$CH_3COOH^-_{(aquoso)}$	$H_3O^+_{(aquoso)}$
Início	M	-		0	0
Reage	Mα	-		Mα	Mα
Equilíbrio	M - Mα	-		Mα	Mα

Espécies no estado de equilíbrio:
$[CH_3COOH] = M - M\alpha$
$[CH_3COO^-] = M\alpha$
$[H_3O^+] = M\alpha$

Expressão da constante de equilíbrio do ácido (K_a): $K_a = \frac{[CH_3COO^-] \times [H_3O^+]}{[CH_3COOH]}$

$$K_a = \frac{M\alpha \times M\alpha}{M - M\alpha}$$

Cálculo da concentração de hidrônio, a partir do pH: $pH = -\log[H_3O^+]$

$$2{,}90 = -\log[H_3O^+]$$

$$[H_3O^+] = 10^{-2,90} = 1,26 \text{ x } 10^{-3}\,\frac{\text{mol}}{\text{L}}$$

Como no equilíbrio, a concentração de [H_3O^+] é igual a Mα, logo a concentração da quantidade de matéria designada pelo M, temos: $K_a = \frac{M\alpha \text{ x } M\alpha}{M - M\alpha}$

$$1,80 \text{ x } 10^{-5} = \frac{\overbrace{M\alpha}^{[H_3O^+]} \text{ x } \overbrace{M\alpha}^{[H_3O^+]}}{M - \underbrace{M\alpha}_{[H_3O^+]}}$$

$$1,80 \text{ x } 10^{-5} = \frac{1,26 \text{ x } 10^{-3} \text{ x } 1,26 \text{ x } 10^{-3}}{M - 1,26 \text{ x } 10^{-3}}$$

$$1,80 \text{ x } 10^{-5} \text{ x } (M - 1,26 \text{ x } 10^{-3}) = 1,26 \text{ x } 10^{-3} \text{ x } 1,26 \text{ x } 10^{-3}$$

$$M = 1,26 \text{ x } 10^{-3} + \frac{(1,26 \text{ x } 10^{-3})^2}{1,80 \text{ x } 10^{-5}}$$

$$M = 1,26 \text{ x } 10^{-3} + 0,0882 = 8,95 \text{ x } 10^{-2}\,\frac{\text{mol}}{\text{L}}$$

Questão 83

Equação química: $HX_{(aquoso)} \leftrightarrows X^-_{(aquoso)} + H_3O^+_{(aquoso)}$

Base de cálculo: 0,05 mol de HX no início.

	$HX_{(aquoso)}$	$\leftrightarrows$	$X^-_{(aquoso)}$	$H_3O^+_{(aquoso)}$
Início	0,05		0	0
Reage	0,05 α		0,05α	0,05α
Equilíbrio	0,05 x (1 - α)		0,05α	0,05α

Expressão da constante de equilíbrio do ácido: $K_a = \frac{[X^-] \text{ x } [H_3O^+]}{[HX]}$

$$K_a = \frac{[X^-] \text{ x } [H_3O^+]}{[HX]} = \frac{\left(\frac{0,05\alpha}{1}\right) \text{ x } \left(\frac{0,05\alpha}{1}\right)}{\left[\frac{0,05 \text{ x } (1-\alpha)}{1}\right]}$$

$$K_a = \frac{[X^-] \text{ x } [H_3O^+]}{[HX]} = \frac{0,05\alpha \text{ x } 0,05\alpha}{0,05 \text{ x } (1-\alpha)} = \frac{0,05.\,\alpha^2}{1-\alpha}$$

$$K_a = \frac{0,05\alpha \text{ x } 0,05\alpha}{\frac{0,05 \text{ x } (1-\alpha)}{1}} = \frac{\cancel{0,05}\alpha \text{ x } 0,05\alpha}{\frac{\cancel{0,05} \text{ x } (1-\alpha)}{1}} = \frac{0,05\alpha^2}{1-\alpha}$$

Como o valor do pH foi dado, a concentração de cátions: $2,0 = -\log[H_3O^+]$

$$[H_3O^+] = 10^{-2}\text{mol.}\,L^{-1}$$

Item a) Condição de eletroneutralidade: a carga positiva total deve ser igual à carga negativa total.

$$(+1) \text{ x } [H_3O^+] + (-1) \text{ x } [X^-] = 0$$

$[H_3O^+] = [X^-] = 0{,}01\ mol.L^{-1}$

Logo, a concentração total de espécies iônicas pode ser facilmente calculada:

$[H_3O^+] + [X^-] = 10^{-2} mol.L^{-1} + 10^{-2} mol.L^{-1} = 2{,}0 \times 10^{-2} mol.L^{-1}$

Item b) Como a concentração da quantidade de matéria do cátion hidroxiliônico, a partir da tabela de equilíbrio corresponde a:

$$[H_3O^+] = [X^-] = \frac{0{,}05.\alpha}{1}$$

$$[H_3O^+] = [X^-] = 0{,}05.\alpha = 1{,}0 \,.\, 10^{-2}$$

$$\alpha = \frac{1{,}0 \times 10^{-2}}{5 \times 10^{-2}}$$

$$\alpha = \frac{1}{5} = 0{,}2\ (20\%)$$

$$[H_3O^+] = [X^-] = \frac{0{,}05.\alpha}{1}$$

$$[H_3O^+] = [X^-] = 0{,}05.\alpha = 1{,}0\ \times 10^{-2}$$

$$\alpha = \frac{1{,}0 \times 10^{-2}}{5 \times 10^{-2}} = \frac{1}{5} = 0{,}2\ (20\%)$$

$$[H_3O^+] = [X^-] = 0{,}05.\alpha = 1{,}0 \,.\, 10^{-2}$$

$$\alpha = \frac{1{,}0 \times 10^{-2}}{5 \times 10^{-2}} = \frac{1}{5} = 0{,}2\ (20\%)$$

$$[H_3O^+] = [X^-] = \frac{0{,}05.\alpha}{1} = 0{,}05.\alpha = 1{,}0 \,.\, 10^{-2}$$

$$\alpha = \frac{1{,}0 \,.\, 10^{-2}}{5.\,10^{-2}} = \frac{1}{5} = 0{,}2\ (20\%)$$

Inserindo-se este último resultado na equação para o cálculo de K_a, tem-se:

$$K_a = \frac{(0{,}05.\alpha^2)}{(1-\alpha)} = \frac{0{,}05 \times (0{,}2)^2}{(1-0{,}2)} = 2{,}50 \times 10^{-3} mol.L^{-1}$$

Item c) A constante de equilíbrio pode ser relacionada com o valor de K_a através do valor para a concentração total de espécies presentes (C_t).

$$K.C_t^{\delta} = K_a$$

$$C_t = [H_3O^+] + [X^-] + [HX]$$

A concentração de HX no equilíbrio pode ser determinada com base no valor do grau de dissociação encontrado no item anterior.

$$[HX] = 0{,}05.(1-\alpha)$$

$$[HX] = 0{,}05.(1-0{,}2) = 4 \times 10^{-2}\ mol.L^{-1}$$

Para o processo de ionização em questão, o valor de delta é igual a um, dado que para cada uma molécula de HX que se dissocia, uma molécula de H_3O^+ e outra de X^- são geradas.

$$C_{total} = 0{,}04 + 0{,}01 + 0{,}01 = 0{,}06\ mol.L^{-1}$$

Substituindo-se na relação entre K e K_a, tem-se: $K \times C_t^1 = K_a$

$$K = \frac{K_a}{C_t} = \frac{2{,}5 \times 10^{-3}}{6 \times 10^{-2}} = 4{,}17 \times 10^{-2}$$

Questão 84

Alternativa D.

As condições padrões efetuadas para uma pilha galvânica são as seguintes: p = 1 atm, 1 mol.L^{-1} e T = 25°C.

Diante do fato de que a concentração da quantidade de matéria seja igual a 1, o seu pH será igual a zero (0).

Questão 85

Cálculo da concentração da quantidade de matéria do ácido cianídrico:

$$[HCN] = \frac{3{,}50}{(1 + 12 + 14) \times 1} = \frac{3{,}50}{27} = 0{,}130\frac{mol}{L}$$

Cálculo da concentração da quantidade de matéria de cianeto de sódio:

$$[NaCN] = \frac{1{,}10}{(23 + 12 + 14) \times 1} = 2{,}24 \times 10^{-2}\frac{mol}{L}$$

Equação química: $HCN_{(aquoso)} + H_2O_{(líquido)} \rightleftarrows CN^-_{(aquoso)} + H_3O^+_{(aquoso)}$

Expressão da constante de equilíbrio: $K_a = \frac{[CN^-] \times [H_3O^+]}{[HCN] \times a_{H_2O}}$

Sendo a atividade da água igual a 1 e aplicando a função logarítmica: $K_a = \frac{[CN^-] \times [H_3O^+]}{[HCN] \times a_{H_2O}}$

$$\log K_a = \log\left\{\frac{[CN^-] \times [H_3O^+]}{[HCN]}\right\}$$

$$\log K_a = \log\{[CN^-] \times [H_3O^+]\} - \log[HCN]$$

$$\log K_a = \log[CN^-] + \log[H_3O^+] - \log[HCN]$$

$$\underbrace{-\log[H_3O^+]}_{pH} = \underbrace{-\log K_a}_{pK_a} + \log\frac{[CN^-]}{[HCN]}$$

$$\boxed{pH = p_{K_a} + \log\frac{[CN^-]}{[HCN]}}$$

Substituindo os valores na equação em negrito: $pH = -\log(6{,}96 \times 10^{-10}) + \log(0{,}172)$

$$pH = 9{,}16 - 0{,}76 = 8{,}40$$

Questão 86

(GRILLO) Alternativa C.

$PbS_{(sólido)} \leftrightarrows Pb^{+2}_{(aquoso)} + S^{-2}_{(aquoso)}$ $\quad K_5 = ?$

$PbS_{(sólido)} + \cancel{CrO_4^{-}{}_{(aquoso)}} \leftrightarrows \cancel{PbCrO_{4(s)}} + S^{-2}_{(aquoso)}$ $\quad K_3 = 1{,}60 \times 10^{-8}$

$\cancel{PbSO_{4(sólido)}} \leftrightarrows Pb^{+2}_{(aquoso)} + \cancel{SO_4^{-2}{}_{(aquoso)}}$ $\quad K_4 = 1{,}0 \times 10^{-8}$

$\cancel{PbCrO_{4(sólido)}} + \cancel{2I^{-}_{(aquoso)}} \leftrightarrows \cancel{PbI_{2(sólido)}} + \cancel{CrO_4^{-}{}_{(aquoso)}}$ $\quad K_2 = \frac{1}{4{,}0 \times 10^{12}}$

$\cancel{PbI_{2(s)}} + \cancel{SO_4^{-2}{}_{(aq)}} \leftrightarrows \cancel{PbSO_{4(s)}} + \cancel{2I^{-}_{(aq)}}$ $\quad K_1 = \frac{1}{4{,}0 \times 10^{-4}}$ $\quad +$

$PbS_{(sólido)} \leftrightarrows Pb^{+2}_{(aquoso)} + S^{-2}_{(aquoso)}$

$$K_5 = 1{,}60 \times 10^{-8} \times 1{,}0 \times 10^{-8} \times \frac{1}{4{,}0 \times 10^{12}} \times \frac{1}{4{,}0 \times 10^{-4}}$$

O K_5 que corresponde ao produto de solubilidade do sulfeto de chumbo II é igual a:

$K_5 = K_{ps} = 0{,}10$

Cálculo da energia livre de Gibbs padrão ($\Delta G°$) pata T = 27°C:

$\Delta G° = -R \times T \times \ln K$ e sabendo que lnK = 2,303 x logK, temos:

$$\Delta G° = -R \times T \times 2{,}303 \times \log K$$

$$\Delta G° = -8 \times (27 + 273) \times 2{,}303 \times \log(0{,}10) = +5527{,}20 \frac{J}{mol}$$

Questão 87

Observa-se que a solução é composta por um ácido fraco e seu sal conjugado, o que caracteriza uma solução tampão. $pH = p_{ka} + \log\frac{[sal]}{[ácido]}$

$$pH = -\log K_a + \log\frac{[sal]}{[ácido]}$$

$$pH = -\log(7 \times 10^{-10}) + \log\frac{0{,}10}{0{,}010}$$

$$pH = -(-9{,}15) + \underbrace{\log 10}_{1} = 9{,}15 + 1 = 10{,}15$$

Questão 88

Alternativa B.

O problema retrata uma situação de uma solução tampão, observando que a solução é composta por um ácido fraco e seu sal conjugado. $pH = p_{ka} + \log\frac{[sal]}{[ácido]}$

$$pH = -\log K_a + \log\frac{[sal]}{[ácido]}$$

$$3{,}4 = -\log(2 \times 10^{-4}) + \log\frac{\frac{n_{sal}}{V_{solução}}}{0{,}10}$$

$$3{,}40 = -(-3{,}70) + \log\frac{\frac{n_{sal}}{1{,}0}}{0{,}10}$$

$$\log\frac{n_{sal}}{0{,}10} = -\,0{,}30$$

$$\frac{n_{sal}}{0{,}10} = 10^{(-\,0{,}30)}$$

$$n_{sal} = 0{,}050\ \text{mol}$$

Questão 89

Hidróxido de magnésio na presença de água: $Mg(OH)_{2(sólido)} \leftrightarrows Mg^{+2}_{(aquoso)} + 2OH^{-}_{(aquoso)}$

Cálculo da solubilidade do hidróxido de magnésio ($mol.L^{-1}$):

$$S = [Mg(OH)_2] = \frac{C}{<MM>_{Mg(OH)_2}} = \frac{9{,}57 \times 10^{-3}}{58} = 1{,}65 \times 10^{-4}\,\frac{mol}{L}$$

Cálculo do produto de solubilidade do hidróxido de magnésio:

$Mg(OH)_{2(sólido)} \leftrightarrows Mg^{+2}_{(aquoso)} + 2OH^{-}_{(aquoso)}$

1 mol de $Mg(OH)_{2(s)}$ ----- 1 mol de $Mg^{+2}_{(aq)}$ ----- 2 mol de $OH^{-}_{(aq)}$
1 mol de $Mg(OH)_{2(s)}$ ----- S -------------------------- 2 S

Relação do produto de solubilidade (K_{ps}) com a solubilidade (S):

$$K_{ps} = S \times (2S)^2 = 4S^3$$
$$K_{ps} = 4S^3 = 4 \times (1{,}65 \times 10^{-4})^3 = 1{,}80 \times 10^{-11}$$

Cálculo da solubilidade do hidróxido de magnésio com a presença de nitrato de sódio ($0{,}02\ mol.L^{-1}$):

$Mg(NO_3)_{2(sólido)} \leftrightarrows Mg^{+2}_{(aquoso)} + 2NO_3{}^{-}_{(aquoso)}$

1 mol de $Mg(NO_3)_{2(s)}$ ----- 1 mol de $Mg^{+2}_{(aq)}$ ------ 2 mol de $NO_3{}^{-}_{(aq)}$
1 mol de $Mg(OH)_{2(s)}$ ------ S --------------------------- 2 S

$$K_{ps} = [Mg^{+2}] \times [OH^{-}]$$

$$1{,}80 \times 10^{-11} = (0{,}02 + S) \times (2S)^2$$

$$1{,}80 \times 10^{-11} = \underbrace{(0{,}02 + S)}_{\cong 0{,}02} \times 4S^2$$

$$1{,}80 \times 10^{-11} = 0{,}02 \times 4S^2$$

$$S = 1{,}50 \times 10^{-5}\,\frac{mol}{L}$$

Cálculo da concentração mássica do hidróxido de magnésio ($mol.L^{-1}$):

$$S = [Mg(OH)_2] = \frac{C}{<MM>_{Mg(OH)_2}}$$

$$C = 1{,}50 \text{ x } 10^{-5} \text{ x } 58 = 1{,}50 \text{ x } 10^{-4} \frac{g}{L}$$

Questão 90

A equação de dissociação de uma molécula de NaOH pode ser representada pela equação química abaixo. $NaOH_{(aquoso)} \leftrightarrows Na^{+}_{(aquoso)} + OH^{-}_{(aquoso)}$

A 25ºC, a constante de dissociação da água (K_w) apresenta um valor de 10^{-14} mol.L^{-1}, a partir do conhecimento do valor do pH, o valor de pOH pode ser prontamente determinado:

$$12{,}5 + \mathrm{pOH} = 14$$

$$pOH = 14 - 12{,}5 = 1{,}5$$

A partir da definição de pOH, tem-se: $pOH = -log[OH^{-}]$

$$[\mathrm{OH^-}] = 10^{-\mathrm{pOH}} = 10^{-1{,}5} = 3{,}16 \text{ x } 10^{-2} \text{ mol. L}^{-1}$$

Assumindo-se que o grau de dissociação do NaOH é de 100% nas condições dadas, como o volume da mistura não se altera durante o processo, a concentração de OH^{-} final deve ser idêntica à concentração de NaOH originalmente presente.

[NaOH] = 3,16 x 10^{-2} mol.L^{-1}

Com base no conhecimento do volume da solução (0,3 L), e através do valor da massa molecular do hidróxido de sódio (40 g.mol^{-1}), a massa requerida pode ser finalmente calculada.

$$[\mathrm{NaOH}] = \frac{\mathrm{m_{NaOH}}}{< \mathrm{MM} >_{\mathrm{NaOH}} \text{ x } \mathrm{V_{solução}}}$$

$$\mathrm{m_{NaOH}} = [\mathrm{NaOH}] \text{ x } < \mathrm{MM} >_{\mathrm{NaOH}} \text{ x } \mathrm{V_{solução}} = 3{,}16 \text{ x } 10^{-2} \text{ x } 40 \text{ x } 0{,}30 = 0{,}379 \text{ g}$$

Questão 91

Sabe-se que para uma solução tampão genérica, pH e pKa estão relacionados com as concentrações iniciais do ácido e do sal empregados em sua formulação. Desta forma, no presente caso, tem-se: $\mathrm{pH} = \mathrm{pK_a} + \log\frac{[\mathrm{LaK}]_{\mathrm{inicial}}}{[\mathrm{HLa}]_{\mathrm{inicial}}}$

Logo, inserindo-se os valores do enunciado, tem-se: $\mathrm{pH} = -\log(1{,}38 \text{ x } 10^{-4}) + \log\frac{[0{,}1]}{[0{,}1]}$

$$\mathrm{pH} = 3{,}86 + \log_{10}(1) = 3{,}86$$

Questão 92

Como do total dissolvido, 0,1 mg permanece no estado sólido, conclui-se que 0,4 mg foram transformados em ânions Br^{-} e cátions Na^{+}, de acordo com a seguinte equação química:

$$\mathrm{NaBr_{(aquoso)}} \leftrightarrows \mathrm{Na^{+}_{(aquoso)}} + \mathrm{Br^{-}}_{\mathrm{(aquoso)}}$$

Portanto, a concentração de cátions Na^{+} pode ser determinada, dado que para cada mol de NaBr que se dissolve, um mol de cátions é produzido em solução:

$$[\mathrm{Na^+}] = \frac{0{,}55 \cancel{\mathrm{mg}}}{\mathrm{L}} \text{x} \frac{10^{-3}\mathrm{g}}{1 \cancel{\mathrm{mg}}} \text{x} \frac{1 \text{ mol}}{103 \text{ g}} = 5{,}34 \text{ x } 10^{-6} \text{ mol. L}^{-1}$$

Pelo princípio de eletroneutralidade, a concentração de Br^- deve ser igual à concentração de Na^+. Logo, o produto de solubilidade do NaBr sólido pode ser prontamente calculado:

$$[Na^+] = [Br^-] = 5{,}34 \text{ x } 10^{-6} \text{ mol. L}^{-1}$$

$$K_{ps} = [Na^+] \text{ x } [Br^-] = (5{,}34 \text{ x } 10^{-6})^2$$

$$K_{ps} = 28{,}51 \text{ x } 10^{-12}$$

Questão 93

Chamando o ácido propanoico por HP e o sal correspondente por NaP, o pH da solução tampão pode ser calculado com base no conhecimento da constante de dissociação do ácido e nas concentrações iniciais do ácido e do sal associado.

$$pH = pK_a + \log_{10}\frac{[NaP]_{inicial}}{[HP]_{inicial}}$$

A concentração inicial de NaP pode ser determinada a partir do volume da solução e da massa de sal utilizada na confecção do tampão. Sabendo-se que a massa molecular do NaP é igual a 96.g.mol^{-1}, tem-se: $[NaP] = \frac{80 \text{ mol}}{96{,}2 \text{ L}} = 0{,}4167 \text{ mol. L}^{-1}$

Empregando-se a equação que relacionada pH e pKa é possível determinar a concentração inicial de HP.

$$pKa = -\log K_a = -\log(1{,}34 \text{ x } 10^{-5}) = 4{,}873$$

$$pH = pK_a + \log\frac{[NaP]_{inicial}}{[HP]_{inicial}}$$

$$\log\frac{[NaP]_{inicial}}{[HP]_{inicial}} = pH - pKa$$

$$\log\frac{[NaP]_{inicial}}{[HP]_{inicial}} = 5 - 4{,}873 = 0{,}127$$

$$\frac{[NaP]_{inicial}}{[HP]_{inicial}} = 10^{-0{,}127}$$

$$[HP]_{inicial} = \frac{[NaP]_{inicial}}{10^{(-0{,}127)}}$$

$$[HP]_{inicial} = \frac{0{,}4167}{0{,}7464} = 0{,}558 \text{ mol. L}^{-1}$$

Com base no volume de solução (2 L) e na massa molecular do ácido propanoico (74,08 g.mol^{-1}), a massa de ácido pode ser diretamente calculada: $[HP]_{inicial} = \frac{m_{HP}}{V \text{ x} <MM>_{HP}}$

$$m_{HP} = [HP]_{inicial} \text{ x V x } < MM >_{HP}$$

$$m_{HP} = 0{,}558 \text{ x } 2 \text{ x } 74{,}08 = 82{,}67 \text{ g}$$

Questão 94

Para a resolução deste problema será necessário utilizar a tabela de equilíbrio químico.

Equação química: $HA_{(aquoso)} + H_2O_{(líquido)} \rightarrow A^-_{(aquoso)} + H_3O^+_{(aquoso)}$

Base de cálculo: 0,015 mol x L-1 de concentração da quantidade inicial de ácido.
Tabela de equilíbrio iônico:

	$HA_{(aquoso)}$	$H_2O_{(líquido)}$	$\rightleftarrows$	$A^-_{(aquoso)}$	$H_3O^+_{(aquoso)}$
Início	0,015	-		0	0
Reage	0,015α	-		0,015α	0,015α
Equilíbrio	0,015 - 0,015α	-		0,015α	0,015α

Expressão da constante de equilíbrio do ácido: $K_a = \frac{[A^-_{(aq)}] \times [H_3O^+]}{[HA_{(aq)}] \times \underbrace{a_{H_2O_{(l)}}}_{1}}$

$$K_a = \frac{0{,}015\alpha \times 0{,}015\alpha}{0{,}015 - 0{,}015\alpha} = \frac{0{,}015\alpha^2}{1 - \alpha} = 1{,}47 \times 10^{-3}$$

$$0{,}015\alpha^2 + 1{,}47 \times 10^{-3}\alpha - 1{,}47 \times 10^{-3} = 0$$

Resolvendo a equação do segundo grau, uma das raízes corresponde a $\alpha = 0{,}2676$, o que corresponde a 26,76%.

Questão 95

Para a resolução deste problema será necessário utilizar a tabela de equilíbrio químico. Equação química de dissociação do bissulfato de potássio:

$$KHSO_{4(aquoso)} \rightarrow K^+_{(aquoso)} + HSO^-_{4(aquoso)}$$

Base de cálculo: 0,10 mol x L-1 de concentração da quantidade inicial de $HSO^-_{4(aq)}$.
Tabela de equilíbrio iônico:

	$HSO^-_{4(aquoso)}$	$H_2O_{(líquido)}$	$\rightleftarrows$	$SO^-_{4(aquoso)}$	$H_3O^+_{(aquoso)}$
Início	0,10	-		0	0
Reage	0,10α	-		0,10α	0,10α
Equilíbrio	0,10 - 0,10α	-		0,10α	0,10α

Expressão da constante de equilíbrio do ácido: $K_a = \frac{[SO^-_{4(aq)}] \times [H_3O^+]}{[HSO^-_{4(aq)}] \times \underbrace{a_{H_2O_{(l)}}}_{1}}$

$$K_a = \frac{0{,}10\alpha \times 0{,}10\alpha}{0{,}10 - 0{,}10\alpha} = 1{,}30 \times 10^{-2}$$

$$0{,}10\alpha^2 + 1{,}30 \times 10^{-2}\alpha - 1{,}30 \times 10^{-2} = 0$$

Resolvendo a equação do segundo grau, uma das raízes corresponde a $\alpha = 0{,}30$, o que corresponde a 30%. As concentrações das quantidades de matéria dos íons no equilíbrio químico são as seguintes:

$$[HSO^-_{4(aq)}] = 0{,}10 - 0{,}10\alpha = 0{,}10 - 0{,}10 \times 0{,}30 = 0{,}07\frac{mol}{L}$$

$$[SO^{-2}_{4(aq)}] = 0{,}10\alpha = 0{,}10 \times 0{,}30 = 0{,}03\frac{mol}{L}$$

$$[H_3O^+] = 0{,}10\alpha = 0{,}10 \times 0{,}30 = 0{,}03\frac{mol}{L}$$

Questão 96

Analisando a hidrólise do cloreto de amônio: $NH_4Cl_{(aquoso)} \rightleftharpoons NH^+_{4(aquoso)} + Cl^-_{(aquoso)}$

$$NH^+_{4(aquoso)} + Cl^-_{(aquoso)} + H_2O_{(líquido)} \rightleftharpoons NH_4OH_{(aquoso)} + \underbrace{HCl_{(aquoso)}}_{\text{ácido forte}}$$

$$NH^+_{4(aquoso)} + \cancel{Cl^-_{(aquoso)}} + H_2O_{(líquido)} \rightleftharpoons NH_4OH_{(aquoso)} + H^+_{(aquoso)} + \cancel{Cl^-_{(aquoso)}}$$

$$NH^+_{4(aquoso)} + H_2O_{(líquido)} \rightleftharpoons NH_4OH_{(aquoso)} + \underbrace{H^+_{(aquoso)}}_{\text{solução ácida}}$$

$$K_h = \frac{K_W}{K_b}$$

$$K_h = \frac{10^{-14}}{1{,}80 \times 10^{-5}} = 5{,}56 \times 10^{-10}$$

Questão 97

Base de cálculo: n(mol) inicial de HCN. Analisando a segunda tabela de equilíbrio iônico:

	$HCN_{(aquoso)}$	$H_2O_{(líquido)}$	$\rightleftarrows$	$CN^-_{(aquoso)}$	$H_3O^+_{(aquoso)}$
Início	n	-		0	0
Reage	nα	-		nα	nα
Equilíbrio	$\frac{n}{V} - \frac{n\alpha}{V}$	-		$\frac{n\alpha}{V}$	$\frac{n\alpha}{V}$

Expressão da constante de equilíbrio do ácido: $K_a = \dfrac{[CN^-_{(aq)}] \times [H_3O^+]}{[HCN_{(aq)}] \times \underbrace{a_{H_2O_{(l)}}}_{1}}$

$$K_a = \frac{M\alpha \times M\alpha}{M - M\alpha} = \frac{\cancel{M}\alpha \times M\alpha}{\cancel{M}(1-\alpha)} = \frac{M\alpha^2}{1-\alpha} = 4{,}80 \times 10^{-10}$$

Como o ácido é fraco, o grau de dissociação é pequeno, logo $1 - \alpha \rightarrow 1$,oi seja, o grau de dissociação tende a zero ($\alpha \rightarrow 0$).

$$1{,}0 \times \alpha^2 = 4{,}80 \times 10^{-10}$$

$$\alpha = \sqrt{4{,}80 \times 10^{-10}} = 2{,}20 \times 10^{-5}\ (0{,}0022\%)$$

$$pH = -\log[H_3O^+_{(aq)}] = -\log(1{,}0 \times 2{,}20 \times 10^{-5}) = -\log(2{,}20 \times 10^{-5}) = 4{,}66$$

Questão 98

Para a resolução deste problema será necessário utilizar a tabela de equilíbrio químico.
Base de cálculo: 0,025 mol x L^{-1} de H_2CO_3.
Tabela de equilíbrio iônico:

	$H_2CO_{3(aquoso)}$	$H_2O_{(líquido)}$	$\rightleftarrows$	$HCO^-_{3(aquoso)}$	$H_3O^+_{(aquoso)}$
Início	0,025	-		0	0
Reage	0,025α	-		0,025α	0,025α
Equilíbrio	0,025 - 0,025α	-		0,025α	0,025α

Expressão da constante de equilíbrio do ácido: $K_a = \dfrac{[HCO_{3(aq)}^-] \times [H_3O^+]}{[H_2CO_{3(aq)}] \times \underbrace{a_{H_2O_{(l)}}}_{1}}$

$(0{,}025\alpha)^2 = 4{,}0 \times 10^{-7} \times 0{,}025 \times (1 - \alpha)$

$0{,}025\alpha^2 = 4{,}0 \times 10^{-7} - 4{,}0 \times 10^{-7}\alpha$

$\boxed{0{,}025\alpha^2 + 4{,}0 \times 10^{-7}\alpha - 4{,}0 \times 10^{-7} = 0}$

Resolvendo a equação do segundo grau, uma das raízes corresponde a 0,00399 (0,40%).

Cálculo das concentrações das quantidades de matéria das espécies químicas no equilíbrio químico:

$[HCO_{3(aq)}^-] = [H_3O^+] = 0{,}025 \times 0{,}0040 = 10^{-4}\,\dfrac{mol}{L}$

$[H_2CO_{3(aq)}] = 0{,}025 - 0{,}025 \times 0{,}0040 = 0{,}0249\,\dfrac{mol}{L}$

Analisando a segunda tabela de equilíbrio químico:

	$HCO_{3(aquoso)}^-$	$H_2O_{(líquido)}$	$\rightleftarrows$	$CO_{3(aquoso)}^{-2}$	$H_3O_{(aquoso)}^+$
Início	10^{-4}	-		0	10^{-4}
Reage	$10^{-4}\alpha$	-		$10^{-4}\alpha$	$10^{-4}\alpha$
Equilíbrio	$10^{-4} - 10^{-4}\alpha$	-		$10^{-4}\alpha$	$10^{-4} + 10^{-4}\alpha$

Expressão da constante de equilíbrio do ácido: $K_a = \dfrac{[CO_{3(aq)}^{-2}] \times [H_3O^+]}{[HCO_{3(aq)}^-] \times \underbrace{a_{H_2O_{(l)}}}_{1}}$

$$K_a = \frac{10^{-4}\alpha \times (10^{-4} + 10^{-4}\alpha)}{10^{-4} - 10^{-4}\alpha} = 4{,}80 \times 10^{-11}$$

$10^{-4}\alpha^2 + 10^{-4}\alpha - 4{,}80 \times 10^{-11} = 0$

Resolvendo a equação do segundo grau, uma das raízes é aproximadamente igual a 0. Logo, as concentrações das quantidades de matéria dos participantes químicos são os seguintes:

$[CO_{3(aq)}^{-2}] = 0$

$[HCO_{3(aq)}^-] = [H_3O^+] = 10^{-4}\,\dfrac{mol}{L}$

Questão 99

Fórmula molecular do acetato de sódio: CH_3COOH

Analisando a hidrólise do acetato de sódio:

$CH_3COONa_{(aquoso)} \rightleftharpoons CH_3COO_{(aquoso)}^- + Na_{(aquoso)}^+$

$CH_3COO_{(aquoso)}^- + Na_{(aquoso)}^+ + H_2O_{(líquido)} \rightleftharpoons \underbrace{CH_3COOH_{(aquoso)}}_{\text{ácido fraco}} + \underbrace{NaOH_{(aquoso)}}_{\text{ácido forte}}$

$CH_3COO_{(aquoso)}^- + \cancel{Na_{(aquoso)}^+} + H_2O_{(líquido)} \rightleftharpoons CH_3COOH_{(aquoso)} + \cancel{Na_{(aqoso)}^+} + \underbrace{OH_{(aquoso)}^-}_{\text{solução básica}}$

$$CH_3COO^-_{(aquoso)} + H_2O_{(líquido)} \rightleftharpoons CH_3COOH_{(aquoso)} + \underbrace{OH^-_{(aquoso)}}_{\text{solução básica}}$$

Cálculo do grau de dissociação, a partir da constante de hidrólise: $K_h = \frac{K_W}{K_a}$

$$0{,}35 \text{ x } \alpha^2 = \frac{10^{-14}}{1{,}75 \text{ x } 10^{-5}}$$

$$\alpha = 4{,}04 \text{ x } 10^{-5}$$

Cálculo da concentração da quantidade de matéria hidrogeniônica, $[H^+]$:

$$[H^+] = 0{,}35 \text{ x } 4{,}04 \text{ x } 10^{-5} = 1{,}41 \text{ x } 10^{-5} \frac{mol}{L}$$

Cálculo do pH: $pH = -\log[H^+] = -\log(1{,}41 \text{ x } 10^{-5}) = 4{,}85$

Cálculo do pOH: $pOH = 14 - pH = 14 - 4{,}85 = 9{,}15$

Questão 100

Primeiramente será necessário analisar a hidrólise do cloreto de amônio (NH_4Cl).

$$NH_4Cl_{(aquoso)} \rightleftharpoons NH^+_{4(aquoso)} + Cl^-_{(aquoso)}$$

$$NH^+_{4(aquoso)} + Cl^-_{(aquoso)} + H_2O_{(líquido)} \rightleftharpoons NH_4OH_{(aquoso)} + \underbrace{HCl_{(aquoso)}}_{\text{ácido forte}}$$

$$NH^+_{4(aquoso)} + \cancel{Cl^-_{(aquoso)}} + H_2O_{(líquido)} \rightleftharpoons NH_4OH_{(aquoso)} + H^+_{(aquoso)} + \cancel{Cl^-_{(aquoso)}}$$

$$NH^+_{4(aquoso)} + H_2O_{(líquido)} \rightleftharpoons NH_4OH_{(aquoso)} + \underbrace{H^+_{(aquoso)}}_{\text{solução ácida}}$$

Cálculo do grau de dissociação (α), a partir da constante de hidrólise (K_h): $K_h = \frac{K_W}{K_b}$

$$0{,}10 \text{ x } \alpha^2 = \frac{10^{-14}}{1{,}80 \text{ x } 10^{-5}}$$

$$\alpha = 7{,}46 \text{ x } 10^{-5}$$

Cálculo da concentração da quantidade de matéria hidrogeniônica, $[H^+]$:

$$[H^+] = 0{,}10 \text{ x } 7{,}46 \text{ x } 10^{-5} = 7{,}46 \text{ x } 10^{-6} \frac{mol}{L}$$

Cálculo do pH: $pH = -\log[H^+] = -\log(7{,}46 \text{ x } 10^{-6}) = 5{,}13$

Questão 101

Alternativa B.

Equação química: $NaOH_{(aquoso)} + HCl_{(aquoso)} \rightarrow NaCl_{(aquoso)} + H_2O_{(líquido)}$

Cálculo do número de mol para cada espécie química:

$$n_{ácido} = 0{,}14 \text{ x } 50 \text{ x } 10^{-3} = 7{,}0 \text{ x } 10^{-3} \text{ mol}$$
$$n_{base} = 0{,}10 \text{ x } 50 \text{ x } 10^{-3} = 5{,}0 \text{ x } 10^{-3} \text{ mol}$$

$$n_{ácido}^{excesso} = 7{,}0 \times 10^{-3}\ mol - 5{,}0 \times 10^{-3}\ mol = 2{,}0 \times 10^{-3}\ mol$$

Cálculo da concentração da quantidade de matéria do ácido em excesso, sabendo que o volume final é de 100 mL (50 mL + 50 mL).

$$[HCl] = \frac{n_{ácido}^{excesso}}{V_{total}} = \frac{2{,}0 \times 10^{-3}\ mol}{0{,}1\ L} = 2{,}0 \times 10^{-2}\frac{mol}{L}$$

$$[HCl] = [H^+] = 2{,}0 \times 10^{-2}\frac{mol}{L}$$

Cálculo do pH: $pH = -\log[H^+] = -(2{,}0 \times 10^{-2}) = 1{,}70$

Questão 102

Base de cálculo: n(mol) inicial de ácido acético. Tabela de equilíbrio iônico:

	$CH_3COOH_{(aquoso)}$	$H_2O_{(líquido)}$	$\rightleftarrows$	$CH_3COO^-_{(aquoso)}$	$H_3O^+_{(aquoso)}$
Início	n	-		0	0
Reage	nα	-		nα	nα
Equilíbrio	$\frac{n}{V} - \frac{n\alpha}{V}$	-		$\frac{n\alpha}{V}$	$\frac{n\alpha}{V}$

Expressão da constante de equilíbrio do ácido: $K_a = \frac{[CH_3COO^-_{(aquoso)}] \times [H_3O^+]}{[CH_3COOH_{(aquoso)}] \times \underbrace{a_{H_2O_{(l)}}}_{1}}$

$$K_a = \frac{M\alpha \times M\alpha}{M - M\alpha} = \frac{\cancel{M}\alpha \times M\alpha}{\cancel{M}(1-\alpha)} = \frac{M\alpha^2}{1-\alpha}$$

Para uma concentração da quantidade de matéria igual a 1,0 mol/L, a equação matemática que relaciona a constante do ácido com o grau de ionização, temos: $K_a \times (1-\alpha) = \alpha^2$

$$\alpha^2 + K_a\alpha - K_a = 0$$

$$\Delta = K_a^2 + 4K_a$$

Observe que a relação K_a^2 é muito menor que a relação $4K_a$, diante disso é possível desprezar a relação K_a^2.

Utilização da equação do segundo grau para a determinação das raízes, temos:

$$\alpha = \frac{-b \pm \sqrt{\Delta}}{2a}$$

$$\alpha = \frac{-K_a \pm \sqrt{4K_a}}{2}$$

$$\alpha = \frac{-K_a + 2\sqrt{K_a}}{2}$$

Para $K_a = 1{,}80 \times 10^{-5}$, o grau de ionização fica sendo igual a 0,00423 (4,23%).

APÊNDICE

APÊNDICE A – CONSTANTES FÍSICAS FUNDAMENTAIS

A) Unidade de massa atômica (u): 1u = 1,6606 x 10^{-24} g
B) Número de Avogadro (N): 6,0221415 x 10^{23} mol^{-1}
C) Constante de Boltzmann (k): 1,3806 x 10^{-23} $m^2.kg.s^{-2}.K^{-1}$
D) Constante de Faraday (F): 96485 $C.mol^{-1}$
E) Constante de Planck (h): 6,626 x 10^{-34} $J.s^{-1}$
F) Elétron-volt (1 eV): 1,60218 x 10^{-19} J
G) Massa do elétron (m_{e-}): 9,11 x 10^{-31} kg
H) Massa do prótron (m_{p+}): 1,67 x 10^{-27} kg
I) Massa do nêutron (m_n): 1,67 x 10^{-27} kg
J) Aceleração da gravidade (g): 9,81 $m.s^{-2}$
K) Volume molar (V_m): 22,4 $L.mol^{-1}$
L) Carga eletrônica (e^-): 1,60218 x 10^{-19} C
M) Valor do pi (π): 3,141592653589
N) Raio de Bohr: 5,29 x 10^{-18} J
O) Ponto triplo da água: 273,15 K
P) Ponto normal de fusão da água: 273,16 K
Q) Constante de Trouton: 87,9 J x K^{-1} x mol^{-1}
R) Constante de Coulomb (K): 8,998 x 10^9 N x m^2 x C^{-2}
S) Velocidade da luz no vácuo (c): 2,997 x 10^8 m x s^{-1}
T) Constante gravitacional (G): 6,673 x 10^{-11} N x $m^{2\,x}$ kg^{-2}

APÊNDICE B - TABELA DE CONSTANTES CRIOSCÓPICAS E EBULIOSCÓPICAS

SOLVENTE UTILIZADO	CONSTANTE CRIOSCÓPICA	CONSTANTE EBULIOSCÓPICA
Água (H_2O)	-1,86	0,51
Benzeno (C_6H_6)	- 5,12	2,53
Ácido Acético	- 3,90	2,93
Fenol (C_6H_6O)	- 7,40	3,04
Naftaleno ($C_{10}H_8$)	- 6,94	5,80
Ácido Fórmico (CH_2O_2)	- 2,77	-
Acetona (C_3H_6O)	-	1,71

APÊNDICE C – CONSTANTE DOS GASES IDEAIS (R)

0,08206 $atm.L.mol^{-1}.K^{-1}$
0,08206 $atm.dm^3.mol^{-1}.K^{-1}$
82,06 $atm.cm^3.mol^{-1}.K^{-1}$
8,31451 $Pa.m^3.mol^{-1}.K^{-1}$
8,31451 $kPa.m^3.kmol^{-1}.K^{-1}$
8,314 $J.mol^{-1}.K^{-1}$
1,98722 $cal.mol^{-1}.K^{-1}$
1,987 $Btu.lbmol^{-1}.°R^{-1}$
10,73 psia. ft^3. $lbmol^{-1}.°R^{-1}$
62,36 $torr.L.mol^{-1}.K^{-1}$
62,36 $mmHg.L.mol^{-1}.K^{-1}$

0,7302 $ft^3.atm.lbmol^{-1}.\ °R^{-1}$

APÊNDICE D – CONSTANTE DE VAN DER WAALS (a e b)

Espécies Químicas	a ($atm.L^2.mol^{-2}$)	b ($10^{-2}L.mol^{-1}$)
Argônio	1,363	3,219
Eteno	4,530	5,714
Etano	5,562	6,380
Benzeno	18,24	11,54
Metano	2,283	4,278
Cloro	6,579	5,622
Monóxido de carbono	1,505	3,985
Dióxido de carbono	3,640	4,267
Hidrogênio	0,2476	2,661
H_2O	5,536	3,049
Sulfeto de hidrogênio	4,490	4,287
Hélio	0,03457	2,370
Criptônio	2,349	3,978
Nitrogênio	1,408	3,913
Neônio	0,2135	1,709
Amônia	4,225	3,707
Oxigênio	1,378	3,183
Dióxido de enxofre	6,803	5,636
Xenônio	4,250	5,105

Fonte: Atkins, P. W.; Paula de, J. Físico-Química", 8ªedição, volume um. Livros Técnicos e Científicos - LTC, Rio de Janeiro, 2008.

APÊNDICE E – DISTINÇÃO ENTRE PILHA GALVÂNICA E ELETRÓLISE

PROPRIEDADES	PILHAS GALVÂNICAS	PROCESSO DE ELETRÓLISE
Espontaneidade	Processo espontâneo	Processo não espontâneo
Quanto ao uso de ponte salina	É utilizado	Não é utilizado
Fluxo de elétrons	Sai do ânodo para o cátodo	Sai do ânodo para o cátodo
Quanto a Polaridade	Ânodo = Polo negativo	Ânodo = Polo positivo
Diferença de potencial	Cátodo = polo positivo (E > 0)	Cátodo = polo negativo (E < 0)

APÊNDICE F – EQUAÇÕES CINÉTICAS PARA ORDEM ZERO – PRIMEIRA – SEGUNDA

ESTUDO CINÉTICO	EQUAÇÃO DA CONCENTRAÇÃO X TEMPO	TEMPO DE MEIA-VIDA
Ordem zero	$[A]_{Final} = [A]_{Inicial} - k\ x\ tempo$	$t_{\frac{1}{2}} = \frac{[A]_{Inicial}}{2\ x\ k}$
Primeira ordem	$ln\left(\frac{[A]_{Final}}{[A]_{Inicial}}\right) = -k\ x\ tempo$	$t_{1/2} = \frac{\ln 2}{k}$
Segunda Ordem	$\frac{1}{[A]_{Final}} = \frac{1}{[A]_{Inicial}} + k\ x\ tempo$	$t_{\frac{1}{2}} = \frac{1}{k\ x\ [A]_{Inicial}}$

APÊNDICE G – EQUAÇÃO DE ARRHENIUS X EQUAÇÃO DE VAN´T HOFF X EQUAÇÃO DE CLAUSIUS CLAPEYRON

EQUAÇÃO DE ARRHENIUS	EQUAÇÃO DE VAN´T HOFF	EQUAÇÃO DE CLAYPERON
$ln\frac{k_1}{k_2} = \frac{E_{at}}{R} x \left[\frac{1}{T_2} - \frac{1}{T_1}\right]$	$ln\frac{K_{eq_1}}{K_{eq_2}} = \frac{\Delta H^0_{reaçaõ}}{R} x \left[\frac{1}{T_2} - \frac{1}{T_1}\right]$	$ln\frac{P_1}{P_2} = \frac{\Delta H^0_{reaçaõ}}{R} x \left[\frac{1}{T_2} - \frac{1}{T_1}\right]$

APÊNDICE H – Tabela de prioridade de descarga, para cátions e ânions.

Prioridade de descarga	
Cátions	Grupo 1 < Grupo 2 < Grupo 3 < Al^{+3} < H^+ < Metais de transição
Ânions	ânions não oxigenados > OH^- > ânions oxigenados > F^-

APÊNDICE I – TABELA DE POTENCIAL-PADRÃO (E° DE REDUÇÃO)

SEMIRREAÇÃO DE REDUÇÃO	E° (VOLTS)
$Li^+_{(aquoso)} + 1e^- \rightarrow Li_{(sólido)}$	-3,05
$K^+_{(aquoso)} + 1e^- \rightarrow K_{(sólido)}$	-2,93
$Ba^{+2}_{(aquoso)} + 2e^- \rightarrow Ba_{(sólido)}$	-2,90
$Sr^{+2}_{(aquoso)} + 2e^- \rightarrow Sr_{(sólido)}$	-2,89
$Ca^{+2}_{(aquoso)} + 2e^- \rightarrow Ca_{(sólido)}$	-2,87
$Na^+_{(aquoso)} + 1e^- \rightarrow Na_{(sólido)}$	-2,71
$Mg^{+2}_{(aquoso)} + 2e^- \rightarrow Mg_{(sólido)}$	-2,37
$Be^{+2}_{(aquoso)} + 2e^- \rightarrow Be_{(sólido)}$	-1,85
$Al^{+3}_{(aquoso)} + 3e^- \rightarrow Al_{(sólido)}$	-1,66
$Mn^{+2}_{(aquoso)} + 2e^- \rightarrow Mn_{(sólido)}$	-1,18
$2H_2O_{(l)} + 2e^- \rightarrow H_{2(g)} + 2OH^-_{(aquoso)}$	-0,83
$Zn^{+2}_{(aquoso)} + 2e^- \rightarrow Zn_{(sólido)}$	-0,76
$Cr^{+3}_{(aquoso)} + 3e^- \rightarrow Cr_{(sólido)}$	-0,74
$Fe^{+2}_{(aquoso)} + 2e^- \rightarrow Fe_{(sólido)}$	-0,44
$Cd^{+2}_{(aquoso)} + 2e^- \rightarrow Cd_{(sólido)}$	-0,40
$PbSO_{4(sólido)} + 2e^- \rightarrow Pb_{(sólido)} + SO^{-2}_{4(aquoso)}$	-0,31
$Co^{+2}_{(aquoso)} + 2e^- \rightarrow Co_{(sólido)}$	-0,28
$Ni^{+2}_{(aquoso)} + 2e^- \rightarrow Ni_{(sólido)}$	-0,25
$Sn^{+2}_{(aquoso)} + 2e^- \rightarrow Sn_{(sólido)}$	-0,14
$Pb^{+2}_{(aquoso)} + 2e^- \rightarrow Pb_{(sólido)}$	-0,13
$\mathbf{2H^+_{(aquoso)} + 2e^- \rightarrow H_{2(gás)}}$	**0,00**
$Sn^{+4}_{(aquoso)} + 2e^- \rightarrow Sn^{+2}_{(aquoso)}$	+0,13
$Cu^{+2}_{(aquoso)} + 1e^- \rightarrow Cu^+_{(aquoso)}$	+0,15
$SO^{-2}_{4(aquoso)} + 4H^+_{(aquoso)} + 2e^- \rightarrow SO_{2(gás)} + 2H_2O_{(líquido)}$	+0,20
$AgCl_{(sólido)} + 1e^- \rightarrow Ag_{(sólido)} + Cl^-_{(aquoso)}$	+0,22
$Cu^{+2}_{(aquoso)} + 2e^- \rightarrow Cu_{(sólido)}$	+0,34
$O_{2(gás)} + 2H_2O_{(líquido)} + 4e^- \rightarrow 4OH^-_{(aquoso)}$	+0,40
$I_{2(sólido)} + 2e^- \rightarrow 2I^-_{(aquoso)}$	+0,53

$MnO^{-2}_{4(aquoso)} + 2H_2O_{(líquido)} + 3e^- \rightarrow MnO_{2(sólido)} + 4OH^-_{(aquoso)}$	+0,59
$O_{2(gás)} + 2H^+_{(aq)} + 2e^- \rightarrow H_2O_{(aquoso)}$	+0,68
$Fe^{+3}_{(aquoso)} + 1e^- \rightarrow Fe^{+2}_{(aquoso)}$	+0,77
$Ag^+_{(aquoso)} + 1e^- \rightarrow Ag_{(sólido)}$	+0,80
$Hg^{+2}_{2(aquoso)} + 2e^- \rightarrow 2Hg_{(líquido)}$	+0,85
$2Hg^{+2}_{(aquoso)} + 2e^- \rightarrow Hg^{+2}_{2(aquoso)}$	+0,92
$NO^-_{3(aquoso)} + 4H^+_{(aquoso)} + 3e^- \rightarrow NO_{(gás)} + 2H_2O_{(líquido)}$	+0,96
$Br_{2(líquido)} + 2e^- \rightarrow 2Br^-_{(aquoso)}$	+1,07
$O_{2(gás)} + 4\ H^+_{(aquoso)} + 4e^- \rightarrow 2H_2O_{(líquido)}$	+1,23
$MnO_{2(sólido)} + 4H^+_{(aquoso)} + 2e^- \rightarrow Mn^{+2}_{(aquoso)} + 2H_2O_{(líquido)}$	+1,23
$Cr_2O^{-2}_{7(aquoso)} + 14H^+_{(aquoso)} + 6e^- \rightarrow Cr^{+3}_{(aquoso)} + 7H_2O_{(líquido)}$	+1,33
$Cl_{2(gás)} + 2e^- \rightarrow 2Cl^-_{(aquoso)}$	+1,36
$Au^{+3}_{(aquoso)} + 3e^- \rightarrow Au_{(sólido)}$	+1,50
$MnO^-_{4(aquoso)} + 8H^+_{(aquoso)} + 5e^- \rightarrow Mn^{+2}_{(aquoso)} + H_2O_{(líquido)}$	+1,51
$Ce^{+4}_{(aquoso)} + 1e^- \rightarrow Ce^{+3}_{(aquoso)}$	+1,61
$H_2O_{2(gás)} + 2H^+_{(aquoso)} + 2e^- \rightarrow 2H_2O_{(líquido)}$	+1,77
$Co^{+3}_{(aquoso)} + 1e^- \rightarrow Co^{+2}_{(aq)}$	+1,82
$O_{3(gás)} + 2H^+_{(aquoso)} + 2e^- \rightarrow O_{2(gás)} + H_2O_{(líquido)}$	+2,07
$F_{2(gás)} + 2e^- \rightarrow 2F^-_{(aquoso)}$	+2,87

Fonte: Atkins, P. W.; Paula de, J. Físico-Química", 8ªedição, volume um. Livros Técnicos e Científicos - LTC, Rio de Janeiro, 2008.

APÊNDICE J – CAPACIDADE CALORÍFICA MÉDIA À PRESSÃO CONSTANTE ($\bar{c}_P$)

SUBSTÂNCIA	$\bar{c}_P\ (\frac{J}{mol\ x\ K})$
$Al_{(sólido)}$	24,2
$Nb_{(sólido)}$	24,6
$Nb_{(líquido)}$	41,7
$Nb_2O_{5(sólido)}$	131,6
$Al_2O_{3(sólido)}$	77,2
$Al_2O_{3(líquido)}$	144,9
$Fe_{(sólido)}$	25,1
$Fe_{(líquido)}$	41,4
$Fe_2O_{3(sólido)}$	103,7
$Ar_{(gás)}$	20,8
$Cl_{2(gás)}$	33,9
$H_{2(gás)}$	29,0
$N_{2(gás)}$	29,1
$O_{2(gás)}$	29,4

Fonte: Atkins, P. W.; Paula de, J. Físico-Química", 8ªedição, volume um. Livros Técnicos e Científicos - LTC, Rio de Janeiro, 2008.

APÊNDICE K – TABELA DA CONSTANTE DO PRODUTO DE SOLUBILIDADE A 25ºC

PRODUTO DE SOLUBILIDADE (25ºC)			
	EQUILÍBRIO	K_{PS}	p_{KPS}
BROMETOS	$CuBr_{(sólido)} \rightarrow Cu^{+}_{(aquoso)} + Br^{-}_{(aquoso)}$	$6,0 \times 10^{-9}$	8,20
	$PbBr_{2(sólido)} \rightarrow Pb^{+2}_{(aquoso)} + 2Br^{-}_{(aquoso)}$	$4,6 \times 10^{-6}$	5,30
	$Hg_2Br_{2(sólido)} \rightarrow Hg^{+2}_{2\,(aquoso)} + 2Br^{-}_{(aquoso)}$	$1,3 \times 10^{-22}$	21,9
	$AgBr_{(sólido)} \rightarrow Ag^{+}_{(aquoso)} + Br^{-}_{(aquoso)}$	$5,0 \times 10^{-13}$	12,3
CARBONATOS	$BaCO_{3(sólido)} \rightarrow Ba^{+2}_{(aquoso)} + CO^{-2}_{3(aquoso)}$	$1,60 \times 10^{-9}$	8,80
	$CdCO_{3(sólido)} \rightarrow Cd^{+2}_{(aquoso)} + CO^{-2}_{3(aquoso)}$	$5,20 \times 10^{-12}$	11,3
	$CaCO_{3(sólido)} \rightarrow Ca^{+2}_{(aquoso)} + CO^{-2}_{3(aquoso)}$	$6,9 \times 10^{-9}$	8,2
	$CoCO_{3(sólido)} \rightarrow Co^{+2}_{(aquoso)} + CO^{-2}_{3(aquoso)}$	$8,0 \times 10^{-13}$	12,1
	$CuCO_{3(sólido)} \rightarrow Cu^{+2}_{(aquoso)} + CO^{-2}_{3(aquoso)}$	$2,5 \times 10^{-10}$	9,6
	$PbCO_{3(sólido)} \rightarrow Pb^{+2}_{(aquoso)} + CO^{-2}_{3(aquoso)}$	$1,50 \times 10^{-13}$	12,80
	$MgCO_{3(sólido)} \rightarrow Mg^{+2}_{(aquoso)} + CO^{-2}_{3(aquoso)}$	$4,0 \times 10^{-5}$	4,40
	$MnCO_{3(sólido)} \rightarrow Mn^{+2}_{(aquoso)} + CO^{-2}_{3(aquoso)}$	$9,0 \times 10^{-11}$	10,1
	$Hg_2CO_{3(sólido)} \rightarrow Hg^{+2}_{2(aquoso)} + CO^{-2}_{3(aquoso)}$	$9,0 \times 10^{-17}$	16,1
	$NiCO_{3(sólido)} \rightarrow Ni^{+2}_{(aquoso)} + CO^{-2}_{3(aquoso)}$	$7,0 \times 10^{-9}$	8,2
	$Ag_2CO_{3(sólido)} \rightarrow 2Ag^{+2}_{(aquoso)} + CO^{-2}_{3(aquoso)}$	$8,2 \times 10^{-12}$	11,1
	$SrCO_{3(sólido)} \rightarrow Sr^{+2}_{(aquoso)} + CO^{-2}_{3(aquoso)}$	$7,0 \times 10^{-10}$	9,2
	$ZnCO_{3(sólido)} \rightarrow Zn^{+2}_{(aquoso)} + CO^{-2}_{3(aquoso)}$	$2,0 \times 10^{-11}$	10,7
CLORETOS	$CuCl_{(sólido)} \rightarrow Cu^{+}_{(aquoso)} + Cl^{-}_{(aquoso)}$	$3,2 \times 10^{-7}$	6,5
	$PbCl_{2(sólido)} \rightarrow Pb^{+2}_{(aquoso)} + 2Cl^{-}_{(aquoso)}$	$1,6 \times 10^{-5}$	4,8
	$Hg_2Cl_{2(sólido)} \rightarrow Hg^{+2}_{2(aquoso)} + 2Cl^{-}_{(aquoso)}$	$1,1 \times 10^{-18}$	17,9
	$AgCl_{(sólido)} \rightarrow Ag^{+}_{(aquoso)} + Cl^{-}_{(aquoso)}$	$1,8 \times 10^{-10}$	9,70
CROMATOS	$BaCrO_{4(sólido)} \rightarrow Ba^{+2}_{(aquoso)} + CrO^{-2}_{4(aquoso)}$	$1,2 \times 10^{-10}$	9,9
	$CaCrO_{4(sólido)} \rightarrow Ca^{+2}_{(aquoso)} + CrO^{-2}_{4(aquoso)}$	$7,1 \times 10^{-4}$	3,2
	$PbCrO_{4(sólido)} \rightarrow Pb^{+2}_{(aquoso)} + CrO^{-2}_{4(aquoso)}$	$2,0 \times 10^{-14}$	13,7
	$Hg_2CrO_{4(sólido)} \rightarrow Hg_2{}^{+2}_{(aquoso)} + CrO^{-2}_{4(aquoso)}$	$2,0 \times 10^{-9}$	8,7
	$Ag_2CrO_{4(sólido)} \rightarrow 2Ag^{+2}_{(aquoso)} + CrO^{-2}_{4(aquoso)}$	$1,9 \times 10^{-12}$	11,7
	$SrCrO_{4(sólido)} \rightarrow Sr^{+2}_{(aquoso)} + CrO^{-2}_{4(aquoso)}$	$3,6 \times 10^{-5}$	4,4
HIDRÓXIDOS	$Al(OH)_{3(sólido)} \rightarrow Al^{+3}_{(aquoso)} + 3OH^{-}_{(aquoso)}$	$3,6 \times 10^{-5}$	32,3
	$Cd(OH)_{2(sólido)} \rightarrow Cd^{+2}_{(aquoso)} + 2OH^{-}_{(aquoso)}$	$2,0 \times 10^{-14}$	13,7
	$Cr(OH)_{3(sólido)} \rightarrow Cr^{+3}_{(aquoso)} + 3OH^{-}_{(aquoso)}$	$7,0 \times 10^{-31}$	30,2
	$Cr(OH)_{2(sólido)} \rightarrow Cr^{+2}_{(aquoso)} + 2OH^{-}_{(aquoso)}$	$1,0 \times 10^{-17}$	17,0
	$Co(OH)_{3(sólido)} \rightarrow Co^{+3}_{(aquoso)} + 3OH^{-}_{(aquoso)}$	$1,0 \times 10^{-43}$	43,0
	$Co(OH)_{2(sólido)} \rightarrow Co^{+2}_{(aquoso)} + 2OH^{-}_{(aquoso)}$	$2,5 \times 10^{-16}$	15,6
	$Cu(OH)_{2(sólido)} \rightarrow Cu^{+2}_{(aquoso)} + 2OH^{-}_{(aquoso)}$	$1,6 \times 10^{-19}$	18,8
	$Fe(OH)_{3(sólido)} \rightarrow Fe^{+3}_{(aquoso)} + 3OH^{-}_{(aquoso)}$	$6,0 \times 10^{-38}$	37,2
	$Fe(OH)_{2(sólido)} \rightarrow Fe^{+2}_{(aquoso)} + 2OH^{-}_{(aquoso)}$	$2,0 \times 10^{-15}$	14,7

	$Pb(OH)_{2(sólido)} \rightarrow Pb^{+2}_{(aquoso)} + 2OH^-_{(aquoso)}$	$4,0 \times 10^{-15}$	14,4
	$Mg(OH)_{2(sólido)} \rightarrow Mg^{+2}_{(aquoso)} + 2OH^-_{(aquoso)}$	$8,9 \times 10^{-12}$	11,1
	$Mn(OH)_{3(sólido)} \rightarrow Mn^{+3}_{(aquoso)} + 3OH^-_{(aquoso)}$	$1,0 \times 10^{-36}$	36,0
	$Mn(OH)_{2(sólido)} \rightarrow Mn^{+2}_{(aquoso)} + 2OH^-_{(aquoso)}$	$2,0 \times 10^{-13}$	12,7
	$HgO_{(sólido)} + \frac{1}{2}H_2O_{(líquido)} \rightarrow Hg^{+2}_{(aquoso)} + 2OH^-_{(aquoso)}$	$3,0 \times 10^{-26}$	25,5
	$Ni(OH)_{2(sólido)} \rightarrow Ni^{+2}_{(aquoso)} + 2OH^-_{(aquoso)}$	$1,6 \times 10^{-16}$	15,8
	$\frac{1}{2}Ag_2O_{(sólido)} + \frac{1}{2}H_2O_{(líquido)} \rightarrow Ag^+_{(aquoso)} + OH^-_{(aquoso)}$	$2,0 \times 10^{-8}$	7,7
	$Sn(OH)_{2(sólido)} \rightarrow Sn^{+2}_{(aquoso)} + 2OH^-_{(aquoso)}$	$3,0 \times 10^{-27}$	26,5
	$Zn(OH)_{2(sólido)} \rightarrow Zn^{+2}_{(aquoso)} + 2OH^-_{(aquoso)}$	$5,0 \times 10^{-17}$	16,3
IODATOS	$Ba(IO_3)_{2(sólido)} \rightarrow Ba^{+2}_{(aquoso)} + 2IO^-_{3(aquoso)}$	$1,3 \times 10^{-9}$	8,9
	$Ca(IO_3)_{2(sólido)} \rightarrow Ca^{+2}_{(aquoso)} + 2IO^-_{3(aquoso)}$	$1,7 \times 10^{-6}$	5,8
	$Pb(IO_3)_{2(sólido)} \rightarrow Pb^{+2}_{(aquoso)} + 2IO^-_{3(aquoso)}$	$2,6 \times 10^{-13}$	12,6
	$Hg(IO_3)_{2(sólido)} \rightarrow Hg^{+2}_{(aquoso)} + 2IO^-_{3(aquoso)}$	$3,0 \times 10^{-13}$	12,5
	$Hg_2(IO_3)_{2(sólido)} \rightarrow 2Hg^+_{(aquoso)} + 2IO^-_{3(aquoso)}$	$1,9 \times 10^{-14}$	13,7
	$AgIO_{3(sólido)} \rightarrow Ag^+_{(aquoso)} + IO^-_{3(aquoso)}$	$3,0 \times 10^{-8}$	7,5
IODETOS	$CuI_{(sólido)} \rightarrow Cu^+_{(aquoso)} + I^-_{(aquoso)}$	$1,0 \times 10^{-12}$	12,0
	$PbI_{2(sólido)} \rightarrow Pb^{+2}_{(aquoso)} + 2I^-_{(aquoso)}$	$8,3 \times 10^{-9}$	8,1
	$Hg_2I_{2(sólido)} \rightarrow Hg^{+2}_{2(aquoso)} + 2I^-_{(aquoso)}$	$4,0 \times 10^{-29}$	28,4
	$AgI_{(sólido)} \rightarrow Ag^+_{(aquoso)} + I^-_{(aquoso)}$	$8,5 \times 10^{-17}$	16,1
OXALATOS	$BaC_2O_{4(sólido)} \rightarrow Ba^{+2}_{(aquoso)} + C_2O^{-2}_{4(aquoso)}$	$1,5 \times 10^{-8}$	7,8
	$CdC_2O_{4(sólido)} \rightarrow Cd^{+2}_{(aquoso)} + C_2O^{-2}_{4(aquoso)}$	$1,5 \times 10^{-8}$	7,8
	$CaC_2O_{4(sólido)} \rightarrow Ba^{+2}_{(aquoso)} + C_2O^{-2}_{4(aquoso)}$	$1,3 \times 10^{-9}$	8,9
	$FeC_2O_{4(sólido)} \rightarrow Fe^{+2}_{(aquoso)} + C_2O^{-2}_{4(aquoso)}$	$2,0 \times 10^{-7}$	6,7
	$MgC_2O_{4(sólido)} \rightarrow Mg^{+2}_{(aquoso)} + C_2O^{-2}_{4(aquoso)}$	$8,6 \times 10^{-5}$	4,1
	$Mn_2(C_2O_4)_{3(sólido)} \rightarrow 2Mn^{+3}_{(aquoso)} + 3C_2O^{-2}_{4(aquoso)}$	$7,0 \times 10^{-20}$	19,2
	$MnC_2O_{4(sólido)} \rightarrow Mn^{+2}_{(aquoso)} + C_2O^{-2}_{4(aquoso)}$	$1,0 \times 10^{-15}$	15,0
	$Ag_2C_2O_{4(sólido)} \rightarrow 2Ag^+_{(aquoso)} + C_2O^{-2}_{4(aquoso)}$	$1,0 \times 10^{-11}$	11,0
	$SrC_2O_{4(sólido)} \rightarrow Sr^{+2}_{(aquoso)} + C_2O^{-2}_{4(aquoso)}$	$5,6 \times 10^{-8}$	7,2

	$ZnC_2O_{4(sólido)} \rightarrow Zn^{+2}_{(aquoso)} + C_2O^{-2}_{4(aquoso)}$	1,5 x 10^{-9}	8,8
SULFATOS	$BaSO_{4(sólido)} \rightarrow Ba^{+2}_{(aquoso)} + SO^{-2}_{4(aquoso)}$	1,50 x 10^{-9}	8,80
	$CaSO_{4(sólido)} \rightarrow Ca^{+2}_{(aquoso)} + SO^{-2}_{4(aquoso)}$	2,40 x 10^{-5}	4,60
	$PbSO_{4(sólido)} \rightarrow Pb^{+2}_{(aquoso)} + SO^{-2}_{4(aquoso)}$	1,30 x 10^{-8}	7,90
	$SrSO_{4(sólido)} \rightarrow Sr^{+2}_{(aquoso)} + SO^{-2}_{4(aquoso)}$	7,60 x 10^{-7}	6,10
SULFETOS	$Bi_2S_{3(sólido)} \rightarrow 2Bi^{+3}_{(aquoso)} + 3S^{-2}_{(aquoso)}$	1,0 x 10^{-100}	100
	$CdS_{(sólido)} \rightarrow Cd^{+2}_{(aquoso)} + S^{-2}_{(aquoso)}$	6,0 x 10^{-27}	26,2
	$CoS_{(sólido)} \rightarrow Co^{+2}_{(aquoso)} + S^{-2}_{(aquoso)}$ (α)	5,0 x 10^{-22}	21,3
	$CoS_{(sólido)} \rightarrow Co^{+2}_{(aquoso)} + S^{-2}_{(aquoso)}$ (β)	6,0 x 10^{-29}	28,2
	$CuS_{(sólido)} \rightarrow Cu^{+2}_{(aquoso)} + S^{-2}_{(aquoso)}$	4,0 x 10^{-36}	35,4
	$FeS_{(sólido)} \rightarrow Fe^{+2}_{(aquoso)} + S^{-2}_{(aquoso)}$	5,0 x 10^{-18}	17,3
	$PbS_{(sólido)} \rightarrow Pb^{+2}_{(aquoso)} + S^{-2}_{(aquoso)}$	4,0 x 10^{-18}	25,4
	$MnS_{(sólido)} \rightarrow Mn^{+2}_{(aquoso)} + S^{-2}_{(aquoso)}$	8,0 x 10^{-14}	13,1
	$HgS_{(sólido)} \rightarrow Hg^{+2}_{(aquoso)} + S^{-2}_{(aquoso)}$	1,0 x 10^{-50}	50,0
	$NiS_{(sólido)} \rightarrow Ni^{+2}_{(aquoso)} + S^{-2}_{(aquoso)}$ (α)	1,0 x 10^{-22}	22,0
	$NiS_{(sólido)} \rightarrow Ni^{+2}_{(aquoso)} + S^{-2}_{(aquoso)}$ (β)	3,0 x 10^{-28}	27,5
	$NiS_{(sólido)} \rightarrow Ni^{+2}_{(aquoso)} + S^{-2}_{(aquoso)}$ (γ)	7,0 x 10^{-30}	29,2
	$Ag_2S_{(sólido)} \rightarrow 2Ag^{+}_{(aquoso)} + S^{-2}_{(aquoso)}$	1,0 x 10^{-50}	50,0
	$ZnS_{(sólido)} \rightarrow Zn^{+2}_{(aquoso)} + S^{-2}_{(aquoso)}$	1,0 x 10^{-20}	20,0

REFERÊNCIAS BIBLIOGRÁFICAS

- Introduction to the Thermodynamics of Materials Fourth Edition. David R. Gaskell. Taylor & Francis, New York – London, 2003.
- Físico-Química: Uma aplicação aos materiais. Rupen Adamian, Ericksson Rocha e Almendra. Rio de Janeiro: COPPE – UFRJ, 2002.
- Química Geral – Volume 2. Brady, J. E.; Humiston, G. E. tradução de Cristina Maria Pereira dos Santos e Roberto Barros Faria. Segunda edição. Rio de Janeiro. Livros técnicos e científicos Editora, 1986.
- Físico-Química – Volume 1, Levine, I. N. Tradução e revisão técnica Edilson Clemente da Silva, Oswaldo Esteves Barcia – Rio de Janeiro: LTC 2012.
- Termodinâmica e Física da Estrutura da Matéria – Segunda Edição. Rui Manuel A. Dilão. Escolar Editora, 2014.
- Atkins, P. W.; Paula de, J. Físico-Química, 10ªedição, volume um. Livros Técnicos e Científicos - LTC, Rio de Janeiro, 2018.
- Moore, W. J. Físico-Química - tradução da quarta edição americana: Tibor Rabockai [e outros]. Supervisão Ivo Jordan. Editora da Universidade de São Paulo, 1976.
- Castellan, G. W. Physical Chemistry, segunda edição. Addison – Wesley Publishing Company, 1964.
- Nabuco, João Roberto da Paciência & Barros. Química Geral. Rio de Janeiro, primeira edição. Editora Ao livro técnico, 1979.
- Nabuco, João Roberto da Paciência & Barros. Físico-Química. Rio de Janeiro, primeira edição. Editora Ao livro técnico, 1979.
- Curso de Termodinâmica Aplicada às Máquinas. Abrahão Izecksohn; Imprensa Nacional Rio de Janeiro – 1943.
- Introduction to the Thermodynamics of Materials Fourth Edition. David R. Gaskell. Taylor & Francis, New York – London, 2003.
- Curso de Física Básica 2 – Fluidos. H. Moysés Nussenzveig. São Paulo: Edgard Blucher, 1981.
- Principles of Physical Chemistry Four Edition. Samuel H. Maron; Carl F. Prutton. Editora Collier Macmillian Student Editions, New York, 1965.
- Termodinâmica e Física da Estrutura da Matéria – Segunda Edição. Rui Manuel A. Dilão. Escolar Editora, 2014.
- Luiz, A. M. Termodinâmica – Teoria & Problemas. Livros Técnicos e Científicos - LTC, Rio de Janeiro, 2012.
- Warren, B. A. The First law of thermodynamics in a salty ocen. Progress in Oceanography, page 149 – 167, 70 (2006).
- Bergman, T. L.; Lavine, A. S.; Incropera, F. P.; Dewitt, D. P. Fundamentos da Transferência de Calor e Massa; Rio de Janeiro: LTC, 2014.
- Braga Filho, W. Transmissão de Calor; São Paulo: Thomson, 2006.
- Modell, M.; Reid, R. C. Thermodynamics and its applications. New Jersey: Prendice-Hall, 1974.

- Smith, J. M.; Van Ness, H. C.; Abbott, M. M. Introdução à termodinâmica da engenharia química. 5.ed. Rio de Janeiro: Livros Técnicos e Científicos, 2000.
- Himmelblau, D.M. & Riggs, J. B. Engenharia Química – Princípios e cálculos. LTC; 2014.
- Brady, J. E,; Russel, J. W.; Holum, J. R.; Química, a matéria e suas transformações, vol. 1 e 2, 3ª Ed., LTC, 2002.
- Russel. J. B.; Química Geral; vol. 1 e 2, Makron, 1996.
- Kotz, J. C.; Treichel Jr., P.;Weaver, Gabriela C.; Química e reações químicas, Vol 1 (6ª ed,2010) e vol. 2(5ª edição, 2009) Cengage Learning.
- Brown, T. L.; Lemay JR., H. E.; Bursten, B. E.; Burdge, J. R.; Química a ciência central; 9ª ed.; Pearson Prentice Hall do Brasil, 2008.
- Mahan, B., M.; Myers, R., J.; Química um curso universitário, 4ª edição, Edgard Blücher, 1996.
- Atkins, P.; Jones, L.; Princípios de Química, questionando a vida moderna e o meio ambiente; 5ª Ed, Bookman Companhia Ed., 2011
- Brady, J. E.; Humiston, G. E.; Química Geral, vol. 1 (2ª edição, 1995) e vol. 2 (1ª edição, 1996), LTC.

Impressão e acabamento
Gráfica da Editora Ciência Moderna Ltda.
Tel: (21) 2201-6662